普通高等教育精品教材

实验设计与数据处理

主　编　/刘　方　翁庙成
主　审　/田胜元

重慶大學出版社

内容提要

本书是在《实验设计与数据处理》1988 年版的基础上，总结多年的教学实践经验及研究生优质课程建设项目成果编写而成的。本书着重介绍实验设计与数据处理的基本概念和基础理论，在保持系统性和科学性的前提下，注重引入土木工程相关学科实例，介绍实验设计基本原理与方法；注重实验数据处理实际方法的应用，力求淡化数学理论、突出重点、循序渐进、深入浅出。

全书分为三大部分（共 8 章），即数据处理基础、实验设计与统计应用、数据处理统计软件及分析，内容包括绪论、概率与数理统计基础、误差分析、析因实验与方差分析、正交试验设计、建立实验数学模型的方法、实验数据的回归与聚类分析、统计软件 SPSS 简介及其案例分析等。本书还列举了与土木工程建筑环境专业密切相关的案例和习题。

"实验设计与数据处理"是高等院校研究生、本科生重要的基础课之一。本书既可作为相关专业本科生和研究生的教材，也可作为相关学科的科研、教学和设计人员的参考用书。

图书在版编目（CIP）数据

实验设计与数据处理 / 刘方，翁庙成主编. -- 重庆：重庆大学出版社，2021.8

普通高等教育精品教材

ISBN 978-7-5689-2930-1

Ⅰ. ①实… Ⅱ. ①刘… ②翁… Ⅲ. ①试验设计—高等学校—教材②实验数据—数据处理—高等学校—教材 Ⅳ. ①O212.6

中国版本图书馆 CIP 数据核字（2021）第 168700 号

实验设计与数据处理

主　编　刘　方　翁庙成

主　审　田胜元

策划编辑：张　婷

特约编辑：涂　昀

责任编辑：陈　力　　版式设计：张　婷

责任校对：刘志刚　　责任印制：赵　晟

*

重庆大学出版社出版发行

出版人：饶帮华

社址：重庆市沙坪坝区大学城西路 21 号

邮编：401331

电话：（023）88617190　88617185（中小学）

传真：（023）88617186　88617166

网址：http://www.cqup.com.cn

邮箱：fxk@cqup.com.cn（营销中心）

全国新华书店经销

重庆天旭印务有限责任公司印刷

*

开本：787mm×1092mm　1/16　印张：22　字数：551千

2021 年 8 月第 1 版　2021 年 8 月第 1 次印刷

印数：1—2 000

ISBN 978-7-5689-2930-1　定价：59.00 元

前言

实验是一切自然科学的基础,科学界中大多数公式定理是经过实验反复验证而推导出来的。实验方案设计的好坏直接关系实验步骤是否井然有序,实验数据是否真实可靠、是否切实可信,实验结论是否有代表性、是否具有普遍性等。只有对实验数据做出科学合理的选择与分析,才能有效地揭示实验现象,有效利用实验结果,从而推进科学技术的发展。“实验设计与数据处理”是土木工程相关专业研究生重要的专业基础课程。

重庆大学供热供燃气通风及空调工程专业研究生课程“实验设计与数据处理”开设已有30余年的历史。近年来,为了适应研究生培养需求,我们对“实验设计与数据处理”课程教学体系和教学内容进行了改革。在课程教学中引入了实验设计发展史,简化了概率与数理统计知识部分内容,引入了实验数据异常值的检验及剔除方法、不确定度与测量结果的表达等内容;将实验数据的整理和建立实验数学模型合并为一章;并增加了主成分分析与聚类分析以及统计软件案例分析等内容。

本书是在《实验设计与数据处理》1988年版的基础上,总结多年的教学实践经验以及重庆大学研究生优质课程建设项目积累的成果编写而成的。本书借鉴了现有实验设计与数据处理经典教材的理论体系,同时兼顾理论与实践应用相结合,加强了计算机及数据处理软件在实验数据处理中的应用内容。

全书共分为3个部分,即数据处理基础、实验设计与统计应用、数据处理统计软件及分析,共8章。

第1章　绪论,内容包括实验设计与数据处理的作用、发展及其应用。

第2章　概率与数理统计基础,内容主要为必要的数据处理所涉及的数理统计基础知识。

第3章　误差分析,内容主要包括误差的基本概念、分类及误差传递,测量结果的不确定度,粗大误差、异常数据判别准则及异常数据剔除,以及有效数据的含义、有效数字的运算等。

第4章　析因实验与方差分析,内容主要包括方差分析的基本原理,单因素、双因素、三因素实验的方差分析,部分析因实验方差分析,以及析因实验的多重比较法等。

第5章　正交试验设计,内容主要包括如何利用正交表进行正交试验设计及正交试验设计的优点,单指标和多指标正交试验设计及其结果的直观分析法,以及交互作用和混合水平的正交试验设计及其结果的直观分析;正交试验设计结果方差分析法的基本原理,相同水平、不同水平正交试验设计的方差分析及重复试验与重复取样的正交试验设计的方差分析等。

第6章　建立实验数学模型的方法,内容主要包括实验数据整理,根据实验数据建立数学模型的方法,以及数学模型公式系数的求法。

第7章　实验数据的回归与聚类分析,内容主要包括实验数据的一元、二元以及多元线性回归与非线性回归,以及主成分分析与系统聚类方法简介。

第8章　大型SPSS统计软件简介及其案例分析,内容主要包括SPSS统计软件介绍,方差分析、回归分析、主成分和聚类等几种方法在实验数据处理中的应用实例。

本书第1,2,3,8章由重庆大学刘方编写,第4,5,6,7章由重庆大学翁庙成编写。重庆大学姚娟娟参与本书第5章与第8章部分小节编写工作,刘方任第一主编,负责全书的组织和定稿。

本书得到了重庆大学研究生优质课程建设项目资助,在编写过程中得到了重庆大学土木工程学院研究生的支持,王廷廷、陈璐、刘贺楠、惠越、国博铭、邹贞波、王恩岩等研究生参与了部分文字、图表以及公式的录入等工作,书稿编写还得到了田胜元教授的指导,在此,对他们致以衷心的感谢。

由于编者水平有限,书中难免存在疏漏之处,敬请读者批评指正。

编　者

2020年12月

目录

第一篇　数据处理基础

第二篇　实验设计与统计应用

第三篇　数据处理统计软件及分析

第一篇

数据处理基础

第 1 章
绪　论

1.1　实验设计与数据处理的含义

实验设计是一种科学或工程设想，通过精心策划、方法选择、变量设计等一系列创造性的思维程序，形成一个解决问题或实现设想的行动方案。

实验是一种科学手段，是以一定的假设为前提，利用各种仪器设备以及人为创造的条件，让各种现象及内在的关系和演变过程在实验者面前充分暴露，通过观察和测量，运用理论分析和数据处理，做出决策与判断，以论证这一假设的正确与否，或进一步提出新的理论，发现新的规律。

实验可以重复实现现实中稍纵即逝、不易捕捉的事物，可以控制过程的进展，让需要观察和分析的过程暂停或重现，同时还可以采用先进的手段对研究对象进行严密、完整、系统的测量和记录，然后进行综合分析和理性加工。

实验是为了检验某种科学理论或假设而进行某种操作或从事某种活动；试验是为了查看某事的结果或某物的性能而从事某种活动。实验中被检验的是某种科学理论或假设，通过实践操作来进行；而试验中用来检验的是已经存在的事物。实验是发现规律、揭示事物本质的一种科学手段，试验则是某一实验的具体操作过程。实验设计是有目的、有策划和有大纲实践的总称，试验仅仅是实验设计的部分内容。

数据处理是对数据的采集、存储、检索、加工、变换和传输。数据是对事实、概念或指令的一种表达形式，可由人工或自动化装置进行处理。数据的形式可以是数字、文字、图形或声音等。数据经过解释并赋予一定的意义后，便成为信息。数据处理的基本目的是从大量的、可能是杂乱无章的、难以理解的数据中抽取并推导出对于某些特定的人们来说是有价值、有意义的数据。

1.2　实验设计的发展

实验是人们探索和认识事物客观规律的一种基本手段和方法，自从有了人类以来，人们就不断地为了生存而努力，通过自发性的实验和实践获取狩猎、捕鱼和耕作等方面的工具、方式和经验。作为一门科学技术,实验是在 20 世纪初才发展起来的,与社会生产紧密相连。其发展分为 3 个阶段:第一阶段即早期的由英国生物统计学家、数学家 R. A. 费希尔(R. A. Fisher)提出的方差分析法,最先应用于农业和生物学方面,很快应用到其他领域。第二阶段以日本的田口玄一为代表,提出的传统正交试验设计法。第三阶段即 1957 年,以田口玄一为代表,信噪比实验设计与三次设计,将信噪比设计和正交表设计方差分析相结合,开辟了更为重要、更为广泛的应用领域。

1.2.1　费希尔开创实验设计新科学

费希尔是英国的一位著名生物统计学家,运用数理统计和组合数学先在农业、后在生物学和遗传学等方面进行实验设计并取得了很高的学术成就。他最早提出了科学实验方法,并将这种方法第一次应用在罗隆姆斯台特农场,使得农场的农作物大获丰收。1925 年在他的一本关于统计方法的著作中,最早提出了实验设计的概念,之后进一步研究、实践和总结这个方法、技术以及过程。1935 年正式出版了 *The Design of Experiments* 一书,从而开创了一门新兴学科,促成了实验设计这门科学技术的广泛应用。

20 世纪的三四十年代,在生产发达的英国、美国和苏联的一些学者继续对实验设计进行研究,并在采矿、冶金、建筑、机械、纺织和医药等行业推广与应用,这对提高产品质量、降低生产成本起到了至关重要的作用。第二次世界大战期间,以美国为首的同盟国将实验设计这一优化的方法应用到军工生产中,使军需物品及时保质保量地供应战时前方,并取得了显著效果。

1.2.2　田口玄一推动实验设计的发展

20 世纪 50 年代,战败国日本经济一落千丈,为了恢复工业、农业的生产,尽快赶上世界经济发展的步伐,在日本国内涌现出一批生产管理学者,其中田口玄一最具代表性,他不仅在质量工程与管理中有着突出的贡献,而且在实验设计方面也有许多独到的建树。1949 年田口玄一在日本电讯所研究电话通信系统质量时,发现英国人在农业上所用的实验设计方法不能完全适应工业生产。于是,田口玄一带领一批学者在费希尔实验设计的基础上加以改进和补充,创造了运用正交表安排实验的统计与分析方法,称为正交试验设计。

将正交试验设计应用到产品的系统设计、参数设计和容差设计中,又是田口玄一的重大成果,称为三次设计思想。三次设计是在专业设计的基础上,运用正交设计的技术来选择产品的最佳参数组合和最合理的公差范围,达到尽可能使用价格低廉的元件或器件来替代价格贵重的元器件,通过相得益彰的搭配组装成整机产品的一种优化方法。应用这种设计技术可以使消费者获得价廉物美的商品,为企业创造低成本和质量优良的产品,达到用户和厂家双赢的效果。在三次设计的基础上,近年来又发展和形成了产品质量的稳健性设计体系。

1.2.3　中国科学家的贡献

中国科学院院士华罗庚教授是最早在国内推广和应用优选法的数学家,在 20 世纪五六十年代,他以一位科学家的睿智亲临各个工农业建设的现场,讲解、示范实验设计的应用,为国民经济的发展和普及推广优选法做出了重大贡献。

中国科学院数学研究所和系统研究所的科技人员从20世纪50年代开始,就使用正交试验设计进行实践和研究,并提出了新的见解,编制出一套实用的正交表,简化了实用分析方法,出版了实验设计和统计技术方面的系列普及书籍。在科研、生产和教学中,我国的科学工作者运用实验设计这一工具,解决了工作中的许多关键问题,取得了丰硕的成果。

1978年,王元教授和方开泰教授创建了均匀设计,构造了一系列的均匀实验设计表,应用在导弹设计中并取得显著效果。

1.3 实验设计与数据处理的作用及意义

实验设计与数据处理是以数理统计理论专业知识和实践经验为基础,为获得可靠的实验结果和有用信息,科学安排实验的一种方法论,并对所得实验数据进行分析,从而达到减少实验次数、缩短实验周期、迅速找到优化实验方案的目的。

实验设计与数据处理又是一种广泛应用于工、农业生产和科学研究过程中的普遍使用的科学计算方法,是产品设计质量管理和科学研究的重要工具。截至目前,该学科经过百余年的发展,在各个科学领域的实验研究中起着重要的作用。建筑环境与能源应用专业是通过采用一系列建筑设备,对空气进行调节,从而为建筑营造一个最佳的室内环境。对建筑设备的运行调节进行自动控制和节能控制,是需要进行大量实验测试的学科。通常需要通过实验来优化设备,并通过研究达到营造舒适环境,系统高效节能等目的。尤其是在可再生能源利用、节能环保设备开发、绿色低碳等新技术的实验过程中,未知的因素较多,需要通过大量的实验来探索。

1.3.1 实验设计

科学合理的实验设计可以使实验达到事半功倍的效果,而严密准确的数据处理则可以帮助研究者从纷乱的数据中寻找出事物的内在规律。

一项科学合理的试验设计应做到:试验次数尽可能少;便于分析和处理试验数据;能获得满意的结果。

实验设计包括单因素实验设计和多因素实验设计。

实验中只有一个影响因素,或虽有多个影响因素,但在安排试验时,只考虑一个对指标影响最大的因素,其他因素尽量保持不变的实验,即为单因素实验。常用的单因素实验设计有黄金分割法(0.618法)、分数法、平行线法、交替法和调优法等。

如在实验中同时考察两个或两个以上的因素,即为多因素实验设计。常用的多因素实验设计有正交试验设计、*S/N*比实验设计、产品三次设计、完全随机化实验设计、随机区组实验设计和正交拉丁方实验设计等。

实验室常用正交试验设计。正交试验设计是根据数据的正交性(即均匀搭配)来进行实验方案设计。目前已经构造出了一套现成规格化的正交表。根据正交表的表头和其中的数字结构就可以科学地挑选试验条件(因素水平)来合理地安排实验。

正交试验设计具有以下优点:

①能在众多的实验条件中选出代表性强的少数实验条件。

②根据代表性强的少数实验条件结果数据可推断出最佳的实验条件或生产工艺。

③通过实验数据的进一步分析处理,可以提供比实验结果本身多得多的对各因素的分析。

④在正交试验的基础上,不仅可作方差分析,还能使回归分析等数据处理的计算变得十分简单,是一种高效率、快速、经济的实验设计方法。

通过正交试验可确定出各因素对实验指标的影响规律,得出哪些因素的影响是主要的、哪些因素的影响是次要的、哪些因素之间存在相互影响;选出各因素的一个水平组合来确定最佳生产条件。

日本著名的统计学家田口玄一将正交试验选择的水平组合列成表格,称为正交表。正交表的使用大大减少了人们的工作量,因而正交试验设计在很多领域的研究中已经得到广泛应用。

实验研究可在3个层面上进行:实验室、中试和工业装置。不同层面因其风险大小不同而造成的损失大不一样。实验室最小、中试次之、工业装置最大。工业装置上的优化试验研究一般在开工初期进行,生产一旦稳定后,不会轻易更改。这部分工作主要借助于统计过程控制保证产品的合格率。实验室和中试层面上的试验研究可以经常改变,并在很宽的范围内调整参数进行优化。因此,实验设计主要在这两个阶段发挥作用。

1.3.2　数据处理

在实验过程中,由于实际情况比较复杂,观测工具又不够精确,加上观测人员在观测过程中难免产生误差等,所得实验的原始数据,如果没有经过适当处理,常常包含着大量的干扰因素,不能如实反映实际情况。因此,为了在所得实验数据中提取更多有用的信息,更有效地发挥实验资料的效能,得到比较准确的科学结论,就必须对这些原始实验数据用数学的工具进行一系列的实验数据处理和分析。

数据处理的方法主要有参数估计、方差分析、回归分析和假设检验等。

①参数估计是对某些重要参数进行点或区间估计。

②回归分析是如何获得反映事物客观规律性的数学表达式。

③假设检验是判断各种数据处理结果的可靠程度。

④方差分析是分析各影响因素对考察指标影响的显著性程度,从而找出最优的实验条件或生产条件的一种统计方法。通常将正交试验设计与方差分析有机地结合起来加以应用,以解决各种各样的实际问题。方差分析包括单因素方差分析和多因素方差分析。

1.3.3　实验设计与数据处理的重要性

对于土建、化工、化学、食品、轻工、制药、生物以及材料等需要实验与观测的学科,经常需要通过实验来研究对象的变化规律,并通过对规律的研究达到各种实用的目的,如减低能耗、提高产品性能或者质量等。

这样的实验是一种有计划的实践。科学的实验设计,能用较少的实验次数达到预期的实验目标。实验过程中所产生的大量的实验数据,必须要进行合理的分析和处理,才能获得研究对象的变化规律,达到指导生产和科研的目的。

1.4 实验设计原则

在实验中,用来衡量实验效果的质量指标(如室内空气温度、湿度、污染物浓度等)称为实验指标,可以是单一指标,也可以是多个指标。实验指标按其性质分,可分为定性实验指标和定量实验指标两类,通常研究定量实验指标。

影响实验指标的要素或原因称为因素,因素在实验中所取的状态称为水平,如建筑墙体材料导热系数对墙体的隔热性能有影响,导热系数就是因素,材料不同其导热系数不同,不同的导热系数为因素水平,因素水平的变化可以引起实验指标的变化,实验设计的目的就是找出影响实验指标值的诸因素。不同实验的指标值和影响指标值的因素是不同的,为了达到实验目的,选定某些因素,使其在一定范围变化,从而考察其对指标的影响。如何组织实验,才能以最小的代价获得最多的信息,这就是实验设计的任务,同时还包括如何处理实验数据。归纳起来,实验设计包括 3 个方面的内容:

①工况选择——因素与水平选取。

②误差控制——实验方案的制订。

③数据处理——分析实验结果。

实验设计的 4 个基本原则:对照原则、实验条件一致性原则、随机原则和重复性原则。

总体而言,在实验设计中应遵守的基本原则有:

①必须能够使实验再现,凡是不能重复的实验,不能算是成功的实验,偶然的结果,往往不能说明任何问题。

②先进行整体实验,再进行分步实验,并按步骤排除各种可能性,这样,可以在初始阶段时就明确所考虑的假说是否正确、技术路线是否可取等,因而使实验少走弯路。

③做实验时,必须在技术上采取谨慎的态度,对于每个细节都必须高度重视,精益求精。尽量孤立因素和固定条件。

习题 1

1.1 简要谈谈我国实验设计的发展。

1.2 论述实验设计与数据处理对科学研究的作用与意义。

第2章

概率与数理统计基础

2.1 总体的参数估计

2.1.1 总体和简单随机样本

人们通常研究有关对象的某一数量指标，把实验全体可能的观察值称为总体，每一个可能的观察值称为个体。总体中所包含的个体个数称为总体容量，容量为有限的称为有限总体，容量为无限的称为无限总体。因而，总体是在进行统计分析时，研究对象的全部；个体是组成总体的每个研究对象；样本是从总体中按一定的规则抽出的个体的全部。

对于随机变量的总体，可以用 X 表示。描述该总体的分布函数 $F(x)$ 称为总体分布函数。物理实验的测量值是随机变量，如在相同的实验条件下，进行 n 次独立的测量，随机变量 X 则应为 n 个测量值，即 $x_1,x_2,\cdots,x_n$，称为一个测量列。测量值的集合 $(x_1,x_2,\cdots,x_n)$ 称为随机变量 X 的一个容量为 n 的样本。

随机变量可分为离散型随机变量和连续型随机变量两种。所取的可能值能够一一列出的随机变量，称为离散型随机变量；所取的可能值连续存在于某区间的随机变量，称为连续型随机变量。

2.1.2 分布函数和密度函数

定义随机变量 X 的分布函数为：

$$F(x)=P(X\leqslant x) \qquad (-\infty<x<\infty) \tag{2.1}$$

对于任意实数 $x_1,x_2(x_1<x_2)$ 均有

$$P(x_1<X\leqslant x_2)=P(x\leqslant x_2)-P(x\leqslant x_1)=F(x_2)-F(x_1) \tag{2.2}$$

已知随机变量的分布函数 $F(x)$，就便于确定 X 出现在任一区间 (x_1,x_2) 上的概率。

分布函数基本性质：

① $0\leqslant F(x)\leqslant 1$。

② $F(x)$ 是变量的非减函数。

③ $\lim\limits_{x\to-\infty}F(x)=0$；$\lim\limits_{x\to\infty}F(x)=1$。

无论对离散型随机变量,还是对连续型随机变量,分布函数的定义均适用。

2.1.3 分布的估计

经典统计推断的主要思想就是用样本来推断总体的状态。经验分布函数是在这一思想下的一种方法,通过样本分布函数来估计总体的分布函数。

定义经验分布函数为:

设随机子样观测值为 $x_1, x_2, \cdots, x_n$,是对总体 X 的简单随机抽样结果。将观测值从小到大,按顺序重新排列成 $x_1' \leqslant x_2' \cdots \leqslant x_n'$,令

$$F_n(x) = \begin{cases} 0 & x \leqslant x_1' \\ \dfrac{k}{n} & x_k' \leqslant x \leqslant x_{k+1}' \quad (k = 1, 2, \cdots, n-1) \\ 1 & x_n \leqslant x \end{cases} \tag{2.3}$$

从频率上看,每个个体出现的频率为 $1/n$。将函数 $F_n(x)$ 用直方图绘出,得到了待求总体分布函数的一个近似,若子样观测值的数量 n 增大,将出现一条与总体分布曲线更加接近的曲线,如图 2.1 所示。这种阶梯形曲线所表现的函数 $F_n(x)$ 称为经验分布函数,将以概率为 1 收敛于总体分布函数 $F(x)$。

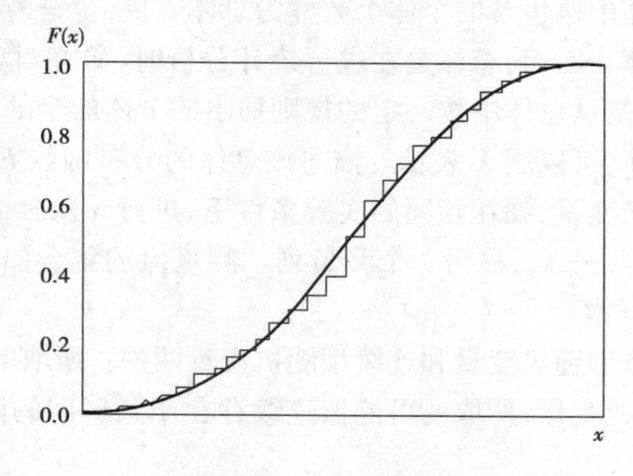

图 2.1 经验分布函数

对于连续总体分布的描述工具是分布函数 $F(x)$ 或者概率密度函数 $f(x)$,由于总体分布的未知性,$F(x)$ 或 $f(x)$ 的精确表达式也是未知的。下面介绍直方图和经验分布函数来推断 $F(x)$ 或 $f(x)$。

设 $x_1, x_2, \cdots, x_n$ 是总体 X 的样本观察值,将坐标轴分为若干小区间,记下观察值落在每个小区间中的个数,根据大数定律中频率近似原理,从这些个数来推断总体在每个小区间的密度。具体方法如下:

①找出 $x_{(1)} = \min\limits_{1 \leqslant i \leqslant n} x_i, x_{(n)} = \max\limits_{1 \leqslant i \leqslant n} x_i$,取 a 略小于 $x_{(1)}$,b 略大于 $x_{(n)}$。

②将 $[a, b]$ 分成 m 个小区间,$m < n$ 小区间长度可以不等,设分点为:

$$a = t_0 < t_1 < \cdots < t_m = b$$

在分小区间时,每个小区间都有观察值。

③记n_j 为落在小区间$(t_{j-1},t_j]$中观察值的个数(频数),计算频率 $f_j=\frac{n_j}{n}$,列表分别记下各小区间的频数、频率。

④在直角坐标系的横轴上,标出 $t_0,t_1,\cdots,t_m$ 各点,分别以$(t_{j-1},t_j]$为底边,作高为$f_j/\Delta t_j$的矩形,$\Delta t_j=t_j-t_{j-1},j=1,2,\cdots,m$,即得直方图(图 2.2)。

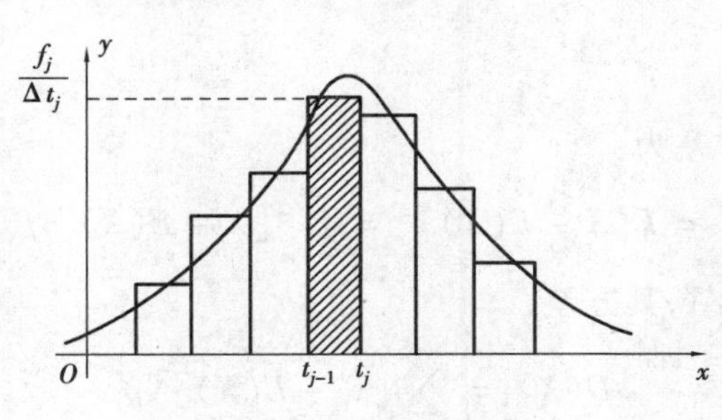

图 2.2　直方图

直方图对应的分段函数

$$p_n(x)=\frac{f_j}{\Delta t_j}\qquad (x\in(t_{j-1},t_j],j=1,2,\cdots,m)$$

有

$$P\{X\in(t_{j-1},t_j]\}=\int_{t_{j-1}}^{t_j}f(x)\mathrm{d}x=f_i=p_n(x)\Delta t_j\qquad(j=1,2,\cdots,m)$$

即有 $\int_{t_{j-1}}^{t_j}f(x)\mathrm{d}x\approx p_n(x)\Delta t_j\qquad(j=1,2,\cdots,m)$

$$p_n(x)\approx f(x)$$

Δt_j 越小,近似程度越高。

这样样本容量 n 无穷大,$\Delta t_j\to 0(j=1,2,\cdots,m)$直方图的阶梯形折线无限接近于密度曲线。

2.2　随机变量的数字特征

对于随机变量,可以用理论分布完整地描述其特征,然而在实际工程中,一方面随机变量 X 的概率分布不易得知;另一方面有些场合并不要求用概率分布来描述随机变量,只需知道随机变量变化值的集中位置和离散程度即可。本小节简要介绍随机变量的数字特征。

2.2.1　期望值与方差

1)数学期望

定义随机变量 X 的数学期望为:

$$E(x)=\int_{-\infty}^{\infty}Xf(x)\mathrm{d}X\tag{2.4}$$

显然,数学期望对于峰面对称的密度函数来说,就是曲线峰值的位置。

对于离散型随机变量 X,数学期望:

$$E(x) = \sum_{i=1}^{n} x_i P(X = x_i) = \sum_{i=1}^{n} x_i P_i \tag{2.5}$$

由定义可知,数学期望为随机变量的值以其相应概率的加权平均值。

2)*方差*

定义随机变量 X 的方差为:

$$D(X) = E[X - E(X)]^2 = \int_{-\infty}^{\infty} [X - E(X)]^2 f(X) \mathrm{d}X \tag{2.6}$$

对于离散型随机变量 X,其方差:

$$D(X) = \sum_{i=1}^{n} [x_i - E(X)]^2 p_i \tag{2.7}$$

方差的平方根称为标准差或均方差,记为:

$$\sigma = \sqrt{D(x)} \tag{2.8}$$

从方差定义可以看出,它是随机变量 $Y = [X - E(X)]^2$ 的数学期望。对于确定的分布,$E(X)$ 是确定的,因而,方差是反映 X 与 $E(X)$ 偏离程度的变量 Y 的期望值,是描述随机变量 X 分散性的特征参数。

2.2.2 变异(变差)系数

从方差是以随机变量的数学期望为标准,是有量纲的。为了克服量纲不同,不便于方差比较的弊端,引出一个无量纲的变异系数,定义为:

$$C_V = \frac{\sqrt{D(x)}}{E(x)} \tag{2.9}$$

用以描述随机变量 X 的相对离散程度。

2.2.3 矩

随机变量 X 对 c 的 k 阶矩记为 $E(X-c)^k$,定义为:

$$\mu_k(c) = E(X-c)^k \tag{2.10}$$

式中 c——任意常数;

k——任意正整数。

当 $c=0$ 时,称为原点矩,以 ν_k 表示 k 阶原点矩。

当 $c=E(x)$ 时,称为中心矩,以 μ_k 表示 k 阶中心矩。

2.2.4 协方差

把 $E\{[X-E(X)][Y-E(Y)]\}$ 定义为随机变量 X 与 Y 的协方差,记为 $\mathrm{Cov}(X,Y)$,即 $\mathrm{Cov} = E\{[X-E(X)][Y-E(Y)]\}$。

由方差和数学期望性质有等式

$$\mathrm{Cov}(X,Y)=\int_{-\infty}^{+\infty}\int_{-\infty}^{+\infty}(x-E(X))(y-E(Y))f(x,y)\mathrm{d}x\mathrm{d}y \tag{2.11}$$

$$D(X+Y)=D(X)+D(Y)+2\mathrm{Cov}(X,Y) \tag{2.12}$$

$$\mathrm{Cov}(X,Y)=E(XY)-E(X)E(Y) \tag{2.13}$$

协方差具有下述性质：

①$\mathrm{Cov}(X,Y)=\mathrm{Cov}(Y,X)$。

②$\mathrm{Cov}(aX,bY)=ab\mathrm{Cov}(X,Y)$。

③$\mathrm{Cov}(X_1+X_2,Y)=\mathrm{Cov}(X_1,Y)+\mathrm{Cov}(X_2,Y)$。

2.2.5　数字特征性质

1)随机变量

①随机变量的常数倍，其数学期望为原期望值的常数倍。

$$E(cX)=cE(X)$$

②X,Y 为两个相互独立的随机变量，则有：

$$E(X+Y)=E(X)+E(Y)$$

③X,Y 为两个相互独立的随机变量，则有：

$$E(XY)=E(X)E(Y)$$

2)方差

①常数的方差为 0，即

$$D(c)=0$$

②随机变量的常数倍，其方差为随机变量 X 方差与常数平方之积。$D(cX)=c^2D(X)$。

③X,Y 两个相互独立的随机变量，则 $D(X+Y)=D(X)+D(Y)$。

④X,Y 两个任意的随机变量，则 $D(X\pm Y)=D(X)+D(Y)\pm 2COV(X,Y)$。

其中，为 X,Y 的协方差，可以表示为：

$$COV(X,Y)=E\{[X-E(X)][Y-E(Y)]\} \tag{2.14}$$

2.3　常见的分布形式

正态分布是一种连续型随机变量的分布，是一种特别重要的分布。实验观测值的偶然误差服从正态分布。基于标准正态分布构造的 3 个著名统计量在实际问题中有着广泛的应用，被称为统计学中的“三大抽样分布”。

2.3.1　正态分布

正态分布又称高斯分布，其概率密度函数定义为：

$$f(x)=\frac{1}{\sqrt{2\pi}\sigma}\exp\left[-\frac{1}{2}\left(\frac{x-\mu}{\sigma}\right)^2\right]\qquad(-\infty<x<\infty)\tag{2.15}$$

有两个参数,数学期望μ和方差σ^2($\sigma>0$)。当随机变量X服从数学期望μ和方差σ^2的正态分布时,常用$X\sim N(\mu,\sigma^2)$来表示。对于随机变量$X\sim N(\mu,\sigma^2)$的正态变量x作$u=\dfrac{X-\mu}{\sigma}$的变换,就可以得到标准正态分布$\mu\sim N(0,1)$。利用数学上已经计算好的标准正态分布数值表,可以得出任意正态分布数值。

正态分布概率密度曲线具有以下几个特征:

①单峰性。

②对称性。

③X在$\pm\sigma$处存在拐点。

④当$X\to\pm\infty$,$f(x)\to 0$。当$X\sim N(\mu,\sigma^2)$时,x落在$[\mu-\gamma\sigma,\mu+\gamma\sigma]$的概率不同参数值的正态分布概率密度曲线如图2.3所示,可以利用公式及正态分布表得到。

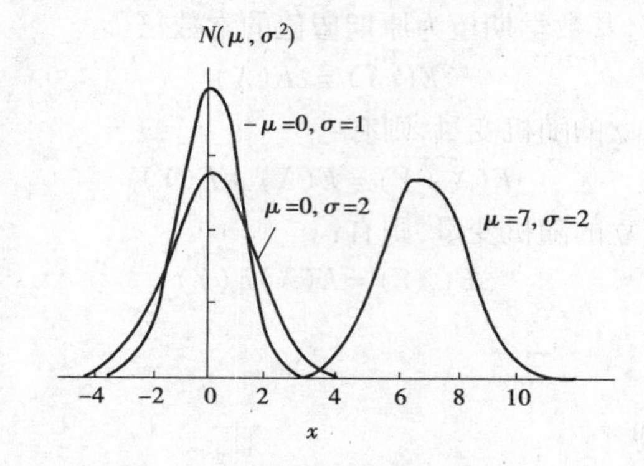

图2.3　不同参数值的正态分布概率密度曲线

2.3.2　χ^2分布

χ^2分布是由海尔墨特(Hermert)和卡尔·皮尔逊(Karl Pearson)分别于1875年和1900年推导出来的。

设随机变量$X_1,X_2,\cdots,X_n$相互独立,且都服从标准正态分布$N(0,1)$,则称随机变量

$$\chi^2=X_1^2+X_2^2+\cdots+X_n^2\tag{2.16}$$

服从自由度为n的χ^2分布,记为$\chi^2\sim\chi^2(n)$。这里自由度n可以理解为式(2.16)中相互独立的标准正态分布的个数。

用概率论知识,可以求出χ^2的密度函数为:

$$f(x)=\begin{cases}\dfrac{1}{2^{\frac{n}{2}}\Gamma\left(\dfrac{n}{2}\right)}e^{-\frac{x}{2}}x^{\frac{n}{2}-1},x>0\\0,x\leqslant 0\end{cases}\tag{2.17}$$

式中,$\Gamma\left(\dfrac{n}{2}\right)$是伽马函数$\Gamma(x)=\int_0^{\infty}t^{x-1}\,e^{-t}dt$在$x=\dfrac{n}{2}$处的值,密度曲线如图2.4所示。

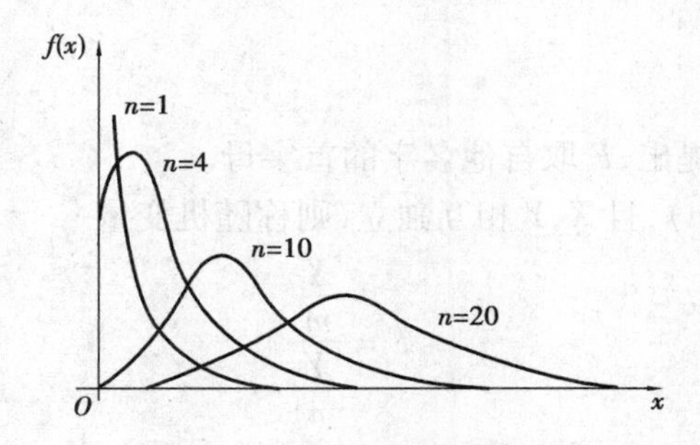

图 2.4　χ^2 分布密度曲线图

2.3.3　t 分布

设随机变量 $X \sim (0,1)$，$Y \sim \chi^2(n)$，且 X 与 Y 相互独立，则随机变量

$$T = \frac{X}{\sqrt{\frac{Y}{n}}} \tag{2.18}$$

服从自由度为 n 的 t 分布，记为 $T \sim t(n)$。

其密度函数为：

$$f(x) = \frac{\Gamma\left(\frac{n+1}{2}\right)}{\sqrt{n\pi}\,\Gamma\left(\frac{n}{2}\right)}\left(1+\frac{x^2}{n}\right)^{-\frac{n+1}{2}} \tag{2.19}$$

这是一个偶函数，图形关于 y 轴对称，如图 2.5 所示。

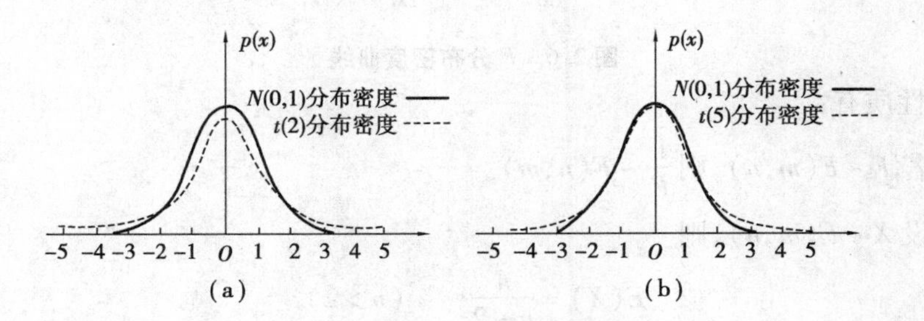

图 2.5　t 分布与标准分布密度曲线

下面给出 t 分布的性质。

性质 1　设 $T \sim t(n)$，当 $n>2$ 时，$ET=0$，$DT=\frac{n}{n-2}$。

性质 2　设 $f(x)$ 为 t 分布的密度函数，则 $\lim\limits_{n\to\infty} f(x)=\frac{1}{\sqrt{2\pi}}e^{-\frac{1}{2}x^2}$。

此性质说明，当 $n\to+\infty$ 时，t 分布的极限是标准正态分布。在实际应用中，一般，当 $n>30$ 时，t 分布与标准正态分布非常接近，但对较小的 n，两者有较大的差异，t 分布与标准正态分布的期望相同都为 0，但 t 分布的方差比标准正态分布的方差大，因此，t 分布的取值要分散一些。t 分布又称学生分布。

2.3.4 F 分布

F 分布是费希尔首先提出，F 取自他名字的首字母。

设 $X \sim \chi^2(m)$，$Y \sim \chi^2(n)$，且 X,Y 相互独立，则称随机变量

$$F = \frac{\dfrac{X}{m}}{\dfrac{Y}{n}} \tag{2.20}$$

服从自由度为(m,n)的 F 分布，记为 $F \sim F(m,n)$。

其密度函数为：

$$f(x) = \begin{cases} \dfrac{\Gamma\left(\dfrac{m+n}{2}\right)\left(\dfrac{m}{n}\right)^{\frac{m}{2}}}{\Gamma\left(\dfrac{m}{2}\right)\Gamma\left(\dfrac{n}{2}\right)} x^{\frac{m}{2}-1}\left(1+\dfrac{m}{n}x\right)^{-\frac{m+n}{2}}, x>0 \\ 0, x \leqslant 0 \end{cases} \tag{2.21}$$

密度分布曲线如图 2.6 所示。

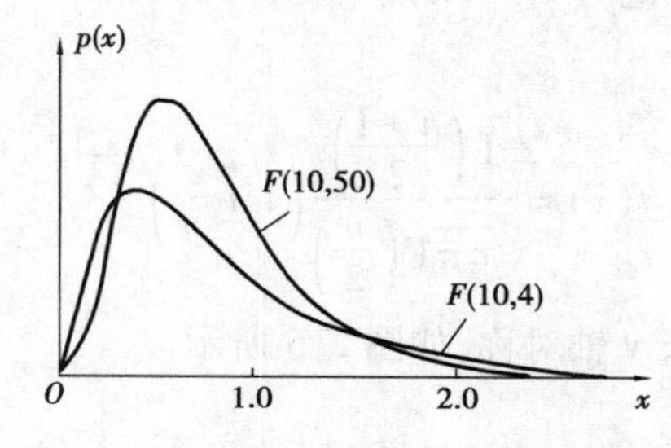

图 2.6　F 分布密度曲线

F 分布的性质有：

性质 1　若 $F \sim F(m,n)$，则 $\dfrac{1}{F} \sim F(n,m)$。

性质 2　设 $X \sim F(m,n)$，则

$$E(X) = \frac{n}{n-2} \qquad (n>2)$$

$$D(X) = \frac{2n^2(m+n-2)}{m(n-2)^2(n-4)} \qquad (n>4)$$

性质 3　设 $T \sim F(m,n)$，则 $T^2 \sim F(1,n)$。

2.4 参数的点估计

实际问题总是认为总体分布形式已知，而是不知其中几个参数，因此估计问题变为如何估计这几个未知参数，分成两大类：点估计和区间估计。

设总体 X 的分布函数 $F(x,\theta)$ 形式已知，θ 为待估未知参数向量。设样本值为 $x_1, x_2, \cdots$,

x_n,其点估计就是构造一个适当的统计量$\hat{\theta}(x_1,x_2,\cdots,x_n)$作为待估未知参数,$\theta$的近似值。这里介绍经典的两种方法:矩估计方法和最大似然估计。

2.4.1　矩估计

矩估计:子样的k阶原点矩,$A_k = \frac{1}{n}\sum_{i=1}^{n} x_i^k$,总体的$k$阶原点矩$m_k$,假设$\theta = (\theta_1,\theta_2,\cdots,\theta_n)$,那么就列$L$个方程$m_k = A_k$,求解$\hat{\theta}_1$。

$$\begin{cases} \mu_1(\hat{\theta}_1,\hat{\theta}_2,\cdots,\hat{\theta}_n) = \frac{1}{n}\sum_{i=1}^{n} X_i = A_1 \\ \mu_2(\hat{\theta}_1,\hat{\theta}_2,\cdots,\hat{\theta}_n) = \frac{1}{n}\sum_{i=1}^{n} X_i^2 = A_2 \\ \vdots \\ \mu_m(\hat{\theta}_1,\hat{\theta}_2,\cdots,\hat{\theta}_n) = \frac{1}{n}\sum_{i=1}^{n} X_i^m = A_m \end{cases}$$

由上面的m个方程解出的m个未知参数$\hat{\theta}_k = \theta_k(A_1,A_2,\cdots A_m)$为参数$\theta_k(k=1,2,\cdots,m)$的矩估计量,矩估计量的观察值称为矩估计值。

2.4.2　最大似然估计法

设随机变量X,其概率密度函数为$f(X,\theta)$,θ为未知参数,$\theta\in\Theta$。现已取得X的容量为n的随机子样$(x_1,x_2,\cdots,x_n)$,定义连续型总体的似然函数为:

$$L(x_1,x_2,\cdots,x_n;\theta) = f(x_1,\theta)f(x_2,\theta)\cdots f(x_n,\theta) = \prod_{i=1}^{n} f(x_i,\theta) \tag{2.22}$$

似然函数为各个子样观测值概率密度的乘积,其中$x_1,x_2,\cdots,x_n$均为已经取得的子样值。似然函数$L(x_1,x_2,\cdots,x_n;\theta)$仅为未知参数$\theta$的函数,显然,$L(x_1,x_2,\cdots,x_n;\theta)$越大越有利于结果的发生,即$x_1,x_2,\cdots,x_n$越容易被观测到。故应选取$\hat{\theta}\in\Theta$,使$L(\theta)$最大,作为$\theta$的估计值。

即应该选取$L(x_1,x_2,\cdots,x_n;\theta)\mid_{\theta=\hat{\theta}} = \max$,称$\hat{\theta}$为参数$\theta$的最大似然估计值。也可以说,$\hat{\theta}$是子样的函数。

将上述发生概率最大的参数θ作为真实值的估计,那么就是使得似然函数$\prod_{i=1}^{n} f(x_i,\theta)$最大即可,或者$\ln[\prod_{i=1}^{n} f(x_i,\theta)] = \sum_{i=1}^{n}\ln f(x_i,\theta)$最大,记作

$$L(x_1,\cdots,x_n;\theta) = \sum_{i=1}^{n}\ln f(x_i,\theta)$$

为使得上述最大

$$L(x_1,\cdots,x_n;\hat{\theta}) = \arg\max_{\theta} L(x,\theta)$$

采取$\frac{\partial L}{\partial \theta}=0$,来求解$\hat{\theta}$参数向量。

2.4.3 估计量的评价

对于同一个未知参数,用不同的方法得到的估计量可能不同,于是提出以下问题:

①应该选用哪一种估计量?

②用何种标准来评价一个估计量的好坏?

这就涉及用什么样的标准来评价估计量的问题,下面介绍几种常用的标准。

1)无偏性

设$X_1,X_2,\cdots,X_n$是总体X的一个样本,$\theta \in \Theta$是包含在总体X的分布中的待估参数,这里Θ是θ的取值范围。

若估计量$\hat{\theta}=\hat{\theta}(X_1,X_2,\cdots X_n)$的数学期望$E(\hat{\theta})$存在,且对于任意$\theta \in \Theta$,有

$$E(\hat{\theta})=\theta \tag{2.23}$$

则称$\hat{\theta}$是θ的无偏估计量。

人们不可能要求每一次由样本得到的估计值与真值都相等,但可以要求这些估计值的期望与真值相等,这说明了无偏估计量的合理性。

在科学技术中,$E(\hat{\theta})-\theta$称为以$\hat{\theta}$作为θ的估计的系统误差,无偏估计的实际意义就是无系统误差。

例如,设总体X的数学期望$E(X)$、方差$D(X)$存在且未知,又设$X_1,X_2,\cdots,X_n$是总体X的一个样本,则

$$E(\overline{X})=E(X);E(S^2)=D(X)$$

这就是说,不论总体服从什么分布,样本均值是总体数学期望$E(X)$的一个无偏估计量;样本方差$S^2=\frac{1}{n-1}\sum_{i=1}^{n}(X_i-\overline{X})^2$是总体方差$D(X)$的无偏估计量,而估计量$\frac{1}{n}\sum_{i=1}^{n}(X_i-\overline{X})^2$却不是总体方差$D(X)$的无偏估计量,因此人们一般取样本方差$S^2$作为总体方差$D(X)$的无偏估计量。

2)有效性

如果在样本容量n相同的情况下,$\hat{\theta}_1$的观察值较$\hat{\theta}_2$的观察值更密集在真值θ的附近,那么就认为$\hat{\theta}_1$较$\hat{\theta}_2$理想。由于方差是随机变量取值与其数学期望[此时数学期望$E(\hat{\theta}_1)=E(\hat{\theta}_2)=\theta$]的偏离程度的度量,所以无偏估计量以方差小者为好,这就引出了估计量的有效性这一概念。

设$\hat{\theta}_1=\hat{\theta}_1(X_1,X_2,\cdots,X_n)$;$\hat{\theta}_2=\hat{\theta}_2(X_1,X_2,\cdots,X_n)$都是总体参数$\theta$的无偏估计量。若对于任意$\theta \in \Theta$,有$D(\hat{\theta}_1)<D(\hat{\theta}_2)$,则称$\hat{\theta}_1$较$\hat{\theta}_2$有效。

3）一致性

在无偏估计量中，人们以其方差作为衡量其最优的标准，但是无偏估计量方差不一定比有偏估计量的方差小。因此人们想从偏差性（有偏和无偏）和离散性（方差大小）两者兼顾的方式来得到估计量，就是一致性或相合性。

设$\hat{\theta}=\hat{\theta}(X_1,X_2,\cdots,X_n)$是总体参数$\theta$的无偏估计量，若对于任意的$\theta\in\Theta$，当$n\to\infty$时，$\hat{\theta}$依概率收敛于$\theta$，即$\forall\varepsilon>0,\lim\limits_{n\to\infty}P(|\hat{\theta}-\theta|\geqslant\varepsilon)=0$，则称$\hat{\theta}$是总体参数$\theta$的一致（或相合）估计量。

由大数定律可知，样本k阶矩是总体k阶矩的一致性估计量；由切比雪夫不等式可以证明。设$\hat{\theta}$是θ的无偏估计量，且$\lim\limits_{n\to\infty}D(\hat{\theta})=0$，则$\hat{\theta}$是$\theta$的一致估计量，从而矩估计法得到的估计量一般为一致估计量。

在一定条件下，最大似然估计量具有一致性。

一致性或相合性是对估计量的基本要求，若估计量不具有一致性或相合性，那么不论将样本容量n取得多么大，都不能将θ估计得足够准确，这样的估计量是不可取的。

2.5　参数的区间估计

定义：设总体X的分布函数$F(x,\theta)$含有未知参数θ，对于给定值$\alpha(0<\alpha<1)$，若由样本$(x_1,\cdots,x_n)$确定的两个统计量$\underline{\theta}$和$\overline{\theta}$，使

$$P\{\underline{\theta}<\theta<\overline{\theta}\}\geqslant 1-\alpha \tag{2.24}$$

称区间$[\underline{\theta},\overline{\theta}]$为参数$\theta$的置信区间，一个下限，一个上限，可置信水平$1-\alpha$，含义就是此区间包含真值的概率为$1-\alpha$，置信系数为$\alpha$。

【例 2.1】　母体正态分布$N(\mu,\sigma^2)$，求均值的置信水平区间$1-\alpha,\alpha=0.05$。

解：对于$\bar{x}=\dfrac{1}{n}\sum\limits_{i=1}^{n}x_i$这个无偏的最小方差估计子，将其规范化为：

$$\frac{\overline{X}-U}{\sqrt{\dfrac{\sigma^2}{N}}}\sim N(0,1)$$

那么

$$P\left\{Z_{\text{low}}\leqslant\frac{\overline{X}-u}{\sqrt{\dfrac{\sigma^2}{n}}}\leqslant Z_{\text{up}}\right\}=1-\alpha$$

区间$[Z_{\text{low}},Z_{\text{up}}]$有很多，比如

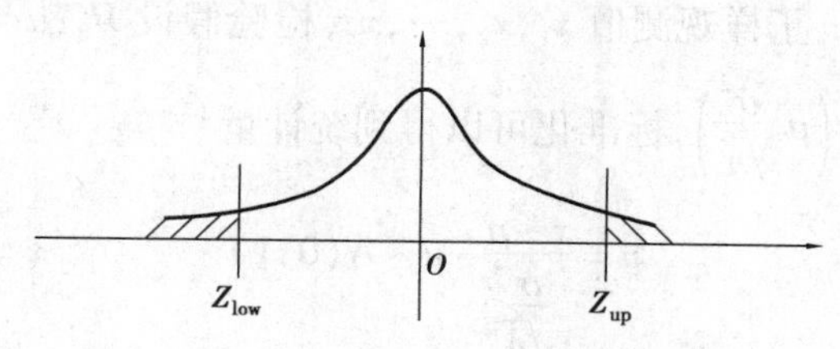

$$P\left\{-Z_{\frac{0.05}{2}} \leqslant \frac{\overline{X}-u}{\sqrt{\frac{\sigma^2}{n}}} \leqslant Z_{\frac{0.05}{2}}\right\}=1-0.05 \quad [-1.96,1.96] \text{ 长度 } 3.92$$

$$P\left\{-Z_{0.04} \leqslant \frac{\overline{X}-u}{\sqrt{\frac{\sigma^2}{n}}} \leqslant Z_{0.01}\right\}=1-0.05 \quad [-1.75,2.33] \text{ 长度 } 4.08$$

两种都满足，这里$[Z_{\text{low}}, Z_{\text{up}}]$就是前面的上$\alpha$分位，可以查表。但是还是第一种对称的区间长度小，精确度高，所以用第一种。

当方差未知，则用估计量代替方差，$\frac{\overline{X}-u}{\sqrt{S_n^{2*}/n}} \sim t(n-1)$，那么去查$t$分布表。

当方差未知，方差的置信区间$\frac{n-1}{\sigma^2}S_n^{2*} \sim \chi^2(n-1)$，查卡方分布表，由于分布不对称，那么区间为$[\chi^2_{1-\alpha/2}(n-1), \chi^2_{\alpha/2}(n-1)]$。

对于两种母体的分布形式，在数理统计书籍中有相关统计量及其查阅方法。还有就是单侧置信区间的$[\underline{\theta}, \infty]$和$[-\infty, \overline{\theta}]$两种，不外乎也是查表。

2.6 参数假设检验

用子样观测值推断总体的参数特征属于统计推断的范畴，包括两方面的内容：参数估计和统计检验。

由于实验研究工作的需要，往往先要对总体的某一统计特征进行假定，之后利用反复观测的子样数据，根据概率统计进行计算，以判断假设是否成立，这就是统计检验或假设检验。

2.6.1 u检验

u检验是一般用于大样本（即样本容量大于30）平均值差异性检验的方法。它是用标准正态分布的理论来推断差异发生的概率，从而比较两个平均数的差异是否显著。

当已知标准差时，验证一组数的均值是否与某一期望值相等时，用u检验。另外，对于u检验国外的统计学教材大多采用Z检验的说法。而国内统计学书籍，大多采用u检验。

1）总体均值的一致性检验

（1）双边检验

设总体$X \sim N(\mu_0, \sigma_0^2)$，子样观测值$x_1, x_2, \cdots, x_n$，检验假设$H_0: \mu=\mu_0$（$\mu_0$为已知常数），子样均值服从正态分布$\bar{x} \sim N\left(\mu, \frac{\sigma^2}{\sqrt{n}}\right)$，标准化可以得到统计量

$$u=\frac{x-\mu}{\frac{\sigma}{\sqrt{n}}},\ u \sim N(0,1) \tag{2.25}$$

对于给定的信度 α，可根据正态分布密度函数，查到 $C_{\frac{\alpha}{2}}$，使：

$$P(|u| \geqslant C_{\frac{\alpha}{2}}) = \alpha \tag{2.26}$$

子样观测值计算 u_0，如有 $|u_0| < C_{\frac{\alpha}{2}}$，则接受原假设检验，否则拒绝。

在实际检验中，人们往往感兴趣的是在采用新工艺或新参数配比后，总体的均值有显著增大，例如相变材料的强度、产品的使用寿命、空调设备的效率等指标无疑是越高越好的，而成本、原料消耗等指标应尽可能地小一些，这一类问题的处理涉及单边检验。

(2)右边检验

在这种情况下，将检验新的总体均值 μ 是否比原总体均值 μ_0 大，即在显著水平 α 下，检验假设 $H:\mu \geqslant \mu_0$，当 $u = \dfrac{\bar{x} - \mu}{\dfrac{\sigma_0}{\sqrt{n}}} > u_0$ 时接受假设，反之否定原假设，此时认为总体均值 μ 比原均值 μ_0 显著地增大了。

(3)左边检验

同样，在显著水平 α 下，将检验新的总体均值 μ 是否比原总体均值 μ_0 小，即在显著水平 α 下，检验假设 $H:\mu \leqslant \mu_0$，当 $u = \dfrac{\bar{x} - \mu}{\dfrac{\sigma_0}{\sqrt{n}}} < u_0$ 时接受假设，反之否定原假设，此时认为总体均值 μ 比原均值 μ_0 显著地减小了。

2)两个总体均值的一致性检验

u 检验可以来检验两个遵守正态分布，标准偏差不相等的总体均值是否有显著性差异，即检验假设 $H:\mu_1 = \mu_2$。

设两总体为 $X_1 \sim N(\mu_1, \sigma_1^2)$ 和 $X_2 \sim N(\mu_2, \sigma_2^2)$，已知 σ_1^2, σ_2^2，检验假设 $H_0:\mu_1 = \mu_2$。

分别取来自两个总体的容量为 n_1 和 n_2 的子样，子样平均值 $\bar{x}_1, \bar{x}_2$，其 u 值计算公式为：

$$u = \frac{\bar{x}_1 - \bar{x}_2}{\sqrt{\dfrac{\sigma_1^2}{n_1} + \dfrac{\sigma_2^2}{n_2}}}$$

在显著水平 α 下，检验 $|u| > u_{\frac{\alpha}{2}}$ 时，否定假设 $H:\mu_1 = \mu_2$，即认为两总体均值存在显著性差异。同样也可以对 μ_1 和 μ_2 进行单侧检验。

右边 u 检验：原假设 $\mu_1 \leqslant \mu_2$，当 $u > u_\alpha$ 时否定原假设。

左边 u 检验：原假设 $\mu_1 \geqslant \mu_2$，当 $u < -u_\alpha$ 时否定原假设。

2.6.2　t 检验

t 检验也称 Student t 检验(Student' s t test)，主要用于样本含量较小(如 $n<30$)，总体标准差 σ 未知的正态分布检验。

设总体 $X \sim N(\mu, \sigma^2)$，σ 未知，子样观测值 $x_1, x_2, \cdots, x_n$，检验假设 $H_0:\mu = \mu_0$(μ_0 为已知常数)。

总体标准差未知，只能用子样标准差取代，将统计量定义为：

$$t=\frac{\bar{x}-\mu}{\frac{S}{\sqrt{n}}} \tag{2.27}$$

若 H_0 成立,则 t 分布服从自由度为 $n-1$ 的 t 分布,按给定的置信度 α,可以查出 $t_{\alpha/2}$,使

$$P(|t|>t_{\alpha/2})=\alpha$$

由子样计算得到的统计量 $|t|>t_{\alpha/2}$ 时,否定原假设,否则接收。同样可以用 t 检验来判断两个正态总体的均值的差。

设两总体为 $X_1\sim N(\mu_1,\sigma_1^2)$ 和 $X_2\sim N(\mu_2,\sigma_2^2)$,已知 $\sigma_1^2=\sigma_2^2=\sigma^2$,但数值未知,需要检验假设 $H_0:\mu_1=\mu_2$。

因总体方差未知,故用子样方差的加权平均值取代:

$$S^2=\frac{(n_1-1)S_1^2+(n_2-1)S_2^2}{(n_1-1)+(n_2-1)}=\frac{\sum_{i=1}^{n_1}(x_{1i}-\bar{x}_1)^2+\sum_{i=1}^{n_2}(x_{2i}-\bar{x}_2)^2}{n_1+n_2-2}$$

作统计量

$$t=\frac{\bar{x}_1-\bar{x}_2}{\sqrt{\frac{(n_1-1)S_1^2+(n_2-1)S_2^2}{n_1+n_2-2}}\cdot\sqrt{\frac{1}{n_1}+\frac{1}{n_2}}} \tag{2.28}$$

若原假设 H_0 成立,可以证明,统计量 t 服从自由度为 n_1+n_2-2 的 t 分布,因此给定置性度 α 下进行 t 检验。

在显著水平下,按照总自由度 $f=n_1+n_2-2$ 及 α 查 t 分布表(附录4),确定拒绝域临界点 $t_{\alpha/2}(n_1+n_2-2)$,当 $|t|>t_{\alpha/2}(n_1+n_2-2)$ 时,否定假设 $H_0:\mu_1=\mu_2$,进行单边检验的方法和步骤同 u 检验法。

如果 n_1 和 n_2 都比较大,则可以用下式近似计算统计量 t:

$$t=\frac{\bar{x}_1-\bar{x}_2}{\sqrt{\frac{s_1^2}{n_2}+\frac{s_2^2}{n_1}}} \tag{2.29}$$

这里的 n_1 和 n_2 不一定相等,但最好不要相差太大,在显著性水平 α 下,当 $|t|>t_{\alpha/2}(n_1+n_2-2)$ 时,否定假设。

2.6.3 χ^2 检验

当需要检验总体方差时,则应利用 χ^2 分布的统计量。

设总体 $X\sim N(\mu,\sigma^2)$,μ,σ^2 均未知,子样观测值 $x_1,x_2,\cdots,x_n$,检验假设 $H_0:\sigma=\sigma_0$(σ_0 为已知常数)。

总体标准差 σ 未知,只能用子样标准差 S 取代,被检验假设 $H_0:\sigma=\sigma_0$ 也可以写作 $\frac{\sigma}{\sigma_0}=1$,这样被检验假设可化为检验 $\frac{S}{\sigma_0}$ 是否接近 1 的问题,于是统计量定义为:

$$\chi^2=\frac{\sum_{i=1}^{n}(x_i-\bar{x})^2}{\sigma_0^2}=\frac{(n-1)S^2}{\sigma_0^2} \tag{2.30}$$

公式的比值具有上限和下限,查表时应注意使 χ^2 满足:

$$P[\chi^2 > \chi^2_{\frac{\alpha}{2}}] = \frac{\alpha}{2} \tag{2.31}$$

$$P[\chi^2 < \chi^2_{1-\frac{\alpha}{2}}] = \frac{\alpha}{2} \tag{2.32}$$

这是因为若假设 H_0 成立,值必定在上限和下限值之间,否则即舍弃原假设 H_0。

2.6.4 F 检验

F 检验用于检验二项正态总体方差的齐性。

设二项正态总体 $X_1 \sim N(\mu_1, \sigma_1^2)$ 和 $X_2 \sim N(\mu_2, \sigma_2^2)$,其中 $\mu_1, \mu_1, \sigma_1, \sigma_2$ 均未知。若已知两个总体的子样分别为 $x_{11}, x_{12}, \cdots, x_{1n}$ 和 $x_{21}, x_{22} \cdots, x_{2m}$,要求检验假设 $H_0: \sigma_1 = \sigma_2$。

由于 σ_1, σ_2 均未知,若判断 $\sigma_1 = \sigma_2$,只能用二子样方差取代,问题归结为比较 S_1^2/S_2^2 的问题,所以应从 S_1^2/S_2^2 出发就构造统计量:

$$F = \frac{S_1^2}{S_2^2} \tag{2.33}$$

F 服从第一自由度为 $n-1$,第二自由度为 $m-1$ 的 F 分布,记作 $F \sim F(n-1, m-1)$。

按照给定的置信度 α,根据自由度 $(n-1, m-1)$,可以通过查表查出上限值,使

$$P(F > F_{\frac{\alpha}{2}}) = \frac{\alpha}{2}$$

查下限时,

$$P(F < F_{1-\frac{\alpha}{2}}) = \frac{\alpha}{2}$$

$F_{1-\frac{\alpha}{2}}$ 不能直接提供,需做变换,使

$$P(F < F_{1-\frac{\alpha}{2}}) = P\left(\frac{1}{F} > \frac{1}{F_{1-\frac{\alpha}{2}}}\right)$$

$\frac{1}{F} \sim F(m-1, n-1)$,查表得到 $\frac{1}{F_{1-\frac{\alpha}{2}}}$,即可得出 $F_{1-\frac{\alpha}{2}}$ 值。

2.7 非参数假设检验

非参数假设检验的特点:

①资料的总体分布类型未知。

②资料的总体分布类型已知,但不符合正态分布。

③某些变量可能无法精确测量。

④方差不齐。

此小节仅介绍非参数假设检验中的秩和检验。

秩和检验主要用于检验两个总体分布是否相同,或者对同一总体的两组测量值,有无系统误差的影响。秩和检验法不要求提供成对的两组数据。

设对同一物理量进行两组测量结果为：$x_1, x_2, \cdots, x_{n1}$和$y_1, y_2, \cdots, y_{n2}$，将测量值混合并按由小到大的次序重新排列，以两组中个数较少的一组为准，将其重新排列的名次(秩)相加，即为秩和，记作 T。以样本含量较小组的个体数 n_1、两组样本含量之差 $n_2 - n_1$ 及 T 值，按给定置信度 α，查检验界值表，查得 T_1 和 T_2，若有：

$$T_1 < T < T_2$$

则两组测量值无系统误差，或总体分布相同。

【例 2.2】 测试同一物理量，两组数据为：

A：14.7，14.8，15.2，15.6，15.4

B：14.6，15.0，15.2，15.3

判断两组数据有无系统误差。

解：将两组数据从小到大混合排列，见表 2.1。

表 2.1 从小到大混合排列两数据

秩	1	2	3	4	5.5		7	8	9
A		14.7	14.8		15.2			15.4	15.6
B	14.6			15.0		15.2	15.3		

两组数据相比，B 组仅有 4 个数据，比 A 组少，故计算 B 组得秩和

$$T = 1 + 4 + 5.5 + 7 = 17.5$$

根据$n_1 = 4, n_2 = 5$，按给定置信度 $\alpha = 0.05$，查得 $T_1 = 13, T_2 = 27$。

显然

$$13 < 17.5 < 27$$

两组数据无系统误差影响。

随机实验的结果很多可以用数来表示，另外有一些实验结果虽然是定性的，但也可以量化。

从总体中抽取一个个体，就是对总体 X 进行一次观察并记录其结果。在相同条件下对总体 $X_1, X_2, \cdots, X_n$ 是对随机变量 X 观察的结果，且各次观察是在相同条件下独立进行的，所以有理由认为 $X_1, X_2, \cdots, X_n$ 是相互独立的，并且是与 X 具有相关分布的随机变量。$X_1, X_2, \cdots, X_n$ 称为总体 X 的一个简单随机样本。

当 n 次观察一经完成，就得到一组实数 $x_1, x_2, \cdots, x_n$，它们依次是随机变量 $X_1, X_2, \cdots, X_n$ 的观察值，称为样本值。

将样本看作随机向量，写成$(X_1, X_2, \cdots, X_n)$，相应地样本值写成$(x_1, x_2, \cdots, x_n)$。如果$(x_1, x_2, \cdots, x_n)$都是相应于样本$(X_1, X_2, \cdots, X_n)$的样本值，一般来说它们是不同的。

若总体 X 的分布函数为 $F(X)$，则样本$(X_1, X_2, \cdots, X_n)$的分布函数为：

$$F^*(x_1, x_2, \cdots, x_n) = \prod_{i=1}^{n} F(x_i) \tag{2.34}$$

若总体 X 的概率密度为$f(x)$，则样本$(X_1, X_2, \cdots, X_n)$的概率密度为：

$$f^*(x_1, x_2, \cdots, x_n) = \prod_{i=1}^{n} f(x_i) \tag{2.35}$$

若总体 X 的分布率为 $P(x)$,则样本$(X_1,X_2,\cdots,X_n)$的联合分布率为:

$$P^*(x_1,x_2,\cdots,x_n) = \prod_{i=1}^{n} P(x_i) \tag{2.36}$$

一般来说,对于有限总体,采用放回抽样就能得到简单随机样本,但放回抽样使用起来不方便,常用不放回抽样代替,而代替的条件是"总体中个体总数/样本容量"不小于10%。

设 $X_1,X_2,\cdots,X_n$ 是来自总体 X 的样本,常用统计量如下:

(1)样本均值

$$\overline{X} = \frac{1}{n}\sum_{i=1}^{n} X_i \tag{2.37}$$

样本均值反映了总体 X 的期望信息。

(2)样本方差

$$S^2 = \frac{1}{n-1}\sum_{i=1}^{n}(X_i-\overline{X})^2 = \frac{1}{n-1}\sum_{i=1}^{n}(X_i^2-n\overline{X}^2) \tag{2.38}$$

样本方差 S^2 或记为 S_n^2。为了消除样本方差与总体量纲的差别,通常取 $S=\sqrt{S^2}$,称 S 为样本标准差。样本标准差与总体量纲一致,样本方差描述了样本的离散程度,反映了总体 X 的方差信息。

在上述定义中,$\sum_{i=1}^{n}(X_i-\overline{X})^2$ 为偏差平方和,$n-1$ 称为偏差平方和的自由度,其含义是在 X 确定后,n 个偏差 $X_i-\overline{X}(i=1,2,\cdots,n)$ 中,只有 $n-1$ 个可以自由变动,n 个数之间有一个约束条件 $\sum_{i=1}^{n}(X_i-\overline{X})=0$。

习题 2

2.1　设有两个随机变量 X_1,X_2,其观测值如下:

X_1	0	1	3	6	8
X_2	4	4	3	2	0

(1)求均值 $E(X_1)$ 及方差 $D(X_1)$ 的估计。

(2)求协方差 $\mathrm{Cov}(X_1,X_2)$ 及相关系数 $\mathrm{corr}(X_1,X_2)$ 的估计。

2.2　某工厂生产的固定燃料推进器的燃烧率服从正态分布 $N(\mu,\sigma^2)$,$\mu=40$ cm/s,$\sigma=2$ cm/s,现在用新方法生产了一批推进器,从中随机取 $n=25$ 只,测得燃烧率的样本均值 $\bar{x}=41.25$ cm/s,设在新方法下总体均方差仍为 2 cm/s,问这批推进器的燃烧率是否较以往生产的推进器的燃烧率有显著提高?取显著性水平 $\alpha=0.05$。

2.3　用一仪器间接测量温度 5 次:1 250,1 265,1 245,1 260,1 275(℃),而用另一种精密仪器测得该温度为 1 277 ℃(可看作真值),问用此仪器测温度有无系统偏差(测量的温度服从正态分布)?

2.4　为确定某气体中的CO浓度，取样得4个独立测定值的平均值 $\bar{x}=8.43\%$，样本标准差 $S=0.03\%$，并设被测总体近似地服从正态分布，求 σ^2 的 $100(1-\alpha)\%$ 置信区间及 σ 的 $100(1-\alpha)\%$ 置信区间（$\alpha=0.05$）（χ^2 分布）。

2.5　设正态总体 $N(\mu_1,\sigma_1^2)$ 和 $N(\mu_2,\sigma_2^2)$ 的参数都未知。现得到它们的两个相互独立样本。$N(\mu_1,\sigma_1^2)$ 的样本容量为11，样本方差为5.35；$N(\mu_2,\sigma_2^2)$ 的样本容量为9，样本方差为7.35。试求二总体方差比的95%置信区间（F 分布）。

2.6　对于均值 μ，方差 $\sigma^2\geqslant 0$ 都存在的总体，证明若 μ,σ^2 均未知，则 σ^2 的估计量 $\hat{\sigma}^2=\frac{1}{n}\sum_{i=1}^{n}(X_i-X)^2$ 是有偏的[即不是无偏估计]，而 $S^2=\frac{1}{n-1}\sum_{i=1}^{n}(X_i-\overline{X}^2)$ 是无偏的。

2.7　某厂生产一批产品，其长度 $X\sim N(\mu,0.09)$ 随机抽得4个样品，独立观察值为(cm)

12.6，13.4，12.8，13.2

求 X 的均值 μ 的95%置信区间。

2.8　设总体 X 的概率密度函数为

$$f(x;\theta)=\begin{cases}\theta\,\mathrm{e}^{-\theta x} & x\geqslant 0\\ 0 & x<0\end{cases}$$

其中 $\theta>0$ 是参数。从总体 X 中抽取容量为10的样本，得数据如下：

1 050　1 100　1 080　1 200　1 300　1 250　1 340　1 060　1 150　1 150

试用最大似然法估计参数 θ 的值。

2.9　某卷烟厂生产两种香烟。化验室分别对两种烟的尼古丁含量作6次测量，结果为：

甲：25 28 23 27 29 24

乙：28 25 30 35 23 27

若香烟尼古丁含量服从正态分布。试问这两种香烟尼古丁含量是否有显著性差异（$\alpha=0.05$）？

2.10　糖厂用自动化包装机装糖，假设每袋糖的净重服从正态分布，规定每袋标准质量为500 g，方差 $\sigma^2\leqslant 100\ g^2$，开工后要按时检查机器是否正常工作，一次从装好的糖中随机抽取16袋，测得净重的平均值为502 g，样本标准差 $S=12$ g，问在显著性水平 $\alpha=0.05$ 时，能否认为包装机工作是正常的。

第3章 误差分析

任何科学发现和新理论的创立都是在大量科学实验基础上完成的。所谓科学实验从本质来说需要在受控条件下,对某些变量进行测量。可以说,科学是从测量开始的,是对自然界所发生的量变现象的研究。由于受认识能力与科学水平的限制,实验和测量得到的数值和它客观真实值并非完全一致,这种矛盾在数值上表现为误差。人们经过长期的观察和研究,已经证实误差产生有必然性,即测量结果都有误差,误差自始至终存在于一切科学实验和测量中。

在科学研究和实际生产中,通常需要对测量误差进行控制,使其限制在一定的范围内,并需要知道所获得的数值的误差大体是多少。因此,一个科学的测量结果不仅要给出其数值的大小,同时要给出其误差范围。测量与实验水平的提高,必将推动科学与技术的发展。

研究影响测量误差的各种因素,以及测量误差的内在规律,其目的是科学地利用数据信息、合理地设计实验、尽量减少误差的产生,以期得到更接近于客观真实值的实验结果。

3.1 物理量的测量方法与测量误差

3.1.1 测量的定义及分类

1)测量的定义

人们通过对客观事物大量的观察和测量,形成了定性和定量的认识,通过归纳、整理建立了各种定理和定律,而后又通过测量来验证这些认识、定理和定律是否符合实际情况,经过如此反复实践,逐步认识事物的客观规律,并用以解释和改造世界。

测量是按照某种规律,用数据来描述观察到的现象,即对事物做出量化描述。测量是对非量化实物的量化过程。可以说,测量是人类认识和改造世界的一种不可缺少和替代的手段。它是以确定被测物属性量值为目的的一组操作。通过测量和试验能使人们对事物获得定性或定量的概念,并发现客观事物的规律性。广义地讲,测量是对被测量进行检出、变换、分析、处理、判断、控制等的综合认识过程。据国际通用计量学基本名词推荐:测量是以确定量值为目的的一组操作,这种操作就是测量中的比较过程——将被测参数的量值与作为单位的标准量进行比较,比出的倍数即为测量结果。

测量是以同性质的标准量与被测量比较,并确定被测量相对标准量的倍数(标准量应该

是国际上或国家所公认的性能稳定量值)。测量的定义也可用公式来表示:

$$L = \frac{X}{U} \tag{3.1}$$

式中 X——被测量;

U——标准量(测量单位);

L——比值,又称测量值。

由式(3.1)可见 L 的大小随选用的标准量的大小而定。为了正确反映测量结果,常需在测量值的后面标明标准量 U 的单位。例如,长度的被测量为 X,标准量 U 的单位采用国际单位制——米,测量的读数为 L(m)。

测量过程中的关键在于被测量和标准量的比较。有些被测量与标准量是能直接进行比较而得到被测量的量值,例如,用天平测量物体的质量。但被测量和标准量能直接比较的情况并不多。大多数被测量和标准量都需要变换到双方都便于比较的某一个中间量才能进行比较,例如用水银温度计测量水温时,水温被变换成玻璃管内水银柱的高度,而温度的标准量被变换为玻璃管上刻度,两者的比较被变换成为玻璃管内水银柱的高度比较。这种变换并不是唯一的,例如用热电阻测量水温时,水温被变换成电阻值,而温度的标准量被变换为电阻的刻度值,温度的比较变换成电阻值的比较。

2)测量的分类

一个物理量的测量,可以通过不同的方法实现。测量方法的选择正确与否,既关系到测量结果的可信赖程度,也关系到测量工作的经济性和可行性。不当或错误的测量方法,除了得不到正确的测量结果外,甚至会损坏测量仪器和被测量设备。有了先进精密的测量仪器设备,并不等于就一定能获得准确的测量结果。必须根据不同的测量对象、测量要求及测量条件,选择正确的测量方法、合适的测量仪器及构造测量系统,只有进行正确操作,才能得到理想的测量结果。

从不同的角度出发可以对测量方法进行不同的分类。

①按测量的手段分类:直接测量法、间接测量法、组合测量法。

②按测量敏感元件是否与被测介质接触分类:接触式测量法、非接触式测量法。

③按测量方式分类:偏差式测量法、零位式测量法、微差式测量法。

④按被测对象参数变化快慢分类:静态测量、动态测量。

⑤按对测量精度的要求分类:精密测量、工程测量。

⑥按测量时测量者对测量过程的干预程度分类:自动测量、非自动测量。

下面就几种常见的测量方法加以介绍。

(1)直接测量

在使用仪表进行测量时,对仪表读数不需经过任何运算,就能直接表示测量所需要的结果,称为直接测量。例如,用磁电式电流表测量电路的支路电流,用弹簧管式压力表测量锅炉压力,暖气管道的压力表等就是直接测量。直接测量的特点是不需要对被测量与其他实测的量进行函数关系的辅助运算,优点是测量过程简单而迅速、测量结果直观,缺点是测量精度不高。这种测量方法是工程上大量采用的方法。

(2)间接测量

有的被测量无法或不便于直接测量,但可以根据某些规律找出被测量与其他几个量的函数关系。这就要求在进行测量时,首先应与被测物理量有确定函数关系的几个量进行测量,然后将测量值代入函数关系式,经过计算得到所需的结果,这种方法称为间接测量。例如,对生产过程中的纸张或地板革的厚度进行测量时无法直接测量,只有通过测量与厚度有确定函数关系的单位面积质量来间接测量。因此间接测量比直接测量来得复杂,但是有时可以得到较高的测量精度。

(3)组合测量

组合测量又称"联立测量",即被测物理量必须经过求解联立方程组,才能得出最后的测量结果。在进行组合测量时,一般需要改变测试条件,才能获得一组联立方程所要的数据。

在组合测量过程中,操作手续复杂,花费时间较长,是一种特殊的精密测量方法。它一般适用于科学实验或特殊场合。

一个典型的例子是电阻器电阻温度系数的测量。已知电阻器阻值 R_t 与温度 t 之间满足关系:

$$R_t = R_{20} + \alpha(t-20) + \beta(t-20)^2 \tag{3.2}$$

式中　R_{20}——$t=20$ ℃时的电阻值,一般为已知量;

α,β——电阻的温度系数;

t——环境温度。

为了获得 α,β 的值,可以在两个不同的温度 t_1,t_2(t_1,t_2 可由温度计直接测得)下测得相应的两个电阻值 R_{t1},R_{t2},代入式(3.2)得到联立方程:

$$\begin{cases} R_{t1} = R_{20} + \alpha(t_1-20) + \beta(t_1-20)^2 \\ R_{t2} = R_{20} + \alpha(t_2-20) + \beta(t_2-20)^2 \end{cases} \tag{3.3}$$

求解联立方程(3.3),就可以得到 α,β 的值。如果 R_{20} 未知,显然可在3个不同的温度下,分别测得 R_{t1},R_{t2},R_{t3},列出由3个方程构成的方程组并求解,进而得到 α,β,R_{20}。

(4)偏差式测量

用仪表指针的位移(即偏差)决定被测量的量值,这种测量方法称为偏差式测量。应用这种方法测量时,仪表刻度事先用标准器具标定。在测量时,输入被测量,按照仪表指针在标尺上的示值,决定被测量的数值。这种方法测量过程比较简单、迅速,但测量结果精度较低。

(5)零位式测量

用指零仪表的零位指示检测测量系统的平衡状态,在测量系统平衡时,用已知的标准量决定被测量的量值,这种测量方法称为零位式测量。在测量时,已知标准量直接与被测量相比较,已知量应连续可调,指零仪表指零时,被测量与已知标准量相等。例如天平、电位差计等。零位式测量的优点是可以获得比较高的测量精度,但测量过程比较复杂,费时较长,不适用于测量迅速变化的信号。

(6)微差式测量

微差式测量是综合了偏差式测量与零位式测量的优点而提出的一种测量方法。它将被测量与已知的标准量相比较,取得差值后,再用偏差法测得此差值。应用这种方法测量时,不需要调整标准量,而只需测量两者的差值。

设 N 为标准量，x 为被测量，Δ 为二者之差，则

$$x = N + \Delta \tag{3.4}$$

由于 N 是标准量，其误差很小，且 $\Delta \ll N$，因此可选用高灵敏度的偏差式仪表测量 Δ，即使测量 Δ 的精度较低，但因 $\Delta \ll x$，故总的测量精度仍很高。

微差式测量的优点是反应快，而且测量精度高，特别适用于在线控制的参数测量。

(7)等精度测量与不等精度测量

等精度测量是在测量过程中，在影响测量误差的各种因素不改变的条件下进行的测量。

例如在相同的环境条件下，由同一个测试人员，在同样仪器设备下，采用同样的方法对被测量进行重复测试。

不等精度测量是在多次测量中，如对测量结果精确度有影响的一切条件不能完全维持不变的测量称为不等精度测量，即不等精度测量的测量条件发生了变化。

例如为了检验某些测量条件对测量仪器的影响，可以通过改变测量条件进行测量比较。

一般情况下，等精度测量常用于科学实验中对某参数的精确测量，不等精度测量常用于对新研制仪器的性能检验。

(8)在线式与离线式测量

测量系统状态数据的目的是应用。一类应用要求测量数据必须是实时的，即测量、数据存储、数据处理及数据应用是在同一个采样周期内完成的，例如锅炉的炉膛负压控制中的负压测量数据，空调房间温、湿度控制系统中的温、湿度测量数据，集中供热调度系统中的压力、压差、温度、流量等测量数据，这些数据如果失去实时性，将无任何意义，因此应采用在线式测量方法。另一类应用则对测量数据没有实时应用的要求，一般情况下是在每一个采样周期内进行测量及存储数据，数据处理及数据应用在今后的某一时间进行，例如对建筑物供热效果评价中的温度测量数据，节能墙体测试中的温度、热流测量数据，这些数据只是用于事后分析，不需要实时处理，因此可采用离线式测量方法。

在以上介绍的几种测量方法中，除了等精度测量和不等精度测量的方法常用于科学试验或对新测量仪器性能的检验外，其他方法均在工程测量中得到广泛的应用。需要注意的是，有时对同一测量对象，往往可以采用不同的测量方法，而不同的检测方法在不同的应用场合具有不同的特点。比如体温的测量，医院对病人体温的常规测量是采用水银体温计进行接触性检测；但在流行性疾病的监测中(如防“新冠”时期)，对车站、机场等人流量较大的公共场所的人群进行体温检测时，则采用非接触的红外体温检测方法。显然，前者的特点是可靠性高，成本较低，后者成本较高，但使用更方便。

3.1.2 建筑环境基本参数概述

建筑环境决定人们的生活品质，建筑环境评价涉及建筑热湿环境评价、空气品质评价、建筑光环境评价、建筑声环境评价。因此，从建筑环境基本参数出发，了解其测量方法，才能进一步改善建筑环境，提供必要的理论基础，有助于认识实验误差。

建筑环境包括热湿环境、空气环境、光环境以及声环境等，常见的建筑环境基本参数见表3.1。

表 3.1　建筑环境基本参数

建筑热湿环境基本参数	温度、相对湿度、黑球温度、气流速度
建筑空气环境基本参数	化学污染物(甲醛、苯、TVOC、SO_2、CO、CO_2、氮氧化物); 物理污染物(放射性氡、可吸入颗粒物); 生物污染物(微生物)
建筑光环境基本参数	照度
建筑声环境基本参数	声压级

3.1.3　建筑环境基本参数的测量方法

建筑环境基本参数的测量方式见表 3.2。

表 3.2　建筑环境基本参数的测量方法

热湿环境	温度	膨胀测温法	玻璃液体温度计、双金属温度计、定压气体温度计
		压力测温法	压力表式温度计、定容气体温度计、蒸汽压温度计
		电学测温法	热电偶温度计、电阻温度计、半导体热敏电阻温度计
		其他	光学测温法、磁学测温法、声学测温法、频率测温法
	相对湿度	干湿球法	普通干湿球湿度计、电动干湿球湿度计
		露点法	露点湿度计、光电式露点湿度计、氯化锂露点湿度计
		吸湿法	毛发湿度计、氯化锂电阻湿度计、高分子电阻式湿度传感器、金属氧化物膜陶瓷传感器、金属氧化物膜湿度传感器、电容式湿度计
	黑球温度	—	黑球温度计
	房间气流速度	机械法	翼式风速仪、杯式风速仪
		散热率法	恒流型热线风速仪、恒温型热线风速仪
		动力测压法	L 形毕托管、T 形毕托管
		激光测速法	激光多普勒测速仪、粒子图像测速法
空气环境	化学污染物	甲醛	酚试剂比色法、乙酰丙酮分光度法
		苯、TVOC	气相色谱法
		SO_2	库仑滴定法、电导法、紫外荧光法、热导分析法、分光光度法、火焰光度法
		CO_2,CO	不分光红外吸收法、电导法、气相色谱法、容量滴定法
		氮氧化物	化学发光法、库仑滴定法、盐酸萘乙二胺分光光度法

续表

空气环境	物理污染物	放射性氡	静电计法、闪烁法、积分计数法、双滤膜法、气球法、径迹蚀刻法、活性炭浓缩法、活性炭滤纸法、活性炭盒法等
		可吸入颗粒物	称重法、粒子计数器
	生物污染物	微生物	沉降法、撞击法、过滤法
光环境	照度	—	照度计、亮度计
声环境	声压级	—	声级计、频谱分析仪、电平记录仪、磁带记录仪

注：相关测量方法可以参考建筑环境测试技术的相关书籍。

3.1.4 测量误差

人们对自然现象的研究总是通过有关物理量的测量来进行的，但是在实际测量中，无论测量仪器多么精密，方法多么先进，实验技术人员多么认真、仔细，观测值与真实值之间总是会存在着不一致。由于测量手段不完善、环境影响、测量操作不熟练及工作疏忽等因素，都会导致测量结果与被测量真值不同。测量仪器的测得值与被测量真值之间的差异，称为测量误差。

可以说误差存在于一切科学实验的观测中，测量结果都存在误差。测量误差的存在具有必然性和普遍性，人们只能根据需要和可能，将其限制在一定的范围内，而不可能完全加以消除。

3.2 实验数据的误差分析

3.2.1 真值与平均值

1）真值

真值是在某一时刻、某一状态下，某物理量客观存在的实际大小。一般来说，真值是人们需要通过观测求得的，是客观存在的，但不一定能精确得到，只能随着技术发展、认识深入不断逼近。

（1）理论真值

实际中，有些物理量的真值是已知的，如平面三角形三内角之和恒为180°；一个圆的圆心角为360°；某一物理量与本身之差为0或者比值为1，这种真值称为理论真值。

（2）约定真值

因为真值无法获得，计算误差是必须找到真值的最佳估计值，即约定真值。约定值通常用最大的绝对误差 ΔX 来估计其大小范围：

$$X_t \approx X \pm |\Delta X|_{max} \tag{3.5}$$

即在某一时刻和某一状态下,某量的客观值或实际值。真值一般是未知的,但从相对意义上来说,真值又是已知的,如国家标准样品的标称值、国际上公认的计量值等。

2)平均值

在科学实验中,真值是指在无系统误差的情况下,观测次数无限多时求得的平均值,但是实际测量总是有限的,经常将有限次测量实验所求得的平均值作为真值的近似逼近。

科学实验中,平均值又分为算数平均值、均方根平均值、几何平均值、对数平均值、调和平均值、加权平均值。

①算术平均值:最常用的一种平均值,当观测值呈正态分布时,算术平均值最近似真值。适用于等精度实验、实验值服从正态分布的场合。设 $x_1, x_2, \cdots, x_n$ 为各次的观测值,n 代表观测次数,则算术平均值为:

$$\bar{x} = \frac{x_1 + x_2 + \cdots + x_n}{n} = \frac{1}{n}\sum_{i=1}^{n} x_i \tag{3.6}$$

②均方根平均值:也称方均根或有效值。常用于计算分子的平均动能,一般应用较少。设 $x_1, x_2, \cdots, x_n$ 为各次的观测值,n 代表观测次数,则均方根平均值为:

$$\bar{x} = \sqrt{\frac{x_1^2 + x_2^2 + \cdots + x_n^2}{n}} \tag{3.7}$$

③几何平均值:一组 n 个观测值连乘并开 n 次方求的值。如果一组观测值是非正态分布的,当对这组数据取对数后,所得分布曲线的图形对称时,常用几何平均值。设 $x_1, x_2, \cdots, x_n$ 为各次的观测值,n 代表观测次数,则几何平均值为:

$$\bar{x} = \sqrt[n]{x_1 \times x_2 \times \cdots \times x_n} \tag{3.8}$$

④对数平均值:若一组测定值,取对数后遵从正态分布,则称其遵循对数正态分布,其平均值为对数平均值。适用于实验数据的分布曲线具有对数特性的场合。设有两个数值 x_1, x_2,均为正数,则它们的对数平均值为:

$$\overline{x_L} = \frac{x_1 - x_2}{\ln x_1 - \ln x_2} = \frac{x_1 - x_2}{\ln \frac{x_1}{x_2}} = \frac{x_2 - x_1}{\ln \frac{x_2}{x_1}} \tag{3.9}$$

⑤调和平均值:设 $x_1, x_2, \cdots, x_n$ 为各次的观测值,n 代表观测次数,则它们的调和平均值为:

$$\frac{1}{H} = \frac{\frac{1}{x_1} + \frac{1}{x_2} + \cdots + \frac{1}{x_n}}{n} = \frac{\sum_{1}^{n} \frac{1}{x_i}}{n} \tag{3.10}$$

⑥加权平均值:若对同一物理量用不同方法去测定,或者由不同的人去测定,计算平均值时,常对比较可靠的数值予以加重平均,称为加权平均。设 $x_1, x_2, \cdots, x_n$ 为各次的观测值,$\omega_1, \omega_2, \cdots, \omega_n$ 为各观测值相应的权数,n 代表观测次数,则加权平均值为:

$$\bar{x} = \frac{\omega_1 x_1 + \omega_2 x_2 + \cdots + \omega_n x_n}{\omega_1 + \omega_2 + \omega_3 + \cdots + \omega_n} = \frac{\sum_{1}^{n} \omega_i x_i}{\sum_{1}^{n} \omega_i} \tag{3.11}$$

权数确定：

- 观测值的重复次数。
- 实验次数很多时，以实验值 x_i 在测量中出现的频率 n_i/n 作为权数。
- 根据权与绝对误差的平方成反比来确定权数。
- 根据权与方差的平方成反比来确定权数。

不考虑测量值的大小时，调和平均值≤几何平均值≤算术平均值≤均方根平均值；如果 $a>b>0$ 时，且 $a\neq b$，存在着 $a>$算数平均值$>$对数平均值$>$几何平均值$>$调和平均值$>b$ 的关系，即

$$a>\frac{a+b}{2}>\frac{a-b}{\ln a-\ln b}>\sqrt{ab}>\frac{2}{\frac{1}{a}+\frac{1}{b}}>b \tag{3.12}$$

【例 3.1】 在实验室称量某样品时，不同的人得到 4 组称量结果，见表 3.3，如果认为各测量结果的可靠程度仅与测量次数成正比，试求其加权平均值。

表 3.3 例 3.1 的测量值与平均数和权数

组数	测量值	平均值	权数
1	100.357，100.343，100.350	100.350	3
2	100.360，100.348	100.354	2
3	100.350，100.344，100.336，100.340，100.345	100.343	5
4	100.339，100.350，100.340	100.343	3

解：由于测量结果的可靠程度仅与测量次数成正比，每组实验平均值的权值即为对应的实验次数，所以加权平均值为：

$$\overline{x_w}=\frac{\omega_1\overline{x_1}+\omega_2\overline{x_2}+\omega_3\overline{x_3}+\omega_4\overline{x_4}}{\omega_1+\omega_2+\omega_3+\omega_4}$$

$$=\frac{100.350\times3+100.354\times2+100.343\times5+100.343\times3}{3+2+5+3}=100.346$$

【例 3.2】 在测定溶液 pH 值时，得到 2 组实验数据，其平均值分别为 $x_1=8.5\pm0.1$；$x_2=8.53\pm0.02$；求平均值。

解：根据两组数据的绝对误差计算权重（权值与绝对误差的平方成反比）：

$$w_1=\frac{1}{0.1^2}=100,w_2=\frac{1}{0.02^2}=2\ 500$$

$$w_1:w_1=1:25$$

$$\overline{x_{\mathrm{pH}}}=\frac{8.5\times1+8.53\times25}{1+25}=8.53$$

3.2.2　误差的表示方法

1)绝对误差

某物理量与其真值之差称为绝对误差,是测量值偏离真值大小的反映。即

$$\text{绝对误差} = \text{测量值} - \text{真值} \tag{3.13}$$

2)相对误差

绝对误差与真值的比值所表示的误差称为相对误差,有时,也表示为绝对误差与测量值的比值。采用相对误差更能清楚地表示出测量的准确程度。

$$\text{相对误差} = \frac{\text{绝对误差}}{\text{真值}} = \frac{\text{绝对误差}}{\text{测量值} - \text{绝对误差}} = \frac{\text{绝对误差/测量值}}{1 - \text{绝对误差/测量值}} \tag{3.14}$$

当绝对误差很小时,测量值/绝对误差≫1,此时,

$$\text{相对误差} \approx \frac{\text{绝对误差}}{\text{测量值}} \tag{3.15}$$

3)引用误差

相对误差还有一种简便实用的形式,即引用误差。为了减少误差计算中的麻烦和划分仪器正确度等级的方便,一律取仪表的量程或测量范围上限值作为误差计算的分母(即基准值),而分子取仪表量程范围内可能出现的最大绝对误差值。

$$\text{引用误差} = \frac{\text{绝对误差}}{\text{仪表量程}} \times 100\% \tag{3.16}$$

在热工仪表中,正确度等级一般都是用引用误差来表示的,通常分成0.1,0.2,0.5,1.0,1.5,2.5和5.0七个等级。上述数值表示该仪器最大引用误差的大小,但不能认为仪表在各个刻度上的测量都是如此大的误差。例如,某仪表正确度等级为R(即引用误差为$R\%$),满量程的刻度值为X,实际使用时的测量值为x(一般$x \leqslant X$),则

$$\text{测量值的绝对误差} \leqslant \frac{X \cdot R}{100}$$

$$\text{测量值的相对误差} \leqslant \frac{X \cdot R}{x}\%$$

通过上面的分析,为了减少仪表测量的误差,提高正确度,应该使仪表尽可能地在靠近满量程刻度的区域内使用,这正是人们利用或选用仪表时,尽可能地在满刻度量程的2/3以上区域使用的原因。

3.2.3　误差的来源与分类

一个量的观测值或计算值与其真实值之差特指统计误差,即一个量在测量、计算或观察过程中由于某些错误或通常由于某些不可控制因素的影响而造成的变化偏离标准值或规定值的数量。误差是不可避免的。误差的来源,主要有下述4个方面。

①设备仪表误差:包括所使用的仪器、器件、引线、传感器及提供检定用的标准器等,均可

引入误差。

②环境误差:周围环境的温度、湿度、压力、振动及各种可能干扰测量的因素,均能使测量值发生变化,使测量失准,产生误差。

③人员误差:测量人员分辨能力、测量经验和习惯,影响测量误差的大小。

④方法误差:研究与实验方法引起的误差。如实验设计不合理、经验公式形式的选择不当及运算过程中过多的舍入而累积的误差等,都会使最终结果的误差变大。

此外,测量过程中,被测对象本身的随机而微小的变化,一般也按误差考虑。

为了研究误差的特点,按照误差产生的原因和性质,可将误差分为3类:随机误差、系统误差、过失误差(粗大误差)。

1)随机误差

在实际相同条件下,对同一被测量进行多次等精度测量时,由于各种随机因素(如温度、湿度、电源电压波动、磁场等)的影响,各次测量值之间存在一定差异,这种差异就是随机误差。测量时,每一次测量的误差均不相同,时大时小,时正时负,不可预定,无确定规律。随机误差产生于众多因素的微小波动,这些影响既难发现又难排除,是伴随整个测量过程不能消除的误差。随机误差具有随机变量的一切特征,所以,必须采用数理统计的方法来研究随机误差的统计特征,以判断它对测量结果的影响。

例如,对某一个实际测量的结果进行统计分析(表3.4),可以发现随机误差的特点和规律。

表3.4 测量值分布表

区间	1	2	3	4	5	6	7
测量值 x_i	4.95	4.96	4.97	4.98	4.99	5.00	5.01
误差 Δx_i	−0.07	−0.06	−0.05	−0.04	−0.03	−0.02	−0.01
出现次数 n_i	4	6	6	11	14	20	24
频率 f_i	0.027	0.04	0.04	0.073	0.093	0.133	0.16
区间	8	9	10	11	12	13	14
测量值 x_i	5.02	5.03	5.04	5.05	5.06	5.07	5.08
误差 Δx_i	0	0.01	0.02	0.03	0.04	0.05	0.06
出现次数 n_i	17	12	12	10	8	4	2
频率 f_i	0.113	0.08	0.08	0.06	0.053	0.027	0.048

表3.4中观测总次数150次,某测量的算数平均值为5.02,共分14个区间,每个区间间隔0.01,为直观起见,把表中的数据画成频率分布的直方图(图3.1)从图中可以分析归纳随机误差的特点。

①单峰性:误差绝对值小的,密度最大,误差绝对值大的,密度最小,表3.4中,$|\Delta x_i| \leq 0.03$的次数为110次,$|\Delta x_i| \leq 0.01$其中的占61次,而$|\Delta x_i| > 0.03$的仅40次。可见随机误差的分布呈单峰形。

②对称性:绝对值相等的误差,出现的概率相等。

③抵偿性:在相同条件下对同一量进行测量,当测量次数很大时,误差的总和应为零。由于绝对值相等的正负误差出现的次数相等,误差正负相抵;全部误差的算术平均值随着测量次数的增加趋近于零,即随机误差具有抵偿性。抵偿性是随机误差最本质的统计特性。

④有界性:当测量条件一定时,误差的绝对值实际上不会超出某一界限,表3.4中的Δx_i不大于0.07,绝对值很大的误差出现的概率接近于零。

随机误差表示测量结果偏离其真实值的分散情况。一般分布形式接近于正态分布。

消除方法可采用在同一条件下,对被测量进行足够多次重复测量,取其算术平均值作为测量结果的方法。

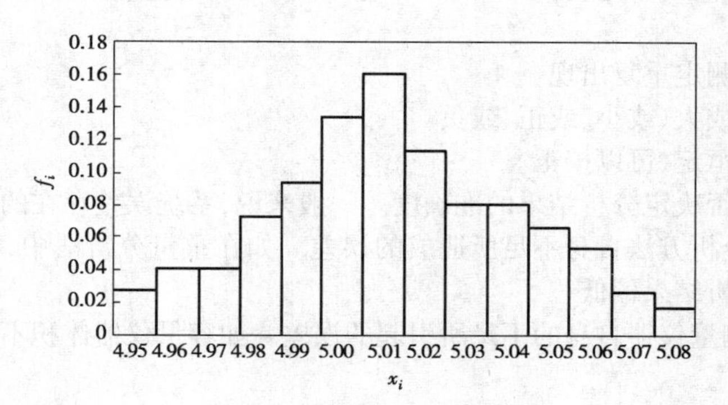

图3.1 频率分布直方图

2)系统误差

系统误差是由于偏离测量规定的条件,或者测量方法不合适,按某一确定规律引起的误差,即分析过程中某些确定的、经常性的因素引起的误差。当测量条件一定时,误差的大小和方向恒定,当测量条件变化时,误差按某一确定规律变化,这种误差称为系统误差。所谓确定规律,是指误差变化可用函数式或用曲线图形描述。系统误差的产生一般是由一个或几个因素引起的,因而是有规律的。系统误差存在以下4种情况,如图3.2所示。

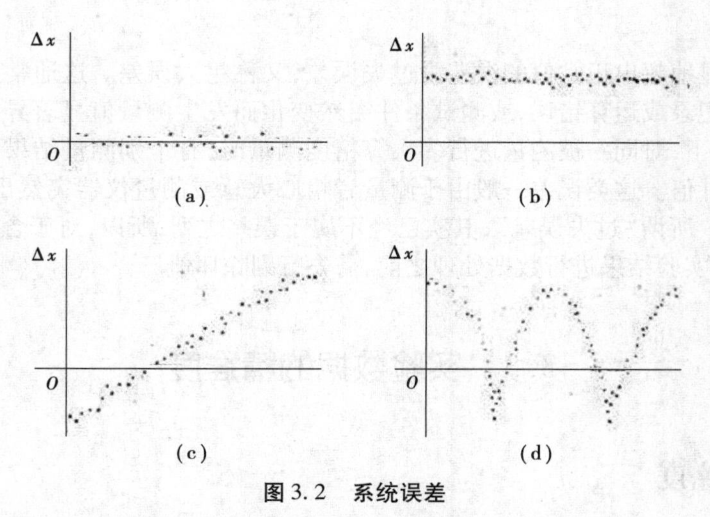

图3.2 系统误差

①如图3.2(a)所示,无系统误差,测量正确度高。

②如图 3.2(b)所示,存在恒定系统误差,误差大小和方向不变。

③如图 3.2(c)所示,线性系统误差,存在累进(减)系统误差,随测量时间的增加,误差基本呈线性变化。

④如图 3.2(d)所示,存在周期性系统误差,误差大小和符号有规律地周期变化。

对于确知存在而又无法消除的系统误差,需要正确地进行数据处理:

①恒定系统误差,方向和大小均已确定不变,应采用对测量值修正的办法消除。

②变化系统误差,先估计在测量过程中的变化区间:$[a, b]$,$a<b$,$(a+b)/2$ 作为恒定系统误差加以修正,取区间的半宽度$(a+b)/2=e$ 作为随机误差的误差限。

系统误差的特点:

①重现性即重复测定重复出现。

②单向性即误差或大、或小、或正、或负。

③可测性即误差恒定,可以校正。

系统误差存在与否决定分析结果的准确度。一般来说,系统误差存在的原因如下:

①方法误差,由分析方法自身不足所造成的误差。如在重量分析法中,沉淀的溶解度大,沉淀不完全引起的分析结果偏低。

②仪器误差,由测量仪器自身的不足所引起的误差。如容量仪器体积不准确;分光光度计的波长不准确。

③原理误差。

系统误差有其对应的规律性,它不能依靠增加测量次数来加以消除,一般可通过试验分析方法掌握其变化规律,并按照相应规律采取补偿或修正的方法加以消减。

减小系统误差的方法有:

①对所使用的仪器按期严格检定,在规定的使用条件下,按操作规程正确使用,对测量仪表进行校正,在准确度要求较高的测量结果中,引入校正值进行修正。

②消除产生误差的根源,即正确选择测量方法和测量仪器,尽量使测量仪表在规定的使用条件下工作,消除各种外界因素造成的影响。

3)过失误差

测量误差明显地超出正常值的误差为过失误差,又称粗大误差。这通常是由于测量人员疏忽,造成读数、记录或运算错误,或测试条件突然变化而发生测量值显著异常的结果。确切地说:在相同条件下,对同一被测量进行多次等精度测量时,有个别测量结果的误差远远大于规定条件下的预计值。这类误差一般由于测量者粗心大意或测量仪器突然出现故障等造成,也称为粗大误差。所谓"过失误差",其实已经不属于误差之列;所以,对于含有过失误差的值又称为坏值,在对实验结果进行数据处理之前,需先行剔除坏值。

3.3 实验数据的精准度

3.3.1 精密度

计量的精密度(precision of measurement)是指在相同条件下,对被测量进行多次反复测量,测得值之间的一致(符合)程度。从测量误差的角度来说,精密度所反映的是测得值的随机误差。精密度高,不一定正确度高。也就是说,测得值的随机误差小,不一定其系统误差也小。

3.3.2 正确度

计量的正确度(correctness of measurement)是指被测量的测得值与其"真值"的接近程度。从测量误差的角度来说,正确度所反映的是测得值的系统误差。正确度高,不一定精密度高。也就是说,测得值的系统误差小,不一定其随机误差也小。

3.3.3 准确度

计量的精确度也称准确度(accuracy of measurement)是指被测量的测得值之间的一致程度以及与其"真值"的接近程度,即测量结果与被测量真值之间的一致程度,是精密度和正确度的综合概念。从测量误差的角度来说,精确度(准确度)是测得值的随机误差和系统误差的综合反映。

在工程应用中,为了简单表示测量结果的可靠程度,引入精确度等级概念,用 A 来表示。精确度等级以一系列标准百分数值(0.001,0.005,0.02,0.05,…,1.5,2.5,4.0)进行分档。这个数值是测量仪表在规定条件下,其允许的最大绝对误差相对于其测量范围的百分数。它可以用下式表示

$$A = \frac{\Delta A}{Y} \times 100\% \tag{3.17}$$

式中　A——精度;

ΔA——其测量范围允许的最大绝对误差;

Y——满量程输出。

3.4 测量数据的合理性检验

在实际测量中,由于偶然误差的客观存在,所得数据总存在一定的离散性,也可能由于过失误差出现个别离散较远的数据,通常称为坏值或可疑值。为将测量中可能存在的坏值剔除,需要进行测量数据的合理性检测。

通常判别坏值的常用方法有两种:

①物理判别法:在观测过程中及时发现并纠正由于仪器仪表、人员及实验条件等情况变化造成的错误。

②统计判别法:规定一个误差范围($\pm k\sigma$)及相应的置信概率 $1-\alpha$,凡超过该误差范围的测量值,都是小概率事件,即判断是粗大误差,认为是坏值而予以剔除。关于 k 值的求解,主要有以下几种方法。

3.4.1 拉伊特方法

拉伊特方法的基本思想是将测量值看成服从某一分布(按正态分布)的随机变量,以最大

误差范围 3σ 为依据进行判别。

设有一组测量值 $x_i(i=1,2,\cdots,n)$，其子样平均值为$\bar{x}$，偏差 $\Delta x_i = x_i - \bar{x}$，按照贝塞尔公式

$$\sigma = \pm\sqrt{\frac{\sum_{i=1}^{n}(x_i-\bar{x})^2}{n-1}} = \pm\sqrt{\frac{\sum_{i=1}^{n}(\Delta x_i)^2}{n-1}} \tag{3.18}$$

如果测量值 $x_i(1\leqslant i\leqslant n)$ 的偏差 $|\Delta x_i|\geqslant 3\sigma$ 时，则认为 x_i 是含有粗大误差的坏值。

该方法的最大优点是简单、方便、不需要查表。但对小子样不准，往往会把坏值隐藏下来。例如，当 $n\leqslant 10$ 时，

$$\sigma = \pm\sqrt{\frac{\sum_{i=1}^{n}(\Delta x_i)^2}{10-1}}$$

$$3\sigma \geqslant |\Delta x_i|$$

此时，任意一个测量值的偏差 Δx_i 都能满足 $|\Delta x_i|\leqslant 3\sigma$，不可能出现大于 3σ 的情况。在一些要求严格的场合，也用 3σ 判别，但 $n\leqslant 5$ 的测量同样无法剔除坏值。

【例 3.3】　对某物理量进行 15 次等精度测量，测量值为：28.39，28.39，28.40，28.41，28.42，28.43，28.40，28.30，28.39，28.42，28.43，28.40，28.43，28.42，28.43；试用拉伊特方法判断该测试数据的坏值，并剔除。

解：测量值见表 3.5。

表 3.5　测量值

测量序号	1	2	3	4	5	6	7	8
测量值	28.39	28.39	28.40	28.41	28.42	28.43	28.40	28.30
测量序号	9	10	11	12	13	14	15	
测量值	28.39	28.42	28.43	28.40	28.43	28.42	28.43	

$$\bar{x} = \frac{1}{15}\sum_{i=1}^{15}x_i = 28.40$$

$$\sigma = \pm\sqrt{\frac{\sum_{i=1}^{15}(\Delta x_i)^2}{15-1}} = 0.033$$

$$3\sigma = 0.099$$

这组数据最大值 $x_{\max}=28.43$；最小值 $x_{\min}=28.30$。

最大值偏差为：$\Delta x_6 = 28.43-28.40=0.03$

最小值偏差为：$\Delta x_8 = 28.30-28.40=-0.10$

由拉伊特方法可知，$\Delta x_8=-0.10$，不在$(-0.099,0.099)$内，$x_8=28.30$ 是坏值，应剔除。

3.4.2 肖维勒方法

肖维勒方法的基本原理认为，在 n 次测量中，坏值出现的次数为1/2次，即坏值出现的概率为 $1/(2n)$。按概率积分：

$$\frac{1}{2n} = 1 - \frac{2}{\sqrt{2\pi}}\int_{-k}^{k} e^{-\frac{x^2}{2}} dx = 1 - F(x) \tag{3.19}$$

$$F(x) = 1 - \frac{1}{2n} = \frac{2n-1}{2n} \tag{3.20}$$

不同的 n 可计算 $\frac{2n-1}{2n}$ 的值，查概率积分表，可以求出 k。

对于一组观测值，其中的离差值 $|\Delta x_i|$ 大于或等于 $k(n,\sigma)\sigma$ 者为坏值，应予剔除。肖维勒方法中的系数 k 与 n 的关系对照见表3.6。

表3.6 肖维勒方法中的系数 k 与 n 的关系对照表

n	k	n	k	n	k	n	k
3	1.38	9	1.92	15	2.13	25	2.33
4	1.53	10	1.96	16	2.15	30	2.39
5	1.65	11	2.0	17	2.17	40	2.49
6	1.73	12	2.03	18	2.20	50	2.58
7	1.80	13	2.07	19	2.22	75	2.71
8	1.86	14	2.13	20	2.24	100	2.81

3.4.3 t 检验方法

当测量次数较小时，按 t 分布的实际误差分布范围来判断粗大误差较为合理。t 检验方法的原则是：首先剔除一个与均值偏离最大的数据，然后对剩余的数据进行统计计算，以判定该次剔除是否合理，即判定已被剔除的那个数据是否含有粗大误差。

对于某一等精度重复测量 $x_1, x_2, \cdots, x_n$，若认为其中的某数据 x_j 为可疑数据，将其剔除后的平均值为（计算时不包括 x_j）：

$$\bar{x}' = \frac{1}{n-1}\sum_{i=1, i\neq j}^{n} x_i \tag{3.21}$$

将其剔除后的样本标准偏差为（计算时不包括 $v_j = x_j - \bar{x}$）

$$S' = \sqrt{\frac{\sum_{i=1, i\neq j}^{n}(x_i - \bar{x})^2}{n-2}} = \sqrt{\frac{\sum_{i=1, i\neq j}^{n} v_i^2}{n-2}} \tag{3.22}$$

根据测量次数 n 和选定的显著性水平 α，即可由表(3.7)查得 t 检验系数 $K_\alpha(n)$，若

$$|(x_i - \bar{x}_i)| > K_\alpha(n)S'$$

则认为测量值 x_j 含有粗大误差，剔除它是正确的。否则，就认为 x 不含有粗大误差，应予以保留。

表 3.7　t 检验系数 $K_\alpha(n)$ 表

n	显著性水平		n	显著性水平	
	0.05	0.01		0.05	0.01
	$K_\alpha(n)$			$K_\alpha(n)$	
4	4.97	11.46	18	2.18	3.01
5	3.56	6.53	19	2.17	3.00
6	3.04	5.04	20	2.16	2.95
7	2.78	4.36	21	2.15	2.93
8	2.62	3.96	22	2.14	2.91
9	2.51	3.71	23	2.13	2.90
10	2.43	3.54	24	2.12	2.88
11	2.37	3.41	25	2.11	2.86
12	2.33	3.31	26	2.10	2.85
13	2.29	3.23	27	2.10	2.84
14	2.26	3.17	28	2.09	2.83
15	2.24	3.12	29	2.09	2.82
16	2.22	3.08	30	2.08	2.81
17	2.20	3.04			

采用 t 检验准则判断测量数据列 $x_1, x_2, \cdots, x_n$ 中是否有数据含有粗大误差的计算步骤如下：

①计算样本均值 $\bar{x} = \dfrac{1}{n}\sum_{i=1}^{n} x_i$。

②剔除一个与均值 x 偏差（即残差）最大的数据 x 后，根据式子计算剩下的 $n-1$ 个数据的样本均值 $\bar{x}'$ 与标准偏差 S'。

③根据测量次数 n 和选定的显著性水平 α，查 t 检验系数表得到 $K_\alpha(n)$。

④如果 $|(x_j-\bar{x}')| \leqslant K_\alpha(n)S'$，则该数据不应剔除，判断结束。如果 $|(x_j-\bar{x}')| > K_\alpha(n)S'$，则该数据有粗大误差，所做的剔除是正确的。尚需对剩下的 $n-1$ 个数据继续进行判断。

⑤在剩下的 $n-1$ 个数据中剔除一个与均值 $\bar{x}'$ 偏差最大的数据 x_i'，然后计算余下的 $n-2$ 个数据的样本均值 $\bar{x}''$ 与标准偏差 S''。

⑥根据测量次数 $n-1$ 和选定的显著性水平 α，查 t 检验系数表得到 $K_\alpha(n-1)$。如果 $|(x_j'-\bar{x}'')| \leqslant K_\alpha(n-1)S''$，则该数据不应剔除，判断结束。如果 $|(x_j'-\bar{x}'')| \leqslant K_\alpha(n-1)S'$，该数据有粗大误差，所做的剔除是正确的。尚需对剩下的 $n-2$ 个数据继续进行判断，这样一直进行下去，直到找不到含有粗大误差的测量数据为止。

3.4.4　格拉布斯方法

格拉布斯方法的原理是用显著水平 α 来计算 k 值。这里把误差超过 $\pm k\sigma$ 的概率称为显著水平 $\alpha=1-F(|\Delta x_i|\geqslant k\sigma)$，这样式(3.20)变为：

$$1-F(x)=\alpha \tag{3.23}$$

或

$$F(x)=1-\alpha \tag{3.24}$$

在大多数情况采下用的显著水平为0.01或0.05(即有1%或5%的概率超出范围 $k\sigma$)，对精度较高的测量一般都有 $\alpha=0.01$。k 由观测次数 n 和 α 所决定，列于表3.8。

表3.8　格拉布斯方法中的 $k(n,\alpha)$

n	α		n	α		n	α	
	0.01	0.05		0.01	0.05		0.01	0.05
3	1.15	1.15	11	2.48	2.24	20	2.88	2.56
4	1.49	1.46	12	2.55	2.29	22	2.94	2.60
5	1.75	1.67	13	2.61	2.33	24	2.99	2.64
6	1.94	1.82	14	2.66	2.37	25	3.01	2.66
7	2.10	1.94	15	2.70	2.41	30	3.10	2.74
8	2.22	2.03	16	2.74	2.44	35	3.18	2.81
9	2.32	2.11	17	2.78	2.48	40	3.24	2.87
10	2.41	2.18	18	2.82	2.50	50	3.34	2.96

采用格拉布斯方法判断测量数据的步骤如下：

①数据排序。

②计算包括可疑值在内的平均值及标准偏差 σ。

③从表中查取 $k(\alpha,n)$。其中 α 为显著性水平，表示检验出错的概率 $\alpha=0.01, 0.05$；$1-\alpha$ 置信度，置信水平。

④计算偏差绝对值。

⑤选取偏差绝对值最大的数据来检验，如果满足以下条件则剔除：

$$|\Delta x_p|=|x_p-\bar{x}|>k(\alpha,n)\cdot\sigma \tag{3.25}$$

3.4.5　注意事项

①可疑数据应逐一检验，不能同时检验多个数据。

②剔除一个数后，如果还要检验下一个数，则应注意实验数据的总数发生了变化。

③根据测量次数 n，确定判别过失误差的准则：

$n<20$ 时，用格拉布斯准则；

$n>20$ 时，用拉伊特准则。

【例 3.4】 以例 3.3 中的数据,用格拉布斯方法判断是否存在坏值($\alpha = 0.05$)。

解:

$$\bar{x} = \frac{1}{15}\sum_{i=1}^{15} x_i = 28.40$$

$$\sigma = \sqrt{\frac{\sum_{i=1}^{15}(\Delta x_i)^2}{15-1}} = 0.033$$

当 $n = 15$,查表 3.8 得 $k = 2.41$,$k \cdot \sigma = 2.41 \times 0.033 = 0.080$

$$3\sigma = 0.099$$

这组数据最大值 $x_{max} = 28.43$;最小值 $x_{min} = 28.30$

最大值偏差为:$\Delta x_6 = 28.43 - 28.40 = 0.03$

最小值偏差为:$\Delta x_8 = 28.30 - 28.40 = -0.10$

由格拉布斯方法可知:$\Delta x_8 = -0.10$ 不在区间范围($-0.080, 0.080$),$x_8 = 28.30$ 是坏值,应剔除。

【例 3.5】 使用毕托管对风道内某点气流速度进行测量,测量值根据大小规律为:

7.890,7.956,7.970,7.976,7.978,7.987,7.995,8.006,8.010,8.018,8.020,8.039,8.048,8.063,9.101。

取 $\alpha = 0.01$,用格拉布斯方法判断是否存在坏值。

解:平均值:

$$\bar{x} = \frac{1}{n}\sum_{i=1}^{n} x_i = \frac{1}{15}\sum_{i=1}^{n} x_i = 8.070$$

标准差:

$$\sigma = \sqrt{\frac{\sum_{i=1}^{15}(\Delta x_i)^2}{15-1}} = 0.288$$

查表 3.8 得:

$$k(0.01, 15) = 2.70$$

$$k(0.01, 15) \times \sigma = 2.70 \times 0.288 = 0.778$$

$$|\Delta x_1| = |7.890 - 8.070| = 0.18 < 0.778$$

$$|\Delta x_{15}| = |9.101 - 8.070| = 1.031 > 0.778$$

因此,7.89 不是坏值,9.101 是坏值;除去这一数据后,$n = 14$,再按同样的方法计算并判断 x_1 和 x_{14},直到正常为止。本例中的 x_1 和 x_{14} 均为正常值,判断过程不再重复。利用这种办法判断坏值时,只要测量列中残余误差过大的测量值均可被判剔除,而不管坏值产生是人为的还是意外干扰所致,这在合理性检验时务必注意。

3.5 直接测量中的误差分析

在测量中,使待测量与标准量直接比较而得到测量值称为直接测量。通过仪器直接测试读数得到的数据，如测温度、压力；测长度、质量；电流、电压值。

3.5.1　单次测量误差分析

对于实验中的单次测量值，即一次测量度数值，其误差分析有两种方法：

①仪器上没有说明误差范围，按其最小刻度的1/2作为误差。

例如，如图3.3所示，用直尺测量某一物体。直尺的最小刻度为1 mm，表明该直尺有把握的最小测量长度是1 mm，所以其绝对误差为1/2 =0.5 mm。

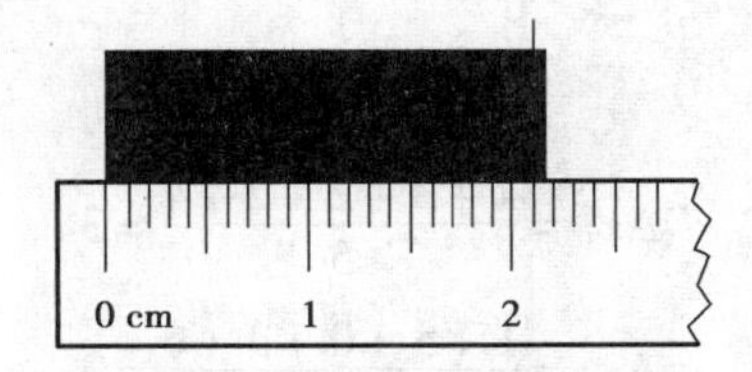

图3.3　用直尺测量某一物体

②仪器上有误差范围，按给定的误差范围分析计算。

$$\text{仪表精度}=\frac{\text{绝对误差的最大值}}{\text{仪表量程}}\times 100\% \tag{3.26}$$

例如，某仪器精度为0.5级（±0.5%）（相对误差）当量程3.2 mg时，绝对误差最大值为：

$$3.2\ \text{mg}\times 0.005=0.016\ \text{mg}$$

实际值：测量值±0.016 mg。

3.5.2　重复多次测量值误差分析

重复多次测量值误差，通常采用算术平均误差。

①算术平均误差：是测量值与算术平均值之差的绝对值的算术平均值，表示为：

$$\Delta x=\frac{\sum_{i=1}^{n}|x_i-\bar{x}|}{n} \tag{3.27}$$

式中　Δx——算术平均误差；

x_i——测量值；

$\bar{x}$——全部测量值的平均值；

n——测量次数。

求算术平均误差时，偏差可能为正也可能为负，所以一定要取绝对值；算术平均误差可以反映一组实验数据的误差大小，但无法表达出各实验值间彼此符合程度。

②标准偏差：标准差也是一种平均数，标准差能反映一个数据集的离散程度。各数据偏离平均数的距离（离均差）的平均数，也称为均方差，用σ表示。当实验次数为有限时，把n个残差求平方和，除以$n-1$再开方，就称为测量列的标准偏差。当实验次数n无穷大时，称为总体标准差σ，它常用来表示实验值的精密度：标准差越小，实验数据精密度越好，其定义为：

$$\sigma = \sqrt{\frac{\sum_{i=1}^{n} d_i^2}{n}} = \sqrt{\frac{\sum_{i=1}^{n} (x_i - \bar{x})^2}{n}} = \sqrt{\frac{\sum_{i=1}^{n} x_i^2 - \frac{\left(\sum_{i=1}^{n} x_i\right)^2}{n}}{n}} \tag{3.28}$$

标准差与每一个数据有关,而且对其中较大或较小的误差敏感性很强,能明显反映出较大的个别误差。

【例 3.6】 两次测试的偏差分别为:+4,+3,-2,+2,+4;+1,+5,0,-3,-6,求它们的算术平均误差及偏差。

解:算术平均误差:

$$\Delta x_1 = \frac{4+3+2+2+4}{5} = 3$$

$$\Delta x_2 = \frac{1+5+0+3+6}{5} = 3$$

偏差:

$$\sigma_1 = \sqrt{\frac{4^2+3^2+(-2)^2+2^2+4^2}{4}} = 3.5$$

$$\sigma_2 = \sqrt{\frac{1^2+5^2+0^2+(-3)^2+(-6)^2}{4}} = 4.2$$

结果表明,标准差越小,实验数据精密度越好,反映仪表越精密。标准差反映了数据的分散性,即随机误差的大小。

3.5.3 等精度测量中的误差评价

(1)算术平均误差

由于真值不易测得,几乎所有的测量中都以最大或然值(即出现此值的概率最大)作为最佳值代替真值。

在一组测量中,如果测量的全部条件相同,那么各个观测值都是同样可信、可取的,各个真值相互之间是等价的;也就是说,它们的权是相同的,称这样的测量为等精度测量,凡标准误差 s 相同的测量都称为等精度测量。

设 a 为某测量的最佳值,而各个量值为 $x_1, x_2, \cdots, x_n$,$\bar{x}$为各测量值的算数平均值,则各值与最佳值间的算术平均值的误差为:

$$\delta_i = x_i - a;$$
$$\Delta x_i = x_i - \bar{x} \quad i = 1, 2, \cdots, n \tag{3.29}$$

取 n 个误差的和:

$$\sum_{i=1}^{n} \delta_i = \sum_{i=1}^{n} x_i - na \tag{3.30}$$

根据误差的抵偿性,当次数 n 很大时,$\sum_{i=1}^{n} \delta_i = 0$,则

$$\bar{x} = \frac{1}{n} \sum_{i=1}^{n} x_i = a \tag{3.31}$$

所以，$\bar{x}$就是最可信赖的最佳值，而$\bar{x}$正是算术平均值，因此，在等精度测量中，算术平均值为最能近似代表真值的最佳值。

(2)有限观测次数中标准误差s的计算

设真值为a，算数平均值为$\bar{x}$，各观测值为x_i，则有

$$\delta_i = x_i - a = x_i - \bar{x} + \bar{x} - a \tag{3.32}$$

均值的误差：

$$\delta_{\bar{x}} = \bar{x} - a$$

$$\delta_i = x_i - \bar{x} + \delta_{\bar{x}} = \Delta x_i + \delta_{\bar{x}} \tag{3.33}$$

将式(3.33)求和得：

$$\sum_{i=1}^{n} \delta_i = \sum_{i=1}^{n} \Delta x_i + n\delta_{\bar{x}} \tag{3.34}$$

根据误差的抵偿性，当次数n很大时，$\sum_{i=1}^{n} \Delta x_i = 0$，则

$$\delta_{\bar{x}} = \frac{1}{n} \sum_{i=1}^{n} \delta_i \tag{3.35}$$

将式(3.33)平方后求和得：

$$\sum_{i=1}^{n} \delta_i^2 = \sum_{i=1}^{n} \Delta x_i^2 + n\delta_{\bar{x}}^2 + 2\delta_{\bar{x}} \sum_{i=1}^{n} \Delta x_i = \sum_{i=1}^{n} \Delta x_i^2 + n\delta_{\bar{x}}^2 \tag{3.36}$$

将式(3.35)平方后得：

$$\delta_{\bar{x}}^2 = \left(\frac{1}{n} \sum_{i=1}^{n} \delta_i\right)^2 = \frac{1}{n^2} \sum_{i=1}^{n} \delta_i^2 + \frac{1}{n^2} \sum_{1 \leqslant i \leqslant j}^{n} \delta_i \delta_j \tag{3.37}$$

当次数n很大时，可认为$\frac{1}{n^2} \sum_{1 \leqslant i \leqslant j}^{n} \delta_i \delta_j = 0$，则

$$\sum_{i=1}^{n} \delta_i^2 = \sum_{i=1}^{n} \Delta x_i^2 + n\left(\frac{\sum_{i=1}^{n} \delta_i^2}{n^2}\right) = \sum_{i=1}^{n} \Delta x_i^2 + \frac{\sum_{i=1}^{n} \delta_i^2}{n}$$

$$\frac{(n-1)\sum_{i=1}^{n} \delta_i^2}{n} = \sum_{i=1}^{n} \Delta x_i^2$$

所以

$$\frac{\sum_{i=1}^{n} \delta_i^2}{n} = \frac{\sum_{i=1}^{n} \Delta x_i^2}{n}$$

$$\sigma^2 = s^2$$

即

$$\sigma = s = \pm\sqrt{\frac{\sum_{i=1}^{n} \Delta x_i^2}{n-1}} = \pm\sqrt{\frac{\sum_{i=1}^{n} (x_i - \bar{x})^2}{n-1}} \tag{3.38}$$

这说明在有限次观测中,各观测值与算术平均值之差的平方和除以测量次数减1(即$n-1$)的方根等于平方差(标准差)。这由贝塞尔导出,故又称为贝塞尔方程,σ表示了测量中约有68.3%的点落在$(\bar{x}-\sigma,\bar{x}+\sigma)$范围内,$\sigma$反映了测量的精密性。当$n$很大时,可以认为算数平均值等于真值。这个结论与前面的结论完全一致。

(3)算术平均值的误差

上述方法可以证明,在一组等精度测量中,测量值的算术平均值$\bar{x}$的标准误差为:

$$\sigma_{\bar{x}}=s_{\bar{x}}=\pm\sqrt{\frac{\sum_{i=1}^{n}\Delta x_i^2}{n(n-1)}}=\pm\sqrt{\frac{\sum_{i=1}^{n}(x_i-\bar{x})^2}{n(n-1)}} \tag{3.39}$$

3.5.4 不等精度测量中的误差评价

(1)权数

对于一组不等精度的测量值$x_1,x_2,\cdots,x_n$;对应的标准误差为$s_1,s_2,\cdots,s_n$;对应的权数为$m_1,m_2,\cdots,m_n$;每单位权的标准差为s,则

$$m_1:m_2:\cdots:m_n=\frac{s^2}{s_1^2}:\frac{s^2}{s_2^2}:\cdots:\frac{s^2}{s_n^2} \tag{3.40}$$

得出:

$$m_i=\frac{s^2}{s_i^2} \tag{3.41}$$

式(3.41)是根据标准误差计算权的公式,为了计算方便这里s通常取1。

(2)最佳估计值

按上节同样的原理,可得出在不等精度直接测量中x_i的最佳估计值为各测量值的加权算数平均值$\bar{x}$:

$$\bar{x}=\frac{\sum_{i=1}^{n}m_ix_i}{\sum_{i=1}^{n}m_i} \tag{3.42}$$

(3)不等精度测量中的标准误差s及算数平均值中的标准误差$s_{\bar{x}}$

按上节同样的原理,可得出在不等精度直接测量中的标准误差s及算数平均值的标准误差$s_{\bar{x}}$:

$$s=\pm\sqrt{\frac{\sum_{i=1}^{n}m_i(x_i-\bar{x})^2}{n-1}} \tag{3.43}$$

$$s_{\bar{x}}=\frac{s}{\sqrt{\sum_{i=1}^{n}m_i}}=\frac{\pm\sqrt{\frac{\sum_{i=1}^{n}m_i(x_i-\bar{x})^2}{n-1}}}{\sqrt{\sum_{i=1}^{n}m_i}}=\pm\sqrt{\frac{\sum_{i=1}^{n}m_i(x_i-\bar{x})^2}{(n-1)\sum_{i=1}^{n}m_i}} \tag{3.44}$$

3.6　误差传递

使用直接测量值经过公式计算后所得的另一些测量值为间接测量值。如物体的运动速度、密度、散热器的传热系数、热物理中的准则数、空气中的焓值等。直接测量值不可避免地存在误差,显然,由直接测量值根据一定的函数关系,经过运算而得到的间接测量值也必然有误差存在。怎样来估算间接测量值的误差,实质上是要解决一个误差传递的问题,即求得估算间接测量值误差的公式。这种公式称为误差传递公式。

某间接测量参数 Y 和 n 个直接测量参数之间具有函数关系:

$$Y=f(X_1,X_2,\cdots,X_n) \tag{3.45}$$

直接测量存在误差时,将使间接测量存在误差,其关系式为:

$$Y+\delta_Y=f(X_1+\delta_1,X_2+\delta_2,\cdots,X_n+\delta_n) \tag{3.46}$$

如果函数连续且可微,可将式(3.46)作为泰勒级数展开,取一阶近似,误差之间的关系式为:

$$Y+\delta_Y=f(X_1,X_2,\cdots,X_n)+\frac{\partial f}{\partial X_1}\delta_1+\frac{\partial f}{\partial X_2}\delta_2+\cdots+\frac{\partial f}{\partial X_n}\delta_n \tag{3.47}$$

式(3.47)为误差传递的一般公式。其意义是误差的变化等于各偏微分之和,或函数的变化等于各自变量变化所引起的函数变化之和。

3.6.1　系统误差的传递

1)加减运算

对

$$R=f(A,B,C)=A+B-C$$

有

$$\mathrm{d}R=\frac{\partial R}{\partial A}\mathrm{d}A+\frac{\partial R}{\partial B}\mathrm{d}B+\frac{\mathrm{d}R}{\mathrm{d}C}\mathrm{d}C=\mathrm{d}A+\mathrm{d}B-\mathrm{d}C \tag{3.48}$$

即在加减运算中,结果的绝对误差等于各测量值的绝对误差的代数和。

若

$$R=f(A,B,C)=mA+nB-C$$

则

$$\mathrm{d}R=m\mathrm{d}A+n\mathrm{d}B-\mathrm{d}C \tag{3.49}$$

2)乘除运算

$$R=f(A,B,C)=\frac{AB}{C}$$

则

$$\mathrm{d}R=\frac{\partial R}{\partial A}\mathrm{d}A+\frac{\partial R}{\partial B}\mathrm{d}B+\frac{\mathrm{d}R}{\mathrm{d}C}\mathrm{d}C=\frac{B}{C}\mathrm{d}A+\frac{A}{C}\mathrm{d}B-\frac{AB}{C^2}\mathrm{d}C$$

所以:

$$\frac{\mathrm{d}R}{R}=\frac{\mathrm{d}A}{A}+\frac{\mathrm{d}B}{B}-\frac{\mathrm{d}C}{C} \tag{3.50}$$

即在乘除运算中,结果的相对误差等于各测量值的相对误差的代数和。

3)对数运算

$$R=f(A)=k+n\ln A$$

则

$$\mathrm{d}R=\frac{\partial R}{\partial A}\mathrm{d}A=n\frac{\mathrm{d}A}{A} \tag{3.51}$$

4)指数运算

$$R=f(A)=k+A^n$$

则

$$\mathrm{d}R=\frac{\partial R}{\partial A}\mathrm{d}A=nA^{n-1}\mathrm{d}A \tag{3.52}$$

3.6.2 偶然误差的传递

设 $Y=f(X_1,X_2,\cdots,X_n)$,若对每个直接测量参数都进行 m 次测量,则各参数均有 m 个误差,为

$$\delta_{i1},\delta_{i2},\cdots,\delta_{im}(i=1,2,\cdots,n)$$

依次可列出 m 个误差关系式:

第 1 次测量:

$$\delta_{Y1}=\frac{\partial f}{\partial X_1}\delta_{11}+\frac{\partial f}{\partial X_2}\delta_{21}+\cdots+\frac{\partial f}{\partial X_n}\delta_{n1}$$

第 2 次测量:

$$\delta_{Y2}=\frac{\partial f}{\partial X_1}\delta_{12}+\frac{\partial f}{\partial X_2}\delta_{22}+\cdots+\frac{\partial f}{\partial X_n}\delta_{n2}$$

第 m 次测量:

$$\vdots$$

$$\delta_{Ym}=\frac{\partial f}{\partial X_1}\delta_{1m}+\frac{\partial f}{\partial X_2}\delta_{2m}+\cdots+\frac{\partial f}{\partial X_n}\delta_{nm}$$

将以上各式两边平方再相加,得:

$$\sum_{i=1}^{m}\delta_{Yi}^2=\left(\frac{\partial f}{\partial X_1}\right)^2\sum_{i=1}^{m}\delta_{1i}^2+\left(\frac{\partial f}{\partial X_2}\right)^2\sum_{i=1}^{m}\delta_{2i}^2+\cdots+\left(\frac{\partial f}{\partial X_n}\right)^2\sum_{i=1}^{m}\delta_{ni}^2+$$
$$2\sum_{1\leqslant i\leqslant j\leqslant n}\left[\left(\frac{\partial f}{\partial X_i}\right)\left(\frac{\partial f}{\partial X_j}\right)\sum_{k=1}^{m}(\delta_{ik}\delta_{jk})\right]$$

两边除以测量次数 m,可得方差关系:

$$\sum_{i=1}^{m} \sigma_Y^2 = \left(\frac{\partial f}{\partial X_1}\right)^2 \sigma_1^2 + \left(\frac{\partial f}{\partial X_2}\right)^2 \sigma_2^2 + \cdots + \left(\frac{\partial f}{\partial X_n}\right)^2 \sigma_n^2 +$$

$$2 \sum_{1 \leqslant i \leqslant j \leqslant n} \left[\left(\frac{\partial f}{\partial X_i}\right)\left(\frac{\partial f}{\partial X_j}\right) \frac{1}{m} \sum_{k=1}^{m} (\delta_{ik}\, \delta_{jk}) \right]$$

$$\rho_{ij} = \frac{\sum_{k=1}^{m} (x_{ik} - \overline{x_i})(x_{jk} - \overline{x_j})}{\sqrt{\sum_{k=1}^{m} (x_{ik} - \overline{x_i})^2 \sum_{k=1}^{m} (x_{jk} - \overline{x_j})^2}} = \frac{\sum_{k=1}^{m} (\delta_{ik}\, \delta_{jk})}{\sqrt{\sum_{k=1}^{m} \delta_{ik}^2 \cdot \sum_{k=1}^{m} \delta_{jk}^2}}$$

$$\sigma_i = \sqrt{\frac{\sum_{k=1}^{m} (x_{ik} - \overline{x})^2}{m-1}} = \sqrt{\frac{\sum_{k=1}^{m} \delta_{ik}^2}{m-1}}$$

则可得到：

$$\sigma_Y^2 = \sum_{i=1}^{n} \left(\frac{\partial f}{\partial X_i}\right)^2 \sigma_i^2 + 2 \sum_{1 \leqslant i \leqslant j \leqslant n} \left[\left(\frac{\partial f}{\partial X_i}\right)\left(\frac{\partial f}{\partial X_j}\right) \rho_{ij}\, \sigma_i\, \sigma_j \right] \tag{3.53}$$

式(3.53)称为误差传递函数,或称方差传递公式,式子中ρ_{ij}为误差δ_i与δ_j的相关系数;当各误差量之间相互独立,$\rho_{ij}=0$时,式(3.53)可写成方差合成公式：

$$\sigma_Y^2 = \sum_{i=1}^{n} \left(\frac{\partial f}{\partial X_i}\right)^2 \sigma_i^2 \tag{3.54}$$

式中,$\frac{\partial f}{\partial X_i} = a_i$称方差传递系数。

3.6.3　确定测量的极差

对同一对象,使用两种不同的仪器进行测量,测量结果往往不一致,但二者之差应该是有一定限度的,这个限度就是极差,当两个结果都超过极差,就说明其中必有一个是不合格的测量结果。

设被测量的真值为a,第1件仪器测量值为L_1,标准差为σ_1,第2件仪器测量值为L_2,标准差为σ_2,考虑误差分布相同,且为正态分布,则各个测量应该满足：

$$|L_1 - a| < 3\,\sigma_1$$
$$|L_2 - a| < 3\,\sigma_2$$

令测量值之差为ϕ,即

$$\phi = L_1 - L_2$$

根据方差合成公式：

$$\sigma_\phi = \sqrt{\sigma_1^2 + \sigma_2^2} \tag{3.55}$$

写成误差限的形式,则

$$3\sigma_\phi = \sqrt{(3\sigma_1)^2 + (3\sigma_2)^2} \tag{3.56}$$

两个测量之差,最大不应该超过$3\sigma_\phi$,因此$3\sigma_\phi$就是极差。

3.6.4　误差的分配

给定测量误差的条件下选择测量方案,应合理分配误差,确定各单项误差,既保证测量精度又有较好的经济性。常用的分配原则有：

1）按等作用原则分配误差

认为各部分误差对总误差的影响作用是相等的，如函数误差公式(3.57)：

$$\sigma_y = \sqrt{\sum (a_i \sigma_i)^2} = \sqrt{\sum D_i^2} \tag{3.57}$$

其中

$$D_i^2 = (a_i \sigma_i)^2$$

分配时应满足

$$\sqrt{\sum D_i^2} \leqslant \sigma_y$$

取

$$D_1 = D_2 = \cdots = D_n = \frac{\sigma_y}{\sqrt{n}} = a_i \sigma_i \tag{3.58}$$

则有：

$$\sigma_i = \frac{\sigma_y}{a_i \sqrt{n}}, a_i = \frac{\partial f}{\partial x_i} \tag{3.59}$$

若用极限误差来表示：

$$\delta_i = \frac{\delta}{\sqrt{n}} \cdot \frac{1}{a_i} \tag{3.60}$$

式中　δ——总的极限误差。

2）按可能性调整误差

一般测量系统有多个环节，若用同一精度去要求，势必会造成经济性问题，如有的环节为了达到误差要求，势必要用昂贵的高精度仪器，或要付出较大的劳动。因此在这些环节应作适当放宽处理，在其他环节再作调整。必要时，可对有些环节作加权处理。

另一方面，从式(3.58)可以看出，即使各部分误差一定时其测量值的误差与其传递系数成反比，所以，各部分误差相等，其测量值的误差并不相等，有时相差很大。

因此，对难以实现测量误差的环节，其误差适当扩大，对容易实现测量误差控制的环节，其误差尽可能缩小。这种实现误差总量控制的原则是一种经济实用的方法。

3）小误差取舍准则

一般情况，$D_k \leqslant \frac{1}{3}\sigma_y$时的项可舍去。

精密测量时，$D_k \leqslant \frac{1}{10}\sigma_y$时的项可舍去。

上述条件表明：对于随机误差和未定系统误差，微小误差取舍准则是被舍去的误差必须小于或等于测量值总误差的1/3至1/10。

如选择测量仪器，当选择高一级精度的标准器具时，其误差应为被检器具允许总误差

1/10～1/3。

4)最佳测量方案的确定

一般函数的标准差为

$$\sigma_y = \sqrt{\sum \left(\frac{\partial f}{\partial x_i}\right)^2 \cdot \sigma_i^2} \quad (i = 1,2,\cdots,n) \tag{3.61}$$

从式(3.61)中可看出:

①选择最佳函数误差公式:该函数公式中的间接测量项目数量最少,这样误差项也最少。

②使误差传递系数等于零或为最小:从式(3.61)可知,若使$\frac{\partial f}{\partial x_i}=0$或为最小,则总误差$\sigma_y$也将减小。

虽然在实际中$\frac{\partial f}{\partial x_i}=0$的可能性不大或根本达不到,但却指出了达到这种最佳测量方案的途径。

【例3.7】 设计一个简单的散热器热工性能实验装置,利用式(3.60)计算散热量:

$$Q = L\rho c(t_1 - t_2) \tag{3.62}$$

式中 L——体积流量;

ρ——水的密度;

c——比热;

t_1,t_2——散热器进出口水温。

设计工况:$t_1 - t_2 = 25$ ℃,$L = 50$ L/h,要求散热器的测量误差不大于10%,需如何配置测量仪表。

解:(1)根据误差传递公式,写出相对误差关系式

由计算公式可知,这是间接测量问题,直接测量参数为热水流量L和进出口水温t_1,t_2。为简单起见,设L,t_1,t_2相互独立且为正态误差分布,ρ,c均为常数,误差为0。根据方差传递公式可以写出

$$\sigma_Q^2 = \left(\frac{\partial Q}{\partial L}\right)^2 Q_L^2 + \left(\frac{\partial Q}{\partial t_1}\right)^2 Q_{t_1}^2 + \left(\frac{\partial Q}{\partial t_2}\right)^2 Q_{t_2}^2$$

依正态分布写成误差限,两边除以Q^2,则为

$$\left(\frac{\Delta Q}{Q}\right)^2 = \left(\frac{\Delta L}{L}\right)^2 + \left(\frac{\Delta t_1}{t_1 - t_2}\right)^2 + \left(\frac{\Delta t_2}{t_1 - t_2}\right)^2 = \left(\frac{\Delta L}{L}\right)^2 + \frac{\Delta t_1^2 + \Delta t_2^2}{(t_1 - t_2)^2}$$

这就是相对误差的传递公式。

(2)将题意给定的总误差分解,初步估计直接测量误差限

由题意已知,要求测量的误差限:

$$\left|\frac{\Delta Q}{Q}\right| \leqslant 10\%$$

故应满足

$$\sqrt{\left(\frac{\Delta L}{L}\right)^2+\frac{\Delta t_1^2+\Delta t_2^2}{(t_1-t_2)^2}}\leqslant 10\%$$

显然,可能有无穷多解。这里一般假定:各项误差对总误差的作用相同,又称误差等作用原则。令

$$\left(\frac{\Delta L}{L}\right)^2=\frac{\Delta t_1^2+\Delta t_2^2}{(t_1-t_2)^2}=D^2$$

则有

$$\sqrt{2\,D^2}<10\%$$

$$D\leqslant 7.1\%$$

则以此为初选仪表的依据。

3.7 不确定度与测量结果表达

所谓测量的正确度是指测量结果与被测量值之间的一致程度。它是描述测量结果质量的术语。在实际使用中,可以说某测量结果准确度高或低,如某仪器的准确度为 1.0 级,但不能说,某测量结果准确度为 0.25%,某仪器的准确度为 6 mm 等。

测量不确定度是定量描述测量结果质量的指标,是测量结果的一个参数,用以表示被测量的分散性。因此一个完整的测量结果应包含被测量值的估计与分散性参数两部分。一个完整的测量结果应包含两部分:被测量的估计值以及分散性参数,如:

被测量:

$$Y=\bar{y}+U \tag{3.63}$$

式中 $\bar{y}$——估计值;

U——不确定度。

不确定度的含义是指由于测量误差的存在,对被测量值的不能肯定的程度。反过来,也表明该结果的可信赖程度。它是测量结果质量的指标。不确定度越小,所述结果与被测量的真值越接近,质量越高,水平越高,其使用价值越高;不确定度越大,测量结果的质量越低,水平越低,其使用价值也越低。在报告物理量测量的结果时,必须给出相应的不确定度,一方面便于使用它的人评定其可靠性,另一方面也增强了测量结果之间的可比性。

1990 年前后,开始使用不确定度概念于测量学中,但其含义与表述方法尚缺乏一致性。1993 年国际标准化组织牵头的 7 个委员会[国际标准化组织(ISO)、国际计量局(BIPM)、国际法制计量组织(OIML)、国际电工委员会(IEC)、国际理论化学与应用化学联合会(IUPAC)、国际理论物理与应用物理联合会(IUPAP)、国际临床化学协会(IFCC)]联合发布了《测量不确定度表示指南》(*Guide to the Expression of Uncertainty in Measurement*, GUM)。1995 年又发布了其修订版,从而被世界上大多数国家所采用。

我国 1999 年 5 月 1 日,由国家质量技术监督局正式颁布《测量不确定度评定与表示》(JJF1059—1999),标志我国正式全面推广 GUM,它是计量确认与认证、精密测量、产品检验和国际贸易等领域的重要基础文件,是评定试验数据可靠性、可信比、可比性等质量指标的重要

依据。规范中关于不确定的定义为:表征合理地赋予被测量之值分数性,与测量结果相联系的参数。

不确定度表示由于测量误差存在而对被测量值不能确定的程度,不确定度是一定概率下的极限误差。不确定度反映了可能存在的误差分布范围,即随机误差分量和未定系统误差的联合分布范围。

由于真值的不可知,误差是不能计算的,它可正、可负也可能十分接近于零;而不确定度总是不为零的正值。

测量不确定度和误差的区别见表3.9。

表3.9 关于测量不确定度与误差的特征比较

序号	内容	误差	测量不确定度
1	定义	表明测量结果偏离真值的程度,是一个确定的值	表明被测量之值的分散性,是一个区间。用标准偏差、标准偏差的倍数,或说明置信水平的区间半宽度来表示
2	分类	分为随机误差和偶然误差,并可采取不同措施来减小或消除	按照是否用统计方法评定,分为A类评定和B类评定,以标准不确定度评定
3	可操作性	测量误差的值不可知,当采用约定真值代替真值时得到的是测量误差估计值,可操作性差	测量不确定度可以由人们根据实验、资料、经验等信息进行评定,可以定量的操作
4	相互关系	是不确定度的基础,只有对误差的性质、分布规律等有充分的了解后,才能更好地估计不确定度	是对经典误差理论的一个补充,易理解易评定,具有合理性和实用性

3.7.1 标准不确定度的评定

以标准差表示的不确定度称为标准不确定度。

由于误差的来源很多,测量结果的不确定度一般包含几个分量。在修正了可定系统误差之后,把余下的全部误差归为A,B两类不确定度分量。

1)标准不确定度A类评定

通过一系列观察值数据的统计分析来评定的方法称为A类评定。

在重复性条件或复现性条件下得出n个测量结果x_k,随机变量x的期望值μ_x的最佳估计量是n次独立观测结果的算术平均值$\bar{x}$(又称为样本平均值):

$$\bar{x} = \frac{1}{n}\sum_{k=1}^{n} x_k \tag{3.64}$$

观测值的实验方差为:

$$s^2(x_k) = \frac{1}{n-1}\sum_{k=1}^{n}(x_k - \bar{x})^2 \tag{3.65}$$

平均值的实验方差为：

$$s^2(\bar{x}) = \frac{s^2(x_k)}{n} = \frac{1}{n(n-1)}\sum_{k=1}^{n}(x_k - \bar{x})^2 \tag{3.66}$$

平均值的实验标准差 $s(\bar{x})$ 等于平均值的实验方差的正均方根：

$$s(\bar{x}) = \sqrt{\frac{1}{n(n-1)}\sum_{k=1}^{n}(x_k - \bar{x})^2} \tag{3.67}$$

平均值$\bar{x}$的标准差 $s(\bar{x})$ 和平均值的方差$s^2(\bar{x})$均表征了平均值与观测值期望值的接近程度，两者均可作为$\bar{x}$的不确定的度量。由于标准差与 x 具有相同的量纲，较为直观和便于理解，故使用更为广泛。

通常以独立观测列的算术平均值作为测量结果，测量结果的标准不确定度为：

$$u(x_i) = s(\bar{x}) \tag{3.68}$$

用平均值的实验标准差表示均值$\bar{x}$的不确定度。

式(3.67)又称为贝塞尔公式。标准不确定度 A 类评定的基本方法是采用贝塞尔公式计算标准差。在《测量不确定度评定与表示》(JJF 1059—1999)中 A 类评定的另一种简化方法，称为极差法。

极差 R 定义为一个测量列中，最大测量结果减最小测量结果所得之差。所谓测量列，是指重复性条件下或复现性条件下的若干测量结果整体。

使用极差法评定的前提是 x 的分布应是正态的。在重复性条件或复现性条件下，对 x_i 进行 n 次独立观测，计算结果中最大值与最小值之差 R(称为极差)，在可以估计接近正态分布的前提下，单次测量结果 x_i 的实验标准差 $s(x_i)$ 可以近似地评定：

$$s(x_i) = \frac{R}{C} = u(x_i) \tag{3.69}$$

式(3.69)中极数系数 C 及自由度 ν 见表 3.10。

表 3.10　极差系数 C 及自由度 ν

n	2	3	4	5	6	7	8	9
C	1.13	1.64	2.06	2.33	2.53	2.70	2.85	2.97
ν	0.9	1.8	2.7	3.6	4.5	5.3	6.0	6.8

2)标准不确定度 B 类评定

用不同于对观测列进行统计分析的方法来评定标准不确定度，称为 B 类不确定度评定。

评定基于以下信息：权威机构发布的量值、有证参考物质的量值、校准证书、仪器的漂移、经检定的测量仪器的准确等级、根据人员经验推断的极限值等。

获得 B 类标准不确定度的信息来源一般有：

①以前的测量数据、经验和资料。

②对有关技术资料和测量仪器特性的了解和经验。

③生产部门提供的技术说明文件。

④校准证书、检定证书或其他文件提供的数据、准确度的等级或级别，包括目前正在使用的极限误差等。

⑤手册或某些资料给出的参考数据及其不确定度。

⑥规定实验方法的国家标准或类似技术文件中给出的重复性限 r 或复现性 R。

用 B 类评定法得到的估计方差$u^2(x_i)$，可简称为 B 类方差。

可根据经验或其他信息来估计，也可用近似的，假设的"标准偏差"u 来表征。例如：

①当估计值 x 受到多个独立因素影响，且影响大小相近，并假设为正态分布，则由所取的置信概率 α 的分布区间半宽 a 与包含因子k_α来估计标准不确定度，即：

$$u_x = \frac{a}{k_\alpha} \tag{3.70}$$

其关系如图 3.4 所示。

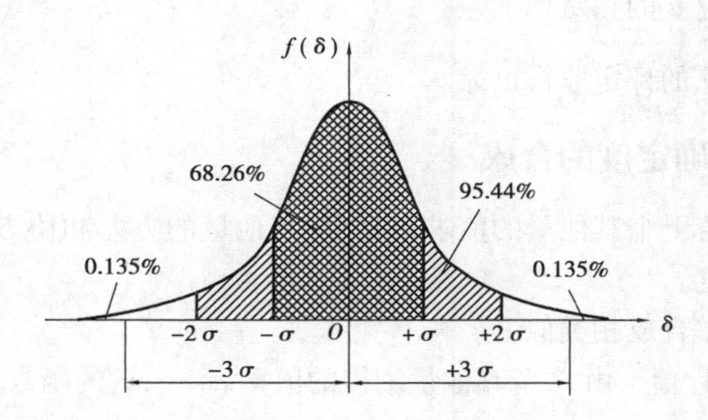

图 3.4　置信概率 α 与分布区间半宽 a 关系图

正态分布下置信概率 α 与包含因子k_α关系见表 3.11。

表 3.11　正态分布下置信概率 α 与包含因子k_α关系

α/%	50	68.27	90	95	95.45	99	99.73
k_α	0.67	1(σ)	1.645	1.96	2(σ)	2.576	3(σ)

②根据已知信息，估计值 x 落在区间$(x-\alpha, x+\alpha)$内的概率为 1，且在区间内各处出现机会相等，则 x 服从均匀分布，其标准不确定度为：

$$u_x = \frac{a}{\sqrt{3}} \tag{3.71}$$

③当估计值受到两个独立且都是均匀分布因素的影响时，则 x 服从在区间$(x-\alpha, x+\alpha)$内的三角分布，其标准不确定度为：

$$u_x = \frac{a}{\sqrt{6}} \tag{3.72}$$

3）标准不确定度评定时的自由度

由数理统计可知，在 n 个变量v_i 的平方和 $\sum\limits_{i=1}^{n} v_i^2$ 中，如果 n 个v_i 之间有 k 个独立的线性约束条件，即 n 个变量中只有 $n-k$ 个为独立变量，则平方和 $\sum_{i=1}^{n} v_i^2$ 的自由度为 $n-k$ 个。

(1)A 类

对 A 类，其自由度 v，即为标准差 s 的自由度。如用通常的方法其自由度 $v=n-1$。

(2)B 类

由估计 u 的相对标准差来确定自由度，定义为：

$$v=\frac{1}{2\times\left(\frac{s_u}{u}\right)^2} \tag{3.73}$$

式中 s_u——评定 u 的标准差；

$\frac{s_u}{u}$——评定 u 的相对标准差。

当 $s_u/u=0$ 时，则 u 的评定非常可靠。

3.7.2 测量不确定度的合成

当测量结果是由若干个其他量的值求得时，按其他量的方差和协方差算的标准不确定度称为合成标准不确定度。

其基本方法与误差合成相类似。

如被测量 Y，其估计值 y 由 N 个其他量测得的值 $x_1,x_2\cdots,x_N$ 的函数求得：

$$y=f(x_1,x_2,\cdots,x_N)$$

由各直接测得值 x_i 的测量标准不确定度为 u_{x_i}，它对被测量估计值影响的传递系数为 $\partial f/\partial x_i$，则由 x_i 引起被测量 y 的标准不确定度分量为：

$$u_i=\frac{\partial f}{\partial x_i}\cdot u_{x_i}(i=1,2,\cdots,N) \tag{3.74}$$

合成的不确定度：

$$u_c=\sqrt{\sum\left(\frac{\partial f}{\partial x_i}\right)^2\cdot u_{x_i}^2+2\sum\frac{\partial f}{\partial x_i}\frac{\partial f}{\partial x_j}\rho_{ij}u_{xi}u_{xj}} \tag{3.75}$$

当 x_i,x_j 不确定度相互独立，即 $r_{ij}=0$ 时：

$$u_c^2=\sum\left(\frac{\partial f}{\partial x_i}\right)^2\cdot u_{x_i}^2$$

当综合的项有 N 项，其中 n 项为 A 类不确定度，m 项为 B 类不确定度，分别列为：

$$s_i(i=1,2,\cdots,n)$$

$$u_j(j=1,2,\cdots,m)$$

则按方和根法，综合不确定度为：

$$u_c=\sqrt{\sum s_i^2+\sum u_j^2} \tag{3.76}$$

结果表达为：

$$Y=y\pm u_c \tag{3.77}$$

3.8　有效数字与实验结果的表示

为了取得准确的分析结果,不仅要准确测量,而且还要正确记录与计算。所谓正确记录是指记录数字的位数。因为数字的位数不仅表示数字的大小,也反映测量的准确程度。所谓有效数字就是实际能测得的数字。

3.8.1　近似值与有效数

(1)近似值

含有误差的数值均为近似值,其中包括测量值;数学常量的有限位小数表示,如 π = 3.141 6,e = 2.718;传热系数、汽化潜热、空气密度等物理量值;运算结果,数字运算过程中舍入误差的累积。

(2)有效值

测量结果中能够反映被测物理量大小的,带有一位存疑数字的全部数字称为有效数字。它是在分析工作中实际能够测量到的数字,包括最后一位估计的数字(不确定的数字)。直读获得的准确数字称为可靠数字;通过估读得到的那部分数字称为存疑数字。

有效数字保留的位数,应根据分析方法与仪器的准确度来决定,一般使测得的数值中只有最后一位是可疑的。例如用万分之一分析天平称取 0.123 0 g 试样,这不仅表明试样的质量 0.123 0,还表明称量的误差在 ±0.000 1,该数有 4 位有效数。数值中 0.123 是准确的,最后一位是可疑的,可能有上下一个单位误差,即其实际质量是在 0.123 0 g ± 0.000 1 g 范围内的某一数值。若记为 0.123,它只有 3 位有效数字,虽然从数字角度看和 0.123 0 没有区别,但是记录反映的测量准确度被缩小了 10 倍;反之,若记为 0.123 00,有 5 位有效数字,则无形中将测量准确度提高了 10 倍,因此,记录的数据必须是实际能测到的数字。

从上面的例子也可以看出有效数字是和仪器的准确程度有关,即有效数字不仅表明数量的大小而且也反映测量的准确度。

3.8.2　实验结果的数字表达

(1)有效数字

测量结果都是包含误差的近似数据,在其记录、计算时应以测量可能达到的精度为依据来确定数据的位数和取位。参加计算的数据:位数取少了,损害实验成果的精度并影响计算结果的应有精度;位数取多了,易使人误认为测量精度很高,增加不必要的工作量。

通常将测量结果最末位的数值,认为是含有误差的数值。如已知:测量误差为 0.002 mV(近似值),测量结果为 0.796 mV,取位适宜;若给出 0.796 33 mV,则无意义;若只给出 0.80 mV,损失了精度。

(2)有效数字中“0”的意义

数字“0”具有双重意义,作为普通数字使用,它就是有效数字,例如 10.143 0 中两个“0”都是有效数字;作为定位用,则不是有效数字,例如 0.012 3 中两个“0”都不是有效数字。改变单位并不改变有效数字位数,如0.123 0 g若以μg作为单位,则应写为1.230×10^5 μg。要用指数形式表示,它仍是4位有效数字,而不能写成123 000 μg,否则就误解为6位有效数字。

3.8.3 数字运算及舍入规则

(1)数字运算规则

可靠数字之间运算的结果为可靠数字;可靠数字与存疑数字、存疑数字与存疑数字之间运算的结果为存疑数字;常数的有效数字的位数,应根据需要取。

在4个以上数的平均值计算中,平均值的有效数字可增加1位。如$(22.6+22.8+22.5+22.3+22.5)/5=22.54$,原来只有3位有效数字,而计算结果增加了1位。

对数的有效数字位数与其真数相同;例如$\ln 6.84=1.92$;$\lg 0.000\ 04=-4$。

取自手册上的数据,其有效数字位数按实际需要取。

在一般的工程计算中取2~3位有效数字。

数学与物理常数的有效数字位数一般选取的位数应比测量数据中位数最少者多取1位。如可取$\pi=3.14$或3.142或3.141 6。

为避免数字运算时损失实验的精度,一般做法如下:

对于加减法,小数点对齐,只保留一位可疑数。有效数字的保留应以小数量少的数字为准。在弃去过多的可疑数时,按四舍六入的规则取舍。具体做法则是先按小数点后位数最少的数据保留其他各数的位数,再进行加减计算,计算结果也使小数点后保留相同的位数。

$$\begin{array}{r} 11.96 \\ 10.2 \\ +\quad 0.003 \\ \hline 22.163 \end{array} \Longrightarrow \begin{array}{r} 12.0 \\ 10.2 \\ +\quad 0.0 \\ \hline 22.2 \end{array}$$

对于乘除法,几个数值相乘除时,其积或商的相对误差接近于这几个数之中相对误差的最大值。积或商保留有效数字位数与各运算数字中有效数字位数最少的相同。先按有效数字最少的数据保留其他各数,再进行乘除运算,计算结果仍保留相同有效数字。

对于乘方、开方情况,有效数字位数与被乘方和被开方之数的有效数字的位数相同。

【例3.8】 计算$0.012\ 1\times25.64\times1.057\ 82=?$

解:修约为:$0.012\ 1\times25.6\times1.06=?$

计算后结果为:0.328 345 6,结果仍保留为3位有效数字。

记录为:$0.012\ 1\times25.6\times1.06=0.328$

【例3.9】 若一个数值没有可疑数,视为无限有效。将7.12 g样品二等分,哪个正确?

解:对2来说:一位有效数: $7.12/2=4$;

对2来说:无限多位有效数: $7.12/2=3.56$;

正确的表达: $7.12/2=3.56$ g

这里的除数2不是测量所得,为无限多位有效数字(不是一位);常数如π,e等也都是无限多位有效数字。

(2)数字修约规则

为了适应生产和科技工作的需要,我国已经正式颁布了《数值修约规则》(GB 8170—

2008)，通常称为“四舍六入五留双”法则。

按四舍六入五考虑，即当尾数≤4时舍去，尾数≥6时进位。当尾数恰为5时，则应视保留的末位数是奇数还是偶数，5前为偶数应将5舍去，5前为奇数则进位。四舍六入五留双，即在保留 n 位有效数字：第 $n+1$ 位数字≤4舍掉；第 $n+1$ 位数字≥6时，第 n 位数字进1；第 $n+1$ 位数字为5，要看它前面的一个数：奇数就入，偶数就舍；该原则的优点为在大量的数字运算中，可使舍入的概率相等，舍入误差的影响最小。

这一法则的具体运用如下：

①若被舍弃的第1位数字大于5，则其前一位数字加1。如28.264 5只取3位有效数字时，其被舍弃的第1位数字为6，大于5，则有效数字应为28.3。

②若被舍弃的第1位数字等于5，而其后数字全部为零，则视被保留的末位数字为奇数或偶数(零视为偶数)，而定进或舍，末位是奇数时进1、末位为偶数不加1。如28.350，28.250，28.050只取3位有效数字时，分别应为28.4，28.2及28.0。

③若被舍弃的第1位数字为5，而其后面的数字并非全部为零，则进1。如28.250 1，只取3位有效数字时，则进1，成为28.3。

④若被舍弃的数字包括几位数字时，不得对该数字进行连续修约，而应根据以上各条作一次处理。如2.154 546，只取3位有效数字时，应为2.15，而不得按下述方法连续修约为2.16，即

2.154 546→2.154 55→2.154 6→2.155→2.16

【例3.10】 将下列数据舍入到小数点后3位。

3.141 59，1.366 53，2.330 50，2.777 19，2.777 7，2.456 6

解：将数据保留到小数点后3位的结果见表3.12。

表3.12 例3.10的原数据和修约数据

原数据	修约数据
3.141 59	3.142
1.366 53	1.366
2.330 50	2.330
2.777 19	2.777
2.777 7	2.778
2.456 6	2.457

【例3.11】 将下列数据保留4位有效数字。

3.1459，136 653，2.330 50，2.750 0，2.774 47

解：将数据保留4位有效数字的结果见表3.13。

表 3.13　例 3.11 的原数据和修约数据

原数据	修约数据
3.145 9	3.146
136 653	1.366×10^5
2.330 50	2.330
2.750 0	2.750
2.774 47	2.774

习题 3

3.1　为什么方差和标准差可以描述测量的重复性或被测量的稳定性？σ 与 $\sigma/\sqrt{n}$ 有何不同？

3.2　请证明：两个标称值相同、相对误差也相同的电阻，无论串联还是并联，和电阻的相对误差仍与原电阻相同。

3.3　同一型号的标准电池，分别由 4 个工厂生产，各厂分别抽取若干本厂产品，独立测算出 20 ℃时的标准电池电动势—温度系数值及其标准差，数据如下：

$$u_1=915,\sigma_1=17$$
$$u_2=936,\sigma_2=17$$
$$u_3=990,\sigma_3=29$$
$$u_4=916,\sigma_4=14$$

试计算电动势—温度系数平均值及其标准差。

3.4　计时秒表启停时的标准差 $\sigma=0.03$ s，求用秒表测量时间间隔 Δt 时的标准差。

3.5　计算 $Z=x^3\cdot\sqrt{y}$ 的值和标准差。

其中，$x=2,\sigma_x=0.01;y=3,\sigma_y=0.02$。

(1)$\rho_{xy}=0$；(2)$\rho_{xy}=1$；(3)$\rho_{xy}=-1$

3.6　使用热电偶对稳定的恒温液槽测温，取得测量值(mV)。

5.30,5.73,6.77,5.26,4.33,5.45,6.09,

5.64,5.81,5.75,5.42,5.31,5.86,5.70,

4.91,6.02,6.25,4.99,5.61,5.81,5.60

请判断其中有无坏值，并计算测量平均值及其标准差。

3.7　简述间接测量误差传递与测量误差合成有何异同。

3.8　已知 3 个独立误差分量分别为正态分布、均匀分布和两点分布，其极限误差为：$e_1=3\sigma=1.0,e_2=0.4,e_3=0.4$，求合成不确定度。

3.9　已知：

$$c=(2.997\,76\pm0.000\,04)\times10^3\ \mathrm{ms^{-1}}$$
$$R=(10\,973\,730\pm5)\ \mathrm{m^{-1}}$$

$$m=(9.109\,1\pm0.000\,5)\times10^{-31}\ \text{kg}$$

$$e=(1.602\,10\pm0.000\,52)\times10^{-19}\text{C}$$

$$\varepsilon_0=(8.854\,18\pm0.000\,04)\times10^{-12}\text{kg}^{-1}\text{m}^{-3}\text{s}^2\ \text{C}^2$$

利用公式

$$h^3=\frac{m\,e^4}{8\,\varepsilon^2Rc}$$

计算普朗克常量 h。

3.10　用标准节流装置测空气流量时,流量计算公式

$$G=\frac{\alpha\varepsilon x d^2}{4}\sqrt{2\rho(P_1-P_2)}$$

式中　α——流量系数;

ε——膨胀系数;

d——节流孔板开孔直径;

ρ——孔板前的空气密度;

P_1-P_2——孔板前后的压力差。

考虑上述参数均为变量,可以直接测量,求流量 G 的方差σ_G^2和相对误差σ_G/G。

第二篇

实验设计与统计应用

第4章 析因实验与方差分析

科学实验是指根据研究目的,运用一定的物质手段,通过干预和控制科研对象而观察和探索科研对象有关规律和机制的一种研究方法。科学实验的基本类型是探索试验和验证实验。常见的科学实验类型有比较实验、析因实验、模拟实验、判决实验等。析因实验是考察某些条件(因子)对目标变量影响的实验,是科学实验的一种基本类型。

实验中,用来衡量实验效果的质量指标(如产量、成活率、废品率等)称为实验指标,可以是单一指标也可以是多个指标。实验指标按其性质可以分为定性指标和定量指标,通常研究的是定量指标。

设 X 是需通过实验考察的物理量——即目标变量或实验指标。影响实验指标 X 的条件,有可以控制的因素,也有大量无法控制的随机因素。所要考察的影响目标变量且可以控制的条件,称为因素或因子;因素在实验中所取得状态称为因素水平。

析因实验的目的是通过对实验结果观测值的波动(变差)分析,寻找影响结果的主要因素,判断因素的影响是否显著,常借助于对实验数据的方差分析来实现。析因实验设计是一种将两个或多个因素的各水平交叉分组,进行实验(或试验)的设计,它不仅可以检验各析因实验因素内部不同水平间有无差异,还可检验两个或多个因素间是否存在交互作用。若因素间存在交互作用,表示各因素不是独立的,一个因素的水平发生变化,会影响其他因素的实验效应;反之,若因素间不存在交互作用,表示各因素是独立的,任一因素的水平发生变化,不会影响其他因素的实验效应。

析因实验是通过各因素不同水平间的交叉分组进行组合的。因此,总的实验组数等于各因素水平数的乘积。例如,2 个因素各有 3 个水平时,实验组数为 $3\times3=9$;4 个因素各有 2 个水平时,实验组数为 $2^4=16$。所以,应用析因实验设计时,分析的因素数和各因素的水平数不宜过多。一般因素数不超过 4,水平数不超过 3。

析因实验,在质量管理中,对工艺改革效果的显著性判断;在科研试验的多方案"优选"等方面,均得到了广泛应用。

4.1　方差分析

4.1.1　方差分析的基本概念

方差分析(analysis of variance,ANOVA),又称"变异数分析"或"F检验",是费希尔发明的,用于两个及两个以上样本均数差别的显著性检验。由于各种因素的影响,研究所得的数据呈现波动状。造成波动的原因可分成两类:一类是不可控的随机因素,另一类是研究中施加的对结果形成影响的可控因素。

方差分析的目的是从观测变量的方差入手,研究诸多控制变量中哪些变量是对观测变量有显著影响的变量。它是检验两个样本或多个样本均值差异是否具有统计意义的一种方法。

4.1.2　方差分析中的术语

(1)因素与处理

因素是影响变量变化的客观条件,处理是影响因素变量变化的人为条件,也可以通称为因素或因子。

(2)水平与水平数

因素在实验中所取的不同条件(或状态),称为因素的水平。因素选定的不同条件(或状态)的个数,称为该因素的水平数。

(3)重复与重复数

在相同的条件下进行2次及其以上的实验,称为重复实验或有重复的实验。在相同条件下,重复实验的次数简称重复数。

(4)因素的主效应和因素间的交互效应

某因素单独对实验结果产生的影响或作用,称该因素的主效应。

在多因素实验中,两个及两个以上的因素相互作用,联合对实验结果的影响或者作用,称为交互效应。交互效应也称交互作用。

(5)均值比较

均值的相对比较是比较各因素对因变量的效应的大小的相对比较。均值的多重比较是研究因素单元对因变量的影响之间是否存在显著差异。

(6)条件误差与实验误差

由实验条件不同所造成的差异称为条件误差,也称条件变差。

实验中各种偶然(随机)的原因对实验结果产生的影响称为实验误差。在方差分析中,通常所说的误差,均指实验误差。

误差给实验结果所带来的影响称为误差效应。

(7)变差

用实验结果(x_i)与平均值的差异来表示变差,变差的数量表示方法一般用变差平方和。变差平方和简称为平方和,记为Q。

当几个因素的影响施加于一组观测值(结果)时,这组观测值的总平方和即为各因素所引起的平方和之和,即

$$Q = Q_A + Q_B + \cdots + Q_\delta \tag{4.1}$$

称为变差平方和的加和性。

这一特性使方差分析应用于析因实验非常有利,它可将一次实验中的总变差平方和分解成来自每一主要因素、交互作用因素和残余(试验)误差的平方和,以便通过各因素变差的比较,判断每一因素对总结果影响的显著性。

4.1.3 方差分析的类型

总体上讲,方差分析包括两大基本类型,第一种就是所谓的方差分析,其特点是当实验中的因素均可以控制,各因素所确定的水平都可以确定。第二种就是协方差分析,针对有些实验而言,这些实验具有少量的不可控制或难以控制的因素,实验是为了能确定这种因素的影响,并努力消除其影响。

根据控制变量(因素)的个数,方差分析分为单因素方差分析、双因素方差分析和多因素方差分析;根据观测变量的个数可将方差分析分为一元方差分析(单因变量方差分析)和多元方差分析(多因变量方差分析)。

从水平搭配的角度来看,实验可以分为全面实验、非全面实验和系统分组实验,这些实验都可以进行方差分析。

4.1.4 方差分析的原理

1)基本原理

方差分析的基本思想是把全部观察值之间的变异(总变异),按设计和需要分为两个或多个组成部分,再作分析。以固定效应的单因素等重复实验的数据为例,说明方差分析的原理。

对某项试验,若设因素 A 有 m 个“水平”(等级)记为 $A_i(i=1,2,\cdots,m)$,在每个水平下都重复进行 n 次测试,所获数据记为 x_{ij},表示在第 i 个水平下,第 j 次测定值($j=1,2,\cdots,n$),第 i 个水平有 n 个观测值,这样一来就总共获得 $N=m\cdot n$ 个数据,将其列入表 4.1。

设单因素 A 具有 m 个水平,在每个水平 $A_i(i=1,2,\cdots,m)$ 下,要考察的指标可以看成一个总体,故有 m 个总体,并假设:

①每个总体均服从正态分布,即 $x_i \sim N(\mu_i,\sigma^2)$。

②每个总体的方差 σ^2 相同。

③从每个总体中抽取的样本 $x_{i1},x_{i2},\cdots,x_{in}$,相互独立 $i=1,2,\cdots,m$。

μ_i,σ^2 均未知,将相关的符号列表,见表 4.1。图表中的数据可以用图 4.1 示意。

表 4.1　单因素等重复实验观测值数据统计表

测试次序 \ 水平 A	样本(观测值)						
	A_1	A_2	A_3	…	A_i	…	A_m
1	x_{11}	x_{21}	x_{31}	…	x_{i1}	…	x_{m1}
2	x_{12}	x_{22}	x_{32}	…	x_{i2}	…	x_{m2}
⋮						⋮	
i	⋮			⋮	x_{ii}		
⋮						⋮	
n	x_{1n}	x_{2n}	x_{3n}	…	x_{in}	…	x_{mn}
合计	x_1	x_2	x_3	…	x_i	…	x_m
水平平均值	$\bar{x}_1$	$\bar{x}_2$	$\bar{x}_3$	…	$\bar{x}_i$	…	$\bar{x}_m$

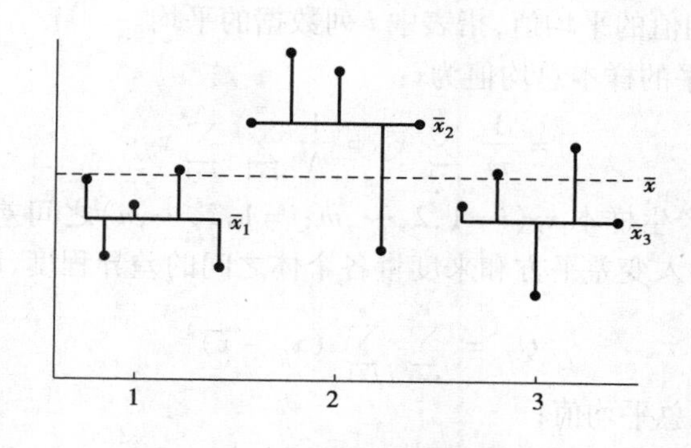

图 4.1　单因素随机实验数据示意图

那么,要比较各个总体的均值是否一致,就要检验各个总体的均值是否相等,设第 i 个总体的均值为μ_i,则假设检验为 $H_0:\mu_1=\mu_2=\cdots=\mu_m$。

备择假设为 $H_1:\mu_1,\mu_2,\cdots,\mu_m$不全相等。

在水平 $A_i(i=1,2,\cdots,m)$下,进行 n 次独立试验,得到试验数据 $x_{i1},x_{i2},\cdots,x_{in}$,记数据的总个数为 $N=m\times n$。

由假设有 $x_{ij}\sim N(\mu_i,\sigma^2)$ (μ_i,σ^2 未知),即有 $x_{ij}-\mu_i\sim N(0,\sigma^2)$,故 $x_{ij}-\mu_i$可视为随机误差,记 $x_{ij}-\mu_i=\varepsilon_{ij}$。

从而得到以下数学模型:

$$x_{ij}=\mu_i+\varepsilon_{ij}=\mu+\tau_i+\varepsilon_{ij} \tag{4.2}$$

式中　x_{ij}——第 i 个水平下的第 j 个实验数据;

μ——总体均值,在图 4.1 的样本数据中,虚线表示总平均;

μ_i——i 个水平的均值;

τ_i——在水平 A_i 下总体的均值 μ_i 与总平均 μ 的差异,称为因子 A 的第 i 个水平效应,通常$\tau_i=\mu_i-\mu(i=1,2,\cdots,m)$,即各组均值偏离总平均的离差;

ε_{ij}——随机误差,$\varepsilon_{ij}\sim N(0,\sigma^2)(j=1,2,\cdots,n)$。

前述检验假设等价于

$H_0:\tau_1 = \tau_2 = \cdots = \tau_m = 0$;则有$\sum_{i=1}^{m} \tau_i = 0\ (i = 1,2,\cdots,m)$。

$H_1:\tau_1,\tau_2,\cdots,\tau_m$不全为0。

这是因为当且仅当$u_1 = u_2 = \cdots = u_m$时,$u_i = u$,即$\tau_i = 0(i = 1,2,\cdots,m)$。

2)总变差平方和的分解

为了使造成各随机变量x_{ij}之间的差异的大小能定量表示出来,记在水平A_i下样本和为x_i,其中$x_i = \sum_{j=1}^{n} x_{ij}$表示第$i$个水平$n$个观测值的和。

令其样本均值$\bar{x}_i$:

$$\bar{x}_i = \frac{1}{n}\sum_{j=1}^{n} x_{ij} \tag{4.3}$$

表示第i个水平观测值的平均值,指表中i列数据的平均。

因素A下的所有水平的样本总均值为$\bar{x}$:

$$\bar{x} = \frac{1}{m}\sum_{i=1}^{m}\bar{x}_i = \frac{1}{N}\sum_{i=1}^{m}\sum_{j=1}^{n} x_{ij} \tag{4.4}$$

为了通过分析对比产生样本$x_{ij}(i = 1,2,\cdots,m;j = 1,2,\cdots,n)$之间差异的原因,从而确定因素$A$的影响是否显著,引入变差平方和来度量各个体之间的差异程度,即

$$Q_T = \sum_{i=1}^{m}\sum_{j=1}^{n}(x_{ij} - \bar{x})^2 \tag{4.5}$$

式中 $\bar{x}$——全部数据的总平均值;

Q_T——总变差的平方和(也称离差平方和)。

可通过总变异的恒等变换来阐明总变异的构成。式(4.5)可写成:

$$\begin{aligned} Q_T &= \sum_{i=1}^{m}\sum_{j=1}^{n}[(x_{ij} - \bar{x}_i) + (\bar{x}_i - \bar{x})]^2 \\ &= \sum_{i=1}^{m}\sum_{j=1}^{n}(x_{ij} - \bar{x}_i)^2 + 2\sum_{i=1}^{m}\sum_{j=1}^{n}(x_{ij} - \bar{x}_i)(\bar{x}_i - \bar{x}) + \sum_{i=1}^{m}\sum_{j=1}^{n}(\bar{x}_i - \bar{x})^2 \end{aligned}$$

由于

$$\sum_{j=1}^{n}(x_{ij} - \bar{x}_i) = \sum_{j=1}^{n} x_{ij} - n\bar{x}_i = 0$$

所以

$$Q_T = \sum_{i=1}^{m}\sum_{j=1}^{n}(x_{ij} - \bar{x}_i)^2 + \sum_{i=1}^{m}\sum_{j=1}^{n}(\bar{x}_i - \bar{x})^2$$

如果各组观测值数目均为n,则总变差可分解为:

$$Q_T = \sum_{i=1}^{m}\sum_{j=1}^{n}(x_{ij} - \bar{x}_i)^2 + n\sum_{i=1}^{m}(\bar{x}_i - \bar{x})^2$$

即

$$Q_T = Q_E + Q_B \tag{4.6}$$

其中：

$$Q_E = \sum_{i=1}^{m} \sum_{j=1}^{n} (\bar{x}_{ij} - \bar{x}_i)^2 \tag{4.7}$$

$$Q_B = n \sum_{i=1}^{m} (\bar{x}_i - \bar{x})^2 \tag{4.8}$$

这里，Q_E 恰好是各水平内变差平方和之总和，它反映着每一水平下各观测值偏离其平均值（即误差）的变差平方和之总和，称为误差平方和或组内变差平方和，而 Q_B 则是各水平的平均值与总平均值的变差平方和之总和。它代表因素水平变化对结果所造成的变差，称为因素变差平方和或组间变差平方和。

由于变差是用其平方和来表示的，所以在同样的数据波动下，数据多的平方和要大于数据少的平方和。为了消除数据个数 n 与 m 对变差的影响，需要用各平方和除以自由度，求其平均变差平方和，简称“方差”。因而引出了自由度的概念。

3）对自由度的讨论

在 Q_T 的表达式(4.5)中，各个观察值 x_{ij} 虽然是独立存在的，但其 N 个偏差 $(x_{ij} - \bar{x})$ 中，却仅有 $N-1$ 个是独立的，因为所有偏差的总和必为零，即

$$\sum_{i=1}^{m} \sum_{j=1}^{n} (x_{ij} - \bar{x}) = \sum_{i=1}^{m} \sum_{j=1}^{n} x_{ij} - mn\,\bar{x} = 0 \tag{4.9}$$

说明 N 个偏差中，有一个偏差，由于受式(4.9)制约，不是独立的。称 Q_T 中独立偏差的个数为 Q_T 的自由度，用 f 表示，这里总自由度为：

$$f = N - 1 = mn - 1 \tag{4.10}$$

同理，水平（列）间变差平方和 Q_B 中，受 $\sum_{j=1}^{n} (x_{ij} - \bar{x}_i) = 0\ (i = 1,2,\cdots,m)$ 这一条件约束，故 m 个偏差也只有 $m-1$ 个是独立的或自由的，其自由度为：

$$f_b = m - 1 \tag{4.11}$$

至于误差平方和 Q_E 中，对每一列来说也只有 $n-1$ 个偏差是独立的，但因这样的偏差共有 m 组，因为对每一种水平而言，其观测值个数为 n，该水平下的自由度 $n-1$，总共有 m 个水平，因此 Q_E 的自由度为：

$$f_e = mn - m = m(n-1) \tag{4.12}$$

自然，与离差平方和一样，Q_T 与分项 Q_E 和 Q_B 的自由度之间也存在着分解关系，即

$$f = N - 1 = mn - 1 = m(n-1) + (m-1) = f_e + f_b \tag{4.13}$$

4）判断因素水平变化对结果数据的影响是否显著

如果因素的不同水平对每个水平下的均值没有影响，则组间误差只有随机误差而没有系统误差。组内误差和组间误差的均方之比应该接近1；否则它们的比值就会大于1，当大到某个程度时，就认为因素的不同水平之间存在着显著差异，也即自变量对因变量有显著影响。

现在将 Q_E，Q_B 分别用各自的自由度 f_e，f_b 进行平均，便得到“方差”。这里又称“均方”。为使符号统一，记为 S_E^2 和 S_B^2，即

$$S_E^2 = \frac{Q_E}{f_e}; S_B^2 = \frac{Q_B}{f_b} \tag{4.14}$$

方差是反映一组整体数据的波动大小的指标,也反映的是一组数据偏离平均值的情况。为了判断因素 A 所引起的结果波动是否比误差波动大,就需比较因素方差 S_B^2 与误差方差 S_E^2 的大小。将组间方差与组内方差进行对比,就得到了所需的检验统计量 F,即

$$F = \frac{S_B^2}{S_E^2} \tag{4.15}$$

F 分布表见附录4。方差分析表见表4.2。

表4.2 方差分析表

方差来源	离差平方和	自由度	方差	F 值
组间	Q_B	$m-1$	S_B^2	$\frac{S_B^2}{S_E^2}$
组内	Q_E	$nm-m$	S_E^2	
总变异	Q_T	$mn-1$		

5)作出统计判断

判断因素的水平对其观测值是否有显著影响,也就是比较组间方差与组内方差之间的差异大小,将检验统计量 F 的值与给定的 α 下的临界值 F_α 进行比较,就可以作出对原假设 H_0 的决策。

对于给定的显著水平 α,由 F 分布表查出自由度为$(m-1, nm-m)$的临界 F_α,如果 $F > F_\alpha$,则拒绝原假设,说明因素对指标起显著影响;$F \leqslant F_\alpha$,则接受原假设,说明因素的不同水平对实验结果影响不显著。

6)总结 F 检验步骤

①由观测值 x_{ij} 计算各种方差:$S_E^2, \cdots, S_B^2$,并按式(4.15)算出观测值的 F 值。

为减少计算工作量,首先可对 x_{ij} 加以如下简化:对每一数据同加(减)同一个数值,Q 仍不变;同乘(除)一个数 b,虽然 Q 增大(缩小)b^2 倍也不会影响比较后的结论。其次,计算 Q 值可采用简化公式。

②实现给定显著水平 α,从 F 分布表上查出当自由度为$(n_1 = f_b, n_2 = f_e)$时的临界值 $F_\alpha(f_b, f_e)$。

如果 $F > F_\alpha$,则认为因素 A 对实验结果变差的影响在 α 下是显著的;反之,如果 $F < F_\alpha$,则不显著。

显著程度通常分为三级:

- 如 $F > F_{0.01}$,则特别显著,记为"* *"。
- 如 $F_{0.01} \geqslant F > F_{0.05}$,为显著,记为"*"。
- 如 $F_{0.05} \geqslant F > F_{0.10}$,为有一定影响,记为"**"。

显著性水平(又称风险度)α 如何给定呢？在一些初步摸索性试验中,为不失掉寻找显著因素的机会,检验尺度应放宽,则 α 可取大一些,如0.1等;反之,在严格分析,进一步确认时,α 值可取小一些,如取0.01等。

7)平方和的简化计算公式

$$Q_T = \sum_{i=1}^{m}\sum_{j=1}^{n}(x_{ij}-\bar{x})^2 = \sum_{i=1}^{m}\sum_{j=1}^{n}x_{ij}^2 - \frac{1}{n\times m}\left(\sum_{i=1}^{m}\sum_{j=1}^{n}x_{ij}\right)^2 \tag{4.16}$$

$$Q_B = n\sum_{i=1}^{m}(\bar{x}_i-\bar{x})^2 = n\sum_{i=1}^{m}(\bar{x}_i^2 - 2\bar{x}_i\bar{x} + \bar{x}^2)$$

$$= \sum_{i=1}^{m}\left(\frac{1}{n}\left(\sum_{j=1}^{n}x_{ij}\right)^2\right) - \frac{1}{n\times m}\left(\sum_{i=1}^{m}\sum_{j=1}^{n}x_{ij}\right)^2 \tag{4.17}$$

$$Q_E = \sum_{i=1}^{m}\sum_{j=1}^{n}(x_{ij}-\bar{x}_i)^2 = Q - Q_B \tag{4.18}$$

令 $P = \frac{1}{n\times m}(\sum_{i=1}^{m}\sum_{j=1}^{n}x_{ij})^2$

$$R = \frac{1}{n}\sum_{i=1}^{m}\left(\sum_{j=1}^{n}x_{ij}\right)^2$$

$$W = \sum_{i=1}^{m}\sum_{j=1}^{n}x_{ij}^2$$

则组间平方和

$$Q_B = R - P \tag{4.19}$$

组内平方和

$$Q_E = W - R \tag{4.20}$$

总偏差平方和

$$Q_T = W - P = Q_B + Q_E \tag{4.21}$$

4.2　单因素析因实验

单因素实验就是在一项实验中,使其他因素都尽量维持不变,而只对一个因素改变其自己的水平时,检验该因素对结果方差的影响是否显著。

在方差分析中,采用定义公式计算各种方差,比较麻烦,本节例题中采用上节介绍的简化算法。

【**例**4.1】　为考察某种添加剂其浓度(ρ)对“水热管”传热系数(h_σ)的影响,在热管工作温度为73 ℃,完液率为18.9%的稳定工况下,选定4种添加剂浓度,各进行4次测定,将整理后的测定结果列入表4.3。

表 4.3　例 4.1 原始实验数据

测试次序 \ $\rho/\times10^6$	$\rho_1=1$	$\rho_2=4$	$\rho_3=8$	$\rho_4=16$
1	2 180	2 340	2 290	2 310
2	2 210	2 390	2 230	2 280
3	2 260	2 310	2 190	2 240
4	2 240	2 270	2 250	2 210

解:先将每个观测值[传热系数h_σ[W/(m^2·℃)]同减去 2 000 再除以 10 后,列入表 4.4。

表 4.4　例 4.1 处理后的数据

测试次序 \ $\rho/\times10^6$	$\rho_1=1$	$\rho_2=4$	$\rho_3=8$	$\rho_4=16$
1	18	34	29	31
2	21	39	23	28
3	26	31	19	24
4	24	27	25	21
列总计k_c	89	131	96	104

这里按单因素方差分析表 4.2 计算。所用符号:

C——列数。本例为 4 种添加剂浓度,$C=4$。

n——测定重复次数。本例中 $n=4$。

N——观测总次数。本例中 $N=C\cdot n=16$。

K——所有观测值之总和。本例中 $K=420$。

K_C——每列的总计。

x——每一观测值。

例 4.1 所得方差分析表见表 4.5。

表 4.5　例 4.1 单因素方差分析表

变差来源	变差平方和 Q	自由度 f	方差 S^2	方差比 F		显著性
				观测值	临界值	
列间(因素)	$Q_C=\frac{\sum k_C^2}{n}-\frac{k^2}{N}=253.5$	$C-1=3$	$S_C^2=\frac{Q_C}{C-1}$	$F=\frac{S_C^2}{S_E^2}=4.54$	$F_{0.05}(3,12)=3.49$	*

续表

变差来源	变差平方和 Q	自由度 f	方差 S^2	方差比 F		显著性
				观测值	临界值	
列内(误差)	$Q_E = Q - Q_C = 223.5$	$(N-1)-(C-1) = 12$	$S_E^2 = \frac{Q_E}{f}$		$F_{0.01}(3,12) = 5.95$	
总计	$Q_T = \sum x^2 - \frac{K^2}{N} = 477$	$N-1 = 15$				

计算结果

$$S_C^2 = \frac{Q_C}{C-1} = \frac{253.5}{3} = 84.5$$

$$S_E^2 = \frac{Q_E}{N-C} = \frac{223.5}{12} = 18.6$$

$$F = \frac{S_C^2}{S_E^2} = \frac{84.5}{18.6} = 4.54$$

由于:

$$3.49 < F = 4.54 < 5.95$$

结论是:在风险度 $\alpha = 0.05$ 时,添加剂浓度对热管传热系数 h_σ,影响显著。浓度取 4×10^6 左右时最理想(因为 $\rho = 4\times10^6$ 时,传热系数列总值最大)。

当测量数据小数点后面的位数很多,或者测量数据非常大,或测量数据非常小时,为了减小工作量,在计算偏差平方和之前可以对测量数据进行适当的处理,其原则是:

①所有的测量数据加上同一个数 a(a 可以是正值,也可以是负值),其偏差平方和不变。

②每一个数据乘以 b(b 值可以大于 1,也可以小于 1),其偏差平方和则相应增大或减小 b^2 倍。

a 的绝对值通常选择近似或等于测量数据的总均值,但正负相反,且是一个简单的数;b 值的选择要使变换后的数据为整数,以便于运算。

设测量值为 x_{ij},将所有测量值加上 a 进行变换,假设用变换数据计算得到的各偏差平方和分别为 Q'_T, Q'_A, Q'_E,则实际的偏差平方和 Q_T, Q_A, Q_E 分别与 Q'_T, Q'_A, Q'_E 相等。

设测量值为 x_{ij},将所有测量值乘以 b 进行变换,假设用变换数据计算得到的各偏差平方和分别为 Q'_T, Q'_A, Q'_E,则实际的偏差平方和 Q_T, Q_A, Q_E 分别与 $Q'_T/b^2, Q'_A/b^2, Q'_E/b^2$ 相等。

设测量值为 x_{ij},将所有测量值按 $x'_{ij} = b(x_{ij} + a)$ 进行变换,假设用变换数据计算得到的各偏差平方和分别为 Q'_T, Q'_A, Q'_E,则实际的偏差平方和 Q_T, Q_A, Q_E 分别与 $Q'_T/b^2, Q'_A/b^2, Q'_E/b^2$ 相等。

【例 4.2】 各实验室对某污水中重金属离子镉的含量进行了测量,各实验室独立进行了 6 次测量,测量结果见表 4.6,试通过方差分析探讨实验室种类这一因素对测量结果是否有显著性影响。

表 4.6　各实验测定的镉离子含量

结果/(mg · L^{-1}) 实验室 次数	实验室 1	实验室 2	实验室 3	实验室 4	实验室 5	实验室 6	实验室 7
1	2. 065	2. 073	2. 080	2. 097	2. 053	2. 084	2. 052
2	2. 081	2. 081	2. 090	2. 109	2. 055	2. 044	2. 061
3	2. 081	2. 077	2. 070	2. 073	2. 050	2. 084	2. 073
4	2. 064	2. 050	2. 080	2. 089	2. 059	2. 076	2. 036
5	2. 107	2. 077	2. 090	2. 097	2. 053	2. 093	2. 048
6	2. 077	2. 077	2. 100	2. 097	2. 061	2. 073	2. 040

解:第一种计算方法:

①列偏差平方和计算表,见表 4.7。

表 4.7　偏差平方和计算表

结果 实验室 次数	实验室 1	实验室 2	实验室 3	实验室 4	实验室 5	实验室 6	实验室 7	$\sum$
1	2. 065	2. 073	2. 080	2. 097	2. 053	2. 084	2. 052	
2	2. 081	2. 081	2. 090	2. 109	2. 055	2. 044	2. 061	
3	2. 081	2. 077	2. 070	2. 073	2. 050	2. 084	2. 073	
4	2. 064	2. 050	2. 080	2. 089	2. 059	2. 076	2. 036	
5	2. 107	2. 077	2. 090	2. 097	2. 053	2. 093	2. 048	
6	2. 077	2. 077	2. 100	2. 097	2. 061	2. 073	2. 040	
$\sum$	12. 475	12. 435	12. 510	12. 562	12. 331	12. 454	12. 310	87. 077
$(\sum)^2$	155. 626	154. 629	156. 500	157. 804	152. 054	155. 102	151. 536	1 083. 251
$\sum{}^2$	25. 939	25. 772	26. 084	26. 301	25. 342	25. 852	25. 257	180. 547

②计算统计量与自由度:

$$P = \frac{1}{n \times m}\left(\sum_{i=1}^{m}\sum_{j=1}^{n} x_{ij}\right)^2 = \frac{1}{6 \times 7}(87.077)^2 = 180.533$$

$$R = \frac{1}{n}\sum_{i=1}^{m}\left(\sum_{j=1}^{n} x_{ij}\right)^2 = \frac{1}{6} \times 1\,083.251 = 180.542$$

$$W = \sum_{i=1}^{m}\sum_{j=1}^{n} x_{ij}^2 = 180.547$$

组间偏差平方和 $Q_A = R - P = 0.009$

组内偏差平方和 $Q_E = W - R = 0.005$

总偏差平方和 $Q_T = W - P = Q_A + Q_E = 0.014$

总的自由度 $f_T = n \times m - 1 = 41$

组内自由度 $f_E = n \times m - n = 35$

组间自由度 $f_A = n - 1 = 6$

③列方差分析表见表4.8。

表4.8　方差分析表

方差来源	偏差平方和	自由度	方差估计值	F 值	$F_{0.05}(f_A, f_E)$	$F_{0.95}(f_A, f_E)$	显著性
组间 Q_A	0.009	6	0.001 5	10.5	2.38	3.38	特别显著
组内 Q_E	0.005	35	0.000 142				
总和 Q_T	0.014	41					

注：$F_{0.05}(6,35)$ 和 $F_{0.95}(6,35)$ 的值可以通过插值法求得。

从上述分析可以看出，实验室种类这一因素对测量结果有特别显著的影响，即实验室之间存在系统误差。

第二种计算方法：

①列偏差平方和计算表：由于实验数据中的小数点后面有3位数，计算工作量大，且多次计算会使计算误差累积，因此将实验数据按 $x'_{ij} = 100(x_{ij} - 2.070)$ 变换，变换后得计算见表4.9。

表4.9　变换后偏差平方和计算表

实验室 结果 次数	实验室1	实验室2	实验室3	实验室4	实验室5	实验室6	实验室7	$\sum$
1	−0.5	0.3	1.0	2.7	−1.7	1.4	−1.8	
2	1.1	1.1	2.0	3.9	−1.5	−2.6	−0.9	
3	1.1	0.7	0.0	0.3	−2.0	1.4	0.3	
4	−0.6	−2.0	1.0	1.9	−1.1	0.6	−3.4	
5	3.7	0.7	2.0	2.7	−1.7	2.3	−2.2	
6	0.7	0.7	3.0	2.7	−0.9	0.3	−3.0	
$\sum$	5.5	1.5	9.0	14.2	−8.9	3.4	−11	13.7
$(\sum)^2$	30.25	2.25	81.0	201.64	79.21	11.56	121	526.91
$\sum^2$	17.21	6.77	19.0	40.78	14.05	16.42	29.54	143.77

②计算统计量与自由度：

$$P' = \frac{1}{n \times m}\left(\sum_{i=1}^{m}\sum_{j=1}^{n} x'_{ij}\right)^2 = \frac{1}{6 \times 7}(13.7)^2 = 4.47$$

$$R' = \frac{1}{n}\sum_{i=1}^{m}\left(\sum_{j=1}^{n} x'_{ij}\right)^2 = \frac{1}{6} \times 526.91 = 87.82$$

$$W' = \sum_{i=1}^{m}\sum_{j=1}^{n} x_{ij}^{2\prime} = 143.77$$

组间偏差平方和$Q'_A = R' - P' = 83.35$

组内偏差平方和$Q'_E = W' - R' = 55.95$

总偏差平方和$Q'_T = W' - P' = Q'_A + Q'_E = 139.3$

故

$$Q_A = \frac{Q'_A}{b^2} = \frac{83.35}{1\ 000} = 8.335 \times 10^{-3}$$

$$Q_E = \frac{Q'_E}{b^2} = \frac{55.95}{1\ 000} = 5.595 \times 10^{-3}$$

$$Q_T = \frac{Q'_T}{b^2} = \frac{139.3}{1\ 000} = 1.393 \times 10^{-2}$$

总的自由度$f_T = m \times n - 1 = 41$

组内自由度$f_E = n \times m - m = 35$

组间自由度$f_A = m - 1 = 6$

③列方差分析表见表4.10。

表4.10　方差分析表

方差来源	偏差平方和	自由度	方差估计值	F值	$F_{0.05}(f_A, f_E)$	$F_{0.95}(f_A, f_E)$	显著性
组间 Q_A	8.335×10^{-3}	6	1.389×10^{-3}	8.687	2.38	3.38	特别显著
组内 Q_E	5.595×10^{-3}	35	1.599×10^{-4}				
总和 Q_T	1.393×10^{-2}	41					

从第二种计算方法同样可以得出，实验室种类这一因素对测量结果有特别显著的影响，即实验室之间存在系统误差。

第二种计算方法得到的偏差平方和与第一种方法得到的偏差平方和之间有一定的差异，这种差异很明显是由于第一种计算方法具有较大的计算误差所引起的，第二种方法得到的结果更为准确。

【例4.3】　由于在污水中曝气设备的充氧性能与20 ℃清水中不同，则需引入曝气设备充氧修正系数a（a=污水中的氧转移系数/同一设备在20 ℃的清水中的氧总转移系数）。为了探讨污泥浓度对曝气设备充氧修正系数a的影响，进行了单因素试验，共计4个水平，每个水平均重复进行了3次试验，试验结果见表4.11，试分析污泥浓度对a的影响是否显著。

表 4.11　污泥浓度对 a 的影响

a 污泥浓度/(mg·L^{-1}) 次数	1 450	2 520	3 880	4 550
1	0.932	0.917	0.957	0.890
2	1.007	0.985	0.889	0.904
3	0.936	0.912	0.917	0.917

解:①列偏差平方和计算表见表 4.12。

表 4.12　偏差平方和计算表

a 污泥浓度/(mg·L^{-1}) 次数	1 450	2 520	3 880	4 550	$\sum$
1	0.932	0.917	0.957	0.890	
2	1.007	0.985	0.889	0.904	
3	0.936	0.912	0.917	0.917	
$\sum$	2.875	2.814	2.763	2.711	11.163
$(\sum)^2$	8.266	7.919	7.634	7.350	31.169
$\sum^2$	2.759	2.643	2.547	2.450	10.399

②计算统计量与自由度:

$$P = \frac{1}{m \times n}\left(\sum_{i=1}^{m}\sum_{j=1}^{n} x_{ij}\right)^2 = \frac{1}{4 \times 3}(11.163)^2 = 10.384$$

$$R = \frac{1}{n}\sum_{i=1}^{m}\left(\sum_{j=1}^{n} x_{ij}\right)^2 = \frac{1}{3} \times 31.169 = 10.390$$

$$W' = \sum_{i=1}^{m}\sum_{j=1}^{n} x_{ij}^2 = 10.399$$

组间偏差平方和 $Q_A = R - P = 0.006$

组内偏差平方和 $Q_E = W - R = 0.009$

总偏差平方和 $Q_T = W - P = Q_A + Q_E = 0.015$

总的自由度 $f_T = m \times n - 1 = 11$

组内自由度 $f_E = m \times n - m = 8$

组间自由度 $f_A = m - 1 = 3$

③列方差分析表见表 4.13。

表 4.13 方差分析表

方差来源	偏差平方和	自由度	方差估计值	F 值	$F_{0.05}(f_A,f_E)$	$F_{0.95}(f_A,f_E)$	显著性
组间 Q_A	0.006	3	0.002	1.82	4.07	7.59	不显著
组内 Q_E	0.009	8	0.001 1				
总和 Q_T	0.015	11					

4.3 双因素析因实验

在多数试验中,影响试验结果的因素往往是许多个,有时各个因素"孤立地"在起作用,有时还需考虑各种因素不同水平互相搭配联合起来共同起作用,此种作用称为"交互作用"。

交互作用的存在,会导致多因素试验方案复杂化。这时不提倡采用"全面试验"方案。全面试验是把每种因素水平的每种组合条件都做一遍试验。它虽然能全面地揭示过程内部的一切规律,但试验工作量很大。科学地安排试验,即在少量试验条件下,获得大量有用信息,属于"实验设计"的范畴,其中,"正交"试验法是一种值得推广的方法。本书第 5 章介绍正交试验设计。

由于双因素试验时,"全面"和"正交"实验的试验次数相同,故本节从全面实验的角度,讨论其方差分析。

4.3.1 无重复双因素交叉分组实验(无交互作用)

交叉分组是双因素全面实验的一种常见的安排方式。把因素 A,B 的每个水平都搭配到,A 和 B 处于平等地位,如图 4.2 所示,其实验条件见表 4.14。

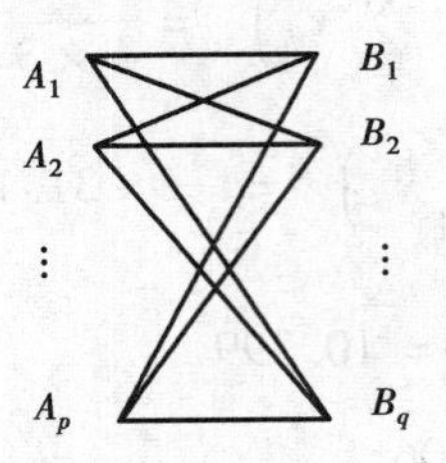

图 4.2 无重复双因素交叉分组实验

表 4.14 双因素交叉分组实验条件

因素 B / 因素 A	B_1	B_2	…	B_q
A_1	A_1B_1	A_1B_2	…	A_1B_q
A_2	A_2B_1	A_2B_2	…	A_2B_q
⋮	⋮	⋮	⋮	⋮
A_p	A_pB_1	A_pB_2	…	A_pB_q

1)数学模型

设因素A有p个水平$A_1,A_2,\cdots,A_i,\cdots,A_p$,因素$B$有$q$个水平$B_1,B_2,\cdots,B_j,\cdots,B_q$,共有$pq$个水平组合$(A_iB_j)(i=1,2,\cdots,p;j=1,2,\cdots,q)$,其水平组合下的实验数据看成来自同一正态总体$x_{ij}$。

设$x_{ij}\sim N(\mu_{ij},\sigma^2)(i=1,2,\cdots,p;j=1,2,\cdots,q)$,并记:

$$\left.\begin{aligned}&\mu=\frac{1}{pq}\sum_{i=1}^{p}\sum_{j=1}^{q}\mu_{ij},\mu_{i0}=\frac{1}{q}\sum_{j=1}^{q}\mu_{ij},\mu_{0j}=\frac{1}{p}\sum_{i=1}^{p}\mu_{ij}\\&\alpha_i=\mu_{i0}-\mu,\beta_j=\mu_{0j}-\mu\\&\gamma_{ij}=\mu_{ij}-\mu-\alpha_i-\beta_j(i=1,2,\cdots,p;j=1,2,\cdots,q)\end{aligned}\right\}\tag{4.22}$$

式中α_i称为因素A的第i个水平效应,反应因素A的第i个水平对指标产生的影响;β_j称为因素B的第j个水平效应,反应因素B的第j个水平对指标产生的影响;γ_{ij}称为因素A的i个水平与因素B的第j个水平的交互效应,反应(A_i,B_j)的组合对指标产生的影响。

容易验证:$\sum_{i=1}^{p}\alpha_i=0,\sum_{j=1}^{q}\beta_j=0,\sum_{i=1}^{p}\gamma_{ij}=\sum_{j=1}^{q}\gamma_{ij}=0$

若$\gamma_{ij}=0$,即$\mu_{ij}=\mu+\alpha_i+\beta_j$,称因素$A,B$无交互作用。因素$A,B$对指标的作用是相互独立的,只需要在每个水平组合下做一次实验得到一个观测值x_{ij},实验共有$N=p\cdot q$个观测值,其数据模式见表4.15。

由$x_{ij}\sim N(\mu_{ij},\sigma^2),i=1,2,\cdots,p;j=1,2,\cdots,q$,利用式(4.2)的记号,可得数学模型为:

$$\left.\begin{aligned}&x_{ij}=\mu+\alpha_i+\beta_j+\varepsilon_{ij}(i=1,2,\cdots,p;j=1,2,\cdots,q)\\&\sum_{i=1}^{p}\alpha_i=0,\sum_{j=1}^{q}\beta_j=0\\&\varepsilon_{ij}\sim N(0,\sigma^2),\text{各}\varepsilon_{ij}\text{之间相互独立}\end{aligned}\right\}\tag{4.23}$$

检验问题为:

$$\left.\begin{aligned}H_{01}:\alpha_1=\alpha_2=\cdots=\alpha_p=0\\H_{02}:\beta_1=\beta_2=\cdots=\beta_q=0\end{aligned}\right\}\tag{4.24}$$

模型(4.24)称为无交互作用两因素方差分析模型。

表4.15　双因素无重复实验数据模式

	B_1	B_2	$\cdots$	B_q	$\overline{X}_{i0}$
A_1	x_{11}	x_{12}	$\cdots$	x_{1q}	$\overline{x}_{10}$
A_2	x_{21}	x_{22}	$\cdots$	x_{2q}	$\overline{x}_{20}$
$\vdots$	$\vdots$	$\vdots$	$\cdots$	$\vdots$	$\vdots$
A_p	x_{p1}	x_{p2}	$\cdots$	x_{pq}	$\overline{x}_{p0}$
$\overline{X}_{0i}$	$\overline{x}_{01}$	$\overline{x}_{02}$	$\cdots$	$\overline{x}_{0q}$	$\overline{x}$

为了得到检验统计量,需对数据的平方和及自由度进行分解。假定A和B对实验结果的

影响是独立的,即不存在交互作用,于是和单因素试验一样,方差分析的原理是:首先把总变差的平方和 Q_T 分解为因素 A 和 B 的变差平方和 Q_A 和 Q_B,以及实验(偶然)误差平方和 Q_E。

2)变差平方和的分解

观测数据的总平均值:

$$\bar{x} = \frac{1}{pq}\sum_{i=1}^{p}\sum_{j=1}^{q}x_{ij} \tag{4.25}$$

令所有实验结果之和 T 为:

$$T = \sum_{i=1}^{p}\sum_{j=1}^{q}x_{ij} \tag{4.26}$$

则实验结果的总平均值按下式计算:

$$\bar{x} = \frac{1}{pq}\sum_{i=1}^{p}\sum_{j=1}^{q}x_{ij} = \frac{T}{pq} \tag{4.27}$$

因素 A 某个水平实验结果之和 T_{i0} 为:

$$T_{i0} = \sum_{j=1}^{q}x_{ij} \tag{4.28}$$

B 因素某个水平实验结果之和 T_{0j} 为:

$$T_{0j} = \sum_{i=1}^{p}x_{ij} \tag{4.29}$$

因素 A 某一水平 A_i 下,q 个观测值的平均值 $\bar{x}_{i0}$,即"行"平均值:

$$\bar{x}_{i0} = \frac{1}{q}\sum_{j=1}^{q}x_{ij} = \frac{T_{i0}}{q}(i = 1,2,\cdots,p) \tag{4.30}$$

同理,$\bar{x}_{0j}$ 为 B 因素某一水平 B_j 下,p 个观测值的平均值,即"列平均值":

$$\bar{x}_{0j} = \frac{1}{p}\sum_{i=1}^{p}x_{ij} = \frac{T_{0j}}{p}(j = 1,2,\cdots,q) \tag{4.31}$$

总变差平方和等于每个实验值与总平均值差的平方和,即

$$Q_T = \sum_{i=1}^{P}\sum_{j=1}^{q}(x_{ij} - \bar{x})^2 \tag{4.32}$$

因素 A 的偏差平方和反映了因素 A 水平对实验结果的影响,其值等于因素 A 每个水平均值 $\bar{x}_{i0}$ 与总平均值 $\bar{x}$ 之差的平方和乘以因素 A 实验次数,按式(4.33)计算:

$$Q_A = q\cdot\sum_{i=1}^{p}(\bar{x}_{i0} - \bar{x})^2 \tag{4.33}$$

因素 B 的偏差平方和反映了 B 因素水平对实验结果的影响,其值等于 B 因素每个水平均值 $\bar{x}_{0j}$ 与总平均值 $\bar{x}$ 之差的平方和乘以 B 因素实验次数,按式(4.34)计算:

$$Q_B = p\cdot\sum_{j=1}^{q}(\bar{x}_{0j} - \bar{x})^2 \tag{4.34}$$

实验误差平方和:

$$Q_E = \sum_{i=1}^{p}\sum_{j=1}^{q}(x_{ij} - \bar{x}_{i0} - \bar{x}_{0j} + \bar{x})^2 \tag{4.35}$$

由于 $x_{ij} - \bar{x} = (\bar{x}_{i0} - \bar{x}) + (\bar{x}_{0j} - \bar{x}) + (x_{ij} - \bar{x}_{i0} - \bar{x}_{0j} + \bar{x})$,故可将式(4.32)分解。可以证明,

差偏 $x_{ij}-\bar{x}$ 作了这种分解后，Q 的展开式中交叉项乘积皆为零，于是式(4.32)可改写为：

$$Q_T=\sum_{i=1}^{P}\sum_{j=1}^{q}(x_{ij}-\bar{x})^2=\sum_{i=1}^{P}\sum_{j=1}^{q}\left[(\bar{x}_{i0}-\bar{x})+(\bar{x}_{0j}-\bar{x})+(x_{ij}-\bar{x}_{i0}-\bar{x}_{0j}+\bar{x})\right]^2$$

$$=q\cdot\sum_{i=1}^{p}(\bar{x}_{i0}-\bar{x})^2+p\cdot\sum_{j=0}^{q}(\bar{x}_{0j}-\bar{x})^2+\sum_{i=1}^{p}\sum_{j=q}^{q}(x_{ij}-\bar{x}_{i0}-\bar{x}_{0j}+\bar{x})^2 \tag{4.36}$$

记为：

$$Q_T=Q_A+Q_B+Q_E \tag{4.37}$$

式中　Q_A——因素 A 的变差平方和，它表示由于因素 A 的变化引起的观测值波动；

Q_B——因素 B 的变差平方和，它表示由于因素 B 的变化引起的观测值波动；

Q_E——偶然误差平方和。

3)偏差平方和的简便计算和自由度

$$Q_T=\sum_{i=1}^{p}\sum_{j=1}^{q}(x_{ij}-\bar{x})^2=\sum_{i=1}^{p}\sum_{j=1}^{q}x_{ij}^2-\frac{1}{pq}\left(\sum_{i=1}^{p}\sum_{j=1}^{q}x_{ij}\right)^2=\sum_{i=1}^{p}\sum_{j=1}^{q}x_{ij}^2-\frac{T^2}{pq} \tag{4.38}$$

对应自由度：

$$f=pq-1 \tag{4.39}$$

因素 A 偏差平方和 Q_A 可以简化为：

$$Q_A=q\cdot\sum_{i=1}^{p}(\bar{x}_{i0}-\bar{x})^2=\frac{1}{q}\sum_{i=1}^{p}\left(\sum_{j=1}^{q}x_{ij}\right)^2-\frac{1}{pq}\left(\sum_{i=1}^{p}\sum_{j=1}^{q}x_{ij}\right)^2=\frac{1}{q}\sum_{i=1}^{p}T_{i0}^2-\frac{T^2}{pq} \tag{4.40}$$

对应自由度：

$$f_A=p-1 \tag{4.41}$$

B 因素偏差平方和 Q 可以简化为：

$$Q_B=p\cdot\sum_{j=1}^{q}(\bar{x}_{0j}-\bar{x})^2=\frac{1}{p}\sum_{j=1}^{q}\left(\sum_{i=1}^{p}x_{ij}\right)^2-\frac{1}{pq}\left(\sum_{i=1}^{p}\sum_{j=1}^{q}x_{ij}\right)^2=\frac{1}{p}\sum_{j=1}^{q}T_{0j}^2-\frac{T^2}{pq} \tag{4.42}$$

对应自由度：

$$f_B=q-1 \tag{4.43}$$

综上，Q_T,Q_A,Q_B,Q_E 的自由度 f_T,f_A,f_B,f_E 分别为 $pq-1,p-1,q-1,(p-1)(q-1)$，且有

$$f_T=f_A+f_B+f_E \tag{4.44}$$

为了检验因素 A,B 对试验结果的影响是否显著，与单因素方差分析一样，直接比较平方和是不合理的，为此，要分别算出其"方差"。记：

$$S_A^2=\frac{Q_A}{p-1};S_B^2=\frac{Q_E}{q-1};S_E^2=\frac{Q_E}{(p-1)(q-1)} \tag{4.45}$$

当 H_{01} 为真时，$F_A\sim F(p-1,(p-1)(q-1))$

当 H_{02} 为真时，$F_B\sim F(q-1,(p-1)(q-1))$

拒绝域分别为 $F_A\geqslant F(p-1,(p-1)(q-1))$，$F_B\geqslant F(q-1,(p-1)(q-1))$

根据计算结果列出方差分析见表4.16。

表4.16 无交互作用的两因素方差分析表

方差来源	平方和	自由度	均方和	F值	临界值	显著性
因素A	Q_A	$p-1$	S_A^2	F_A	$F_{A0.05}, F_{A0.01}$	
因素B	Q_B	$q-1$	S_B^2	F_B	$F_{B0.05}, F_{B0.01}$	
误差	Q_E	$(p-1)(q-1)$	S_E^2			
总和	Q_T	$N-1$	S_T^2			

4)用F检验法进行检验的步骤

①首先用观测数据分别计算出:

$$F_A = \frac{S_A^2}{S_E^2}, F_B = \frac{S_B^2}{S_E^2} \tag{4.46}$$

②取显著性水平α,对因素A,在F分布表上查得临界$F_\alpha(f_\alpha, f_\sigma)$,如$F_A \geqslant F_\alpha(f_\alpha, f_\sigma)$,则认为因素$A$对实验结果的影响显著;反之,不显著。

同理,对因素B,在F分布表上查得临界$F_\alpha(f_\alpha, f_\sigma)$,如$F_B \geqslant F_\alpha(f_\alpha, f_\sigma)$,则认为因素$B$对实验结果的影响显著;反之,不显著。

4.3.2 考虑交互作用的双因素试验

在前一小节的分析中,假定两个因素指标的影响是独立的,但如果两个因素搭配在一起会对指标产生一种新的效应,就需要考虑交互作用对指标的影响。事实上,因素间的交互作用,常常是不容忽视的。记号$\mu, \alpha_i, \beta_j, \gamma_{ij}$的含义同式(4.22),此时,$\gamma_{ij} \neq 0$,即$x_{ij} = \mu + \alpha_i + \beta_j + \varepsilon_{ij}$,为了判断两个因素是否存在交互作用,必须做有重复的验证,否则交互作用和试验误差就难以区分。

1)数学模型

同样,设因素A有p个水平$A_1, A_2, \cdots, A_i, \cdots, A_p$;因素$B$有$q$个水平$B_1, B_2, \cdots, B_j, \cdots, B_q$,于是共有$pq$个不同的水平组合$A_iB_j$,并在每个水平组合$A_iB_j$下,都重复进行$r(r \geqslant 2)$次测定。则第$k$次测定值为$x_{ijk}(k=1,2,\cdots,r)$。设$x_{ijk} \sim N(\mu_{ij}, \sigma^2)$,$k=1,2,\cdots,r$,则全部实验共有$pqr$个观测值。实验数据模式见表4.17。

表4.17 两个因素有重复观测值实验数据模式

	B_1	B_2	$\cdots$	B_q
A_1	$x_{111}, x_{112}, \cdots, x_{11r}$	$x_{121}, x_{122}, \cdots, x_{12r}$	$\cdots$	$x_{1q1}, x_{1q2}, \cdots, x_{1qr}$
A_2	$x_{211}, x_{212}, \cdots, x_{21r}$	$x_{221}, x_{222}, \cdots, x_{22r}$	$\cdots$	$x_{2q1}, x_{2q2}, \cdots, x_{2qr}$
$\vdots$	$\vdots$	$\vdots$	$\vdots$	$\vdots$
A_p	$x_{p11}, x_{p12}, \cdots, x_{p1r}$	$x_{p21}, x_{p22}, \cdots, x_{p2r}$	$\cdots$	$x_{pq1}, x_{pq2}, \cdots, x_{pqr}$

数学模型为：

$$\left.\begin{aligned}&x_{ijk}=\mu+\alpha_i+\beta_j+\varepsilon_{ijk}(i=1,2,\cdots,p;j=1,2,\cdots,q;k=1,2,\cdots,r)\\&\sum_{i=1}^{p}\alpha_i=0,\sum_{j=1}^{q}\beta_j=0,\sum_{i=1}^{p}\gamma_{ij}=\sum_{j=1}^{q}\gamma_{ij}=0\\&\varepsilon_{ijk}\sim N(0,\sigma^2),\text{各}\varepsilon_{ijk}\text{之间相互独立}\end{aligned}\right\}\tag{4.47}$$

式(4.47)称为交互作用的两因素方差分析模型。

检验因素 A,B 及其交互作用 $I=A\times B$ 对实验结果的相互影响是否显著,相当于检验原假设：

$$\left.\begin{aligned}&H_{01}:\alpha_1=\alpha_2=\cdots=\alpha_p=0\\&H_{02}:\beta_1=\beta_2=\cdots=\beta_q=0\\&H_{03}:\gamma_{ij}=0(i=1,\cdots,p;\ j=1,\cdots,q)\end{aligned}\right\}\tag{4.48}$$

2)总平方和的分解

令所有实验结果之和 T 为：

$$T=\sum_{i=1}^{p}\sum_{j=1}^{q}\sum_{k=1}^{r}x_{ijk}\tag{4.49}$$

则实验结果的总平均值 $\bar{x}$ 按式(4.50)计算：

$$\bar{x}=\frac{1}{pqr}\sum_{i=1}^{p}\sum_{j=1}^{q}\sum_{k=1}^{r}x_{ijk}=\frac{T}{pqr}\tag{4.50}$$

因素 A 某个水平实验结果之和为：

$$T_{i00}=\sum_{j=1}^{q}\sum_{k=1}^{r}x_{ijk}(i=1,2,\cdots,p)\tag{4.51}$$

因素 A 某个水平实验结果的平均值为：

$$\bar{x}_{i00}=\frac{T_{i00}}{qr}=\frac{1}{qr}\sum_{j=1}^{q}\sum_{k=1}^{r}x_{ijk}\tag{4.52}$$

B 因素某个水平实验结果之和为：

$$T_{0j0}=\sum_{i=1}^{p}\sum_{k=1}^{r}x_{ijk}(j=1,2,\cdots,q)\tag{4.53}$$

B 因素某个水平实验结果的平均值为：

$$\bar{x}_{0j0}=\frac{T_{0j0}}{pr}=\frac{1}{pr}\sum_{i=1}^{p}\sum_{k=1}^{r}x_{ijk}\tag{4.54}$$

某个组合 A_iB_j 实验结果之和：

$$T_{ij0}=\sum_{k=1}^{r}x_{ijk}\tag{4.55}$$

某个组合 A_iB_j 实验结果平均值：

$$\bar{x}_{ij0}=\frac{T_{ij0}}{r}=\frac{1}{r}\sum_{k=1}^{r}x_{ijk}\tag{4.56}$$

总变差平方和为：

$$Q_T = \sum_{i=1}^{p} \sum_{j=1}^{q} \sum_{k=1}^{r} (x_{ijk} - \bar{x})^2 \tag{4.57}$$

因素 A 的偏差平方和反映了因素 A 水平改变对实验结果的影响,其值等于因素 A 每个水平均值$\bar{x}_{i00}$与总均值$\bar{x}$之差的平方和乘以因素 A 每个水平的实验次数 qr,即

$$Q_A = \sum_{i=1}^{p} \sum_{j=1}^{q} \sum_{k=1}^{r} (\bar{x}_{i00} - \bar{x})^2 = q \cdot r \sum_{i=1}^{p} (\bar{x}_{i00} - \bar{x})^2 \tag{4.58}$$

同理,B 因素的偏差平方和反映了 B 因素水平改变对实验结果的影响,其值等于 B 因素每个水平均值$\bar{x}_{0j0}$与总均值$\bar{x}$之差的平方和乘以 B 因素每个水平的实验次数 pr,即

$$Q_B = \sum_{i=1}^{p} \sum_{j=1}^{q} \sum_{k=1}^{r} (\bar{x}_{0j0} - \bar{x})^2 = p \cdot r \sum_{j=1}^{q} (\bar{x}_{0j0} - \bar{x})^2 \tag{4.59}$$

实验误差平方和 Q_E 为:

$$Q_E = \sum_{i=1}^{p} \sum_{j=1}^{q} \sum_{k=1}^{r} (x_{ijk} - \bar{x}_{ij0})^2 \tag{4.60}$$

当存在两个或两个以上因素时,因素之间可能产生交互作用,对于双因素实验,因素 A 与因素 B 之间的交互作用,可按式(4.61)计算:

$$\begin{aligned} Q_{A\times B} &= \sum_{i=1}^{p} \sum_{j=1}^{q} \sum_{k=1}^{r} (\bar{x}_{ij0} - \bar{x}_{i00} - \bar{x}_{0j0} + \bar{x})^2 \\ &= \sum_{i=1}^{p} \sum_{j=1}^{q} \sum_{k=1}^{r} [(\bar{x}_{ij0} - \bar{x}) - (\bar{x}_{i00} - \bar{x}) - (\bar{x}_{0j0} - \bar{x})]^2 \\ &= \sum_{i=1}^{p} \sum_{j=1}^{q} (\bar{x}_{ij0} - \bar{x})^2 - qr \sum_{i=1}^{p} (\bar{x}_{i00} - \bar{x})^2 - pr \sum_{i=1}^{q} (\bar{x}_{0j0} - \bar{x})^2 \end{aligned} \tag{4.61}$$

式(4.61)表明,$Q_{A\times B}$等于因素 A 与因素 B 在不同的水平组合 A_iB_j 时所产生的总偏差平方和减去因素 A 所产生的偏差平方和 Q_A 与因素 B 所产生的偏差平方和 Q_B。

如将每个偏差 $x_{ijk} - \bar{x}$表示成:

$$x_{ijk} - \bar{x} = (x_{ijk} - \bar{x}_{ij0}) + (x_{ij0} - \bar{x}_{i00} - \bar{x}_{0j0} + \bar{x}) + (\bar{x}_{i00} - \bar{x}) + (x_{0j0} - \bar{x}) \tag{4.62}$$

则可将式(4.57)分解。可以验证,这时 Q 表示成展开式后,所有交叉乘积皆为零。这样一来,就有:

$$\begin{aligned} Q_T = & \sum_{i=1}^{p} \sum_{j=1}^{q} \sum_{k=1}^{r} (x_{ijk} - \bar{x}_{ij0})^2 + \sum_{i=1}^{p} \sum_{j=1}^{q} \sum_{k=1}^{r} (\bar{x}_{i00} - \bar{x})^2 + \\ & \sum_{i=1}^{p} \sum_{j=1}^{q} \sum_{k=1}^{r} (\bar{x}_{0j0} - \bar{x})^2 + \sum_{i=1}^{p} \sum_{j=1}^{q} \sum_{k=1}^{r} (\bar{x}_{ij0} - \bar{x}_{i00} - \bar{x}_{0j0} + \bar{x})^2 \\ = & qr \sum_{i=1}^{p} (\bar{x}_{i00} - \bar{x})^2 + pr \sum_{i=1}^{p} (\bar{x}_{0j0} - \bar{x})^2 + \\ & \sum_{i=1}^{p} \sum_{j=1}^{q} \sum_{k=1}^{r} (\bar{x}_{ij0} - \bar{x}_{i00} - \bar{x}_{0j0} + \bar{x})^2 + \\ & \sum_{i=1}^{p} \sum_{j=1}^{q} \sum_{k=1}^{r} (x_{ijk} - \bar{x}_{ij0})^2 = Q_A + Q_B + Q_{A\times B} + Q_E \end{aligned}$$

即 Q_T 可表示为:

$$Q_T = Q_A + Q_B + Q_{A\times B} + Q_E \tag{4.63}$$

式中　Q_A——因素 A 的平方和,表示因素 A 变化引起的变差(即观测结果的变化);

Q_B——因素 B 的平方和,表示因素 B 变化所引起的变差;

$Q_{A\times B}$——因素 A,B 交互作用的平方和,表示由 A 与 B 交互作用变化所引起的变差;

Q_E——试验误差平方和,即表示 r 次重复测试中出现的偶然误差。

3)偏差平方和的简化计算和自由度

$$Q_T = \sum_{i=1}^{p}\sum_{j=1}^{q}\sum_{k=1}^{r}(x_{ijk}-\bar{x})^2 = \sum_{i=1}^{p}\sum_{j=1}^{q}\sum_{k=1}^{r}x_{ijk}^2 - \frac{1}{pqr}\left(\sum_{i=1}^{p}\sum_{j=1}^{q}\sum_{k=1}^{r}x_{ijk}\right)^2$$

$$= \sum_{i=1}^{p}\sum_{j=1}^{q}\sum_{k=1}^{r}x_{ijk}^2 - \frac{T^2}{pqr} \tag{4.64}$$

对应自由度:

$$f = pqr - 1 \tag{4.65}$$

因素 A 的变差平方和可化简为:

$$Q_A = qr\sum_{i=1}^{p}(\bar{x}_{i00}-\bar{x})^2 = qr\sum_{i=1}^{p}\left(\sum_{j=1}^{q}\sum_{k=1}^{r}x_{ijk}\right)^2 - \frac{1}{pqr}\left(\sum_{i=1}^{p}\sum_{j=1}^{q}\sum_{k=1}^{r}x_{ijk}\right)^2$$

$$= \frac{1}{qr}\sum_{i=1}^{P}T_{i00}^2 - \frac{T^2}{pqr} \tag{4.66}$$

对应自由度:

$$f_a = p - 1 \tag{4.67}$$

因素 B 的变差平方和可以简化为:

$$Q_B = pr\sum_{i=1}^{p}(\bar{x}_{0j0}-\bar{x})^2 = pr\sum_{j=1}^{q}\left(\sum_{i=1}^{p}\sum_{k=1}^{r}x_{ijk}\right)^2 - \frac{1}{pqr}\left(\sum_{i=1}^{p}\sum_{j=1}^{q}\sum_{k=1}^{r}x_{ijk}\right)^2$$

$$= \frac{1}{pr}\sum_{j=1}^{q}T_{0j0}^2 - \frac{T^2}{pqr} \tag{4.68}$$

对应自由度:

$$f_b = q - 1 \tag{4.69}$$

因素 A 与因素 B 交互作用所对应的偏差平方和可以简化为:

$$Q_{A\times B} = \sum_{i=1}^{p}\sum_{j=1}^{q}\sum_{k=1}^{r}(\bar{x}_{ij0}-\bar{x}_{i00}-\bar{x}_{0j0}+\bar{x})^2 = \frac{1}{r}\sum_{i=1}^{p}\sum_{j=1}^{q}\left(\sum_{k=1}^{r}x_{ijk}\right)^2 -$$

$$\frac{1}{qr}\sum_{i=1}^{p}\left(\sum_{j=1}^{q}\sum_{k=1}^{r}x_{ijk}\right)^2 - \frac{1}{pr}\sum_{j=1}^{q}\left(\sum_{i=1}^{p}\sum_{k=1}^{r}x_{ijk}\right)^2 + \frac{1}{pqr}\sum_{i=1}^{p}\sum_{j=1}^{q}\sum_{k=1}^{r}x_{ijk}^2 =$$

$$\frac{1}{r}\sum_{i=1}^{p}\sum_{j=1}^{q}T_{ij0}^2 - \frac{1}{qr}\sum_{i=1}^{p}T_{i00}^2 - \frac{1}{pr}\sum_{j=1}^{q}T_{0j0}^2 + \frac{1}{pqr}\sum_{i=1}^{p}\sum_{j=1}^{q}\sum_{k=1}^{r}x_{ijk}^2 \tag{4.70}$$

对应自由度:

$$f_{A\times B} = (p-1)(q-1) \tag{4.71}$$

误差平方和可简化为:

$$Q_E = \sum_{i=1}^{p}\sum_{j=1}^{q}\sum_{k=1}^{r}(x_{ijk}-\bar{x}_{ij0})^2 = \sum_{i=1}^{p}\sum_{j=1}^{q}\sum_{k=1}^{r}x_{ijk}^2 - \frac{1}{r}\sum_{i=1}^{p}\sum_{j=1}^{q}T_{ij0}^2 \tag{4.72}$$

对应自由度:

$$f_E = f_T - f_B - f_A - f_{A\times B} = pq(r-1) \tag{4.73}$$

并且有：

$$f_T = f_A + f_B + f_{A\times B} + f_E \tag{4.74}$$

同理，为了检验因素 A，B 及交互作用 $A\times B$ 对实验结果的影响是否显著，首先应求出它们的方差：

$$S_A^2 = \frac{Q_A}{p-1}, S_B^2 = \frac{Q_B}{q-1}, S_{A\times B}^2 = \frac{Q_{A\times B}}{(p-1)(q-1)}, S_E^2 = \frac{Q_E}{pq(r-1)} \tag{4.75}$$

再计算 F 值：

$$F_A = \frac{S_A^2}{S_E^2}, F_B = \frac{S_B^2}{S_E^2}, F_{A\times B}^2 = \frac{S_{A\times B}^2}{S_E^2} \tag{4.76}$$

最后，用 F 分布进行各自检验，方法同前。

双因素交互作用的方差分析见表 4.18。

表 4.18　双因素交互作用的方差分析表

方差来源	平方和	自由度	方差	F 值	临界值
因素 A	Q_A	$p-1$	S_A^2	$F_A = \frac{S_A^2}{S_E^2}$	$F_{a0.05}$ $F_{a0.01}$
因素 B	Q_B	$q-1$	S_B^2	$F_B = \frac{S_B^2}{S_E^2}$	$F_{b0.05}$ $F_{b0.01}$
交互效应 $I=A\times B$	$Q_{A\times B}$	$(p-1)(q-1)$	$S_{A\times B}^2$	$F_{A\times B} = \frac{S_{A\times B}^2}{S_E^2}$	$F_{I0.05}$ $F_{I0.01}$
随机因素（误差）	Q_E	$pq(r-1)$	S_E^2		
总和	Q_T	$pqr-1$			

【例 4.4】　试确定 3 种电极材料和 3 个使用环境温度对蓄电池输出电压的影响。为此，对每种水平组合下重复量测输出电压 4 次，测得数据（$V\times100$）列入表 4.19。

表 4.19　不同电极材料与不同环境温度下电压的值

电压（$V\times100$）/V 材料	温度/℃						每行总计 T_{i00}
	10		18		27		
1	130 74	155 180	34 80	40 60	20 82	70 58	983
2	150 159	188 126	136 106	122 115	25 58	70 45	1 300
3	138 168	110 160	174 150	120 139	96 82	104 60	1 501
每列总计 T_{0j0}	1 738		1 276		770		3 784

解:本题中,$p=3$;$q=3$;$r=4$;$T=3\ 784$。

$$Q_B=\frac{1\ 738^2+1\ 276^2+770^2}{3\times 4}-\frac{3\ 784^2}{36}=39\ 069.556$$

$$Q_A=\frac{983^2+1\ 300^2+1\ 501^2}{3\times 4}-\frac{3\ 784^2}{36}=11\ 367.056$$

$$Q_T=130^2+155^2+\cdots+60^2-\frac{3\ 784^2}{36}=78\ 781.556$$

$$Q_{A\times B}=\frac{(130+155+74+180)^2+(150+188+159+126)^2+\cdots+(96+104+82+60)^2}{4}-\frac{3\ 784^2}{36}-39\ 069.556-11\ 367.056=10\ 477.944$$

$$Q_E=78\ 781.556-39\ 069.556-11\ 367.056-10\ 477.944=17\ 867$$

则

$$F_B=\frac{39\ 069.556/2}{17\ 867/27}=29.52$$

$$F_A=\frac{11\ 367.056/2}{17\ 867/27}=8.59$$

$$F_{A\times B}=\frac{10\ 477.944/4}{17\ 867/27}=3.96$$

4.4 三因素析因实验的方差分析

4.4.1 有重复实验时三因素析因实验设计与分析

设因素 A 有 a 个水平,分别记为 $A_1,A_2,\cdots,A_i,\cdots,A_a$,$B$ 因素有 b 个水平,分别记为 $B_1,B_2,\cdots,B_j,\cdots,B_b$,$C$ 因素有 c 个水平,分别记为 $C_1,C_2,\cdots,C_k,\cdots,C_c$,实验设计时把每个因素的每个水平都搭配到3个因素处于平等的位置,试验安排见表4.20。在因素 A、B 因素和 C 因素的每个 $A_iB_jC_k$ 组合都重复进行了 r 次试验,即每个组合得到了 r 个试验结果。假设试验结果记 $x_{ijkl}(i=1,2,\cdots,a;j=1,2,\cdots,b;k=1,2,\cdots,c;l=1,2,\cdots,r)$。总的试验次数为 $abcr$。

1)各偏差平方和及其对应自由度的计算

所有试验结果之和 T 为:

$$T=\sum_{i=1}^{a}\sum_{j=1}^{b}\sum_{k=1}^{c}\sum_{l=1}^{r}x_{ijkl}\tag{4.77}$$

表 4.20　有重复试验时三因素析因试验安排与试验结果表

因素		C_1	C_2	…	C_c
A_1	B_1	$x_{1111}, x_{1112}, \cdots, x_{111r}$	$x_{1121}, x_{1122}, \cdots, x_{112r}$	…	$x_{11c1}, x_{11c2}, \cdots, x_{11cr}$
	B_2	$x_{1211}, x_{1212}, \cdots, x_{121r}$	$x_{1221}, x_{1222}, \cdots, x_{122r}$		$x_{12c1}, x_{12c2}, \cdots, x_{12cr}$
	⋮	⋮	⋮		⋮
	B_b	$x_{1b11}, x_{1b12}, \cdots, x_{1b1r}$	$x_{1b21}, x_{1b22}, \cdots, x_{1b2r}$		$x_{1bc1}, x_{1bc2}, \cdots, x_{1bcr}$
A_2	B_1	$x_{2111}, x_{2112}, \cdots, x_{211r}$	$x_{2121}, x_{2122}, \cdots, x_{212r}$	…	$x_{21c1}, x_{21c2}, \cdots, x_{21cr}$
	B_2	$x_{2211}, x_{2212}, \cdots, x_{221r}$	$x_{2221}, x_{2222}, \cdots, x_{222r}$		$x_{22c1}, x_{22c2}, \cdots, x_{22cr}$
	⋮	⋮	⋮		⋮
	B_b	$x_{2b11}, x_{2b12}, \cdots, x_{2b1r}$	$x_{2b21}, x_{2b22}, \cdots, x_{2b2r}$		$x_{2bc1}, x_{2bc2}, \cdots, x_{2bcr}$
⋮	⋮	⋮	⋮	⋮	⋮
A_a	B_1	$x_{a111}, x_{a112}, \cdots, x_{a11r}$	$x_{a121}, x_{a122}, \cdots, x_{a12r}$	…	$x_{a1c1}, x_{a1c2}, \cdots, x_{a1cr}$
	B_2	$x_{a211}, x_{a212}, \cdots, x_{a21r}$	$x_{a221}, x_{a222}, \cdots, x_{a22r}$		$x_{a2c1}, x_{a2c2}, \cdots, x_{a2cr}$
	⋮	⋮	⋮		⋮
	B_b	$x_{ab11}, x_{ab12}, \cdots, x_{ab1r}$	$x_{ab21}, x_{ab22}, \cdots, x_{ab2r}$		$x_{abc1}, x_{abc2}, \cdots, x_{abcr}$

所有试验结果的总均值$\bar{x}$按式(4.78)计算：

$$\bar{x} = \frac{T}{abcr} = \frac{1}{abcr}\sum_{i=1}^{a}\sum_{j=1}^{b}\sum_{k=1}^{c}\sum_{l=1}^{r} x_{ijkl} \tag{4.78}$$

因素 A 某个水平试验结果之和 T_{i000} 为：

$$T_{i000} = \sum_{j=1}^{b}\sum_{k=1}^{c}\sum_{l=1}^{r} x_{ijkl} \tag{4.79}$$

因素 A 某个水平试验结果之和$\bar{x}_{i000}$ 按式(4.80)计算：

$$\bar{x}_{i000} = \frac{T_{i000}}{bcr} = \frac{1}{bcr}\sum_{j=1}^{b}\sum_{k=1}^{c}\sum_{l=1}^{r} x_{ijkl} \tag{4.80}$$

B 因素某个水平试验结果之和 T_{0j00} 为：

$$T_{0j00} = \sum_{i=1}^{a}\sum_{k=1}^{c}\sum_{l=1}^{r} x_{ijkl} \tag{4.81}$$

B 因素某个水平试验结果之和$\bar{x}_{0j00}$ 按式(4.82) 计算：

$$\bar{x}_{0j00} = \frac{T_{0j00}}{acr} = \frac{1}{acr}\sum_{i=1}^{a}\sum_{k=1}^{c}\sum_{l=1}^{r} x_{ijkl} \tag{4.82}$$

C 因素某个水平试验结果之和 T_{00k0} 为：

$$T_{00k0} = \sum_{i=1}^{a}\sum_{j=1}^{b}\sum_{l=1}^{r} x_{ijkl} \tag{4.83}$$

C 因素某个水平试验结果之和$\bar{x}_{00k0}$ 按式(4.84) 计算：

$$\bar{x}_{00k0} = \frac{T_{00k0}}{abr} = \frac{1}{abr}\sum_{i=1}^{a}\sum_{j=1}^{b}\sum_{l=1}^{r} x_{ijkl} \tag{4.84}$$

某个组合 A_iB_j 的试验结果之和 T_{ij00} 为：

$$T_{ij00} = \sum_{k=1}^{c} \sum_{l=1}^{r} x_{ijkl} \tag{4.85}$$

某个组合 A_iB_j 的试验结果的平均值 $\bar{x}_{ij00}$ 为：

$$\bar{x}_{ij00} = \frac{T_{ij00}}{cr} = \frac{1}{cr} \sum_{k=1}^{c} \sum_{l=1}^{r} x_{ijkl} \tag{4.86}$$

某个组合 A_iC_k 的实验结果之和 T_{i0k0} 为；

$$T_{i0k0} = \sum_{j=1}^{b} \sum_{l=1}^{r} x_{ijkl} \tag{4.87}$$

某个组合 A_iC_k 的实验结果的平均值 $\bar{x}_{i0k0}$ 为：

$$\bar{x}_{i0k0} = \frac{T_{i0k0}}{br} = \frac{1}{br} \sum_{j=1}^{b} \sum_{l=1}^{r} x_{ijkl} \tag{4.88}$$

某个组合 B_jC_k 的实验结果之和 T_{0jk0} 为：

$$T_{0jk0} = \sum_{i=1}^{a} \sum_{l=1}^{r} x_{ijkl} \tag{4.89}$$

某个组合 B_jC_k 的实验结果的平均值 $\bar{x}_{0jk0}$ 为：

$$\bar{x}_{0jk0} = \frac{T_{0jk0}}{ar} = \frac{1}{ar} \sum_{i=1}^{a} \sum_{l=1}^{r} x_{ijkl} \tag{4.90}$$

某个组合 $A_iB_jC_k$ 的实验结果之和 T_{ijk0} 为：

$$T_{ijk0} = \sum_{l=1}^{r} x_{ijkl} \tag{4.91}$$

某个组合 $A_iB_jC_k$ 的实验结果的平均值 $\bar{x}_{ijk0}$ 为：

$$\bar{x}_{ijk0} = \frac{T_{ijk0}}{r} = \frac{1}{r} \sum_{l=1}^{r} x_{ijkl} \tag{4.92}$$

2)偏差平方和简化计算

实验结果的总偏差平方和 Q_T，因素 A 的偏差平方和 Q_A，B 因素的偏差平方和 Q_B，C 因素的偏差平方和 Q_C，因素 A 与因素 B 之间的交互作用 $Q_{A\times B}$，因素 A 与因素 C 之间的交互作用 $Q_{A\times C}$，因素 B 与因素 C 之间的交互作用 $Q_{B\times C}$，因素 A、因素 B 和因素 C 3 个因素之间的交互作用 $Q_{A\times B\times C}$，实验误差平方和 Q_E 等分别根据下列公式计算：

$$Q_T = \sum_{i=1}^{a} \sum_{j=1}^{b} \sum_{z=1}^{c} \sum_{k=1}^{r} (x_{ijzk} - \bar{x})^2 = \sum_{i=1}^{a} \sum_{j=1}^{b} \sum_{j=1}^{c} \sum_{k=1}^{r} x_{ijkl}^2 - \frac{T^2}{abcr} \tag{4.93}$$

$$Q_A = bcr \sum_{i=1}^{a} (\bar{x}_{i000} - \bar{x})^2 = \frac{1}{bcr} \sum_{i=1}^{a} T_{i000}^2 - \frac{T^2}{abcr} \tag{4.94}$$

$$Q_B = acr \sum_{j=1}^{b} (\bar{x}_{0j00} - \bar{x})^2 = \frac{1}{acr} \sum_{j=1}^{b} T_{0j00}^2 - \frac{T^2}{abcr} \tag{4.95}$$

$$Q_C = abr \sum_{k=1}^{c} (\bar{x}_{00k0} - \bar{x})^2 = \frac{1}{abr} \sum_{k=1}^{c} T_{00k0}^2 - \frac{T^2}{abcr} \tag{4.96}$$

$$Q_{A\times B} = \sum_{i=1}^{a} \sum_{j=1}^{b} \sum_{k=1}^{c} \sum_{l=1}^{r} (\bar{x}_{ij00} - \bar{x}_{i000} - \bar{x}_{0j00} + \bar{x})^2$$

$$= cr \sum_{i=1}^{a} \sum_{j=1}^{b} (\bar{x}_{ij00} - \bar{x}_{i000} - \bar{x}_{0j00} + \bar{x})^2$$

$$= \frac{1}{cr}\sum_{i=1}^{a}\sum_{j=1}^{b}T_{ij00}^{2} - \frac{1}{bcr}\sum_{i=1}^{a}T_{i000}^{2} - \frac{1}{acr}\sum_{i=1}^{b}T_{0j00}^{2} + \frac{T^{2}}{abcr} \tag{4.97}$$

$$\begin{aligned} Q_{A\times C} &= \sum_{i=1}^{a}\sum_{j=1}^{b}\sum_{k=1}^{c}\sum_{l=1}^{r}(\bar{x}_{i0k0} - \bar{x}_{i000} - \bar{x}_{00k0} + \bar{x})^{2} \\ &= br\sum_{i=1}^{a}\sum_{k=1}^{c}(\bar{x}_{i0k0} - \bar{x}_{i000} - \bar{x}_{00k0} + \bar{x})^{2} \\ &= \frac{1}{br}\sum_{i=1}^{a}\sum_{k=1}^{c}T_{i0k0}^{2} - \frac{1}{bcr}\sum_{i=1}^{a}T_{i000}^{2} - \frac{1}{abr}\sum_{k=1}^{c}T_{00k0}^{2} + \frac{T^{2}}{abcr} \end{aligned} \tag{4.98}$$

$$\begin{aligned} Q_{B\times C} &= \sum_{i=1}^{a}\sum_{j=1}^{b}\sum_{k=1}^{c}\sum_{l=1}^{r}(\bar{x}_{0jk0} - \bar{x}_{0j00} - \bar{x}_{00k0} + \bar{x})^{2} \\ &= ar\sum_{j=1}^{b}\sum_{k=1}^{c}(\bar{x}_{0jk0} - \bar{x}_{0j00} - \bar{x}_{00k0} + \bar{x})^{2} \\ &= \frac{1}{ar}\sum_{j=1}^{b}\sum_{k=1}^{c}T_{0jk0}^{2} - \frac{1}{acr}\sum_{j=0}^{b}T_{0j00}^{2} - \frac{1}{abr}\sum_{k=1}^{c}T_{00k0}^{2} + \frac{T^{2}}{abcr} \end{aligned} \tag{4.99}$$

$$\begin{aligned} Q_{A\times B\times C} &= \sum_{i=1}^{a}\sum_{j=1}^{b}\sum_{k=1}^{c}\sum_{l=1}^{r}(\bar{x}_{ijk0} - \bar{x}_{i0k0} - \bar{x}_{ij00} - \bar{x}_{0jk0} + \bar{x}_{i000} + \bar{x}_{0j00} + \bar{x}_{00k0} - \bar{x})^{2} \\ &= \frac{1}{r}\sum_{i=1}^{a}\sum_{j=1}^{b}\sum_{k=1}^{c}T_{ijk0}^{2} - \frac{1}{cr}\sum_{i=1}^{a}\sum_{j=1}^{b}T_{ij00}^{2} - \frac{1}{br}\sum_{i=1}^{a}\sum_{k=1}^{c}T_{i0k0}^{2} - \frac{1}{ar}\sum_{j=1}^{b}\sum_{k=1}^{c}T_{0jk0}^{2} - \\ &\quad \frac{1}{bcr}\sum_{i=1}^{a}T_{i000}^{2} - \frac{1}{abr}\sum_{k=1}^{c}T_{00k0}^{2} - \frac{1}{acr}\sum_{j=1}^{b}T_{0j00}^{2} - \frac{T^{2}}{abcr} \end{aligned} \tag{4.100}$$

$$Q_{E} = \sum_{i=1}^{a}\sum_{j=1}^{b}\sum_{k=1}^{c}\sum_{l=1}^{r}(x_{ijkl} - \bar{x}_{ijk0})^{2} = \sum_{i=1}^{a}\sum_{j=1}^{b}\sum_{k=1}^{c}\sum_{l=1}^{r}x_{ijkl}^{2} - \frac{1}{r}\sum_{i=1}^{a}\sum_{j=1}^{b}\sum_{k=1}^{c}T_{ijk0}^{2} \tag{4.101}$$

从以上推导可得:

$$Q_{T} = Q_{A} + Q_{B} + Q_{C} + Q_{A\times B} + Q_{A\times C} + Q_{B\times C} + Q_{A\times B\times C} + Q_{E} \tag{4.102}$$

$Q_T, Q_A, Q_B, Q_C, Q_{A\times B}, Q_{A\times C}, Q_{B\times C}, Q_{A\times B\times C}, Q_E$ 对应的自由度 $f_T, f_A, f_B, f_C, f_{A\times B}, f_{A\times C}, f_{B\times C}, f_{A\times B\times C}, f_E$ 可分别按下列公式计算:

$$f_T = abcr - 1 \tag{4.103}$$

$$f_A = a - 1 \tag{4.104}$$

$$f_B = b - 1 \tag{4.105}$$

$$f_C = c - 1 \tag{4.106}$$

$$f_{A\times B} = (a-1)(b-1) \tag{4.107}$$

$$f_{A\times C} = (a-1)(c-1) \tag{4.108}$$

$$f_{B\times C} = (b-1)(c-1) \tag{4.109}$$

$$f_{A\times B\times C} = (a-1)(b-1)(c-1) \tag{4.110}$$

$$f_E = f - f_A - f_B - f_C - f_{A\times B} - f_{A\times C} - f_{B\times C} - f_{A\times B\times C} = abc(r-1) = abcr - abc \tag{4.111}$$

3)各偏差平方和对应的方差估计值

$Q_T, Q_A, Q_B, Q_C, Q_{A\times B}, Q_{A\times C}, Q_{B\times C}, Q_{A\times B\times C}, Q_E$ 对应的方差估计值 $S_A^2, S_B^2, S_{A\times B}^2, S_{A\times C}^2, S_{B\times C}^2, S_{A\times B\times C}^2, S_E^2$ 依次为:

$$S_A^2 = \frac{Q_A}{f_A} = \frac{Q_A}{a-1} \tag{4.112}$$

$$S_B^2 = \frac{Q_B}{f_B} = \frac{Q_B}{b-1} \tag{4.113}$$

$$S_C^2 = \frac{Q_C}{f_C} = \frac{Q_C}{c-1} \tag{4.114}$$

$$S_{A\times B}^2 = \frac{Q_{A\times B}}{f_{A\times B}} = \frac{Q_{A\times B}}{(a-1)(b-1)} \tag{4.115}$$

$$S_{A\times C}^2 = \frac{Q_{A\times C}}{f_{A\times C}} = \frac{Q_{A\times C}}{(a-1)(c-1)} \tag{4.116}$$

$$S_{B\times C}^2 = \frac{Q_{B\times C}}{f_{B\times C}} = \frac{Q_{B\times C}}{(b-1)(c-1)} \tag{4.117}$$

$$S_{A\times B\times C}^2 = \frac{Q_{A\times B\times C}}{f_{A\times B\times C}} = \frac{Q_{A\times B\times C}}{(a-1)(b-1)(c-1)} \tag{4.118}$$

$$S_E^2 = \frac{Q_E}{f_E} = \frac{Q_E}{abcr - abc} \tag{4.119}$$

相关计算见表4.21方差分析计算简表。

表4.21 三因素实验方差分析公式表

变差来源	计算平方和公式 Q	自由度 f	方差 S^2	符号说明
列间(因素 C)	$Q_C = \frac{\sum T_c^2}{a\cdot b\cdot r} - \frac{T^2}{N}$	$c-1$	$\frac{Q}{f}$	c = 列数； a = 行数； b = 组数； r = 重复测定次数； N = 测定次数； x = 每次观测值； T = 所有观测值之总计； T_a = 每大行总计(按水平划分之行)； T_b = 同一组之总计； T_c = 同一列之总计； T_{ca} = 每一行下每列之和； T_{cb} = 每列同一组组合之和； T_{ab} = 每一行同一组之和； T_{cab} = 每列每行一组之和
行间(因素 A)	$Q_A = \frac{\sum T_a^2}{b\cdot c\cdot r} - \frac{T^2}{N}$	$a-1$	$\frac{Q}{f}$	
组间(因素 B)	$Q_B = \frac{\sum T_b^2}{a\cdot c\cdot r} - \frac{T^2}{N}$	$b-1$	$\frac{Q}{f}$	
列行($C\times A$)交互作用	$Q_{C\times A} = \frac{\sum T_{ca}^2}{b\cdot r} - \frac{T^2}{N} - Q_C - Q_A$	$(c-1)(a-1)$	$\frac{Q}{f}$	
列组($C\times B$)交互作用	$Q_{C\times B} = \frac{\sum T_{cb}^2}{a\cdot r} - \frac{T^2}{N} - Q_C - Q_B$	$(c-1)(b-1)$	$\frac{Q}{f}$	
行组($A\times B$)交互作用	$Q_{A\times B} = \frac{\sum T_{ab}^2}{c\cdot r} - \frac{T^2}{N} - Q_A - Q_B$	$(a-1)(b-1)$	$\frac{Q}{f}$	
列行组交互作用($C\times A\times B$)	$Q_{C\times A\times B} = \frac{\sum T_{cab}^2}{r} - \frac{T^2}{N}$ ——以上6个平方和	$(c-1)(a-1)(b-1)$	$\frac{Q}{f}$	
残余或误差	$Q_总$——以上所有7个平方和	$f_总$——所有上述 f 值	$\frac{Q}{f}$	
总计	$Q_总 = \sum x^2 - \frac{T^2}{N}$	$N-1$		

4)F 检验法检验

有重复试验的三因素析因试验结果用 F 检验法进行分析时,首先必须计算各个因素及两个因素之间的交互作用所对应的 F 值。需注意的是,在 F 值的计算中,不同的模型所对应的 F 值的计算方法不一样,参见表 4.22。

检验步骤为:首先检验三因素交互作用,三因素或者三因素以上的交互作用又称为高级交互作用;然后检查二因素之间的交互作用;最后检查各个因素的效应。检验时可能出现下列情况。

(1)三因素交互作用不显著

①如果用 S_E^2 检验得到三因素交互作用不显著,则将其偏差平方和 $Q_{A\times B\times C}$ 与原误差平方和 Q_E 相加,得到新的误差平方和 Q_E',将 $f_{A\times B\times C}$ 与 f_E 相加得到 Q_E' 对应的自由度 f_E',从而可求得 Q_E' 的方差估计值 $S_E'^2=Q_E'/f_E'$。

②然后用 $S_E'^2$ 检验 3 个二因素的交互作用,如果 3 个二因素的交互作用有一个(或一个以上)不显著,则将所有不显著的二因素交互作用的偏差平方和与 Q_E' 相加得到新的误差平方和 Q_E'',将所有不显著的二因素交互作用的自由度与 f_E' 相加得到 Q_E'' 所对应的 f_E'',再求得 Q_E'' 的方差估计值 $S_E''^2=Q_E''/f_E''$,最后用 $S_E''^2$ 检验各个因素的显著性。如果 3 个二因素交互作用都显著,继续用 $S_E'^2$ 检验即可。

(2)三因素交互作用显著

如果用 S_E^2 检验得到三因素交互作用显著,继续用 S_E^2 检验二因素的交互作用,如果二因素的交互作用都显著,则继续用 S_E^2 检验各因素的显著性。如果 3 个二因素的交互作用有一个(或一个以上)不显著,则将所有不显著的二因素交互作用的偏差平方和与 Q_E 相加得到新的误差平方和 Q_E',将所有不显著的二因素交互作用的自由度与 f_E 相加得到 Q_E' 所对应的 f_E',再求得 Q_E' 的方差估计值 $S_E'^2=\dfrac{Q_E'}{f_E'}$,最后用 $S_E^2=\dfrac{Q_E'}{f_E'}$ 检验各个因素的显著性。

【例 4.5】 已知某试验有 A、B、C 三个因素,因素 A 有 3 个水平,B 因素有 4 个水平,C 因素有 2 个水平,每个组合 $A_iB_iC_i$ 都重复进行了 2 次试验,试验结果即为 x_{ijkl}($i=1,2,3$;$j=1,2,3,4$;$k=1,2$,$l=1,2$)。假设根据试验数据已经求得

$$Q_T=\sum_{i=1}^{a}\sum_{j=1}^{b}\sum_{k=1}^{c}\sum_{l=1}^{r}x_{ijkl}^2-\frac{T^2}{abcr}=0.424\ 3$$

$$Q_A=\frac{1}{bcr}\sum_{i=1}^{n}T_{i000}^2-\frac{T^2}{abcr}=0.112\ 0$$

$$Q_B=\frac{1}{acr}\sum_{j=1}^{b}T_{0j00}^2-\frac{T^2}{abcr}=0.105\ 6$$

$$Q_C=\frac{1}{abr}\sum_{k=1}^{c}T_{00k0}^2-\frac{T^2}{abcr}=0.095\ 4$$

表 4.22 有重复实验时三因素析因试验方差分析表

方差来源	偏差平方和	自由度	方差估计值	固定模型		随机模型		混合模型	
				预期方差	F 值	预期方差	F 值	预期方差	F 值
A	Q_A	$f_A=a-1$	$S_A^2=\frac{Q_A}{f_A}$	$\sigma_E^2+bcr\sigma_A^2$	$\frac{S_A^2}{S_E^2}$	$\sigma_E^2+r\sigma_{A\times B\times C}^2+cr\sigma_{A\times B}^2+br\sigma_{A\times C}^2+bcr\sigma_A^2$		$\sigma_E^2+bcr\sigma_A^2$	$\frac{S_A^2}{S_E^2}$
B	Q_B	$f_B=b-1$	$S_B^2=\frac{Q_B}{f_B}$	$\sigma_E^2+acr\sigma_B^2$	$\frac{S_B^2}{S_E^2}$	$\sigma_E^2+r\sigma_{A\times B\times C}^2+cr\sigma_{A\times B}^2+ar\sigma_{B\times C}^2+acr\sigma_B^2$		$\sigma_E^2+acr\sigma_B^2$	$\frac{S_B^2}{S_E^2}$
C	Q_C	$f_C=c-1$	$S_C^2=\frac{Q_C}{f_C}$	$\sigma_E^2+abr\sigma_C^2$	$\frac{S_C^2}{S_E^2}$	$\sigma_E^2+r\sigma_{A\times B\times C}^2+ar\sigma_{B\times C}^2+br\sigma_{A\times C}^2+abr\sigma_C^2$		$\sigma_E^2+abr\sigma_C^2$	$\frac{S_C^2}{S_E^2}$
$A\times B$	$Q_{A\times B}$	$f_{A\times B}=(a-1)(b-1)$	$S_{A\times B}^2=\frac{Q_{A\times B}}{f_{A\times B}}$	$\sigma_E^2+cr\sigma_{A\times B}^2$	$\frac{S_{A\times B}^2}{S_E^2}$	$\sigma_E^2+r\sigma_{A\times B\times C}^2+cr\sigma_{A\times B}^2$	$\frac{S_{A\times B}^2}{S_{A\times B\times C}^2}$	$\sigma_E^2+cr\sigma_{A\times B}^2$	$\frac{S_{A\times B}^2}{S_E^2}$
$A\times C$	$Q_{A\times C}$	$f_{A\times C}=(a-1)(c-1)$	$S_{A\times C}^2=\frac{Q_{A\times C}}{f_{A\times C}}$	$\sigma_E^2+br\sigma_{A\times C}^2$	$\frac{S_{A\times C}^2}{S_E^2}$	$\sigma_E^2+r\sigma_{A\times B\times C}^2+br\sigma_{A\times C}^2$	$\frac{S_{A\times C}^2}{S_{A\times B\times C}^2}$	$\sigma_E^2+br\sigma_{A\times C}^2$	$\frac{S_{A\times C}^2}{S_E^2}$
$B\times C$	$Q_{B\times C}$	$f_{B\times C}=(b-1)(c-1)$	$S_{B\times C}^2=\frac{Q_{B\times C}}{f_{B\times C}}$	$\sigma_E^2+ar\sigma_{B\times C}^2$	$\frac{S_{B\times C}^2}{S_E^2}$	$\sigma_E^2+r\sigma_{A\times B\times C}^2+ar\sigma_{B\times C}^2$	$\frac{S_{B\times C}^2}{S_{A\times B\times C}^2}$	$\sigma_E^2+ar\sigma_{B\times C}^2$	$\frac{S_{B\times C}^2}{S_E^2}$
$A\times B\times C$	$Q_{A\times B\times C}$	$f_{A\times B\times C}=(a-1)(b-1)(c-1)$	$S_{A\times B\times C}^2=\frac{Q_{A\times B\times C}}{f_{A\times B\times C}}$	$\sigma_E^2+r\sigma_{A\times B\times C}^2$	$\frac{S_{A\times B\times C}^2}{S_E^2}$	$\sigma_E^2+r\sigma_{A\times B\times C}^2$	$\frac{S_{A\times B\times C}^2}{S_E^2}$	$\sigma_E^2+r\sigma_{A\times B\times C}^2$	$\frac{S_{A\times B\times C}^2}{S_E^2}$
试验误差	Q_E	$f_E=abc(r-1)$	$S_E^2=\frac{Q_E}{f_E}$	σ_E^2		σ_E^2		σ_E^2	
总和	Q_T	$f_T=abcr-1$							

$$Q_{A\times B}=\frac{1}{cr}\sum_{i=1}^{a}\sum_{j=1}^{b}T_{ij00}^{2}-\frac{1}{bcr}\sum_{i=1}^{a}T_{i000}^{2}-\frac{1}{acr}\sum_{j=1}^{b}T_{0j00}^{2}+\frac{T^{2}}{abcr}=0.055\ 6$$

$$Q_{A\times C}=\frac{1}{br}\sum_{i=1}^{a}\sum_{k=1}^{c}T_{i0k0}^{2}-\frac{1}{bcr}\sum_{i=1}^{a}T_{i000}^{2}-\frac{1}{abr}\sum_{k=1}^{c}T_{00k0}^{2}+\frac{T^{2}}{abcr}=0.036\ 8$$

$$Q_{B\times C}=\frac{1}{ar}\sum_{j=1}^{b}\sum_{k=1}^{c}T_{0jz0}^{2}-\frac{1}{acr}\sum_{j=1}^{b}T_{0j00}^{2}-\frac{1}{abr}\sum_{k=1}^{c}T_{00z0}^{2}+\frac{T^{2}}{abcr}=0.011\ 7$$

$$Q_{A\times B\times C}=\frac{1}{r}\sum_{i=1}^{a}\sum_{j=1}^{b}\sum_{k=1}^{c}T_{ijk0}^{2}-\frac{1}{cr}\sum_{i=1}^{a}\sum_{j=1}^{b}T_{ij00}^{2}-\frac{1}{br}\sum_{i=1}^{a}\sum_{k=1}^{c}T_{i0k0}^{2}-\frac{1}{ar}\sum_{j=1}^{b}\sum_{k=1}^{c}T_{0jk0}^{2}-$$

$$\frac{1}{bcr}\sum_{i=1}^{a}T_{i000}^{2}-\frac{1}{abr}\sum_{k=1}^{c}T_{00k0}^{2}-\frac{1}{acr}\sum_{j=1}^{b}T_{0j00}^{2}-\frac{T^{2}}{abcr}=0.002\ 4$$

$$Q_{E}=\sum_{i=1}^{a}\sum_{j=1}^{b}\sum_{k=1}^{c}\sum_{l=1}^{r}x_{ijkl}^{2}-\frac{1}{r}\sum_{i=1}^{a}\sum_{j=1}^{b}\sum_{k=1}^{c}T_{ijk0}^{2}=0.004\ 8$$

试分析因素及因素之间交互作用的显著性(各个因素均为固定因素)。

解:①计算方差估计值见表4.23。

表4.23　三因素方差估计值计算

方差来源	偏差平方和	自由度	方差估计值
因素 A	0.112 0	2	0.056 0
B 因素	0.105 6	3	0.035 2
C 因素	0.095 4	1	0.095 4
$A\times B$	0.055 6	6	0.009 3
$A\times C$	0.036 8	2	0.018 4
$B\times C$	0.011 7	3	0.003 9
$A\times B\times C$	0.002 4	6	0.000 4
误差	0.004 8	24	0.0002
总和	0.424 3		

②F 检验:

首先检验三因素交互作用 $A\times B\times C$ 的显著性。由于:

$$F_{A\times B\times C}=\frac{S_{A\times B\times C}^{2}}{S_{E}^{2}}=\frac{0.000\ 4}{0.000\ 2}=2<F_{0.06}(6,24)=3.84$$

故三因素交互作用 $A\times B\times C$ 不显著。因此新的误差平方和 Q'_E 及其自由度 f'_E 分别为:

$$Q'_E=Q_E+Q_{A\times B\times C}=0.004\ 8+0.002\ 4=0.007\ 2$$

$$f'_E=f_E+f_{A\times B\times C}=24+6=30$$

因此

$$S'^{2}_{E}=\frac{Q'_E}{f'_E}=\frac{0.007\ 2}{30}=0.000\ 24$$

则

$$F_{A\times B}=\frac{S_{A\times B}^2}{S_E'^2}=\frac{0.009\ 3}{0.000\ 24}=38.75>F_{0.01}(6,30)=7.23,\text{特别显著}$$

$$F_{A\times C}=\frac{S_{A\times C}^2}{S_E'^2}=\frac{0.018\ 4}{0.000\ 24}=76.67>F_{0.05}(2,30)=19.45,\text{显著}$$

$$F_{B\times C}=\frac{S_{B\times C}^2}{S_E'^2}=\frac{0.003\ 9}{0.000\ 24}=16.25>F_{0.01}(3,30)=8.62,\text{特别显著}$$

$$F_A=\frac{S_A^2}{S_E'^2}=\frac{0.056\ 0}{0.000\ 24}=233.33>F_{0.05}(2,30)=19.46,\text{显著}$$

$$F_B=\frac{S_B^2}{S_E'^2}=\frac{0.035\ 2}{0.000\ 24}=146.67>F_{0.01}(3,30)=26.50,\text{极显著}$$

$$F_C=\frac{S_C^2}{S_E'^2}=\frac{0.095\ 4}{0.000\ 24}=397.5>F_{0.05}(1,30)=250.10,\text{极显著}$$

4.4.2　无重复实验时方差分析

无重复试验时，总偏差平方和 Q_T，因素 A 的偏差平方和 Q_A，B 因素的偏差平方和 Q_B，C 因素的偏差平方和 Q_C，因素 A 与因素 B 之间的交互作用 $Q_{A\times B}$，因素 A 与因素 C 之间的交互作用 $Q_{A\times C}$，因素 B 与因素 C 之间的交互作用 $Q_{B\times C}$，因素 A、因素 B 和因素 C 3 个因素之间的交互作用 $Q_{A\times B\times C}$ 可依次根据式(4.93)—式(4.100)进行计算，须注意的是 $r=1$。

但由于根据式(4.101)计算出来的误差平方和为零，因此，可将所有交互作用对应的偏差平方和相加作为误差平方和，即

$$Q_E=Q_{A\times B}+Q_{A\times C}+Q_{B\times C}+Q_{A\times B\times C} \tag{4.120}$$

Q,Q_A,Q_B,Q_C,Q_E 对应的自由度 f,f_A,f_B,f_C,f_E 依次为

$$f=abcr-1 \tag{4.121}$$

$$f_A=a-1 \tag{4.122}$$

$$f_B=b-1 \tag{4.123}$$

$$f_C=c-1 \tag{4.124}$$

$$f_E=f-f_A-f_B-f_C=abcr-a-b-c+2 \tag{4.125}$$

与前述方法相同，求得 S_A^2,S_B^2,S_C^2,S_E^2 后进行 F 检验。

【例 4.6】　某厂生产的叶片泵，经用户使用后，发现其内部黏卡、滞塞情况比较严重，为此，拟进行析因实验。厂家认为可能在泵的结构上，有 3 种因素会影响泵的滞塞：

A——轴与转子的组合；

B——壳体与盖板的组合；

C——压力板与防磨板的定位间隙失当。

为确定泵的合理结构，找出影响泵滞塞的主要影响因素，对泵进行了磨损程度的三因素试验。为使试验“量化”，规定磨损程度：

0——无痕迹；

1——转子或叶片有轻微沾污；

2——转子或叶片有严重沾污；

3——卡滞，大面积受损。

解:实验中的3个因素可以视为行、组和列,各因素分别具有2,2和6个水平。这就构成了24种组合,如$A_1B_1C_1$,$A_1B_1C_2$,…,在每种水平组合下均重复进行两次测定。为简化计算,这里只取其中一个最不利的结果见表4.24。

借助于表4.21的公式计算各变差平方和。

表4.24　例4.6的三因素实验表

A和B系统分组 \ 磨损程度			列C(定位间隙)					
			C_1	C_2	C_3	C_4	C_5	C_6
行 a	A_1 方轴和转子组合	B_1 标准壳体和盖板	0	0	0	1	0	0
		B_2 销合壳体和盖板	0	0	1	1	0	0
	A_2 专用轴和转子组合	B_1 标准壳体和盖板	0	0	2	1	1	0
		B_2 销合壳体和盖板	0	1	3	0	0	1

本题中:$a=2,b=2,c=6,N=24,r=1$

$$T=\sum x=1+1+1+2+1+1+1+3+1=12$$

所以

$$Q_C=\frac{0^2+1^2+6^2+3^2+1^2+1^2}{2\times2\times1}-\frac{12^2}{24}=6$$

$$Q_A=\frac{(1+1+1)^2+(2+1+1+1+3+1)^2}{2\times6\times1}-\frac{12^2}{24}=\frac{3}{2}$$

$$Q_B=\frac{(1+2+1+1)^2+(1+1+1+3+1)^2}{2\times6\times1}-\frac{12^2}{24}=\frac{1}{6}$$

$$Q_{C\times A}=\frac{0+0+1^2+(1+1)^2+0+0+0+1^2+(2+3)^2+1^2+1^2+1^2}{2\times1}-\frac{12^2}{24}-6-\frac{3}{2}=\frac{7}{2}$$

$$Q_{C\times B}=\frac{0+0+2^2+(1+1)^2+1^2+0+0+1^2+(1+3)^2+1^2+0+1^2}{2\times1}-\frac{12^2}{24}-6-\frac{1}{6}=\frac{11}{6}$$

$$Q_{A\times B}=\frac{1^2+(1+1)^2+(2+1+1)^2+(1+3+1)^2}{6\times1}-\frac{12^2}{24}-\frac{3}{2}-\frac{1}{6}=0$$

$$Q_{C\times B\times A}=\frac{1^2+1^2+1^2+2^2+1^2+1^2+1^2+3^2+1^2}{1}-\frac{12^2}{24}-6-\frac{3}{2}-\frac{1}{6}-\frac{7}{2}-\frac{11}{6}-0=1$$

总计

$$Q_{总}=\sum x^2-\frac{T^2}{N}=(1^2+1^2+1^2+2^2+1^2+1^2+1^2+3^2+1^2)-\frac{12^2}{24}=14$$

$$Q_E=Q_{总}-\text{所有以上的}Q\text{值}=14-\left(6+\frac{3}{2}+\frac{1}{6}+\frac{7}{2}+\frac{11}{6}+0+1\right)=14-14=0$$

将上述结果列入方差分析表4.25。

表 4.25 例 4.6 的结果分析

<table>
<tr><th colspan="2" rowspan="2">变差来源</th><th rowspan="2">平方和 Q</th><th rowspan="2">自由度 f</th><th rowspan="2">观测方差 S^2</th><th colspan="2">方差比 F</th><th rowspan="2">显著性</th></tr>
<tr><th>观测值</th><th>临界值</th></tr>
<tr><td rowspan="3">主要因素</td><td>1. 列间(定位间隙)</td><td>6</td><td>$c-1=5$</td><td>1.2</td><td>3.03</td><td>$F_{0.05}(5,16)=2.85$</td><td>*</td></tr>
<tr><td>2. 行间(方轴和专用)</td><td>$\frac{3}{2}$</td><td>$a-1=1$</td><td>1.5</td><td>3.79</td><td>$F_{0.1}(1,16)=3.05$</td><td>*</td></tr>
<tr><td>3. 组间(标准和组合壳体)</td><td>$\frac{1}{6}$</td><td>$b-1=1$</td><td>0.6</td><td>0.405</td><td>$F_{0.1}(1,16)=3.05$</td><td>*</td></tr>
<tr><td>交互作用因素</td><td>4. 列行交互作用
5. 列组交互作用
6. 行组交互作用
7. 列行组交互作用</td><td>$\frac{7}{2}$
$\frac{11}{6}$
0
1.0</td><td>$(c-1)(a-1)=5$
$(c-1)(b-1)=5$
$(a-1)(b-1)=15$</td><td>残余或误差项</td><td></td><td></td><td></td></tr>
<tr><td></td><td>8. 残余或误差项 (4+5+6+7)</td><td>$\frac{7}{2}+\frac{11}{6}+0+1.0=6\frac{1}{3}$</td><td></td><td>0.396</td><td></td><td></td><td></td></tr>
</table>

分析结果:定位间隙对泵内出现卡滞的影响是显著的;而轴的类型(方轴或专用轴)对其仅有一般影响;至于壳体与盖板组合,可认为没有影响。

以上实验是无重复测定,此时其残余误差平方和是等于零的。因为残余误差只能在同一水平组合下重复测试才能显现,但这又并非意味着误差不存在,它通常是被交互作用(列行、列组、行组和列行组)掩盖,此种现象称为因素混杂,其中某些影响是无法彼此分清的。因此,这里的残余误差项的平方和及自由度,可取所有交互作用项的平方和及自由度的总计。

故无重复析因试验,就无法检验交互作用的显著性。因此,本例只研究了主要因素的影响。如交互作用的影响是重要的,即应进行有重复的析因试验。

4.5 方差分析中的三种因素模型

无论单因素、双因素或三因素试验,在方差分析中,其因素的效应,一般均可归结为两种不同类型。一种是当因素固定在某一水平时,即因素的水平是完全可以控制时,如温度、压力等,这时对实验结果带来的影响是固定的,故称为固定效应。另一类型是当因素水平固定后,人们难以控制,如原料的不均匀性、炉内温度等,它的效应值不是一个固定数,而是随机变量,这种效应称为随机效应。

由于有两种不同的效应,就产生了方差分析中的 3 种不同模型,即固定模型、随机模型和混合模型。混合模型是假定一种因素的效应是随机的,而另一种因素的效应则是固定的。3 种模型在平方和、方差的计算上完全一样,唯一的区别是 F 检验的方法不同。

本小节之前所述的公式均属固定模型范畴。现将双因素交叉方式分组的随机模型和混合模型的方差分析公式,列入表 4.26。

表 4.26　双因素随机和混合模型的方差分析表

变差源	变差平方和 Q	自由度 f	方差 S^2	方差比 F	
				随机模型	混合模型
因素 A	Q_A	$f_A=p-1$	$S_A^2=\dfrac{Q_A}{f_a}$	$F_A=\dfrac{S_A^2}{S_E^2}$	$F_A=\dfrac{S_A^2}{S_E^2}$ (B 固定)
因素 B	Q_B	$f_B=q-1$	$S_B^2=\dfrac{Q_B}{f_b}$	$F_B=\dfrac{S_B^2}{S_{A\times B}^2}$	$F_A=\dfrac{S_A^2}{S_{A\times B}^2}$ (B 随机)
$A\times B$ 交互作用	$Q_{A\times B}$	$f_{A\times B}=(p-1)(q-1)$	$S_{A\times B}^2=\dfrac{Q_{A\times B}}{f_{a\times b}}$	$F_{A\times B}=\dfrac{S_{A\times B}^2}{S_E^2}$	$F_B=\dfrac{S_B^2}{S_E^2}$ (A 固定)
误差	Q_E	$f_e=pq(r-1)$	$S_E^2=\dfrac{Q_E}{f_e}$		$F_B=\dfrac{S_B^2}{S_{A\times B}^2}$ (A 随机)
总和	Q_T	$f_T=pqr-1$			$F_{A\times B}=\dfrac{S_{A\times B}^2}{S_E^2}$

4.6　部分析因实验方差分析

全析因实验所需的实验次数很多,因此实验所需的费用较大,得到实验结果的速度较慢。部分析因实验根据实验所考察的各个因素水平的重要性,在所有可能的组合中,预先人为选定具有代表性的组合。

下面结合一个 4 因素 2 水平的部分析因实验例题介绍埃特斯(Yates)法。

【例 4.7】　假设 A,B,C,D 4 个因素对实验指标 y 有影响,每个因素均考察两个水平,现进行 1/2 部分析因实验,试进行实验安排与结果分析。

解:①预选实验组合:首先需要根据经验、或者已经进行的相关实验、或者其他有关资料,对每一个因素都预先选择出一个影响最大的关键水平。假设得到的影响最大的关键水平分别为A_2,B_2,C_2,D_2,记为 a,b,c,d。

由于需进行的是 1/2 部分析因试验,总共需安排 8 种组合。根据合理搭配的原则,安排如下:$I,ad,bd,ab,cd,ac,bc,abcd$ 分别代表$A_1B_1C_1D_1$,$A_2B_1C_1D_2$,$A_1B_2C_1D_2$,$A_2B_2C_1D_1$,$A_1B_1C_2D_2$,$A_2B_1C_2D_1$,$A_1B_2C_2D_1$,$A_2B_2C_2D_2$ 8 个水平组合。

②制订析因实验计划与结果分析表见表 4.27。

表4.27　1/2部分析因实验计划与结果分析

(列)1	2	3	4	5	估计影响因素	影响大小的估计值
试验组合	试验指标 y					
I	33	71	155	347	T(总)	86.75
ad	38	84	192	41	因素 A	10.25
bd	35	97	19	11	B 因素	2.75
ab	49	95	22	5	$A\times B+C\times D$	1.25
cd	42	5	13	37	C	9.25
ac	55	14	-2	4	$A\times C+B\times D$	0.75
bc	43	13	9	-15	$B\times C+A\times D$	-3.75
$abcd$	52	9	-4	-13	D	-3.25
总计	317					
平方和	15 501			124 015		

埃特斯以$(n+b)$为列数，其中：

n——因素个数，此题中$n=4$；

b——列系数，当为全析因试验时，$b=2$；当为1/2部分析因试验时，$b=1$；当为1/4部分析因试验时，$b=0$；当为1/8部分析因试时，$b=-1$。本例中$b=1$。

在本例中，$n=4$，$b=1$，$n+b=5$，因而总列数为5列。各列安排如下：

第1列根据预定的次序列入试验组合，依次为$I,ad,bd,ab,cd,ac,bc,abcd$。

第2列中列出相应组合的实验指标结果，即实验指标y的值。

第3列中上部分4行数据依次为第2列中的第1行+第2行、第3行+第4行、第5行+第6行、第7行+第8行；下部分4行数据依次为第1列中的第2行-第1行、第4行-第3行、第6行-第5行、第8行-第7行。

第4列数据和第3列数据的关系以及第5列数据和第4列数据的关系，与第3列数据和第2列数据的关系完全一样，因而可求得。

第5列中的数据除以2^{n-b+1}，得出影响大小估计值。

③进行检验：试验误差平方和Q_E为第5列中各交互作用的对应值的平方之和。本例中：

$$Q_E=5^2+3^2+(-15)^2=259$$

对应的方差估计值为：

$$S_E^2=\frac{Q_E}{2^{n-b}\times n'}=\frac{259}{2^3\times 3}=10.79$$

$$S_E=\sqrt{10.79}=3.29$$

n'为交互作用在分析表中所占的行数，本例中，$n'=3$。

定义比较参数

$$K_\alpha=S_E\sqrt{2^{n-b}}\times t_{\frac{\pi}{2}}(n') \tag{4.126}$$

式中　α——显著性水平；

$t_{\frac{\pi}{2}}(n')$——由 t 分布表查得。

如果第 5 列中某行数据的绝对值大于 K_α，则在显著性水平为 α 时，该行所对应的因素或因素的交互作用显著，否则为不显著。

本例中，$n'=3$，取 $\alpha=0.01$，$t_{\frac{\pi}{2}}(3)=5.841$；取 $\alpha=0.05$，$t_{\frac{\pi}{2}}(3)=3.182$，则

$$K_{0.01}=3.29\sqrt{2^{4-1}}\times t_{\frac{0.01}{2}}(3)=54.35$$

$$K_{0.05}=3.29\sqrt{2^{4-1}}\times t_{\frac{0.05}{2}}(3)=29.61$$

由于第 5 列中 C 因素和因素 A 所对应的值分别为 37 和 41，均大于 $K_{0.06}$，故 C 因素与因素 A 显著，其他因素均为非显著性因素。

4.7　多重比较法

多重比较法是多个等方差正态总体均值的比较方法。经过方差分析法可以说明各总体均值间的差异是否显著，即只能说明均值不全相等，但不能具体说明哪几个均值之间有显著差异。t 检验只能说明两个均值的差异是否显著。比较 m 个均值，需要单独进行 $m(m-1)/2$ 次 t 检验，不但工作量大，而且误差也大。多重比较法可以克服这些缺点。

对 k 组中的两组平均数进行比较，当两组样本容量分别为 n_i，n_j 时，

由于$\overline{x}_i-\overline{x}_j\sim N\left[\mu_i-\mu_j,\left(\frac{1}{n_i}+\frac{1}{n_j}\right)\sigma^2\right]$，故

$$\frac{(\overline{x}_i-\overline{x}_j)-(\mu_i-\mu_j)}{\sqrt{\left(\frac{1}{n_i}+\frac{1}{n_j}\right)\frac{S_E}{f_E}}}\sim t(f_e) \tag{4.127}$$

因此给出$\mu_i-\mu_j$ 的置信水平为 $1-\alpha$ 的置信区间为：

$$\left[\overline{x}_i-\overline{x}_j-\sqrt{\left(\frac{1}{n_i}+\frac{1}{n_j}\right)}\hat{\sigma}\cdot t_{1-\frac{\alpha}{2}}(f_E),\overline{x}_i-\overline{x}_i+\sqrt{\left(\frac{1}{n_i}+\frac{1}{n_j}\right)}\hat{\sigma}\cdot t_{1-\frac{\alpha}{2}}(f_E)\right] \tag{4.128}$$

其中$\hat{\sigma}^2=S_E/f_E$ 是σ^2 的无偏估计。

这里的置信区间与两样本置信区间基本一致，区别在于这里的σ^2 的估计使用了全部样本而不仅仅是两个水平 A_i、A_j 下的观测值。

在方差分析中，如果经过 F 检验拒绝原假设，表明因子 A 是显著的，即 m 个水平对应的水平均值不全相等，此时，我们还需要进一步确认哪些水平均值间是确有差异的，哪些水平均值间无显著差异。同时比较任意两个水平均值间有无明显差异的问题称为多重比较，多重比较即要以显著性水平 α 同时检验如下 $m(m-1)/2$ 个假设：

$$H_0:\mu_i=\mu_j(1\leqslant i\leqslant j\leqslant m) \tag{4.129}$$

直观地看，当式(4.129)成立时，$|\overline{x}_i-\overline{x}_j|$不应过大，因此假设的拒绝域应有如下形式：

$$W=\bigcup_{1\leqslant i<j<m}\{|\overline{x}_i-\overline{x}_j|\geqslant c_{ij}\} \tag{4.130}$$

诸临界值应在式(4.130)成立时由 $P(W)=\alpha$ 确定，下面分别介绍重复数相等和不相等临

界值的确定。

1)重复数相等(实验次数 r)

由于对称性,可要求 c_{ij}相等,记为 c。

记
$$\hat{\sigma}^2=\frac{S_E}{f_E}$$

则由给定条件不难有:

$$t_i=\frac{\bar{x}_i-\mu_i}{\frac{\hat{\sigma}}{\sqrt{r}}}\sim t(f_e) \tag{4.131}$$

可以推导得:

$$P(W)=P\left(q(m,f_e)\geqslant\sqrt{r}\frac{c}{\hat{\sigma}}\right) \tag{4.132}$$

其中 $q(m,f_e)=\max_i\dfrac{(\bar{x}_i-\mu)}{\sigma/\sqrt{r}}-\min_i\dfrac{(\bar{x}_j-\mu)}{\sigma/\sqrt{r}}$ 称为学生化极差统计量,其分布可由随机模拟方法得到。

对于给定显著水平 α,查多重比较的分位数 $q(m,f_e)$,计算 c。

于是 $c=q_{1-\alpha}(m,f_E)\hat{\sigma}/\sqrt{r}$,其中$q_{1-\alpha}(m,f_E)$表示 $q(m,f_E)$的 $1-\alpha$ 分位数,其值见附录6。

比较$|\bar{x}_i-\bar{x}_j|$与 c 的大小,若 $|\bar{x}_i-\bar{x}_j|\geqslant c$,则认为水平 A_i 与水平 A_j 有显著差异;反之,则认为水平 A_i 与水平 A_j 无明显差别。这一方法是 Turky 提出的,因此称为 T 法。

2)重复数不相等

重复数不相等场合时,若假设式(4.129)成立,则

$$t_{ij}=\frac{\bar{x}_i-\bar{x}_j}{\sqrt{\left(\frac{1}{n_i}+\frac{1}{n_j}\right)\hat{\sigma}^2}}\sim t(f_E)\ \text{或}\ F_{ij}=\frac{\bar{x}_i-\bar{x}_j}{\sqrt{\left(\frac{1}{n_i}+\frac{1}{n_j}\right)\hat{\sigma}^2}}\sim F(1,f_E) \tag{4.133}$$

因而可以要求:

$$c_{ij}=c\sqrt{\left(\frac{1}{n_i}+\frac{1}{n_j}\right)} \tag{4.134}$$

即可推导:

$$P(W)=P\left(\max_{1\leqslant i<j<m}F_{ij}\geqslant\left(\frac{c}{\hat{\sigma}}\right)^2\right) \tag{4.135}$$

可以证明:

$$\frac{\max\limits_{1\leqslant i\leqslant j\leqslant m}F_{ij}}{m-1}\sim F(m-1,f_E) \tag{4.136}$$

$$\left(\frac{c}{\hat{\sigma}}\right)^2=\frac{F_{1-\alpha}(m-1,f_E)}{m-1} \tag{4.137}$$

$$c_{ij}=\sqrt{(m-1)F_{1-\alpha}(m-1,f_e)\left(\frac{1}{n_i}+\frac{1}{n_j}\right)\hat{\sigma}^2} \tag{4.138}$$

【例 4.8】 根据例 4.1 的数据,在 $\alpha=0.05$ 时,检验各水平之间,哪些有显著差异,哪些没有。

解:此题中,添加剂浓度有 4 个水平,即 $m=4$,每个水平重复次数 $r=4$,误差的方差 $S_E^2=19.1$,$f_E=12$。

①确定判别尺度:

$$c=q_{0.05}(4,12)\sqrt{\frac{S_E^2}{r}}=4.20\sqrt{\frac{19.1}{4}}=9.16$$

从附录 6 中,当 $\alpha=0.05$,$m=4$,$f_e=12$ 时,查得$q_{0.05}(4,12)=4.20$。

②求任意两水平间平均观测值之绝对差:

$$c_{1,2}=|\bar{x}_1-\bar{x}_2|=10.50$$
$$c_{1,3}=|\bar{x}_1-\bar{x}_3|=1.75$$
$$c_{1,4}=|\bar{x}_1-\bar{x}_4|=3.75$$
$$c_{2,3}=|\bar{x}_2-\bar{x}_3|=8.75$$
$$c_{2,4}=|\bar{x}_2-\bar{x}_4|=6.75$$
$$c_{3,4}=|\bar{x}_3-\bar{x}_4|=2$$

因为 $c_{1,2}>c=9.16$,所以 1 和 2 水平之间有显著差异,其余水平之间均无显著差异。

从方差分析中已得出最佳水平是 2 水平,即$\rho_2=4$ ppm,找它的代用水平只能在无显著差异的水平之间去选,选择水平 3 或 4 均可。

习题 4

4.1 在某城市大气污染监测中。在不同时期、不同位置,测得大气灰尘浓度(mg/m^2)值见表 4.28、表 4.29。

①试确定 90% 的置信水平下,污染情况受位置或时期的影响程度。

②确定位置间污染程度的差异是否取决于时期。

表 4.28

时期	位置 1	位置 2
中午	0.21 0.20 0.23	0.15 0.17 0.19

表 4.29

时期	位置 1	位置 2
下午 6 时	0.18 0.17 0.16	0.21 0.20 0.22

4.2 对某城市二氧化硫污染空气的监测中,1—4 月在不同观测站,测得代表浓度(ppm)见表 4.30。

①试确定在 95% 的置信水平下,站 1 的污染水平是否显著地不同于站 2 的水平。

②污染程度是否逐月有显著变化(90%的置信水平)。

4.3　对某厂生产的钢钎,进行淬火工艺试验,拟考查淬火温度和回火温度对硬度的影响。其试验结果见表4.31。

表4.30

月份	站1	站2
1	1.9	3.0
	2.3	2.8
2	1.6	2.2
	1.5	2.6
3	2.1	2.9
	2.4	2.3
4	2.9	2.1
	2.7	2.5

表4.31

B(淬火温度) / A(回火温度)	B_1(1 210 ℃)	B_2(1 235 ℃)	B_3(1 250 ℃)
A_1(280 ℃)	64(硬度值)	66	68
A_2(300 ℃)	66	68	67
A_3(320 ℃)	65	67	68

4.4　现有4种型号A1,A2,A3,A4的汽车轮胎,欲比较各型号轮胎在运行20 km后轮胎支撑瓦的磨损情况。为此,从每种型号的轮胎中任取4只,并随机安装在4辆汽车上。汽车运行20 km后,对各支撑瓦进行检测得表4.32的磨损数据(单位:mm)。试问4种型号的轮胎是否具有明显的差别?

表4.32　轮胎支撑瓦磨损数据(单位:mm)

型号 / 试验号	1	2	3	4
A1	14	13	17	13
A2	14	14	8	13
A3	12	11	12	9
A4	10	9	13	11

4.5　试确定3种不同的材料(因素A)和3种不同的使用环境温度(因素B)对蓄电池输出电压的影响,为此,对每种水平组合重复测输出电压4次,测得数据(V×100)列入表4.33。试分析各因素及因素之间交互作用的显著性。

表4.33　不同温度和材料下的输出电压试验结果表

试验号	B1(10)	B2(18)	B3(27)
A1	130 155 74 180	34 40 80 50	20 70 82 58
A2	150 188 159 126	136 122 106 115	22 70 58 45
A3	138 110 168 160	174 120 150 139	96 104 82 60

4.6　某部件上的O形密封圈的密封部分漏油,查明其原因是橡胶的压缩永久变形。为此,希

望知道影响因素的显著性,并选取最佳的条件。选择因素水平表见表4.34。试验指标为塑性变形与压溃量之比 x(%),该值越小越好。

表4.34 因素水平表

序号	A 制造厂	B 橡胶硬度	C 直径	D 压缩率	E 油温	F 油的种类
1	N	H_S70	$\phi3.5$	15%	80 ℃	Ⅰ
2	S	H_S90	$\phi5.7$	25%	100 ℃	Ⅱ

4.7 硅钢带取消黑退火(空气退火)工艺试验。硅钢带经退火后能脱除一部分碳,但钢带会生成很厚的氧化皮,增加酸洗困难且耗电量大,现想取消这道工序。为此,用正交表安排试验,比较一下经过黑退火及其取消后钢带的磁性是否一致。试验因素水平表见表4.35。

表4.35 因素水平表

因素 水平	A 退火工艺	B 成品厚度
1	黑退火	0.20
2	取消黑退火	0.35

第5章 正交试验设计

5.1 正交试验设计的基本原理

在科学研究、生产运行、产品设计与开发等实践中，为了揭示多种因素对试验或计算结果的影响，一般都需要进行大量的多因素组合条件的实验。

如果对这些因素的每个水平可能构成的一切组合条件，均逐一进行试验，即进行全面实验，则因此实验次数就相当多。例如，考察4个因素，每个因素有3个水平，则需要进行$3^4=81$次实验；又例如考察7个因素，而每个因素又有2个水平，则进行全面实验共需$2^7=128$。可见全面实验的实验次数多，需要费用高，耗时长。

对于多因素实验，人们一直在试图解决以下两个矛盾：

①全面实验次数多与实际可行的实验次数少之间的矛盾。

②实际所做的少次数实验与全面掌握内在规律之间的矛盾。

也就是说，多因素实验方法必须具有以下特点：

①实验次数少。

②所安排实验点具有代表性。

③所得到的实验结论可靠合理。

多因素实验设计方法限于客观条件，尽可能做少次数的实验，为此，如何安排多因素试验方案和怎样分析实验结果，就是一个值得探索的课题。

应用数理统计概念和正交原理所编制的正交表，是解决该问题的有效工具。利用规格化的正交表来进行试验方案设计，就便于人们从次数众多的全面实验中，挑选出次数较少而又具有代表性的组合条件，再经过简单计算就能找出较好的工艺条件或最优配方。进一步分析试验结果又能探寻出可能最优的实验方案。

20世纪40年代，正交试验首先应用于农业中，20世纪50年代逐渐推广到工业领域中。目前，许多国家都非常重视正交法试验的研究和推广。正交试验法的应用在日本已达到“家喻户晓”的程度，它已成为促进日本生产率增长的“诀窍”。

5.1.1 正交试验设计的特点

正交试验设计是指研究多因素多水平的一种试验设计方法。根据正交性从全面试验中挑选出部分有代表性的点进行试验,这些有代表性的点具备均匀分散、齐整可比的特点。当试验涉及的因素在3个或3个以上,而且因素间可能有交互作用时,试验工作量就会变得很大,甚至难以实施。针对这个困扰,正交试验设计无疑是一种更好的选择。

例如,研究A,B,C三因素对某换热器换热性能的影响:

因素A,设A_1,A_2,A_3 3个水平;

因素B,设B_1,B_2,B_3 3个水平;

因素C,设C_1,C_2,C_3 3个水平。

显然,这是一个3因素、每个因素3水平的试验,各因素的水平之间全部可能的组合有27种。如果进行全面试验,需要进行$3^3=27$次实验,27个实验点在空间的分布可用表5.1和图5.1形象的说明。全面试验可以分析各因素的效应及交互作用,也可选出最优水平组合。但全面试验包含的水平组合数较多,工作量大,由于受试验场地、经费等限制而难于实施。

表5.1 3^3试验的全面试验方案

因素		C_1	C_2	C_3
A_1	B_1	$A_1B_1C_1$	$A_1B_1C_2$	$A_1B_1C_3$
	B_2	$A_1B_2C_1$	$A_1B_2C_2$	$A_1B_2C_3$
	B_3	$A_1B_3C_1$	$A_1B_2C_2$	$A_1B_3C_3$
A_2	B_1	$A_2B_1C_1$	$A_2B_1C_2$	$A_2B_1C_3$
	B_2	$A_2B_2C_1$	$A_2B_2C_2$	$A_2B_2C_3$
	B_3	$A_2B_3C_1$	$A_2B_3C_2$	$A_2B_3C_3$
A_3	B_1	$A_3B_1C_1$	$A_3B_1C_2$	$A_3B_1C_3$
	B_2	$A_3B_2C_1$	$A_3B_2C_2$	$A_3B_2C_3$
	B_3	$A_3B_3C_1$	$A_3B_3C_2$	$A_3B_3C_3$

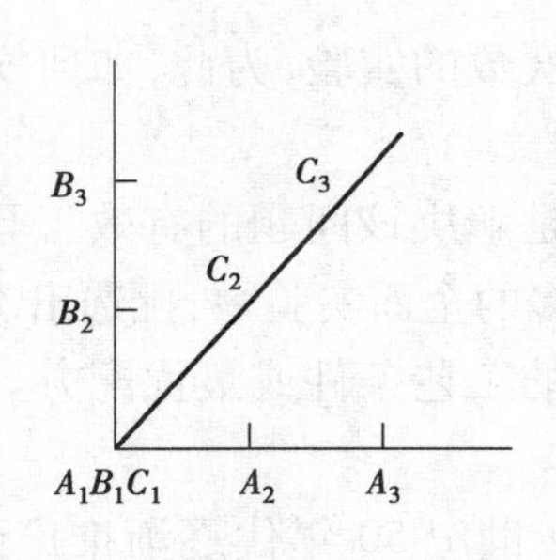

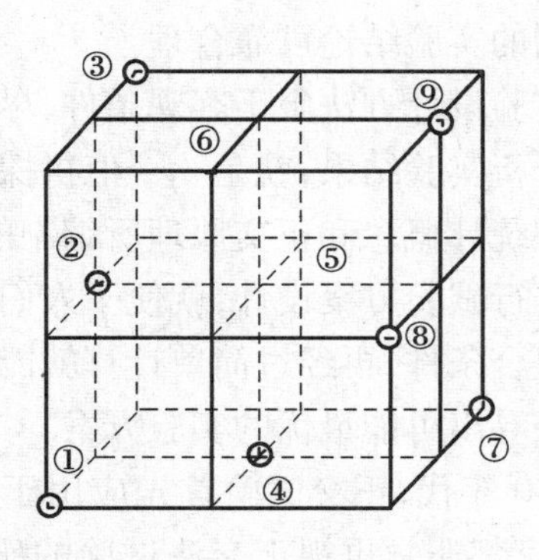

图5.1 三因素(每个因素3个水平)试验点均衡布置图

图5.1以A,B,C为相互垂直的3个坐标轴,对应于因素A的3个水平的实验,可采用简单对比法安排实验,即每次只改变一个因素的水平,而将其他两个因素的水平固定,例如,考察因素A的影响,将因素B和C的水平B_1和C_1固定,只改变因素A的水平,这样共进行3次实

验,实验点依次为 $A_1B_1C_1$,$A_2B_1C_1$,$A_3B_1C_1$,假设得到的结果是因素 A 在 A_3 时较好。接着考虑 B 因素的影响,先将因素 A 和因素 C 水平分别固定在 A_3 和 C_1,只改变 B 因素的水平,同样共需进行 3 次实验,实验点为 $A_3B_1C_1$,$A_3B_2C_1$,$A_3B_3C_1$,假设得到的结果是 B 因素在 B_2 时较好。最后考察 C 因素的影响,先将因素 A 和因素 B 水平分别固定在 A_3 和 B_2,只改变 C 因素的水平,同样共需要进行 3 次实验,实验点为 $A_3B_2C_1$,$A_3B_2C_2$,$A_3B_2C_3$,假设得到的结果是 C 因素在 C_2 时较好,则简单对比法认为,最佳实验条件为 $A_3B_2C_2$。

概括起来,简单对比法,需要安排 7 次实验 $A_1B_1C_1$,$A_2B_1C_1$,$A_3B_1C_1$,$A_3B_2C_1$,$A_3B_3C_1$,$A_3B_2C_2$,$A_3B_2C_3$ 等,显然 7 个实验点在空间的分布极其不均匀,如左、中、右 3 个平面,在 A_1 和 A_2 平面上都各只有 1 个实验点,而在 A_3 平面上有 5 个实验点。同样在上、中、下 3 个平面的分布也极为不均匀,在 C_2 和 C_3 平面上都各只有 1 个实验点,而在 C_1 平面上有 5 个实验点。因为 7 个实验点在空间分布极为不均匀,所以根据简单对比法得到的最佳实验条件为结论的 $A_3B_2C_2$ 不一定可靠。

如对于上述 3 因素每个因素三水平试验,若不考虑交互作用,可利用正交表 $L_9(3^4)$ 安排,试验方案仅包含 9 个水平组合,就能反映试验方案包含 27 个水平组合的全面试验的情况,找出最佳的条件。

正交设计就是从全面试验点(水平组合)中挑选出有代表性的部分试验点(水平组合)来进行试验。图 5.1 中标有 9 个试验点,就是利用正交表 $L_9(3^4)$ 从 27 个试验点中挑选出来的 9 个试验点,即①$A_1B_1C_1$;②$A_1B_2C_2$;③$A_1B_3C_3$;④$A_2B_1C_2$;⑤$A_2B_2C_3$;⑥$A_2B_3C_1$;⑦$A_3B_1C_3$;⑧$A_3B_2C_1$;⑨$A_3B_3C_2$,见表 5.2。

上述选择,保证了因素 A 的每个水平与 B 因素、C 因素的各个水平在试验中各搭配一次。从图 5.1 中可以看出,9 个试验点分布是均衡的,在立方体的每个平面上有且仅有 3 个试验点;每两个平面的交线上有且仅有 1 个试验点。9 个试验点均衡地分布在整个立方体内,有很强的代表性,能够比较全面地反映全面试验的基本情况。

正交试验设计法安排实验具有许多优点,正交设计的基本特点:用部分试验来代替全面试验,通过对部分试验结果的分析,了解全面试验的情况。正交试验是用部分试验来代替全面试验,它不可能像全面试验那样对各因素效应、交互作用一一分析;当交互作用存在时,有可能出现交互作用的混杂。正交试验设计的主要工具是正交表,试验者可根据试验的因素数、因素的水平数以及是否具有交互作用等需求查找相应的正交表,再依托正交表的正交性从全面试验中挑选出部分有代表性的点进行试验,可以实现以最少的试验次数达到与大量全面试验等效的结果。因此,应用正交表设计试验是一种高效、快速而经济的多因素试验设计方法。

表 5.2　利用安排 $L_9(3^4)$ 三因素三水平试验

试验号	因素 A	因素 B	因素 C	空白列
1	A_1	B_1	C_3	2
2	A_2	B_1	C_1	1
3	A_3	B_1	C_2	3
4	A_1	B_2	C_2	1
5	A_2	B_2	C_3	3

续表

试验号	因素 A	因素 B	因素 C	空白列
6	A_3	B_2	C_1	2
7	A_1	B_3	C_1	3
8	A_2	B_3	C_2	2
9	A_3	B_3	C_3	1

5.1.2 正交表

正交表是利用“均衡搭配”与“整齐可比”这两条基本原理，从大量的全面试验方案(点)中，为挑选出少量具有代表性的试验点，所制成的排列整齐的规格化表格。

正交表是正交试验设计中合理安排试验，并对数据进行统计分析的一种特殊表格。这是一整套规则的设计表格，用 L 为正交表的代号，n 为试验的次数，t 为水平数，c 为列数，也就是可能安排最多的因素个数。例如 $L_9(3^4)$ 它表示需作 9 次实验，最多可观察 4 个因素，每个因素均为三水平。一个正交表中也可以各列的水平数不相等，我们称它为混合型正交表，如 $L_8(4^1 \times 2^4)$，此表的 5 列中，有 1 列是为 4 水平，4 列为 2 水平。常用的正交表有 $L_4(2^3)$，$L_8(2^7)$，$L_9(3^4)$，$L_8(4^1 \times 2^4)$，$L_{18}(3 \times 3^7)$ 等。

表 5.3 为正交表 $L_9(3^4)$，表 5.4 为正交表 $L_8(4^1 \times 2^4)$。

1)正交表符号的含义

正交表的代表符号及含义，如图 5.2 所示。

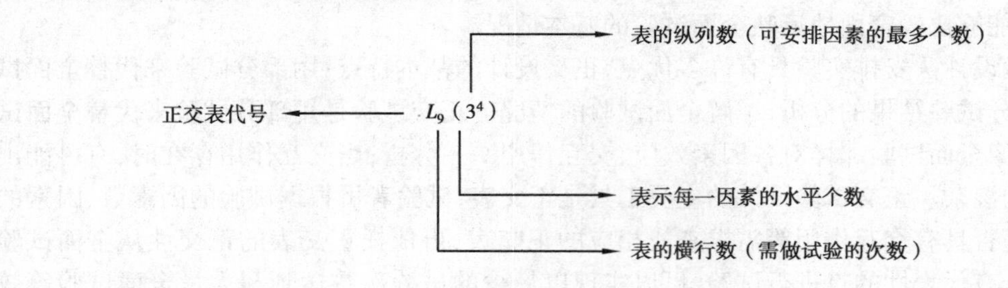

图 5.2 正交表符号图解

正交表基本上可分为两种形式：同水平正交表和混合水平正交表。

同水平正交表是各因素的水平数相等的表格。在试验设计时，当人们认为各因素对结果的影响程度大致相同时，往往选用同水平正交表，见表 5.3。

混合水平正交表，是指诸因素的水平数不全相等的正交表。当试验设计时，如感到某些因素更重要而希望对其仔细考察时，就可将其多取一些水平，这样既突出了重点，又照顾到了一般，故而产生了混合水平正交表，见表 5.4。

表5.3 $L_9(3^4)$正交表

试验号＼列号	1	2	3	4
1	1	1	3	2
2	2	1	1	1
3	3	1	2	3
4	1	2	2	1
5	2	2	3	3
6	3	2	1	2
7	1	3	1	3
8	2	3	2	2
9	3	3	3	1

表5.4 $L_8(4^1\times2^4)$正交表

试验号＼列号	1	2	3	4	5
1	1	1	2	2	1
2	3	2	2	1	1
3	2	2	2	2	2
4	4	1	2	1	2
5	1	2	1	1	2
6	3	1	1	2	2
7	2	1	1	1	1
8	4	2	1	2	1

表5.3是$L_9(3^4)$正交表。该表有4个纵列,9个横行,表示此表最多可安排4个因素,每个因素可取3个水平,共需做9次试验。

表5.4是$L_8(4^1\times2^4)$不等水平正交表。该表共有5个纵列、8个横行,表示最多可安排5个因素,其中有一个因素可取4个水平,其余4个因素均取2个水平,共需做8次试验。

常用正交表见附录8。

2)正交表的特点

正交表有如下两个特点:

①任一列中,不同数字出现的次数相同:例如$L_8(2^7)$中不同数字只有1和2,它们各出现4次;$L_9(3^4)$中不同数字有1,2和3,它们各出现3次。

②任两列中,同一横行所组成的数字对出现的次数相同:例如$L_8(2^7)$的任两列中(1, 1),(1, 2),(2, 1),(2, 2)各出现两次;$L_9(3^4)$任两列中(1, 1),(1, 2),(1, 3),(2, 1),(2, 2),(2, 3),(3, 1),(3, 2),(3, 3)各出现1次。即每个因素的一个水平与另一因素的各个水平互碰次数相等,表明任意两列各个数字之间的搭配是均匀的。

用正交表安排的试验,具有均衡分散和整齐可比的特点。

①均衡分散:指用正交表挑选出来的各因素水平组合在全部水平组合中的分布均衡,即每一列中,不同数字出现的次数是相等的。由图5.1可以看出,在立方体中,任一平面内都包含3个试验点,任两平面的交线上都包含1个试验点。

②整齐可比:指每一个因素的各水平间具有可比性。

因为正交表中每一因素的任一水平下都均衡地包含着另外因素的各个水平,当比较某因素不同水平时,其他因素的效应都彼此抵消。如在A,B,C 3个因素中,因素A的3个水平A_1,A_2,A_3条件下各有B,C的3个不同水平,即

$$A_1\begin{cases}B_1,C_3\\B_2,C_2\\B_3,C_1\end{cases}\quad A_2\begin{cases}B_1,C_1\\B_2,C_3\\B_3,C_2\end{cases}\quad A_3\begin{cases}B_1,C_2\\B_2,C_1\\B_3,C_3\end{cases}$$

在这9个水平组合中,因素A各水平下包括了B,C因素的3个水平,虽然搭配方式不同,但B,C皆处于同等地位,当比较因素A不同水平时,B因素不同水平的效应相互抵消,C因素不同水平的效应也相互抵消。所以因素A3个水平间具有可比性。同样,B,C因素3个水平间也具有可比性。

正是因为正交表具有“均衡搭配”和“整齐可比”性,才使正交试验法获得了广泛的应用并收到了“事半功倍”和“多、快、好、省”的效果。

3)正交表的类别

(1)相同水平正交表

各列中出现的最大数字相同的正交表称为相同水平正交表。

$L_4(2^3)$,$L_8(2^7)$、$L_{12}(2^{11})$等各列中最大数字为2,称为两水平正交表;$L_9(3^4)$,$L_{27}(3^{13})$等各列中最大数字为3,称为三水平正交表。

(2)混合水平正交表

各列中出现的最大数字不完全相同的正交表称为混合水平正交表。

$L_8(4^1\times2^4)$表中有一列最大数字为4,有4列最大数字为2。也就是说该表可以安排1个4水平因素和4个2水平因素。$L_{16}(4^4\times2^3)$,$L_{16}(4^1\times2^{12})$等都属于混合水平正交表。

5.1.3 利用正交表安排试验的一般原则

利用正交表安排试验的一般原则如下。

(1)明确试验目标,确定评价指标

指标可以是单项的也可以是多项的,多项在综合选优时,应将其综合为单一指标。至于产品的外观、造型、色泽等凭耳、鼻、眼等感觉器官来评价优劣的定性指标,应通过评分法将其转化为定量指标来处理。

(2)挑选因素

影响试验指标的因素很多,由于试验条件的限制,不可能逐一或全面加以研究。只能根据试验目的选出主要影响因素,以减少考察的因素数目。因素是指直接影响试验结果而需要进行考察的不同原因。在试验中影响结果的原因有很多,一般情况下,把直接和必然的原因称为正交试验设计中的因素。至于人们的操作技巧、检测仪表的精度等,并不直接影响试验结果,而是产生误差的原因。除特殊情况外,一般不把它列为因素。在试验设计中,考察的因素不能太多,一般以3~7个为宜,以免增加无效试验的工作量。

由于正交试验法是专为多因素选优而创立的,所以增加一两个因素不一定会增加试验次数,但若漏掉重要因素,就可能降低试验质量。因此,除了那些对试验结果的影响程度已经清楚或影响不大的因素,可不加考虑外,其余因素应尽可能地排到正交表中去进行考察。

(3)确定各因素的水平

“水平”是指各因素在试验中要比较的具体状况和取值。合理地确定“水平量”(水平数及水平值),可以减少试验工作量。如果已经掌握了部分情况和资料,就可以在较小的范围内选取和确定水平量;当缺乏经验时,水平量的范围应放宽一些,以免遗漏试验的条件,但所取的水平个数不必太多。考虑到试验的代价,对于适合分批试验的项目,应本着“分批走着瞧”的原则,一般是少分水平、选用小表来安排试验;对于无须进行试验的可计算性项目,应多取水平数,适当增加正交表的行数。

确定因素水平数时,重要因素可多取一些水平;各水平的数值应适当拉开,以利于对试验结果的分析。

对连续变化型因素,若在范围$[m,M]$内来考察时,其水平的个数可根据上述原则来选定。如果将其分成4个水平来研究,那么可以将$[m,M]$等分成5段,这里m,M分别是该因素可以取用的最小值与最大值,于是,其中的4个分点x_1,x_2,x_3,x_4值,即为4个水平取值(这时m,x_1,x_2,x_3,x_4,M为等差数列)。也可用等比法将$[m,M]$分成5段(这时m,x_1,x_2,x_3,x_4,M为等比数列)。

对于离散型因素,如4种玻璃、几个朝向、几种墙体构造等,其水平是自然形成的,不便随意改变,只能对照现有的正交表格来确定水平数目。

当第一轮正交表选优完毕后,如其结果尚未达到解决问题的目的,这时应根据本轮的结果,来决定下一轮试验还要考察哪些因素,这些因素分多少个水平,以及水平量该如何选取。

在满足试验目的的前提下,尽可能选择等水平正交表,以方便数据处理。

(4)制订因素水平表

常用的正交表较多,有几十个可以灵活选择。应注意的是,选择正交表与选择因素及其水平是相互影响的,必须综合考虑,而不能将任何一个问题孤立起来。选择正交表时,一般需要考虑以下几个方面的问题:

①考虑因素及其水平的多少。选用的正交表,要能容纳所研究的因素数和因素的水平数,在这一前提下,应该选择试验次数最小的正交表。

②考虑各因素之间的交互作用。一般来说,两因素的交互作用通常都有可能存在,而三因素的交互作用在通常情况下可以忽略不计。

表头设计就是把挑选出的因素和要考察的交互作用分别排入正交表的表头适当的列上。

在不考察交互作用时,各因素可随机安排在各列上;若考察交互作用,就应按该正交表的交互作用列表安排各因素与交互作用。

如对于三因素的实验,不考察交互作用,可将A,B和C依次安排在$L_9(3^4)$的第1,2,3列上,第4列为空列,见表5.5。则$L_9(3^4)$的表头设计见表5.6;$L_8(2^7)$的表头设计见表5.7。

表5.5 表头设计

列号	1	2	3	4
因素	*A*	*B*	*C*	空

表 5.6 $L_9(3^4)$ 表头设计

因素数	列号			
	1	2	3	4
2	A	B	$A\times B_1$	$A\times B_2$
3	A $B\times C_1$	B $A\times C_1$	C $A\times B_1$	$A\times B_2$ $A\times C_2$ $B\times C_2$
4	A $B\times C_1$ $B\times D_1$ $C\times D_1$	B $A\times C_1$ $A\times D_1$ $C\times D_2$	C $A\times B_1$ $A\times D_2$ $B\times D_2$	D $A\times B_2$ $A\times C_2$ $B\times C_2$

表 5.7 $L_8(2^7)$ 表头设计

因素数	列号						
	1	2	3	4	5	6	7
3	A	B	$A\times B$	C	$A\times C$	$B\times C$	
4	A	B	$A\times B$ $C\times D$	C	$A\times C$ $B\times D$	$B\times C$ $A\times D$	D
4	A	B	$A\times B$	C $B\times D$	$A\times C$	D $B\times C$	$A\times D$
5	A $D\times E$	B $C\times D$	$A\times B$ $C\times E$	C $B\times D$	$A\times C$ $B\times E$	D $A\times E$ $B\times C$	$A\times D$ $A\times B$

(5)确定试验方案

把正交表中安排因素的各列(不包含欲考察的交互作用列)中的每个数字依次换成该因素的实际水平,就得到一个正交试验方案。根据因素水平表和选定的正交表安排试验时,一般原则如下:

①如果各因素之间无交互作用,按照因素水平表中固定下来的因素次序,顺序地放到正交表的纵列上,每一列放一种因素。

②如果不能排除因素之间的交互作用,则应避免将因素的主效应安排在正交表的交互效应列内,以妨碍对因素主效应的判断。

③把各因素的水平按照因素水平表中所确定的关系,对号入座,试验方案随即确定。

5.2　正交试验结果的直观分析

本节将结合实例,讨论用正交设计安排试验方案及分析试验结果的基本步骤和方法。

5.2.1　直观分析的目的与方法

正交试验结果的直观分析与正交试验结果的方差分析相比,具有计算量小,计算简单、分析速度快、一目了然等特点,但分析结果的精度性与严密性相对方差分析来说稍差。直观分析可以解决以下两个问题:

①求最佳水平组合:该问题归结为找到各因素分别取何水平时,所得到的试验结果会最好。

②求影响因素的主次顺序:该问题归结为所有影响因素按其影响的大小进行排队。采用的是极差分析法。某个因素的极差定义为该因素的最大水平均值与最小水平均值之差。很显然,极差大表说明该因素影响大,是主要因素;极差小说明该因素影响小,是次要因素。

必须注意的是,根据直观分析得到的主要因素不一定是影响显著的因素,次要因素也不一定影响不显著的因素,因素影响的显著性通过方差分析确定。

下面结合一个 $L_9(3^4)$ 表,来说明正交试验结果的直观分析方法。

设利用该正交表安排了一个三因素三水平试验,因素 A,B,C 依次安排在第1、第2、第3列,共做了9次试验,每次试验结果记为$y_i(i=1,2,\cdots,n;n=9)$。

计算水平均值,其值为 $K_{ij}=T_{ij}/a_i$。根据某因素的水平值即可求得该因素的极差。根据各因素的水平均值与极差确定最佳水平组合与因素的主次关系。

$L_9(3^4)$正交试验直观分析计算见表5.8。

表5.8　$L_9(3^4)$正交试验直观分析计算表

试验号	因素 A	因素 B	因素 C	空白列	试验指标 x
1	A_1	B_1	C_3	2	x_1
2	A_2	B_1	C_1	1	x_2
3	A_3	B_1	C_2	3	x_3
4	A_1	B_2	C_2	1	x_4
5	A_2	B_2	C_3	3	x_5
6	A_3	B_2	C_1	2	x_6
7	A_1	B_3	C_1	3	x_7
8	A_2	B_3	C_2	2	x_8
9	A_3	B_3	C_3	1	x_9

续表

试验号	因素 A	因素 B	因素 C	空白列	试验指标 x
T_{i1}	$T_{A1}=x_1+x_4+x_7$	$T_{B1}=x_1+x_2+x_3$	$T_{C1}=x_2+x_6+x_7$		
T_{i2}	$T_{A2}=x_2+x_5+x_8$	$T_{B2}=x_4+x_5+x_6$	$T_{C2}=x_3+x_4+x_8$		
T_{i3}	$T_{A3}=x_3+x_6+x_9$	$T_{B3}=x_7+x_8+x_9$	$T_{C3}=x_1+x_5+x_9$		
K_{i1}	$K_{A1}=\frac{T_{A1}}{3}$	$K_{B1}=\frac{T_{B1}}{3}$	$K_{C1}=\frac{T_{C1}}{3}$		$T=\sum_{i=1}^{9}x_i$
K_{i2}	$K_{A2}=\frac{T_{A2}}{3}$	$K_{B2}=\frac{T_{B2}}{3}$	$K_{C2}=\frac{T_{C2}}{3}$		
K_{i3}	$K_{A3}=\frac{T_{A3}}{3}$	$K_{B3}=\frac{T_{B3}}{3}$	$K_{C3}=\frac{T_{C3}}{3}$		
R	R_A	R_B	R_C		

直观分析时，首先计算各因素的水平总值。第 i 列所安排因素的第 j 个水平总值记为 T_{ij}，它等于该因素在第 j 个水平所做的 a_i 次试验结果之和。a_i 为第 i 列所安排因素的水平重复次数，按式(5.1)计算：

$$a_i=\frac{n}{b_i} \tag{5.1}$$

式中　b_i——i 列所安排的因素的水平数；

n——正交表的行数，即为试验总次数。

如果正交表为等水平正交表，则各个因素的水平重复次数相等；如果正交表为混合型正交表，则水平数不相等的因素的水平重复次数也不相等。

假设计算结果为因素 A 的第一个水平值最好（如果试验指标 x 越大越好，则因素 A 的第一个水平值应为因素 A 的 3 个水平值中的最大值；如果试验指标 x 越小越好，则因素 A 的第一个水平值应为因素 A 的 3 个水平值中的最小值），B 因素的第二个水平均值最好，C 因素的第三个水平均值最好，则最佳水平组合为 $A_1B_2C_3$。

如果极差的大小顺序为 $R_A>R_C>R_B$，则各影响的大小顺序为 $A>C>B$。

5.2.2　无交互作用正交设计的直观分析法

【例 5.1】　自然通风时计算车间温度 T_n 的公式为：

$$\frac{T_n-T_w}{T_w}=\frac{1}{\eta}\left(\frac{NQ^2}{M}\right)^{\frac{1}{3}}$$

式中　T_w——室内空气温度，℃；

Q——车内余热量；

M——室内空气特性参数，$M=2g\cdot\rho_w^2c_p\cdot T_w^2$；

N——建筑门窗的特性参数；

η——热压通风系数。

下面用正交模型试验法来确定其热压通风系数 η。本例中，试验的目的是通过自然通风模型试验,寻找自然通风的计算方法,这里就是探索使热压通风系数 η 最大时,车间几何尺寸的最优化方案,并进一步求出计算 η 的“最优”回归方程。考核指标为 η 值,η 值越大车间自然通风效果越佳。

解:本例中,根据初步分析,认为热压通风系数 η 主要受高窗厂房的建筑特征影响。它们是:门面积 F_1,每台机开窗面积 F_2,上升气流高度 H_2,发电机间长度 L,窗口阻力系数 K_2 和大门位置系数 a(当大门在安装间侧面时为 1,在端墙时取 2),即

$$\eta = f(F_1, F_2, H_2, L, K_2, a)$$

每个因素取两个水平,具体数值取决于模型尺寸,详见表 5.9。本题中,所有 6 个因素均取 2 个水平,故应选用同水平正交表中的二水平正交表,从附录 8 中可找到:$L_4(2^3)$,$L_8(2^7)$,$L_{12}(2^{11})$,$L_{16}(2^{15})$表,由于考察因素仅有 6 个,故最后选用 $L_8(2^7)$正交表。

表 5.9　正交试验因素水平表

因素 / 列号 / 水平	$L(m)$	$F_2(m^2)$	a	$F_1(m^2)$	$H_2(m)$	K_2	
	A	B	C	D	E	F	G
1	4.69	0.6	1	0.454	0.545	6.55	
2	2.49	0.2	2	0.179	0.57	2.68	

按因素水平表中的代号,采用对号入座的办法,将数据填入所选出的正交表中,便得到试验计划表(表 5.10)。

此表的每一横行即代表要试验的一组条件。$L_8(2^7)$表有 8 行,因此要做 8 个不同的试验。如第 1 号试验条件:$A_1, B_1, C_1, D_1, E_1, F_1$。具体内容是:模型的发电机间长度 4.690 m、每台机开窗面积 0.6 m²、大门在安装间侧面 $a=1$、大门面积 0.454 m²、上升气流高度 0.545 m、窗口阻力系数 6.55。第 2 号试验条件:$A_1, B_1, C_1, D_2, E_2, F_2$。

严格按表 $L_8(2^7)$中 8 个试验条件进行试验,并将各自的试验结果填入相应的横行内,见表 5.10。在试验时,除考察因素外,其他条件应尽量保持固定,以便通过试验结果的分析,确定诸因素对结果影响的主次顺序和各因素的可能最优水平,从而可以设计出可能更优的试验方案。有时还可用空列极差估计试验误差。

表 5.10　$L_8(2^7)$试验计划及结果分析表

因素 / 列号 / 试验号	$L(m)$		$F_2(m^2)$		a		$F_1(m^2)$		$H(m)$		K_2			η	试验方案
	A		B		C		D		E		F		G		
1	1	4.690	1	0.6	1	1	1	0.454	1	0.545	1	6.55	1	1.57	$A_1B_1C_1\ D_1$ $E_1F_1\ G_1$
2	1	4.690	1	0.6	1	1	2	0.179	2	0.570	2	2.68	2	1.94	$A_1B_1C_1\ D_2$ $E_2F_2\ G_2$

续表

列号 因素 试验号	$L(m)$		$F_2(m^2)$		a		$F_1(m^2)$		$H(m)$		K_2				η	试验方案
	A		B		C		D		E		F		G			
3	1	4.690	2	0.2	2	2	1	0.454	1	0.545	2	2.68	2		0.92	$A_1B_2C_2D_1E_1F_2G_2$
4	1	4.690	2	0.2	2	2	2	0.179	2	0.570	1	6.55	1		1.54	$A_1B_2C_2D_2E_2F_1G_1$
5	2	2.490	1	0.6	2	2	1	0.454	2	0.570	2	2.68	1		0.86	$A_2B_1C_2D_2E_2F_1G_1$
6	2	2.490	1	0.6	2	2	2	0.179	1	0.545	1	6.55	2		1.37	$A_2B_1C_2D_2E_1F_1G_2$
7	2	2.490	2	0.2	1	1	1	0.454	2	0.570	1	6.55	2		1.33	$A_2B_2C_1D_1E_2F_1G_2$
8	2	2.490	2	0.2	1	1	2	0.179	1	0.545	2	2.68	1		1.37	$A_2B_2C_1D_2E_1F_2G_1$
1 水平导致结果之和 K_1	5.97		5.74		6.21		4.68		5.23		5.81		5.34			
2 水平导致结果之和 K_2	4.93		5.16		4.69		6.22		5.67		5.09		5.53			
极差 ΔK	1.04		0.58		1.52		1.54		0.44		0.72		0.19			

分析上述试验结果：

①从表 5.10 可以看出，第 2 号试验所得的热压通风系数 η 最大，为 1.94，因而"直接观察所获的最优试验方案"为 A_1,B_1,C_1,D_2,E_2,F_2。即试验方案 2 的自然通风效果最好。

以上分析说明，通过简单的计算，即可粗略地估计各因素对结果影响的主次顺序，以及各因素的优秀水平。

②计算每一因素同一水平试验结果之和。

将试验的因素每一水平的试验结果相加，求出每一因素各同一水平导致结果之和。

本例中，因素 A 为模型的发电机间长度 L，取两个水平，A_1 为 4.690 m，A_2 为 2.490 m，每个水平下都进行了 4 次试验，因而有 4 个结果。把这 4 个结果相加，就分别得出因素 A 在两个水平 A_1,A_2 的结果之和，即

$$K_1^A = 1.57 + 1.94 + 0.92 + 1.54 = 5.97$$

$$K_2^A = 0.86 + 1.37 + 1.33 + 1.37 = 4.93$$

然后将 K_1^A,K_2^A 分别填写到表 5.10 中 A 列的对应 K_1,K_2 位置上。

用同样的方法,可分别算出因素 $B,C,D,\cdots$ 的各同一水平下所导致的结果之和。如 B 因素的结果:

$$K_1^B = 1.57 + 1.94 + 0.86 + 1.37 = 5.74$$

$$K_2^B = 0.92 + 1.54 + 1.33 + 1.37 = 5.16$$

其他因素在不同水平下的结果详见表5.10。本案例中,因素 A 的第1水平为佳,其 $K_1^A = 5.97$ 为最大; B 因素以第1水平为佳; C 因素以第1水平为佳; D 因素以第2水平为佳; E 因素以第2水平为佳; F 因素以第1水平为佳。

③计算每个因素各水平导致结果之和的极差。

极差是指一组数据中最大值和最小值之差,用符号 ΔK 表示。正交试验中每个因素取几个水平,就有几个结果之和,其中最大值与最小值之差即是极差。

本例题,只取了两个水平,故两个结果之和的差就是极差,这是一种特例。

极差是用来划分因素重要程度(关键、重要、一般、次要)的依据,某因素的极差最大,说明该因素的水平改变所引起试验结果的变化最大,故是关键因素。

本例中,大门面积 F:这一因素极差最大, $\Delta K = 1.54$,它就是关键因素。上升气流高度 H 的极差最小, $\Delta K = 0.44$,它就是次要因素。

根据极差大小,顺次排出因素的主次顺序为:

$$D > C > A > B > F > E$$

值得注意的是,一个因素所取水平量的范围不同,会得到不同的极差值,而因素各水平的取值又是因人而异的,这样因素的极差之间其可比性就较差,故用极差划分因素的重要程度只是相对的,最好在掌握了较多信息的情况下进行。为了节省试验次数和提高分析判断的效果,宜采用分批试验法,即利用前批试验结果选择后批的因素和水平。

本例"可能最优方案"是:

$$D_2, C_1, A_1, F_1, B_1, E_2$$

由于实际最优方案,有时并未包含在所做的试验中,况且按极差大小所提出的可能最优方案,还只是一个未经试验的分析结果,故最后确定最优方案,尚需进一步检验和试验验证。

有交互作用正交设计的直观分析见5.7小节内容。

5.3　多指标正交试验结果的直观分析法

在科学研究和生产实际中,衡量结果的指标往往不止一个。在多指标试验中,同一试验条件,会对某一指标有利,某指标不利,这就需要兼顾各项指标,进行综合评价,从而"选优"。多指标试验结果的分析相对来说复杂一些,但本质上无明显区别,关键在于如何将多指标化成单指标进行直观分析。

常用的方法一般有:

①指标单个分析综合处理法。

②综合评分法。

5.3.1 指标单个分析综合处理法

多指标试验结果直观分析时,对每一个试验结果单个进行分析,得到每个指标的影响因素的主次顺序和最佳水平组合,然后根据相关的专业知识、试验的目的和试图解决的实际问题进行综合分析,这种方法称为单个分析综合处理法。

指标单个分析综合处理法的难点在于综合处理,综合处理时涉及的专业知识面较广,需要考虑的问题也较多。因此,综合处理时较难兼顾各个指标。下面结合例子来说明此方法。

【例5.2】 某工厂排放的废水中不但含有机污染物,也含有悬浮物,拟采用混凝沉淀法进行物化处理。试验的目的在于选择出合理的凝聚剂种类、凝聚剂的投加量、絮凝时间,使出水水质最佳。

解:上述问题显然是一个多指标试验,要使出水水质达到最佳,应该考察两个指标:即出水中的有机物含量,以COD(mg/L)表示;出水中的悬浮物含量,以SS(mg/L)表示。

分析步骤如下:

①制订因素水平表,见表5.11。

②假设得到的试验结果,见表5.12。

③单个分析计算,见表5.13。

④分析结果,影响因素的主次顺序如下:

- 对出水COD:凝聚剂种类>凝聚剂的投加量>絮凝时间。
- 对出水SS:凝聚剂的投加量>凝聚剂种类>絮凝时间。

最佳水平组合如下:

- 对出水COD:凝聚剂种类为聚合硫酸铝,凝聚剂的投加量为40 mg/L,絮凝时间为20 min。
- 对出水SS:凝聚剂种类为聚合硫酸铝,凝聚剂的投加量为40 mg/L,絮凝时间为20 min。

本例中出水COD和出水SS的最佳水平组合相同。但是对多指标试验经常碰到各个指标的最佳水平组合不同,则就要具体分析。分析时主要考虑各个指标的重要性、试验的目的、相关专业知识。假设本例中得到的最佳水平组合分别为:

- 对出水COD:凝聚剂种类为聚合硫酸铝,凝聚剂的投加量为40 mg/L,絮凝时间为20 min。
- 对出水SS:凝聚剂种类为聚合硫酸铝,凝聚剂的投加量为40 mg/L,絮凝时间为30 min。

由于:

- 试验目的在于污水处理,要求找到合理的凝聚剂种类、投放量、絮凝时间。
- 出水SS普遍偏低,且远低于国家污水排放标准。
- 出水COD相对较高,且有的试验结果在国家排放标准左右。
- COD对环境的影响相对于SS较大,特别是长期影响。

因而,最佳水平组合选用:凝聚剂种类为聚合硫酸铝,凝聚剂的投加量为40 mg/L,絮凝时间为20 min。

表5.11　因素水平表

因素	1	2	3
内容	凝聚剂种类	凝聚剂投加量/(mg·L^{-1})	絮凝时间/min
水平	1,2,3	1,2,3	1,2,3
数值	硫酸铝、三氯化铁、聚合硫酸铝	10,40,70	10,20,30

表5.12　试验结果

试验号	凝聚剂种类	凝聚剂投加量/(mg·L^{-1})	絮凝时间/min	空白列	出水COD/(mg·L^{-1})	出水SS/(mg·L^{-1})
1	硫酸铝	10	30	2	30.4	8.2
2	三氯化铁	10	10	1	28.5	10.2
3	聚合硫酸铝	10	20	3	14.6	4.2
4	硫酸铝	40	20	1	19.5	5.5
5	三氯化铁	40	30	3	18.4	4.5
6	聚合硫酸铝	40	10	2	15.6	3.8
7	硫酸铝	70	10	3	20.5	5.6
8	三氯化铁	70	20	2	20.6	4.8
9	聚合硫酸铝	70	30	1	13.0	3.5

表5.13　指标单个分析计算

	出水COD/(mg·L^{-1})			出水SS/(mg·L^{-1})		
	絮凝时间	凝聚剂种类	凝聚剂投加量	絮凝时间	凝聚剂种类	凝聚剂投加量
T_{i1}	70.4	73.5	64.6	19.3	22.6	19.6
T_{i2}	67.5	53.5	54.7	19.5	13.8	14.5
T_{i3}	43.2	54.1	61.8	11.5	13.9	16.2
K_{i1}	23.5	24.5	21.5	6.4	7.5	6.5
K_{i2}	22.5	17.8	18.2	6.5	4.6	4.8
K_{i3}	14.4	18.0	20.6	3.8	4.63	5.4
R	9.1	6.7	3.3	2.7	2.9	1.7

5.3.2 综合评分法

1) 指标叠加法

多指标正交试验直观分析方法除了可以采用指标单个分析综合处理之外,可以采用指标叠加法。所谓指标叠加法是指将多指标按照某种计算公式进行叠加,将多指标化为一个综合指标,而后进行正交试验直观分析。指标在叠加时,首先根据相关的专业知识确定指标的性质及其重要程度,然后决定所采用叠加方式中的系数。

综合指标 y 为:

$$y = a_1 y_1 + a_2 y_2 + \cdots + a_k y_k \tag{5.2}$$

式中 $y_1, y_2, \cdots, y_k$——各单项指标;

$a_1, a_2, \cdots, a_k$——各单项指标的系数,其大小正负需要视指标性质和重要程度而定。

【例 5.3】 对例 5.2 的试验结果采用指标叠加法进行分析。

解:①定义综合指标 $y = COD + SS$,计算结果见表 5.14。

表 5.14 指标叠加法计算结果($y = COD + SS$)

试验号	凝聚剂种类	凝聚剂投加量/(mg·L^{-1})	絮凝时间/min	空白列	出水 COD/(mg·L^{-1})	出水 SS/(mg·L^{-1})	综合指标 x = COD + SS
1	硫酸铝	10	30	2	30.4	8.2	38.6
2	三氯化铁	10	10	1	28.5	10.2	38.7
3	聚合硫酸铝	10	20	3	14.6	4.2	18.8
4	硫酸铝	40	20	1	19.5	5.5	25.0
5	三氯化铁	40	30	3	18.4	4.5	22.9
6	聚合硫酸铝	40	10	2	15.6	3.8	19.4
7	硫酸铝	70	10	3	20.5	5.6	26.1
8	三氯化铁	70	20	2	20.6	4.8	25.4
9	聚合硫酸铝	70	30	1	13.0	3.5	16.5
T_{i1}	89.7	96.1	84.2				$T = \sum_{i=1}^{9} x_i = 231.4$
T_{i2}	87.0	67.3	69.2				
T_{i3}	54.7	68.0	78.0				
K_{i1}	29.9	32.0	28.1				
K_{i2}	29.0	24.4	23.1				
K_{i3}	18.2	22.7	26.0				
R	11.7	9.3	5.0				

根据表5.14的计算结果可知：

- 主次顺序：絮凝剂种类 > 絮凝剂投加量 > 絮凝时间。
- 最佳组合：凝聚剂种类为聚合硫酸铝，凝聚剂的投加量为40 mg/L，絮凝时间为20 min。

②由于本试验的结果中出水SS普遍较低，远低于国家排放标准，而出水COD浓度较高，在排放标准左右，因而可以认为出水COD是一个比较重要的指标。定义综合指标

$$y = 1.5COD + SS$$

则计算结果见表5.15。

表5.15　指标叠加法计算结果（$y = 1.5COD + SS$）

试验号	凝聚剂种类	凝聚剂投加量/(mg·L^{-1})	絮凝时间/min	空白列	出水COD/(mg·L^{-1})	出水SS/(mg·L^{-1})	综合指标x=1.5COD+SS
1	硫酸铝	10	30	2	30.4	8.2	53.8
2	三氯化铁	10	10	1	28.5	10.2	52.95
3	聚合硫酸铝	10	20	3	14.6	4.2	26.1
4	硫酸铝	40	20	1	19.5	5.5	34.75
5	三氯化铁	40	30	3	18.4	4.5	32.1
6	聚合硫酸铝	40	10	2	15.6	3.8	27.2
7	硫酸铝	70	10	3	20.5	5.6	36.35
8	三氯化铁	70	20	2	20.6	4.8	35.7
9	聚合硫酸铝	70	30	1	13.0	3.5	23.0
T_{i1}	124.9	132.85	116.5				$T=\sum_{i=1}^{9} x_i$ = 231.4
T_{i2}	120.75	94.05	96.55				
T_{i3}	76.3	95.05	108.9				
K_{i1}	41.63	44.28	38.83				
K_{i2}	40.25	31.35	32.18				
K_{i3}	25.43	31.68	36.3				
R	16.2	12.93	6.65				

根据表5.15的计算结果可知：

- 主次顺序：絮凝剂种类 > 絮凝剂投加量 > 絮凝时间。
- 最佳组合：凝聚剂种类为聚合硫酸铝，凝聚剂的投加量为40 mg/L，絮凝时间为20 min。

概括起来指标叠加的做法是：先按排队综合评分法给每一指标评分，然后再根据各项指标的重要程度分别加权，最后把这些加权后的分数相加，便是加权综合得分。与综合分数最高相对应的试验号，便是直接观察的最优方案。

加权综合评分法的关键是如何确定权数，一般权数之总和可取100，也可取10或1。应根据考核指标之间相对重要程度的关系，确定各项指标的权数。

2)排队评分法

排队评分法与指标叠加法无本质上的区别。其计算过程如下:首先必须定出一个综合指标 $y=a_1y_1+a_2y_2+\cdots+a_ky_k$,然后全部试验结果按照综合指标的优劣进行排队,最好的定为100分,依次逐个减小,这种方法相对来说比较粗糙,但计算简便,试验结果很大或很小时,采用该方法可使计算简化。

【例5.4】 对例5.2的试验结果采用排队评分法进行分析。

解:以综合指标为评价指标,将 y 值最小者(16.5)定义为100分,最大者(38.7)则定义为80分,即 y 值每增加11,综合评分减小10分,排队评分计算结果见表5.16。

表5.16 以 $y=\text{COD}+\text{SS}$ 为综合指标排队评分计算表

试验号	凝聚剂种类	凝聚剂投加量/(mg·L⁻¹)	絮凝时间/min	空白列	出水COD/(mg·L⁻¹)	出水SS/(mg·L⁻¹)	综合指标 $x=\text{COD}+\text{SS}$
1	硫酸铝	10	30	2	30.4	8.2	80
2	三氯化铁	10	10	1	28.5	10.2	80
3	聚合硫酸铝	10	20	3	14.6	4.2	98
4	硫酸铝	40	20	1	19.5	5.5	92
5	三氯化铁	40	30	3	18.4	4.5	94
6	聚合硫酸铝	40	10	2	15.6	3.8	97
7	硫酸铝	70	10	3	20.5	5.6	91
8	三氯化铁	70	20	2	20.6	4.8	92
9	聚合硫酸铝	70	30	1	13.0	3.5	100
T_{i1}	263	258	268				
T_{i2}	266	283	282				
T_{i3}	295	283	274				
K_{i1}	87.7	86	89.3				
K_{i2}	88.7	94.3	94				
K_{i3}	98.3	93.3	91.3				
R	10.6	8.3	4.7				

根据表5.16的计算结果可知:

- 主次顺序:絮凝剂种类>絮凝剂投加量>絮凝时间。
- 最佳组合:凝聚剂种类为聚合硫酸铝,凝聚剂的投加量为40 mg/L(或者70 mg/L),絮凝时间为20 min。需要注意的是,在最佳水平组合中,凝聚剂投加量出现了两个数值,显然是因为表5.16中综合评分取为整数,计算较为粗糙所致。

归纳起来综合排队法:当各项指标被重视程度大致相同时,可先把每项指标的优秀值定以满分,对其他号试验所得的该指标值,应视其与该优秀指标值的差异按比例打分。这样,对所有指标的分数给定后,将每号试验各指标的分数相加,便是综合得分,综合得分最高的试验号,就是可能的最优方案。

5.4　水平数目不等的正交试验设计

由于在试验过程中,人们习惯于等水平试验,因此,在大多数情况下,试验者可以人为将试验设计成等水平试验。但有些试验由于受试验条件限制,某些因素不能多取水平,而有些因素为了重点考察,又必须多取水平,故在实际试验过程中,不可避免地出现水平不等的正交试验。

水平数目不等的正交试验设计方法有两种:第一种,利用规格化的混合水平正交表安排试验;第二种,采用拟水平法,使用该法可以在等水平的正交表内安排不等水平的试验。

5.4.1　用混合水平表安排不等水平试验

利用混合水平表安排试验的方法和步骤与等水平试验法基本相同,只是对试验结果的计算分析稍有不同。

下面通过一个例题来说明如何用混合水平表安排试验。

【例 5.5】　在“三废”治理中,某厂要对含锌、镉等有毒物质的废水处理进行正交试验,摸索用沉淀法进行一级处理的优良方案。具体为:往水中加投石灰改变原水的 pH 值,加凝聚剂和沉淀剂。

试验目的:用沉淀法处理废水中锌、镉等有毒物质,希望处理后含锌、镉越少越好,并要求尽量降低成本。因为 pH 值对去锌、镉的一级处理有较大的影响,需要仔细考察,因此 pH 值从 7 ~ 11 安排 4 个水平进行试验。加凝聚剂(聚丙烯酰胺)和 $CaCl_2$ 的目的,是加快沉淀速度,但不知对去锌、去镉有无影响,所以都比较“加”与“不加”2 个水平,至于沉淀剂过去一直用 Na_2CO_3,考虑一下 NaOH 能否代替Na_2CO_3。

考核指标:处理后废水含锌、镉量。

解:①制订因素水平表。

试验因素水平表见表 5.17。

表 5.17　废水处理因素水平表

因素 / 列号 / 水平	pH 值	凝聚剂	沉淀剂种类	$CaCl_2$	废水浓度
	A	*B*	*C*	*D*	*E*
1	7 ~ 8	加	NaOH	不加	稀
2	8 ~ 9	不加	Na_2CO_3	加	浓
3	9 ~ 10				
4	10 ~ 11				

②选用正交表安排试验。

如果不考虑因素之间的交互作用,可选用正交表 $L_8(4^1 \times 2^4)$ 来安排一个 4 水平因素与 4 个 2 水平因素试验。将表 5.17 的因素及水平对号入座,可以得到正交试验安排表见表 5.18。试验结果也一并列入表中。

表 5.18　污水去锌、去镉试验计划及结果分析表

因素 / 列号 / 试验号	试验计划					试验结果		
	pH 值	凝聚剂	沉淀剂	Ca Cl_2	废水浓度	含镉/	含锌/	综合评分/
	A	B	C	D	E	$(mg \cdot L^{-1})$	$(mg \cdot L^{-1})$	$(mg \cdot L^{-1})$
1	1(7~8)	1	2(Na_2CO_3)	2	1(稀)	0.72	1.36	2.08
2	3(9~10)	2	2	1	1	0.52	0.90	1.42
3	2(8~9)	2	2	2	2(浓)	0.80	0.96	1.76
4	4(10~11)	1	2	1	2	0.60	1.09	1.60
5	1	2	1(NaOH)	1	2	0.53	0.42	0.95
6	3	1	1	2	2	0.21	0.42	0.63
7	2	1	1	1	1	0.30	0.50	0.80
8	4	2	1	2	1	0.13	0.40	0.53
水平评分和								
K_1	3.03	5.11	2.91	4.77	4.63			
K_2	2.56	4.66	6.86	5.00	4.94			
K_3	2.05							
K_4	2.13							
水平平均分								
$\overline{K}_1$	1.515	1.278	0.728	1.193	1.208			
$\overline{K}_2$	1.080	1.165	1.715	1.250	1.235			
$\overline{K}_3$	1.025							
$\overline{K}_4$	1.065							
平均分的极差 $\Delta \overline{K}$	0.49	0.113	0.987	0.057	0.027			
因素重要程度	重要	一般	关键	次要	次要			

本试验的考核指标有两个:处理后废水的含锌量和含镉量(mg/L)。由于这两个指标对总结果的影响程度大致相同、单位相同且含量变化范围也大体相同,故综合评分可采用把结果中含锌量和含镉量相加的办法,即如第 1 号试验的综合评分为 0.72+1.36=2.08;第 8 号试验的综合评分为 0.13+0.4=0.53。其他结果见表 5.18。

- 比较 8 个综合评分的结果,第 8 号试验数值最小,为 0.53,是直接观察的最优方案。其

组合是 $A_4B_2C_1D_2E_1$。还可看出，第 5,6,7,8 号试验的含锌、含镉量少于第 1,2,8,4 号试验结果，这说明用废液 NaOH 作沉淀剂比Na_2CO_3 好、成本低。

• 计算每列因素各水平导致结果的综合评分之和 K_1, K_2, K_3, K_4 已列入表 5.18 中，根据每列的最大 K 值，确定可能最优水平及试验方案为 $A_3B_2C_1D_2E_1$。K_1, K_2, K_3, K_4 按水平数分别取平均值为$\overline{K}_1, \overline{K}_2, \overline{K}_3, \overline{K}_4$。

因素 pH 值 1 水平导致结果的平均评分为：

$$\overline{K}_1^A = \frac{3.03}{2} = 1.515$$

因素凝聚剂 1 水平、2 水平导致结果的平均评分分别为：

$$\overline{K}_1^B = \frac{5.11}{4} = 1.278$$

$$\overline{K}_2^B = 1.165$$

• 按此算法将计算结果填入表 5.18 中，并按这些值求各因素的极差 $\Delta\overline{K}$。然后根据极差值，由小到大排出因素的主次顺序为 $C > A > B > D > E$。

• 画水平影响趋势图。

本例中只有 pH 值这一因素有 4 个水平，可以进行趋势分析，其他因素都是 2 个水平，无法进行趋势分析，因素 pH 值的水平影响趋势图如图 5.3 所示。

从图 5.3 中可以看出，pH 值低于或高于 9 ~ 10 时，评分都在上升，可以基本肯定 pH 值为 9 ~ 10 是可能最优水平(因命题是以低分为佳)。

如果每一因素都能按趋势图找出自己的最优水平量，将其组合起来，便为通过水平趋势分析所得到的可能最优方案。

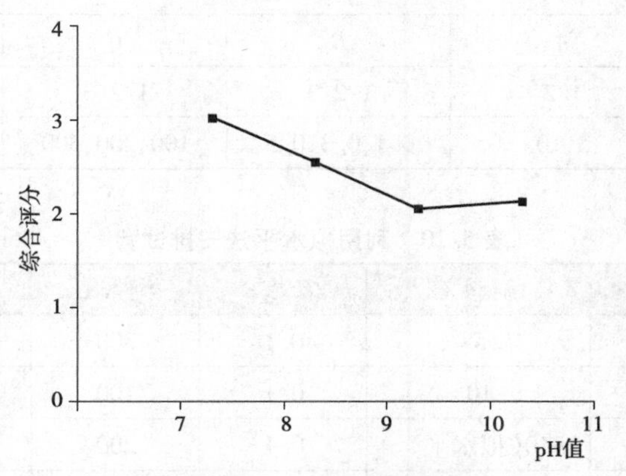

图 5.3 因素 pH 值的水平趋势图

由于各因素的水平数目不同，当两个因素对指标有同等影响时，水平多的因素理应极差要大一些，所以其水平导致结果之和的极差 ΔK 之间没有可比性，如果对结果之和按水平数目取其平均值，就避免了因水平数目不同所导致结果的不可比性。按比平均值$\overline{K}_1, \overline{K}_2, \overline{K}_3, \cdots$所求的极差 $\Delta\overline{K}$大小，就可确定各因素的主次顺序了。

混合水平表的空列极差虽可用于直观地进行试验误差的相对比较，但是，要给出这种误差的大小，尚需通过方差分析。

5.4.2 拟水平法

如前所述,正交表是一个“均衡搭配、整齐可比”的表格,它的列数、水平数与试验次数之间都保持着一定的关系。进行正交试验时,当拟考察因素及其水平选择确定后,有时可能找不到正好适合的小型正交表。为扩大现有规格化正交表的适用范围,首先应设法调整考察因素的水平数。这对连续变化的因素是可行的,但对离散型因素,因其水平数目是自然形成的,就不能随意调整。解决此困难,人们提出了“拟水平法”或称为“凑足水平”的方法。即当选定正交表后,如有个别考察因素的水平数少于对口表里的限定数目时,可利用表中空下来的水平位置,重复考察此因素的某一重要水平。下面通过一个例子来说明拟水平法如何使用。

【例 5.6】 假设在实验中碰到表 5.19 中的多因素试验。假设 A,B,C,D 4 个因素之间无交互作用。对于这样一个事先预定好的因素水平表,如何安排试验呢?

解:由于共有 4 个因素,首先会想到正交表 $L_9(3^4)$ 来安排试验,但是由于表中因素 A 只有两个水平,$L_9(3^4)$ 不能适用。那么一个最简单的办法是人为地为因素 A 增加一个水平,使因素 A 的水平数目为 3 个,则可使用正交表 $L_9(3^4)$。这种人为地增加因素的水平数方法,对连续变化的因素是可行的。但对于离散因素水平数目是自然形成的,不能随意调整,只能采用“拟水平法”。所谓拟水平法是指当某因素的实际水平数小于正交表中列的水平数,可将该因素的某些重要的水平人为地当作其他水平(拟水平)在正交表中重复安排。

对于表 5.19 所示的情况,如果因素 A 的第二水平重要,而且采用 $L_9(3^4)$ 正交表来安排试验时,由于因素 A 少了一个水平,按照拟水平法,第三水平可以采用拟水平,即第三水平取第二水平,试验安排见表 5.20。

表 5.19 某试验的因素及其水平

因素	1	2	3	4
内容	A	B	C	D
水平	1/2	1/2/3	1/2/3	1/2/3
数值	5,10	0.1,0.3,0.5	100,200,300	10,20,30

表 5.20 利用拟水平法安排试验

试验号	因素 A	因素 B	因素 C	因素 D
1	5	0.1	300	20
2	10	0.1	100	10
3	10(拟水平)	0.1	200	30
4	5	0.3	200	10
5	10	0.3	300	30
6	10(拟水平)	0.3	100	20
7	5	0.5	100	30
8	10	0.5	200	20
9	10(拟水平)	0.5	300	10

在应用拟水平法时，对试验结果的分析，应注意把每种水平导致的结果之和，按水平数取平均值后再进行比较，并以此求出极差，确定因素的主次顺序。本例中，因素 A 第一个水平均值为1,4,7三次试验结果之和除以3；因素 A 第二水平均值为2,5,8三次试验结果之和加上3,6,9三次拟水平的试验结果除以6，因素 A 的极差即为这两个水平均值之差。

需要注意的是，如果本例子中2,5,8三次试验结果之和与3,6,9三次拟水平的试验结果之和差别较大，说明因素 A 的第二个水平在与其他水平的配合方式中，产生了额外的影响，可能是交互作用，情况比较复杂，需另外安排试验。

5.5　活动水平法

在正交试验设计中，某些试验，根据过去的经验与认识，已经知道在某些因素之间客观上存在着依赖关系。即一种因素的水平取量，需随另一种因素的水平取量而定。

人们把这种"随他性"的水平称为活动水平。在此情况下，如不采用活动水平来安排试验，其试验结果就难以反映实际情况。此外，活动水平法还可用于：利用较小的正交表来细致地考虑某些因素。此时，可将固定水平变成几个活动水平，这样既可以更全面的了解因素对试验结果的影响，同时，又不会增加试验次数。例如当我们对一个有朝西和朝南的建筑，分析横、竖外遮阳的效果时，可取两因素、两水平来做试验，其因素水平表见表5.21。

为使横、竖遮阳充分发挥遮挡效果，应视朝向不同来安排外遮阳突出建筑外表面的尺寸，这种办法称为活动水平，参见表5.22。

如果采用固定水平（外遮阳）朝西向的横、竖遮阳尺寸就不适合朝南的；同样，朝南向的横、竖遮阳尺寸也不适合朝西者；因为西向以竖遮阳最有效，而朝南者以横向遮阳最有效。由于两因素的水平有依赖关系，采用活动水平就更合理。

表5.21　因素水平表

水平	因素	
	朝向	外遮阳
1	西	横向
2	南	竖向

表5.22　外遮阳的活动水平

外遮阳	朝西向	朝南向
水平1横向	0.4(m)	0.6(m)
水平2竖向	0.6(m)	0.4(m)

正如前所述，在实际试验中，经常发现有些因素的取值存在依赖关系。如在水处理的混凝试验中，在水中投入凝聚剂硫酸铝时，由于硫酸铝的水解，当水中碱度不够时没有可能使水的pH值下降，从而使水中悬浮颗粒的凝聚效果降低，为了防止水的pH值下降，可以向水中投加石灰，则石灰投加量与原水中凝聚剂的投加量有一定的关系。

假设需要考察凝聚剂硫酸铝的投加量与石灰投加量对试验效果的影响，根据经验已知石灰投加量应取为硫酸铝投加量的 $P_0\% \sim P_n\%$，试求最佳硫酸铝投加量与最佳石灰投加量。假设硫酸铝的投加量 A 可取为3个固定的水平，分别为 A_1，A_2，A_3，由于石灰投加量 B 根据经验应取为硫酸铝的投加量的 $P_0\% \sim P_n\%$，因而也可以取3个水平，分别为硫酸铝投加量的 $P_1\%$，$P_2\%$，$P_3\%$。很显然石灰投加量的各水平取值是随着硫酸铝投加量的水平取值而变化的，且石灰加投量的每一个水平取值都不是一个固定值，例如石灰投加量的第一个水平取值分别为

$P_1\%A_1, P_1\%A_2, P_1\%A_3$。因而石灰投加量的各个水平均为活动水平。

由于 A 有 3 个水平 A_1, A_2, A_3，所以 B_1, B_2, B_3，实际上各有 3 个值：

$$B_1 = \begin{cases} P_{1\%}A_1 \\ P_{1\%}A_2 \\ P_{1\%}A_3 \end{cases} \quad B_2 = \begin{cases} P_{2\%}A_1 \\ P_{2\%}A_2 \\ P_{2\%}A_3 \end{cases} \quad B_3 = \begin{cases} P_{3\%}A_1 \\ P_{3\%}A_2 \\ P_{3\%}A_3 \end{cases}$$

下面通过一个例题来说明如何利用正交表安排含有活动水平的因素的试验。

【例 5.7】 假设某试验中要考察 A, B, C, D 4 个因素对试验效果的影响。因素 A 与因素 D 的水平是固定水平，因素 B 与因素 C 的水平是活动水平，因素 B 的取值为因素 A 的 0.15～0.95，因素 C 的取值为因素 B 的 0.55～1.35。试利用正交表来合理安排试验，以求得 A, C, D 4 个因素的最佳取值。

解：①制订因素的最佳取值。

因素 A 可以取为 3 个固定水平，分别为 A_1, A_2, A_3；

因素 D 可以取为 3 个固定水平，分别为 D_1, D_2, D_3；

因素 B 的取值为因素 A 的 0.15～0.95，可以安排 3 个活动水平，分别为：

$$B_1 = 0.35A$$
$$B_2 = 0.55A$$
$$B_3 = 0.75A$$

由于因素 A 有 3 个水平 A_1, A_2, A_3，所以因素 B 的 3 个水平 B_1, B_2, B_3，实际上各有 3 个值，分别为

$$B_1 = \begin{cases} 0.35A_1 \\ 0.35A_2 \\ 0.35A_3 \end{cases} \quad B_2 = \begin{cases} 0.55A_1 \\ 0.55A_2 \\ 0.55A_3 \end{cases} \quad B_3 = \begin{cases} 0.75A_1 \\ 0.75A_2 \\ 0.75A_3 \end{cases}$$

因素 C 的取值为因素 B 的 0.55～1.35，可以安排 3 个活动水平，分别为：

$$C_1 = 0.75B$$
$$C_2 = 0.95B$$
$$C_3 = 1.15B$$

由于因素 B 有 3 个水平 B_1, B_2, B_3，所以因素 C 的 3 个水平 C_1, C_2, C_3，实际上各有 9 个值，分别为：

$$C_1 = \begin{cases} 0.75B_1 = \begin{cases} 0.75 \times 0.35A_1 \\ 0.75 \times 0.35A_2 \\ 0.75 \times 0.35A_3 \end{cases} \\ 0.75B_2 = \begin{cases} 0.75 \times 0.55A_1 \\ 0.75 \times 0.55A_2 \\ 0.75 \times 0.55A_3 \end{cases} \\ 0.75B_3 = \begin{cases} 0.75 \times 0.75A_1 \\ 0.75 \times 0.75A_2 \\ 0.75 \times 0.75A_3 \end{cases} \end{cases}$$

$$C_2=\begin{cases}0.95B_1=\begin{cases}0.95\times 0.35A_1\\0.95\times 0.35A_2\\0.95\times 0.35A_3\end{cases}\\0.95B_2=\begin{cases}0.95\times 0.55A_1\\0.95\times 0.55A_2\\0.95\times 0.55A_3\end{cases}\\0.95B_3=\begin{cases}0.95\times 0.75A_1\\0.95\times 0.75A_2\\0.95\times 0.75A_3\end{cases}\end{cases}$$

$$C_3=\begin{cases}1.15B_1=\begin{cases}1.15\times 0.35A_1\\1.15\times 0.35A_2\\1.15\times 0.35A_3\end{cases}\\1.15B_2=\begin{cases}1.15\times 0.55A_1\\1.15\times 0.55A_2\\1.15\times 0.55A_3\end{cases}\\1.15B_3=\begin{cases}1.15\times 0.75A_1\\1.15\times 0.75A_2\\1.15\times 0.75A_3\end{cases}\end{cases}$$

假设 A_1,A_2,A_3 依次为 100,200,300；假设 D_1,D_2,D_3 依次为 30,40,50；则因素水平表见表 5.23。

表 5.23 因素水平表

因素	1	2	3	4
内容	A	B	C	D
水平	1,2,3	1,2,3	1,2,3	1,2,3
数值	100,200,300	$0.35A,0.55A,0.75A$	$0.75B,0.95B,1.15B$	30,40,50

②利用正交表安排具有活动水平的正交试验。

假设 4 个水平之间无交互作用，可以利用 $L_9(3^4)$ 正交表安排 9 次试验。表 5.23 中因素 B 的第一水平值为因素 A 的同行值乘以 0.35，得到 3 个，分别为 35,70,105；因素 B 的第二水平取值为因素 A 的同行值乘以 0.55，同样得到 3 个，分别为 55,110,175；因素 B 的第三水平取值为因素 A 的同行值乘以 0.75，同样得到 3 个，分别为 75,150,225。

表 5.23 中因素 C 的第一水平值为因素 B 的同行值乘以 0.75，得到 3 个，分别为 52.50, 131.25,56.25；因素 C 的第二水平取值为因素 B 的同行值乘以 0.95，同样得到 3 个，分别为 99.75,52.25,142.5；因素 C 的第三水平取值为因素 B 的同行值乘以 1.15，也可得到 3 个，分别为 40.25,126.5,258.75。

③直观分析。

用 $L_9(3^4)$ 正交表安排 9 次试验，试假设结果见表 5.24，并认为试验指标 y 的值越小效果越好。

直观分析时，需要首先计算水平均值，如因素 A 的第一个水平均值为 1,4,7 三次试验结果之和除以 3。

活动水平的水平均值求法与固定水平的水平均值求法原则上相同，如因素 B 的第一个水平均值为第 1,2,3 三次试验结果之和除以 3；因素 C 的第一个水平均值为第 2,6,7 三次试验结果之和除以 3。

得到水平均值后，可以求得各因素的极差，根据极差的大小可以得到各因素的主次顺序。根据水平均值，还可以得到最佳水平组合。

根据表 5.24 的计算结果可以得到各因素的主次顺序为：$B > C > A > D$。

各因素的最佳水平组合依次为：$A_2B_1C_3D_2$。

根据题意可知 $A_2 = 200$，$D_2 = 40$，则因素 B 与因素 C 的最佳水平分别为：

$$\begin{cases} B_1 = 0.35A = 0.35 \times 200 = 70 \\ C_3 = 1.15B = 1.15 \times 70 = 80.5 \end{cases}$$

故最佳水平组合为 $A_2 = 200$，$B_2 = 70$，$C_2 = 80.5$，$D_2 = 40$。

表 5.24　具有活动水平的因素的试验安排与结果分析

试验号	因素 A	因素 B	因素 C	因素 D	试验指标 x
1	1(100)	1(100×0.35=35)	3(35×1.15=40.25)	2(40)	5
2	2(200)	1(200×0.35=70)	1(70×0.75=52.50)	1(30)	7
3	3(300)	1(300×0.35=105)	2(105×0.95=99.75)	3(50)	25
4	1(100)	2(100×0.35=55)	2(55×0.95=52.25)	1(30)	35
5	2(200)	2(200×0.35=110)	3(110×1.15=126.5)	3(50)	20
6	3(300)	2(300×0.35=175)	1(175×0.75=131.25)	2(40)	30
7	1(100)	3(100×0.35=75)	1(75×0.75=56.25)	3(50)	23
8	2(200)	3(200×0.35=150)	2(150×0.95=142.5)	2(40)	12
9	3(300)	3(300×0.35=225)	3(225×1.15=258.75)	1(30)	12
T_{i1}	63	37	60	54	$T = \sum_{i=1}^{9} x_i = 169$
T_{i2}	39	85	72	47	
T_{i3}	67	47	37	68	
K_{i1}	21	12.3	20	18	
K_{i2}	13	28.3	24	15.7	
K_{i3}	22.3	15.7	13.3	22.7	
R	9.3	16.0	10.7	4.7	

5.6　复合因素法

当遇到被考察因素很多,选用小表其列数又不够用时,可将若干个因素合并成一个因素进行考察。这种由几个因素合并成的因素称为复合因素。

此法告诉我们:当正交试验时,如影响结果的因素不多时,应尽量把影响因素拆开单列;如影响因素甚多时,可将几个因素按其属性合并成“大因素”,此时,常需选用混合水平表或采用拟水平法。

【例5.8】　中科院硅酸盐研究所曾就水泥熟料的矿物成分对净浆强度的影响,做了正交试验。

解:①试验目的和考核指标。

优选高强水泥的矿物成分并考核试件尺寸为2 cm×2 cm×2 cm的净浆强度。

②因素与水平见表5.25。

表5.25　复合因素水平表

因素	$C_3S:C_2S$	C_3S+C_2S(%)	$C_3A:C_4AF$
	A	*B*	
水平1	5:1	70	0.8:1
水平2	8:1	80	0.5:1
水平3	18:1	85	
水平4		90	

表5.25中$C_3S:C_2S$组成一个因素,不同的比例作为该因素的3个不同水平;C_3S+C_2S也组成一个因素,不同的总量作为该因素的4个水平等。由每个试验号的总量及比例,可联合解出每种成分的用量。

③选择正交表、安排试验方案。

本例有3个因素,各有8个、4个和2个水平,故可选用$L_{24}(3^1\times4^1\times2^4)$正交表。试验方案与试验结果列入表5.26。

表5.26　$L_{24}(3^1\times4^1\times2^4)$试验方案与极差计算

试验号	因素			4	5	6	28天抗压强度/(kg·cm^{-2})
	A. $C_3S:C_2S$	B. C_3S+C_2S(%)	C. $C_3S:C_4AF$				
	列号						
	1	2	3				
1	1	1	1	1	1	1	1 840
2	1	2	1	1	2	2	1 860

续表

试验号	因素 A. $C_3S:C_2S$	因素 B. C_3S+C_2S(%)	因素 C. $C_3S:C_4AF$	4	5	6	28天抗压强度/(kg·cm^{-2})
列号	1	2	3				
3	1	3	1	2	2	1	1 830
4	1	4	1	2	1	2	1 890
5	1	1	2	2	2	2	1 850
6	1	2	2	2	1	1	2 150
7	1	3	2	1	1	2	1 896
8	1	4	2	1	2	1	2 160
9	2	1	1	1	1	2	2 000
10	2	2	1	1	2	1	1 860
11	2	3	1	2	2	2	2 040
12	2	4	1	2	1	1	2 185
13	2	1	2	2	2	1	2 040
14	2	2	2	2	1	2	2 270
15	2	3	2	1	1	1	2 170
16	2	4	2	1	2	2	2 193
17	3	1	1	1	1	2	2 010
18	3	2	1	1	2	1	2 090
19	3	3	1	2	2	2	2 152
20	3	4	1	2	1	1	2 133
21	3	1	2	2	2	1	2 172
22	3	2	2	2	1	2	2 230
23	3	3	2	1	1	1	2 177
24	3	4	2	1	2	2	2 090
K_1	15 476	11 912	23 890	24 346	24 951	24 807	总和 49 288
K_2	16 758	12 460	25 398	24 942	24 337	24 481	
K_3	17 054	12 265					
K_4		12 651					
$\overline{K}_1$	1 934.3	1 985.3	1 900.8				
$\overline{K}_2$	2 094.7	2 076.6	2 116.5				

续表

试验号	因素 A. $C_3S:C_2S$	因素 B. $C_3S+C_2S(\%)$	因素 C. $C_3S:C_4AF$	4	5	6	28 天抗压强度 /(kg·cm^{-2})
	列号 1	列号 2	列号 3				
$\overline{K}_3$	2 131.7	2 044.1					
$\overline{K}_4$		2 108.5					
$\Delta\overline{K}$	197.4	123.2	125.7				

④试验结果分析。

第一,直接看第 14 号试验强度最高,为 2 270 kg/cm^2,其组合条件为 $A_2B_2C_2$。

第二,算一算各列因素相应水平的强度之和,再按水平数取平均值求极差。由极差大小得出:

- 因素的主次顺序为:

$$A>C>B$$

- 强度随 $C_3S:C_2S$ 比值的增加而增加,当其值从 5~8 时,强度增加较多,以后增加很少。
- 强度随 C_3S+C_2S 的总量的增加而增加,从 75%~80%时,强度增加较多。

最后,根据上述情况,选出最优组合条件为 $A_2B_2C_2$,即 $C_3S:C_2S=8:1$,$C_3S+C_2S=80\%$,$C_3A:C_4AF=0.5:1$。按上面取值及 $C_3S+C_2S+C_3A+C_4AF=100\%$ 的关系式,可以解得:$C_3S\approx70\%$,$C_2S\approx10\%$,$C_3A=7\%$,$C_4AF=14\%$。从计算看最优方案为 $A_3B_4C_2$,从而也说明不如直接看出的结果更切实际。

5.7　有交互作用的正交试验设计

5.7.1　交互作用的定义与判定

在多因素试验中,不仅每个因素对试验指标发生作用,因素与因素之间也会联合起来影响试验指标。因素的交互作用是指:除了因素"孤立地"影响试验结果之外,还存在因素间不同水平互相搭配,联合在一起共同对试验结果的影响。

设有因素 A 和 B,各取两个水平 A_1,A_2 和 B_1,B_2,将其所有的水平组合进行 1 次试验,结果见表 5.27。显然,当 $B=B_1$ 时,A 由 A_1 变为 A_2,使试验指标增加 10;当 $B=B_2$ 时,A 由 A_1 变为 A_2,使试验指标减少 15。可见,因素 A 由 A_1 变为 A_2 时,试验指标变化趋势相反,与 B 取哪一个水平有关。同理,因素 B 由 B_1 变为 B_2 时,试验指标变化趋势相反,与 A 取哪一个水平有关。

如果将表 5.27 中的数据描绘在图 5.4 中,可以看到两条直线是明显相交的,说明交互作用很强。

表 5.28 和图 5.4 给出了一个无交互作用的例子。由表 5.28 可见,某因素对指标的影响

与另一因素取哪个水平无关。图 5.5 中两条直线是相互平行的,但是由于试验误差的存在,如果两条直线接近于平行线,也认为两因素间无交互作用,或交互作用可忽略不计。

如果因素 A 和 B 之间有交互作用,则表示为 $A \times B$,称为一级交互作用;若因素 A,B 和 C 之间有交互作用,则表示为 $A \times B \times C$,称为二级交互作用。

表 5.27 判别交互作用试验数据表——有交互作用

	A_1	A_2
B_1	25	35
B_2	30	15

表 5.28 判别交互作用试验数据表——无交互作用

	A_1	A_2
B_1	25	35
B_2	30	40

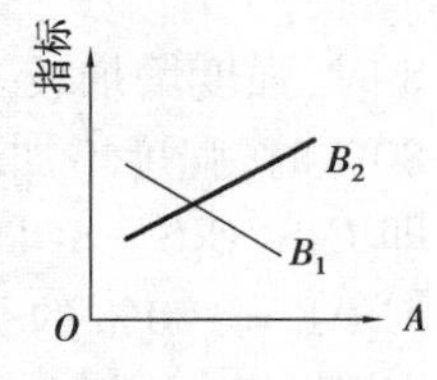

图 5.4 有交互作用

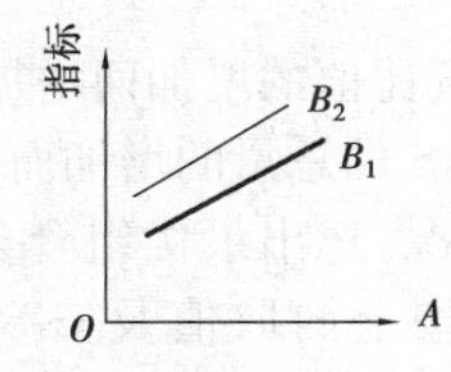

图 5.5 无交互作用

5.7.2 对交互作用的认识

因素 A 和 B 的交互作用记为 $A \times B$。两个因素的交互作用就像是在这两个因素的单独作用之外,另有一个“假想因素”在起作用,但是,它勿须选“水平”,其作用的大小完全依赖于前两个因素及水平的搭配。

假设考察因素 A 与因素 B 对试验结果的影响,每个因素均只考察两个水平,选用正交表 $L_4(2^3)$ 来安排试验,得到的试验结果见表 5.29。现对正交试验进行直观分析,计算结果见表5.29。

分析表 5.29 的结果表明,因素 A 的极差比因素 B 大,因此因素 A 对试验结果影响比因素 B 大。表 5.29 同时计算了空白列的极差,发现空白列的极差比因素 B 的极差还大。那么什么原因使空白列的极差比因素 B 的极差还大呢?

第一个原因是试验误差的影响。空白列的水平均值随着水平数的改变而变化的大小,在没有交互作用时,一般反映了误差的影响。设想一下,如果没有任何试验误差,也没有交互作用时,空白列的各个水平均值一般应相等。当某因素对试验结果的影响非常小,而试验误差又很大时,有可能使空白列的极差大于某因素的极差,但这种可能性非常小。

第二个原因是空白列中没有安排因素,但实际存在着一些“因素”,这些“因素”是实际存在的因素的交互作用。从附录 8 可知,当用表 $L_4(2^3)$ 安排一个二因素二水平试验时,这两个因素的交互作用在第 3 列。

因此,表 5.29 的计算结果表明,影响因素之间的主次顺序为 $A > A \times B > B$。

表 5.29　$L_4(2^3)$ 正交试验结果与分析

试验号	因素 A	因素 B	空白	试验指标 x
1	A_1	B_1	1	36
2	A_2	B_1	2	77
3	A_1	B_2	2	55
4	A_2	B_2	1	70
T_{i1}	91	113	106	$T = \sum_{i=1}^{4} x_i = 238$
T_{i2}	147	125	132	
K_{i1}	45.5	56.5	53	
K_{i2}	73.5	62.5	66	
R	28	6.0	13	

5.7.3　有交互作用的实验安排与结果分析

正交试验引进交互作用后,从试验安排到结果分析,都有了新的要求。

1)交互作用在正交表中的安排方法

在常用正交表的后面都附有一个"二列间的交互作用列"表,见附录 8。

表头设计是把交互作用项看成一种特殊的影响因素,在所选出的正交表中独占一列。所谓的表头设计,就是根据数学方法在正交表的各列中合理安排因素及因素之间的交互作用。

当考察的因素较多,交互作用也较多时,这些交互作用在正交表中的位置,必须利用交互作用表(附有此表的正交表称为完备正交表,见附录 8)来确定。

正交表 $L_8(2^7)$ 见表 5.30,$L_8(2^7)$ 二列间的交互作用表见表 5.31。

表 5.30　$L_8(2^7)$ 正交表

试验号	列号						
	1	2	3	4	5	6	7
1	1	1	1	1	1	1	1
2	1	1	1	2	2	2	2
3	1	2	2	1	1	2	2
4	1	2	2	2	2	1	1
5	2	1	2	1	2	1	2

续表

试验号	列号						
	1	2	3	4	5	6	7
6	2	1	2	2	1	2	1
7	2	2	1	1	2	2	1
8	2	2	1	2	1	1	2

表 5.31　$L_8(2^7)$二列间交互作用表

行列号	列号					
	1	2	3	4	5	6
7	6	5	4	3	2	1
6	7	4	5	2	3	
5	4	7	6	1		
4	5	6	7			
3	2	1				
2	3					

如果没有交互作用,正交表 $L_8(2^7)$ 最多可以安排 7 个因素。但是如果有交互作用时,如何利用正交表来安排试验呢? 首先查看表 5.31 所示的 $L_8(2^7)$ 二列间的交互作用表,方法如下,如果要查第 7 列与 1,2,3,4,5,6 的交互作用,在行列号即表 5.31 中第 1 列找到数字 7,然后在列号上依次找到 1,2,4,5,6,则第 7 列与第 1—6 列的交互作用为 6,5,4,3,2,1;同理在行号列找到数字 6,从该行中可得到第 6 列与第 1—5 列的交互作用分别为 7,4,5,2,3。

以"$L_8(2^7)$二列间的交互作用表"(表 5.31)为例,说明此类表的用法。如果要查 $L_8(2^7)$ 表中第 1 列(因素 A)与第 2 列(因素 B)的交互作用列的位置,应查表 5.31 的 "1"列"2"行,所对应的数字(这里是"3")即 $A\times B$ 应放在第 3 列上;若将 A 放在正交表的第 3 列,B 放在第 4 列,查表 5.31,对应"3"列"4"行的数是 7,此时 $A\times B$ 应在第 7 列。现将 A 放在正交表的第 1 列,B 放在第 2 列。根据上述原则,这时 C 不能放在正交表的第 3 列,否则 C 就与 $A\times B$ 混在一起了,产生此现象称为"混杂"。故应将 C 放在第 4 列,并由表 5.31 查出 $A\times C$ (1 列 4 行)应放在正交表的第 5 列。第 6 列可以考察 $B\times C$ (2 列 4 行)。第 7 列空着,作为试验的误差估计。最后表头安排见表 5.32。

表 5.32　有交互作用的表头安排

列号	1	2	3	4	5	6	7
因素	A	B	$A\times B$	C	$A\times C$	$B\times C$	

表5.33是$L_8(2^7)$的表头设计表。

表5.33　$L_8(2^7)$表头设计表

列号	列号						
	1	2	3	4	5	6	7
3	A	B	$A \times B$	C	$A \times C$	$B \times C$	
4	A	B	$A \times B$	C	$A \times C$	$B \times C$	D
			$C \times D$		$B \times D$	$A \times D$	
4	A	B	$A \times B$	C	$A \times C$	D	$A \times D$
		$C \times D$		$B \times D$		$B \times C$	
5	A	B	$A \times B$	C	$A \times C$	D	E
	$D \times E$	$C \times D$	$C \times E$	$B \times D$	$B \times E$	$A \times E$	$A \times D$
						$B \times C$	

对于"$L_{16}(2^{15})$二列间的交互作用表",其用法完全和$L_8(2^7)$一样。

"$L_{27}(3^{13})$二列间的交互作用表",其每行每列上有两个数字。例如第2列与第5行上的数字是"8"和"11"。也就是说,如果因素A在正交表的第2列、因素B在第5列,则$A \times B$应在第8和第11两列上。

一般来说,对于水平数相同的两个因素,其交互作用在正交表中所占的列数为水平数减一。所以两个二水平因素的交互作用,只占一列;两个8水平因素的交互项,占二列。

2)有交互作用的正交设计的直观分析

【例5.9】　用石墨炉原子吸收分光光度计法测定食品中的铅,为了提高测定灵敏度,希望吸光度大。对灰化温度(A/℃)、原子化温度(B/℃)和灯电流(C/mA)3个因素进行考察,并考虑交互作用$A \times B$和$A \times C$,各因素和水平见表5.34。试进行正交试验,找出最优水平组合。

表5.34　例5.9因素及水平表

水平	A	B	C
1	300	1 800	8
2	700	2 400	10

解:①选择正交表。

该试验的目的是提高吸光度,因此吸光度的大小作为试验指标。本试验是一个三因素二水平的试验,但是考虑到交互作用$A \times B$和$A \times C$,应该按照五因素二水平的情况选择正交表,满足该条件的最小二水平正交表为$L_8(2^7)$。

②设计表头。

一种方法是根据正交表对应的交互作用列表安排表头。另一种方法是直接查对应正交表的表头设计表。根据表5.35,本试验中,因素A,B和C分别安排在1,2和4列上,而交互作用

$A \times B$ 和 $A \times C$ 分别安排在 3 和 5 列上。

③明确试验方案,进行试验,得到结果。

根据所选正交表和表头,将因素和交互作用安排到正交表中。然后进行试验,测定试验结果 x_i,见表 5.35。

表 5.35　例 5.8 试验方案及结果分析

列号	列号							吸光度
	1	2	3	4	5	6	7	
	A	B	$A \times B$	C	$A \times C$			
1	1	1	1	1	1	1	1	0.484
2	1	1	1	2	2	2	2	0.448
3	1	2	2	1	1	2	2	0.532
4	1	2	2	2	2	1	1	0.516
5	2	1	2	1	2	1	2	0.472
6	2	1	2	2	1	2	1	0.480
7	2	2	1	1	2	2	1	0.554
8	2	2	1	2	1	1	2	0.552
K_1	1.980	1.884	2.038	2.042	2.048	2.024	2.034	$\sum K_i = 4.038$
K_2	2.058	2.154	2.000	1.996	1.990	2.014	2.004	
k_1	0.990	0.942	1.019	1.021	1.024	1.012	1.017	
k_2	1.029	1.077	1.000	0.998	0.995	1.007	1.002	
R	0.039	0.270	0.019	0.023	0.029	0.005	0.015	
因素主次	$B > A > A \times C > C > A \times B$							

④计算极差 R,确定因素主次。

根据 R 值大小,确定因素主次顺序为:$B > A > A \times C > C > A \times B$。

⑤优方案的确定。

如果不考虑交互作用,根据指标越大越好,可确定优方案为 $A_2B_2C_1$。但实际上,$A \times C$ 比因素 C 对指标的影响还要大,所以要确定 C 的优水平。C 的优水平可根据因素 A 和 C 的水平搭配的好坏来确定,见表 5.36。

表 5.36　因素 A 和 C 的水平搭配表

因素	A_1	A_2
C_1	$(0.484 + 0.532)/2 = 0.508$	$(0.472 + 0.554)/2 = 0.513$
C_2	$(0.448 + 0.516)/2 = 0.482$	$(0.480 + 0.552)/2 = 0.516$

通过分析,A_2C_2 更好,所以优方案应为 $A_2B_2C_2$。

【例5.10】　假设某试验结果的影响因素有 A,B,C,D 4个,现希望通过正交试验来确定有 A,B,C,D 的最佳组合水平,并决定各个因素以及它们之间的交互作用对试验结果的影响的主次顺序。各因素的水平数见表5.37。假设试验指标 x 的值越小,试验结果就越好。

表5.37　因素水平表

因素	1	2	3	4
内容	A	B	C	D
水平	1,2	1,2	1,2	1,2
数值	10,20	0.1,0.3	3,6	8,14

解:①试验结果与分析见表5.38。

表5.38　$L_8(2^7)$试验方案与极差计算结果

因素 / 列号 / 试验号	A	B	$A\times B$ $C\times D$	C	$A\times C$ $B\times D$	$B\times C$ $A\times D$	D	试验结果 x
	1	2	3	4	5	6	7	
1	10	0.1	1	3	1	1	8	2.0
2	10	0.1	1	6	2	2	14	2.5
3	10	0.3	2	3	1	2	14	3.6
4	10	0.3	2	6	2	1	8	3.4
5	20	0.1	2	3	2	1	14	5.6
6	20	0.1	2	6	1	2	8	6.5
7	20	0.3	1	3	2	2	8	8.0
8	20	0.3	1	6	1	1	14	9.1
T_{i1}	11.5	16.6	21.6	19.2	21.2	20.1	19.9	总和 $T=\sum_{i=1}^{n}x_i=40.5$
T_{i2}	29.2	24.1	19.1	21.5	19.5	20.6	20.8	
K_{i1}	5.75	8.3	10.8	9.6	10.6	10.05	9.95	
K_{i2}	14.6	12.05	9.55	10.75	9.75	10.3	10.4	
R	8.85	3.75	1.25	1.15	0.85	0.25	0.45	

②各因素的最佳水平组合为:因素 A 为10,因素 B 为0.1,因素 C 为3,D 因素为8。各因素的主次顺序为:$A>B>A\times B$ 与 $C\times D$ 的混杂作用 $>C>A\times C$ 与 $B\times D$ 的混杂作用 $>D>B\times C$ 与 $A\times D$ 的混杂作用。

③由于交互作用相互混杂在一起,无法判断各交互作用的主次顺序。如果要具体交互作用的影响,需让每个交互作用占有一列,可以用正交表 $L_{16}(2^{15})$ 安排本试验,但是试验次数增加了一半。

试验设计见表5.39。

表5.39 用正交表 $L_{16}(2^{15})$ 来安排四因素试验

序号	A	B	$A\times B$	C	$A\times C$	$B\times C$	空白	D	$A\times D$	$B\times D$	空白	$C\times D$	空白	空白	空白
1	10	0.1	1	3	1	1	1	8	1	1	1	1	1	1	1
2	10	0.1	1	3	1	1	1	14	2	2	2	2	2	2	2
3	10	0.1	1	6	2	2	2	8	1	1	1	2	2	2	2
4	10	0.1	1	6	2	2	2	14	2	2	2	1	1	1	1
5	10	0.3	2	3	1	2	2	8	1	2	2	1	1	2	2
6	10	0.3	2	3	1	2	2	14	2	1	1	2	2	1	1
7	10	0.3	2	6	2	1	1	8	1	2	2	2	2	1	1
8	10	0.3	2	6	2	1	1	14	2	1	1	1	1	2	2
9	20	0.1	2	3	2	1	2	8	1	1	2	1	2	1	2
10	20	0.1	2	3	2	1	2	14	2	2	1	2	1	2	1
11	20	0.1	2	6	1	2	1	8	1	1	2	2	1	2	1
12	20	0.1	2	6	1	2	1	14	2	2	1	1	2	1	2
13	20	0.2	1	3	2	2	1	8	1	2	1	1	2	2	1
14	20	0.2	1	3	2	2	1	14	2	1	2	2	1	1	2
15	20	0.2	1	6	1	1	2	8	1	2	1	2	1	1	2
16	20	0.2	1	6	1	1	2	14	2	1	2	1	2	2	1

5.8 正交试验结果的方差分析

正交试验结果的直观分析主要通过计算水平均值与极差来确定因素的最佳水平组合和因素的主次顺序。直观分析法的优点是简单、直观、分析计算量小、容易理解。但缺乏误差分析,所以不能给出误差大小的估计。不能把试验过程中试验条件的改变与由试验误差二者所引起的数据波动区别开来,也没有提供一个标准,用来考察、判断各个因素的影响是否显著。方差分析法尽管计算较为复杂,但由于可以弥补直观分析方法在这方面的不足,因而在正交试验结果分析中得到了广泛的应用。

5.8.1 概述

设通过正交表安排了 n 次试验,得到的试验结果为 $x_z(z=1,2,\cdots,n)$,所有试验结果之和 T 为

$$T = \sum_{z=1}^{n} x_z \tag{5.3}$$

$$\bar{x} = \frac{1}{n}\sum_{i=1}^{n} x_i = \frac{T}{n} \tag{5.4}$$

设有 n 个试验数据 x_z,其试验数据的差异用变差平方和表示,简称平方和,记作 Q_T,即

$$Q_T = \sum_{z=1}^{n} (x_z - \bar{x})^2 \tag{5.5}$$

则试验数据的总变差 Q_T,可以分解为试验误差平方和 Q_E,及不同因素使指标产生的偏差平方和 $Q_A, Q_B, Q_C, \cdots$组成,即

$$Q_T = Q_E + Q_A + Q_B + \cdots + Q_i + \cdots \tag{5.6}$$

为了消除数据个数对平方和的影响,就引进了自由度f。总偏差平方和所对应的自由度f_T等于误差平方和的自由度与各因素的自由度之和,即

$$f_T = f_E + f_A + f_B + f_C + \cdots + f_i + \cdots \tag{5.7}$$

变差平方和除以各自的自由度,便可以得到方差(或均方)估计值,用 S^2 表示,则

$$S_E^2 = \frac{Q_E}{f_E}, S_A^2 = \frac{Q_A}{f_A}, S_B^2 = \frac{Q_B}{f_B}, \cdots, S_i^2 = \frac{Q_i}{f_i}, \cdots \tag{5.8}$$

为了判断因素水平变化与误差二者谁对试验结果影响显著,就要用各因素的均方,$S_A^2, S_B^2, S_C^2, S_i^2$ 与试验误差的均方 S_E^2 进行比较。

定义统计量

$$F_i = \frac{\dfrac{Q_i}{f_i}}{\dfrac{Q_E}{f_E}} = \frac{S_i^2}{S_E^2} \tag{5.9}$$

当 $F_{0.01}(f_i, f_E) > F_i \geqslant F_{0.05}(f_i, f_E)$时,$i$ 因素是显著性因素,记为"*"。如果 $F_i > F_{0.01}(f_i, f_E)$,i 因素是特别显著性因素,记为"* *"。把 $F_\alpha(f_i, f_E)$作为因素显著性的判别尺度,其值可以由附录4 F 分布查表得到。

由于试验误差的均方 $S_E^2 = Q_E/f_E$ 直接影响 F 值的大小。在f很小时,F 检验的灵敏度很低;f_E 太大,又要增加试验次数,故一般f_E 为 6 ~20 最理想。

直接计算 Q_E 比较麻烦,通常可用式(5.6)反算。总自由度f等于观测值总数 $n-1$,每个因素的自由度等于水平数 $m-1$; f_E 可用式(5.7)进行反算。

下面根据以下几种情况讨论正交试验结果的方差分析。

①正交表各列未饱和情况下的方差分析。

②正交表各列均饱和情况下的方差分析。

③有重复试验时的方差分析。

5.8.2　正交表各列未饱和情况下的方差分析

假设正交表共有 m 列,每列的水平数为 $b_i(i=1,2,\cdots,m)$,则每列水平重复次数$\alpha_i(i=1,2,3,\cdots,m)$为

$$a_i = \frac{n}{b_i} \tag{5.10}$$

总共进行了 n 次试验,得到的试验结果为 $x_z(z=1,2,\cdots,n)$,则总偏差平方和 Q_T 为:

$$Q_T = \sum_{z=1}^{n} (x_z - \bar{x})^2 = \sum_{z=1}^{n} x_z^2 - \frac{1}{n}\left(\sum_{z=1}^{n} x_z\right)^2 \tag{5.11}$$

某一列所对应的偏差平方和 Q_i 为：

$$Q_i = a_i \sum_{j=1}^{b_i} (\overline{K}_{ij} - \bar{x})^2 = \frac{1}{a_i}\sum_{j=1}^{b_i} T_{ij}^2 - \frac{1}{n}\left(\sum_{i=1}^{n} x_i\right)^2 \tag{5.12}$$

式中 $\overline{K}_{ij}$——第 i 列的第 j 水平均值；

T_{ij}——第 i 列的第 j 水平总值。

总偏差平方和 Q_T 所对应的自由度 $f_T = n-1$，任一列的偏差平方和 $Q_i(i=1,2,\cdots,m)$ 所对应的自由度为 $f_i = b_i - 1$，则

$$f_T = \sum_{i=1}^{m} f_i = \sum_{i=1}^{m} (b_i - 1) \tag{5.13}$$

假设正交表 m 列中 m_1 列排了因素，则这 m_1 列中的任一列的偏差平方和即为所对应的偏差平方和，该列偏差平方和所对应的自由度即为该因素的自由度。

由于正交表共有 m 列，则没有安排因素的空白列数 $m_2 = m - m_1$，将没有安排因素空白列（共计 m_2 列）的偏差平方和全部相加，即可以得到误差平方和 Q_E，将空白列（共计 m_2 列）偏差平方和所对应的自由度相加，就得到了误差自由度 f_E。

求得了偏差平方和其自由度后，方差估计值即可按式（5.8）求得。然后用 F 检验法即可判断各因素的显著性。

各因素的偏差平方和及误差平方和的计算可按表 5.40 进行。

表 5.40　正交试验统计量与偏差平方和计算

内容		计算式
统计量	P	$P = \frac{1}{n}\left(\sum_{i=1}^{n} x_i\right)^2$
	R_i	$R_i = \frac{1}{a_i}\sum_{j=1}^{b_i} T_{ij}^2$
	W	$W = \sum_{z=1}^{n} x_z^2$
偏差平方和	总偏差平方和 Q_T	$Q_T = W - P$
	某因素的偏差平方和 $Q_i(i=1,2,\cdots,m_1)$	$Q_i = R_i - P$
	误差平方和 Q_E	误差平方和为 m_2 个空白列的偏差平方和之和。任何一个空白列的 $Q_i = R_i - P$，则 $Q_E = \sum Q_i$，或 $Q_E = Q_T - \sum_{i=1}^{m_1} Q_i$

【例5.11】　试对例5.2的试验结果进行方差分析。

解:例5.2考察的试验指标有两个,下面单独考察各个影响因素对每个试验指标影响的显著性。

①计算各因素及空白列的水平总值,计算结果见表5.41。

表5.41　各因素及空白列的水平总值

因素	出水COD/(mg·L^{-1})				出水SS/(mg·L^{-1})			
	凝聚剂种类(A)	凝聚剂投加量(B)	絮凝时间(C)	空白列	凝聚剂种类(A)	凝聚剂投加量(B)	絮凝时间(C)	空白列
T_{i1}	70.4	73.5	64.6	61.0	19.3	22.6	19.6	19.2
T_{i2}	67.5	53.5	54.7	66.6	19.5	13.8	14.5	16.8
T_{i3}	43.2	54.1	61.8	53.5	11.5	13.9	16.2	14.3

②考察各因素对出水COD影响的显著性。

第一步:计算统计量。

$$P=\frac{1}{n}\left(\sum_{i=1}^{n}x_i\right)^2=\frac{1}{9}(181.1)^2=3\ 644.13$$

$$R_A=\frac{1}{a_A}\sum_{j=1}^{b_A}T_{Aj}^2=\frac{1}{3}(70.4^2+67.5^2+43.2^2)=3\ 792.88$$

$$R_B=\frac{1}{a_B}\sum_{j=1}^{b_B}T_{Bj}^2=\frac{1}{3}(73.5^2+53.5^2+54.1^2)=3\ 730.44$$

$$R_C=\frac{1}{a_C}\sum_{j=1}^{b_C}T_{Cj}^2=\frac{1}{3}(64.6^2+54.7^2+61.8^2)=3\ 661.49$$

$$R_{空}=\frac{1}{a_{空}}\sum_{j=1}^{b_{空}}T_{空j}^2=\frac{1}{3}(61.0^2+66.6^2+53.5^2)=3\ 672.94$$

$$W=\sum_{z=1}^{n}y_z^2=3\ 925.35$$

则

$$Q_T=W-P=2\ 925.35-3\ 644.13=281.22$$
$$Q_A=R_A-P=3\ 792.88-3\ 644.13=148.75$$
$$Q_B=R_B-P=3\ 730.44-3\ 644.13=86.31$$
$$Q_C=R_C-P=3\ 661.49-3\ 644.13=17.36$$
$$Q_E=Q_{空}=R_{空}-P=3\ 672.94-3\ 644.13=28.81$$

第二步:将上述计算结果列成方差分析表,见表5.42。

表 5.42　方差分析表(考察各因素对出水 COD 的影响)

方差来源	偏差平方和	自由度	方差估计值	F 值	$F_{0.01}$	$F_{0.05}$	显著性
凝聚剂种类	148.75	2	74.375	5.163	99.0	19.0	不显著
凝聚剂投加量	86.31	2	43.155	2.996	99.0	19.0	不显著
絮凝时间	17.36	2	8.68	0.603	99.0	19.0	不显著
误差	28.81	2	14.405				
总和	281.22	8					

从表 5.42 的计算可以看出,所有的影响因素都不显著。造成这个结果的原因是误差较大,误差自由度较小,检验灵敏度不高。为了提高检验的灵敏度,可将影响最不显著的絮凝时间所对应的偏差平方和并入误差平方和,其相应的自由度也并入误差自由度,得到的分析结果见表 5.43。

表 5.43　合并后的方差分析表(考虑各因素对出水 COD 的影响)

方差来源	偏差平方和	自由度	方差估计值	F 值	$F_{0.01}$	$F_{0.05}$	显著性
凝聚剂种类	148.75	2	74.375	6.444	18.0	6.94	不显著
凝聚剂投加量	86.31	2	43.155	3.739	18.0	6.94	不显著
误差	46.17	4	11.542 5				
总和	281.22	8					

从表 5.43 可知,所有的因素在显著性水平为 0.05 时都不显著,由于 $F_{0.1}=4.32$,所以凝聚剂种类这一因素在显著性水平为 0.1 时显著。(注:本例题中空白列的偏差平方和大于絮凝时间所对应的偏差平方和,因而空白列可能存在交互作用的影响,故分析的结论不一定准确。)

③考察各因素对出水 SS 影响的显著性。

第一步:计算统计量。

$$P=\frac{1}{n}\left(\sum_{i=1}^{n}y_i\right)^2=\frac{1}{9}(50.3)^2=281.12$$

$$R_A=\frac{1}{a_A}\sum_{j=1}^{b_A}T_{Aj}^2=\frac{1}{3}(19.3^2+19.5^2+11.5^2)=294.99$$

$$R_B=\frac{1}{a_B}\sum_{j=1}^{b_B}T_{Bj}^2=\frac{1}{3}(22.6^2+13.8^2+13.9^2)=298.14$$

$$R_C=\frac{1}{a_C}\sum_{j=1}^{b_C}T_{Cj}^2=\frac{1}{3}(19.6^2+14.5^2+16.2^2)=285.62$$

$$R_{空}=\frac{1}{a_{空}}\sum_{j=1}^{b_A}T_{空j}^2=\frac{1}{3}(19.2^2+16.8^2+14.3^2)=285.12$$

$$W = \sum_{z=1}^{n} y_z^2 = 320.51$$

则

$$Q_T = W - P = 320.51 - 281.12 = 39.39$$

$$Q_A = R_A - P = 294.99 - 281.12 = 13.87$$

$$Q_B = R_B - P = 298.14 - 281.12 = 17.02$$

$$Q_C = R_C - P = 285.62 - 281.12 = 4.50$$

$$Q_E = Q_{空} = R_{空} - P = 285.12 - 281.12 = 4.00$$

第二步:将上述计算结果列成方差分析表,见表 5.44。

表 5.44　方差分析表(考察各因素对出水 SS 的影响)

方差来源	偏差平方和	自由度	方差估计值	F 值	$F_{0.01}$	$F_{0.05}$	显著性
凝聚剂种类	13.87	2	6.935	3.467 5	99.0	19.0	不显著
凝聚剂投加量	17.02	2	8.51	4.255	99.0	19.0	不显著
絮凝时间	4.50	2	2.25	1.125	99.0	19.0	不显著
误差	4.00	2	2.00				
总和		8					

同理。可将影响最不显著的絮凝时间所对应的偏差平方和并入误差平方和,其相应的自由度也并入误差自由度。得到的分析结果见表 5.45。

表 5.45　合并后的方差分析表(考察各因素对出水 SS 的影响)

方差来源	偏差平方和	自由度	方差估计值	F 值	$F_{0.01}$	$F_{0.05}$	显著性
凝聚剂种类	13.87	2	6.935	3.264	18.0	6.94	不显著
凝聚剂投加量	17.02	2	8.51	4.004	18.0	6.94	不显著
误差	8.50	4	2.125				
总和		8					

由表 5.45 可知,所有的因素在显著性水平为 0.05 时对出水 SS 的影响都不显著。由于 $F_{0.1}(2,4) = 4.32$,则所有因素在显著性水平为 0.1 时也不显著(注:由于没有考察交互作用对试验结果的影响,故分析结果不一定准确)。

5.8.3　正交表各列均饱和情况下的方差分析

当正交表各列(假设共有 m 列)均饱和时,由于没有空白列,总偏差平方和 $Q_T = \sum_{i=1}^{m} Q_i$,即总偏差平方和等于各个因素的偏差平方和。同理,$f_T = \sum_{i=1}^{m} f_i$,由于没有误差平方和,因而在原则上难以对试验数据进行方差分析。此时,若一定要对试验数据进行方差分析,有两种方法用

于估计误差平方和及其自由度:

①当正交表中有一个偏差平方和明显偏小时,可用该偏差平方和作为误差平方和,该偏差平方和所对应的自由度作为误差平方和的自由度;

②当正交表中没有一个偏差平方和明显偏小时,可将正交表各因素中几个最小的偏差平方和相加作为误差平方和,将它们所对应的自由度相加作为误差平方和的自由度。

当将某一个因素的偏差平方和或将某几个因素的偏差平方和相加作为误差平方和后,对这几个因素不再进一步分析。如果一定要分析这几个因素对试验结果影响的显著性,必须进行重复试验,按有重复试验的方差分析法进行分析。

【例 5.12】 某试验考察了 A,B,C,D 4 个因素对试验结果的影响,因素的水平表见表 5.46,用正交表 $L_9(3^3)$ 进行试验,每一列均安排了因素,试验结果见表 5.47,试进行方差分析,考察各因素的显著性。

表 5.46 因素水平表

因素	1	2	3	4
内容	A	B	C	D
水平	1,2,3	1,2,3	1,2,3	1,2,3
数值	20/40/60	0.1/0.4/0.7	300/600/900	8/16/24

解:①计算各因素的水平总值,计算结果见表 5.47。

表 5.47 实验结果与分析计算

试验号	A	B	C	D	试验指标 x
1	20	0.1	900	16	12.2
2	40	0.1	300	8	11.6
3	60	0.1	600	24	12.5
4	20	0.4	600	8	11.8
5	40	0.4	900	24	10.3
6	60	0.4	300	16	10.8
7	20	0.7	300	24	10.1
8	40	0.7	600	16	9.6
9	60	0.7	900	8	9.0
T_{i1}	34.1	36.3	32.5	32.4	
T_{i2}	31.5	32.9	33.9	32.6	$T=\sum_{i=1}^{9}x_i=97.9$
T_{i3}	32.3	28.7	31.5	32.9	

②计算统计量。

$$P = \frac{1}{n}\left(\sum_{i=1}^{n} x_i\right)^2 = \frac{1}{9}(97.9)^2 = 1\,064.93$$

$$R_A = \frac{1}{a_A}\sum_{j=1}^{b_A} T_{Aj}^2 = \frac{1}{3}(31.4^2 + 31.5^2 + 32.3^2) = 1\,066.11$$

$$R_B = \frac{1}{a_B}\sum_{j=1}^{b_B} T_{Bj}^2 = \frac{1}{3}(36.3^2 + 32.9^2 + 28.7^2) = 1\,074.59$$

$$R_C = \frac{1}{a_C}\sum_{j=1}^{b_C} T_{Cj}^2 = \frac{1}{3}(32.5^2 + 33.9^2 + 31.5^2) = 1\,065.90$$

$$R_D = \frac{1}{a_D}\sum_{j=1}^{b_D} T_{Dj}^2 = \frac{1}{3}(32.4^2 + 32.6^2 + 32.9^2) = 1\,064.98$$

$$Q_T = W - P = 1\,076.79 - 1\,064.93 = 11.86$$

$$Q_A = R_A - P = 1\,066.11 - 1\,064.93 = 1.18$$

$$Q_B = R_B - P = 1\,074.59 - 1\,064.93 = 9.66$$

$$Q_C = R_C - P = 1\,065.90 - 1\,064.93 = 0.97$$

$$Q_D = R_D - P = 1\,064.98 - 1\,064.93 = 0.05$$

由于 D 因素所对应的偏差平方和明显偏小，可令 $Q_E = Q_D = 0.05$。

③列方差分析计算表，见表5.48。

表5.48 方差分析表

方差来源	偏差平方和	自由度	方差估计值	F 值	$F_{0.01}$	$F_{0.05}$	显著性
A	1.18	2	0.59	23.6	99.0	19.0	*
B	9.66	2	4.83	193.2	99.0	19.0	**
C	0.97	2	0.485	19.4	99.0	19.0	*
误差	0.05	2	0.025				
总和	11.86	8					

5.8.4 有重复试验时的方差分析

所谓重复试验是指真正将每号试验内容重复做几次，而不是重复测量，也不是重复取样。在利用正交表安排多因素试验时，为提高试验的精度，减小试验误差的干扰，经常需要做重复试验。另外，当正交表各列均安排有因素时，为更好地进行方整分析，也需要做重复试验。

1)有空白列时有重复实验的方差分析

假设某正交表共有 m 列，只安排了m_1 个因素，则没有安排因素的空白列数为$m_2 = m - m_1$，又设该正交表安排了 n 号试验，每号试验都重复进行了 r 次，共进行了 nr 次试验，所得试验结果记为 $x_{zk}(z=1,2,\cdots,n;k=1,2,\cdots,r)$，则试验结果之和 T 为

$$T = \sum_{z=1}^{n} \sum_{k=1}^{r} x_{zk} \tag{5.14}$$

所有试验结果的总均值$\bar{x}$按下式计算：

$$\bar{x} = \frac{1}{nr} \sum_{z=1}^{n} \sum_{k=1}^{r} x_{zk} = \frac{T}{nr} \tag{5.15}$$

则试验结果的总偏差平方和 Q_r 为：

$$Q_r = \sum_{z=1}^{n} \sum_{k=1}^{r} (x_{zk} - \bar{x})^2 = \sum_{z=1}^{n} \sum_{k=1}^{r} x_{zk}^2 - \frac{1}{nr} \left(\sum_{z=1}^{n} \sum_{k=1}^{r} x_{zk} \right)^2 \tag{5.16}$$

i 因素的偏差平方和 Q_i 为：

$$Q_i = a_i r \sum_{j=1}^{b_r} (\bar{K}_{ij} - \bar{x})^2 = \frac{1}{a_i r} \sum_{j=1}^{b_r} T_{ij}^2 - \frac{1}{nr} \left(\sum_{z=1}^{n} \sum_{k=1}^{r} x_{zk} \right)^2 \tag{5.17}$$

式中　$\bar{K}_{ij}$——i 因素的第 j 个水平所做的$a_i r$ 个试验结果的平均值；

T_{ij}——i 因素的第 j 个水平所做的$a_i r$ 个试验结果之和，$\bar{K}_{ij} = \dfrac{T_{ij}}{a_i r}$。

第一类误差平方和 Q_{E1} 等于m_2 个空白列的偏差平方和之和（它含有试验误差和模型误差两部分），即

$$Q_{E1} = \sum Q_r \tag{5.18}$$

式中　Q_r——某一空白列的偏差平方和。

第二类误差平方和 Q_{E2} 反映了重复试验带来的偏差平方和，只反映了试验误差的大小，按式(5.19)进行计算：

$$Q_{E2} = r \sum_{z=1}^{n} \sum_{k=1}^{r} (x_{zk} - \bar{x}_{ro})^2 = \sum_{z=1}^{n} \sum_{k=1}^{r} x_{zk}^2 - \frac{1}{r} \sum_{z=1}^{n} \left(\sum_{k=1}^{r} x_{zk} \right)^2 \tag{5.19}$$

式中　$\bar{x}_{ro}$——某号试验结果的平均值，$\bar{x}_{ro} = \dfrac{1}{r} \sum_{i=1}^{r} x_{ik}$。

总的误差平方和 Q_E 为：

$$Q_E = Q_{E1} + Q_{E2} \tag{5.20}$$

所对应的自由度为：

$$f_T = nr - 1 \tag{5.21}$$

某因素的自由度为：

$$f_i = b_i - 1 \tag{5.22}$$

Q_{K1} 所对应的自由度 f_{E1} 为m_2 个空白列偏差平方和所对应的自由度之和。Q_{K2} 所对应的自由度 $f_{E2} = n(r-1)$，则 Q_E 的自由度：

$$f_E = f_{E1} + f_{E2} \tag{5.23}$$

求得了偏差平方和及其自由度后，方差估计值即可按照式(5.8)求得，然后用 F 检验法即可判断各因素的显著性。

有重复试验时，各因素的偏差平方和及误差平方和的计算可按表 5.49 进行。

表5.49　有重复试验时正交试验统计量与偏差平方和计算

内容		计算式
统计量	P	$P=\frac{1}{nr}\left(\sum_{z=1}^{n}\sum_{k=1}^{r}x_{zk}\right)^2$
	R_i	$R_i=\frac{1}{a_i r}\sum_{j=1}^{b_i}T_{ij}^2$
	W	$W=\sum_{z=1}^{n}\sum_{k=1}^{r}x_{zk}{}^2$
偏差平方和	总偏差平方和 Q_r	$Q_r=W-P$
	某因素的偏差平方和 $Q_i(i=1,2,\cdots,m_1)$	$Q_i=R_i-P$
	误差平方和 Q_E $Q_E=Q_{E1}+Q_{E2}$	Q_{E1} 为m_2个空白列的偏差平方和之和。任何一个空白列的 $Q_i=R_i-P$，则 $Q_{E1}=\sum Q_i$， $Q_{E2}=\sum_{z=1}^{n}\sum_{k=1}^{r}x_{zk}^2-\frac{1}{r}\sum_{z=1}^{n}\left(\sum_{k=1}^{r}x_{zk}\right)^2$

2）无空白列时有重复试验的方差分析

在进行无空白列、有重复试验的方差分析时，总偏差平方和与各因素的偏差平方和的计算方法与有空白列时完全一样。在误差平方和的处理上，有下述3种方法。

①$Q_{E1}=0,f_{E1}=0$，则

$$Q_E=Q_{E1}+Q_{E2}=Q_{E2} \tag{5.24}$$

$$f_E=f_{E1}+f_{E2}=f_{E2}=n(r-1) \tag{5.25}$$

②当正交表中有一个因素的偏差平方和明显偏小时，可用该偏差平方和作为 Q_n，该偏差平方和所对应的自由度作为f_{E1}，则

$$Q_E=Q_{E1}+Q_{E2} \tag{5.26}$$

$$f_E=f_{E1}+f_{E2} \tag{5.27}$$

③当正交表中有几个因素所对应的偏差平方和明显偏小时，可将它们相加作为误差平方和 Q_{E1}，将它们所对应的自由度相加作为f_{E1}，然后再计算：

$$Q_E=Q_{E1}+Q_{E2} \tag{5.28}$$

$$f_E=f_{E1}+f_{E2} \tag{5.29}$$

在上述误差平方和的处理方法中，第二类误差平方和 Q_{E2} 的计算方法与进行有空白列时，重复试验的方差分析完全一样。

【例5.13】　设例5.12进行了一次重复试验，所得到的结果见表5.50，试进行有重复试验时的方差分析。

解：①列表计算：各因素的水平总值，见表5.50。

表 5.50 试验结果与分析计算

试验号	A	B	C	D	试验指标 x	
					第一次	第二次
1	20	0.1	900	16	12.2	12.4
2	40	0.1	300	8	11.6	11.3
3	60	0.1	600	24	12.5	12.7
4	20	0.4	600	8	11.8	11.9
5	40	0.4	900	24	10.3	10.4
6	60	0.4	300	16	10.8	10.6
7	20	0.7	300	24	10.1	10.4
8	40	0.7	600	16	9.6	9.5
9	60	0.7	900	8	9.0	9.3
T_{i1}	68.8	72.7	64.8	64.9	$T=\sum_{i=1}^{9} x_i = 196.4$	
T_{i2}	62.7	65.8	68.0	65.1		
T_{i3}	64.9	57.9	63.6	66.4		

②计算统计量：

$$P = \frac{1}{nr}\left(\sum_{i=1}^{n}\sum_{k=1}^{r} x_{ik}\right)^2 = \frac{1}{9\times 2}(196.4)^2 = 2\ 142.94$$

$$R_A = \frac{1}{a_A r}\sum_{j=1}^{b_A} T_{Aj}^2 = \frac{1}{3\times 2}(68.8^2 + 62.7^2 + 64.9^2) = 2\ 146.12$$

$$R_B = \frac{1}{a_B r}\sum_{j=1}^{b_B} T_{Bj}^2 = \frac{1}{3\times 2}(72.7^2 + 65.8^2 + 57.9^2) = 2\ 161.22$$

$$R_C = \frac{1}{a_C r}\sum_{j=1}^{b_C} T_{Cj}^2 = \frac{1}{3\times 2}(64.8^2 + 68.0^2 + 63.6^2) = 2\ 144.67$$

$$R_D = \frac{1}{a_D r}\sum_{j=1}^{b_D} T_{Dj}^2 = \frac{1}{3\times 2}(64.9^2 + 65.1^2 + 66.4^2) = 2\ 143.16$$

$$W = \sum_{z=1}^{n}\sum_{k=1}^{r} x_{zk}^2 = 2\ 166.56$$

则：

$$Q_T = W - P = 2\ 166.56 - 2\ 142.94 = 23.62$$
$$Q_A = R_A - P = 2\ 146.12 - 2\ 142.94 = 3.18$$
$$Q_B = R_B - P = 2\ 161.22 - 2\ 142.94 = 18.28$$
$$Q_C = R_C - P = 2\ 144.67 - 2\ 142.94 = 1.73$$
$$Q_D = R_D - P = 2\ 143.16 - 2\ 142.94 = 0.22$$

$$Q_{E2}=\sum_{i=1}^{n}\sum_{k=1}^{r}x_{zk}^{2}-\frac{1}{r}\sum_{i=1}^{n}\left(\sum_{k=1}^{r}x_{zk}\right)^{2}=2\ 166.56-2\ 166.35=0.21$$

由于 D 因素所对应的偏差平方和明显偏小,可令:

$$Q_{E1}=Q_{D}=0.22$$

则:

$$Q_{E}=Q_{E1}+Q_{E2}=0.43$$

$$f_{E}=f_{E1}+f_{E2}=2+9=11$$

③列方差分析表见表 5.51。

表 5.51　例 5.13 方差分析表

方差来源	偏差平方和	自由度	方差估计值	F 值	$F_{0.01}$	$F_{0.05}$	显著性
因素 A	3.18	2	1.59	40.77	7.21		* *
因素 B	18.28	2	9.14	234.36	7.21		* *
因素 C	1.73	2	0.865	22.18	7.21		* *
误差	0.43	11	0.039				
总和	23.62	17					

5.8.5　正交试验的下一轮实验设计

在完成了第一轮正交试验后,通过“看一看”“算一算”“考查水平趋势”和必要时的“方差分析”,至少可以得到 3 个优秀方案。除了直接观察得到的最优试验号(方案)经过了验证外,其他由结果分析所探寻的可能最优及可能更优方案,都还没有经过试验验明。而且由各号试验中所选出的试验也还存在着试验误差,因此,正交试验设计常常要进行第二轮、第三轮甚至更多次。

进行下轮试验的目的,第一是验证原试验结果是否可靠,验证可能最优及可能更优方案是否确实最优,以及哪一个方案最优;第二是结合其他要求(如成本、质量、能耗、操作、寿命和加工工艺等),探寻综合更优的条件组合。

下一轮试验计划有如下两种安排方法:

(1)不用正交表的下一轮实验设计

对第一轮正交试验结果分析所得出的全部可能优秀方案,逐一方案都重复做 n 次试验。然后将其试验结果取平均值,得出每一方案的准确结果。比较这些方案的各自结果,从中选出最优方案,将其作为生产条件确定下来。

(2)继续用正交表安排下一轮实验

此方法是利用前批试验的经验和信息,重新选取后批试验的因素、水平以及比前批试验次数少的正交表,进行下一轮试验。

那么因素、水平又为什么要重选和如何重选呢?

由于首批试验,对影响因素认识肤浅,水平量的选取范围只好扩宽,故可能漏掉最好的试验条件,故在后批试验时应重选水平量;另外,通过对首批试验的水平趋势探寻,有时会发现某些因素的水平量并非最好,也应重选,当某项试验所考察的因素很多,为减少试验次数而又不愿选取大表时,常采用分批试验法,即抓住主要因素,让首批试验起侦察作用,试探一下可能最好的条件组合,为后批试验重选因素、水平提供依据。通常是以首批试验结果所选出的可能最优水平为中心,缩小水平量的取值范围或增加水平个数。其次,根据首批试验所发现的水平偏离最优的方向,去改变水平量。

5.9 正交表的构造方法

从前面几节的内容已看到了正交表的用处和好处。读者一定会问:正交表是怎么来的呢?下面来介绍构造正交表的几种基本方法。

5.9.1 阿达玛矩阵法

1)阿达玛矩阵

定义:以 +1, -1 为元素,并且任意两列都正交的矩阵,称为阿达玛(Hadamard)矩阵,简称阿阵。

阿阵的性质:

①阿阵中每列元素的个数都是偶数。

②阿阵中的任意两行(或两列)交换后,仍为阿阵。

③阿阵中的任一行(或列)乘 -1 以后,仍为阿阵。

对于任意一个阿阵,总可以用对行乘以 - 1 的方法使第一列变成全 1 列,这样的阿阵称为标准阿阵,并且把这个过程称为标准化。

行数与列数相等的阿阵称为阿达玛方阵,随后将阿达玛方阵简称为阿阵。阿阵必定是偶数阶方阵, n 阶阿阵记为 H_n。为今后使用方便考虑,我们感兴趣的是第 1 列、第 1 行全为 1 的阿阵。比如有 H_2, H_4 如下:

$$H_2 = \begin{bmatrix} 1 & 1 \\ 1 & -1 \end{bmatrix}; H_4 = \begin{bmatrix} 1 & 1 & 1 & 1 \\ 1 & 1 & -1 & -1 \\ 1 & -1 & 1 & -1 \\ 1 & -1 & -1 & 1 \end{bmatrix}$$

下面介绍用直积构造高阶阿阵的方法。

定义:设两个 2 阶方阵 A, B。

$$A = \begin{bmatrix} a_{11} & a_{12} \\ a_{21} & a_{22} \end{bmatrix}; B = \begin{bmatrix} b_{11} & b_{12} \\ b_{21} & b_{22} \end{bmatrix}$$

它们的直积记为 $A \otimes B$,定义如下:

$$A \otimes B = \begin{bmatrix} a_{11} & a_{12} \\ a_{21} & a_{22} \end{bmatrix} \otimes \begin{bmatrix} b_{11} & b_{12} \\ b_{21} & b_{22} \end{bmatrix} = \begin{bmatrix} a_{11}B & a_{12}B \\ a_{21}B & a_{22}B \end{bmatrix} = \begin{bmatrix} a_{11}b_{11} & a_{11}b_{12} & a_{12}b_{11} & a_{12}b_{12} \\ a_{11}b_{21} & a_{11}b_{22} & a_{12}b_{21} & a_{12}b_{22} \\ a_{21}b_{11} & a_{21}b_{12} & a_{22}b_{11} & a_{22}b_{12} \\ a_{21}b_{21} & a_{21}b_{22} & a_{22}b_{21} & a_{22}b_{22} \end{bmatrix}$$

这是一个4阶方阵。

有下面两个定理:

定理1:设2阶方阵A,B,如果它们中的两列是正交的,则它们的直积$A \otimes B$的任意两列也是正交的(可验证,此处略去)。

定理2:两个阿阵的直积是一个高阶的阿阵,这可由定理1直接得出。

据此,可以从简单的低阶阿阵,用求直积的方法得出高阶的阿阵,例如:

$$H_2 \otimes H_2 = \begin{bmatrix} 1 & 1 \\ 1 & -1 \end{bmatrix} \otimes \begin{bmatrix} 1 & 1 \\ 1 & -1 \end{bmatrix} = \begin{bmatrix} 1 & 1 & 1 & 1 \\ 1 & -1 & 1 & -1 \\ 1 & 1 & -1 & -1 \\ 1 & -1 & -1 & 1 \end{bmatrix} = H_4$$

依次类推有:

$$H_2 \otimes H_4 = H_8; H_2 \otimes H_8 = H_{16}; H_4 \otimes H_4 = H_{16}; \cdots$$

因为没有H_3,所以不能说$H_2 \otimes H_3 = H_6$,H_6只能从阿阵的定义直接构造出来。

一个固定阶的阿阵并不是唯一的,比如:

$$\begin{bmatrix} 1 & 1 \\ 1 & -1 \end{bmatrix}; \begin{bmatrix} 1 & 1 \\ -1 & 1 \end{bmatrix}; \begin{bmatrix} 1 & -1 \\ 1 & 1 \end{bmatrix}; \begin{bmatrix} -1 & 1 \\ 1 & 1 \end{bmatrix}$$

都是2阶阿阵H_2,但我们最感兴趣的是第一个,因为它是标准阿阵。

2)水平正交表的阿达玛矩阵

有了第1列第1行全为1的标准阿阵,构造2水平的正交表就非常方便了。

(1)$L_4(2^3)$正交表的构造法

①取标准阿阵H_4:$H_4 = \begin{bmatrix} 1 & 1 & 1 & 1 \\ 1 & 1 & -1 & -1 \\ 1 & -1 & 1 & -1 \\ 1 & -1 & -1 & 1 \end{bmatrix}$

②将全1列去掉,得出:$\begin{bmatrix} 1 & 1 & 1 \\ 1 & -1 & -1 \\ -1 & 1 & -1 \\ -1 & -1 & 1 \end{bmatrix}$

③将-1改写成2,按顺序配上列号、行号,就得到2水平正交表$L_4(2^3)$,见表5.52。

表 5.52 $L_4(2^3)$ 正交表

行号＼列号	1	2	3
1	1	1	1
2	1	2	2
3	2	1	2
4	2	2	1

(2) $L_8(2^7)$ 正交表的构造法

①取标准阿阵 H_8：$H_8=\begin{bmatrix} 1 & 1 & 1 & 1 & 1 & 1 & 1 & 1 \\ 1 & 1 & 1 & 1 & -1 & -1 & -1 & -1 \\ 1 & 1 & -1 & -1 & 1 & 1 & -1 & -1 \\ 1 & 1 & -1 & -1 & -1 & -1 & 1 & 1 \\ 1 & -1 & 1 & -1 & 1 & -1 & 1 & -1 \\ 1 & -1 & 1 & -1 & -1 & 1 & -1 & 1 \\ 1 & -1 & -1 & 1 & 1 & -1 & -1 & 1 \\ 1 & -1 & -1 & 1 & -1 & 1 & 1 & -1 \end{bmatrix}$

②去掉全 1 列，得出：$\begin{bmatrix} 1 & 1 & 1 & 1 & 1 & 1 & 1 \\ 1 & 1 & 1 & -1 & -1 & -1 & -1 \\ 1 & -1 & -1 & 1 & 1 & -1 & -1 \\ 1 & -1 & -1 & -1 & -1 & 1 & 1 \\ -1 & 1 & -1 & 1 & -1 & 1 & -1 \\ -1 & 1 & -1 & -1 & 1 & -1 & 1 \\ -1 & -1 & 1 & 1 & -1 & -1 & 1 \\ -1 & -1 & 1 & -1 & 1 & 1 & -1 \end{bmatrix}$

③将 -1 改写成 2，并按顺序配上列号、行号，就得到正交表 $L_8(2^7)$，见表 5.53。

表 5.53 $L_8(2^7)$ 正交表

行号＼列号	1	2	3	4	5	6	7
1	1	1	1	1	1	1	1
2	1	1	1	2	2	2	2
3	1	2	2	1	1	2	2
4	1	2	2	2	2	1	1
5	2	1	2	1	2	1	2
6	2	1	2	2	1	2	1
7	2	2	1	1	2	2	1
8	2	2	1	2	1	1	2

总结以上做法,得出二水平正交表的阿阵法:首先取一个合适的标准阿阵 H_n;去掉全 1 列;再将 -1 改写为 2,配以列号、行号,就得出正交表 $L_n(2^{n-1})$。用这种方法构造出的正交表,它的列数比行数总是少 1。由于阿阵的阶数都是偶数,所以二水平正交表的行数总是偶数。其中还有一种特殊的情况,即如果所取的阿阵是由 H_2 用直积方法求出的,这时 H_n 的 $n=2k(k=2,4,\cdots)$,这些正交表就是 $L_{2k}(2^{2k-1})$。

前面介绍的两种方法都是构造二水平正交表的方法,用这两种方法只能构造出二水平的正交表,更多水平的正交表怎么做呢?下面将介绍一种名为正交拉丁方的方法,可以解决多水平正交表的构造问题。

5.9.2　正交拉丁方的方法

1)拉丁方

用拉丁字母 $A,B,C,\cdots$ 可以排出方阵,有各种各样的排法,满足一定条件的排法就能排出拉丁方。

定义:用 n 个不同的拉丁字母排成一个 n 阶方阵($n\leqslant 26$),如果每个字母在任一行、任一列中只出现一次,则称这种方阵为 $n\times n$ 拉丁方,简称 n 阶拉丁方。

例如,用 3 个字母 A,B,C 可排成:

$$\begin{matrix} A & B & C \\ B & C & A \\ C & A & B \end{matrix}$$

称为 3×3 拉丁方。

用 4 个字母 A,B,C,D 可排成:

$$\begin{matrix} A & B & C & D \\ D & A & B & C \\ C & D & A & B \\ B & C & D & A \end{matrix}$$

称为 4×4 拉丁方。

3×3,4×4 拉丁方都不是唯一的,同样字母的不同排法能构成不同的拉丁方,在众多不同的拉丁方中,我们感兴趣的是一种正交拉丁方。

两个同阶拉丁方的行数相同,列数也相同,在行与列的交汇点处,称为相同位置。

定义:没有两个同阶的拉丁方,如果对第一个拉丁方排列着相同字母的各个位置上,第二个拉丁方在同样位置排列着不同的字母,则称这两个拉丁方为互相正交的拉丁方,简称正交拉丁方。

例如,在 3 阶拉丁方中:

$$\begin{matrix} A & B & C \\ B & C & A \\ C & A & B \end{matrix} \quad 与 \quad \begin{matrix} A & B & C \\ C & A & B \\ B & C & A \end{matrix}$$

是正交拉丁方。

在4阶拉丁方中：

$$\begin{matrix} A & B & C & D \\ B & A & D & C \\ C & D & A & B \\ D & C & B & A \end{matrix} \quad 与 \quad \begin{matrix} A & B & C & D \\ D & C & B & A \\ B & A & D & C \\ C & D & A & B \end{matrix}$$

是正交拉丁方。

在各阶拉丁方中，正交拉丁方的个数是确定的。在3阶拉丁方中，正交拉丁方只有2个；4阶拉丁方中，正交拉丁方只有3个；5阶拉丁方中，正交拉丁方只有4个；6阶拉丁方中没有正交拉丁方。数学上已经证明，对 n 阶拉丁方，如果有正交拉丁方，最多只能有 $(n-1)$ 个。比如说，7阶正交拉丁方最多有6个，9阶正交拉丁方最多有8个，……

为了方便，可将字母拉丁方改写为数字拉丁方，这对问题的性质是没有影响的。比如两个3阶正交拉丁方可写为：

$$\begin{matrix} 1 & 2 & 3 \\ 2 & 3 & 1 \\ 3 & 1 & 2 \end{matrix} \quad 与 \quad \begin{matrix} 1 & 2 & 3 \\ 3 & 1 & 2 \\ 2 & 3 & 1 \end{matrix}$$

2）水平正交表构造法

首先考虑两个三水平因素 A,B，把它们所有的水平搭配都写出来按下面的方式排成两列：

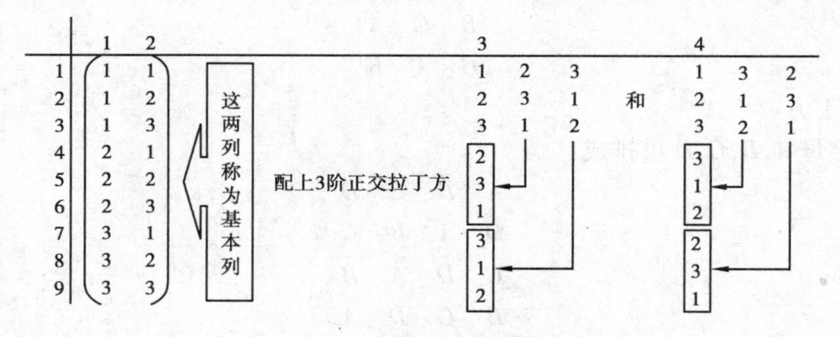

这两列称为基本列，然后写出两个3阶的正交拉丁方（只有两个正交拉丁方）。

将这两个正交拉丁方的1,2,3列，分别按顺序连成一列（共得两列），放在两个基本列的右边，构成一个4列9行的矩阵，再配上列号、行号，就得出正交表 $L_9(3^4)$，见表5.54。

表5.54　$L_9(3^4)$ 正交表

行号 \ 列号	1	2	3	4
1	1	1	1	1
2	1	2	2	2
3	1	3	3	3
4	2	1	2	3

续表

行号＼列号	1	2	3	4
5	2	2	3	1
6	2	3	1	2
7	3	1	3	2
8	3	2	1	3
9	3	3	2	1

3）四水平正交表构造法

与三水平情况类似，考虑两个四水平的因素 A，B，把它们所有的水平搭配都写出来，构成两个基本列，然后再写出 3 个正交拉丁方（只有 3 个正交拉丁方），将这 3 个正交拉丁方的 1，2，3，4 列分别按顺序连成 1 列（共得 3 列），再顺序放在两基本列的右边，构成一个 5 列 16 行的矩阵，再配上列号、行号，就得出 $L_{16}(4^5)$ 正交表，见表 5.55。

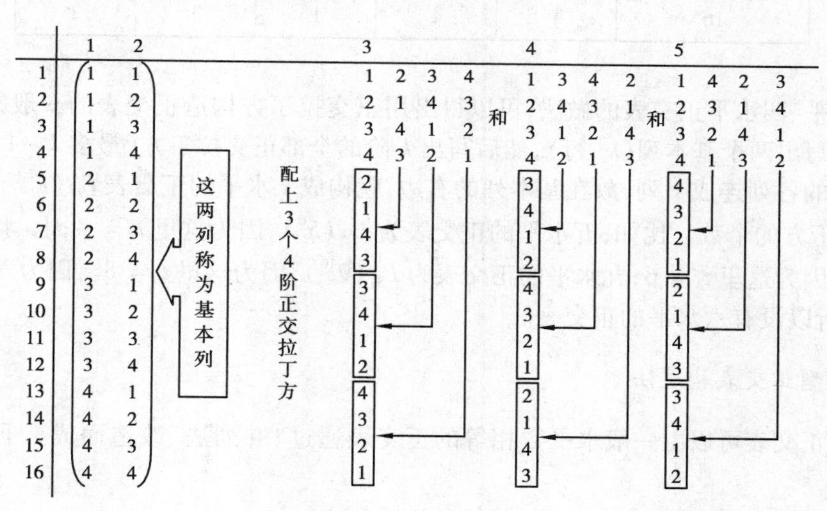

表 5.55　$L_{16}(4^5)$ 正交表

行号＼列号	1	2	3	4	5
1	1	1	1	1	1
2	1	2	2	2	2
3	1	3	3	3	3
4	1	4	4	4	4

续表

行号＼列号	1	2	3	4	5
5	2	1	2	3	4
6	2	2	1	4	3
7	2	3	4	1	2
8	2	4	3	2	1
9	3	1	3	4	2
10	3	2	4	3	1
11	3	3	1	2	4
12	3	4	2	1	3
13	4	1	4	2	3
14	4	2	3	1	4
15	4	3	2	4	1
16	4	4	1	3	2

从三水平、四水平正交表的做法，可以得出用正交拉丁方构造正交表的一般方法：首先根据水平数 k 写出两个基本列（k^2 行），然后写出 k 阶的全部正交拉丁方（最多 $k-1$ 个），把这些正交拉丁方的各列连成1列，放在基本列的右边，就构成 k 水平的正交表 $L_{k^2}(k^{2+t})$。其中 t 是 k 阶正交拉丁方的个数。比如，五水平的正交表为 $L_{25}(5^6)$，因为这里 $t=4$；七水平的正交表为 $L_{49}(7^8)$，因为这里 $t=6$；九水平的正交表为 $L_{81}(9^{10})$，因为这里 $t=8$。因为六阶正交拉丁方不存在，所以没有六水平的正交表。

4）混合型正交表构造法

混合型正交表可以由一般水平数相等的正交表通过“并列法”改造而成。下面举几个典型的例子。

【例5.14】 混合型正交表 $L_8(4\times2^4)$ 的构造法。

解：构造步骤如下：

①先列出正交表 $L_8(2^7)$，见表5.56。

表5.56 $L_8(2^7)$ 正交表

行号＼列号	1	2	3	4	5	6	7
1	1	1	1	1	1	1	1
2	1	1	1	2	2	2	2

续表

行号＼列号	1	2	3	4	5	6	7
3	1	2	2	1	1	2	2
4	1	2	2	2	2	1	1
5	2	1	2	1	2	1	2
6	2	1	2	2	1	2	1
7	2	2	1	1	2	2	1
8	2	2	1	2	1	1	2

②取出表5.55中的第1,2列,见表5.57,这两列中的数对共有4种:(1,1),(1,2),(2,1),(2,2)。把这4种数对依次与单数字1,2,3,4对应,也就是把(1,1)变成1,(1,2)变成2,(2,1)变成3,(2,2)变成4,这样就把第1,2列合并成一个4水平列。在$L_8(2^7)$表中,去掉第1,2列换成这个4水平列,作为新表的第1列,见表5.58。

③将表5.55中的第1,2列的交互作用列第3列去掉,见表5.59。

④将表5.55中其余的第4/5/6/7列依次改为新表的第2/3/4/5列,这样就得到混合型正交表$L_8(4^1\times2^4)$,此表共5列,第1列是4水平列,其余4列仍是2水平列,见表5.60。

表5.57 表5.55第1次变换

行号＼列号	1	2	3	4	5	6	7
1			1	1	1	1	1
2			1	2	2	2	2
3			2	1	1	2	2
4			2	2	2	1	1
5			2	1	2	1	2
6			2	2	1	2	1
7			1	1	2	2	1
8			1	2	1	1	2

表5.58 表5.55第2次变换

行号＼列号	1		3	4	5	6	7
1	1		1	1	1	1	1
2	1		1	2	2	2	2

续表

列号 行号	1		3	4	5	6	7
3	2		2	1	1	2	2
4	2		2	2	2	1	1
5	3		2	1	2	1	2
6	3		2	2	1	2	1
7	4		1	1	2	2	1
8	4		1	2	1	1	2

表 5.59　表 5.55 第 3 次变换

列号 行号	1			4	5	6	7
1	1			1	1	1	1
2	1			2	2	2	2
3	2			1	1	2	2
4	2			2	2	1	1
5	3			1	2	1	2
6	3			2	1	2	1
7	4			1	2	2	1
8	4			2	1	1	2

表 5.60　$L_8(4^1\times2^4)$正交表

列号 行号	1	2	3	4	5
1	1	1	1	1	1
2	1	2	2	2	2
3	2	1	1	2	2
4	2	2	2	1	1
5	3	1	2	1	2
6	3	2	1	2	1
7	4	1	2	2	1
8	4	2	1	1	2

【例 5.15】　混合型正交表 $L_{16}(4^1 \times 2^{12})$ 的构造法。

解:①先列出正交表 $L_{16}(4^1 \times 2^{12})$,见表 5.61。

②取出表 5.61 中的第 1,2 列,这两列中的数对共 4 种:(1,1),(1,2),(2,1),(2,2),把这 4 种数对依次变成 1,2,3,4,就能将第 1,2 列合并成一个 4 水平列,作为新表的第 1 列。

③去掉第 1,2 列的交互作用列第 3 列。

④将表 5.61 中的第 4 至 15 列依次改为新表的第 2 至 13 列。

这样就得到一个混合型正交表 $L_{16}(4^1 \times 2^{12})$,此表共 13 列,第 1 列是 4 水平列,其余 12 列仍是 2 水平列,见表 5.62。

表 5.61　$L_{16}(2^{15})$ 正交表

行号＼列号	1	2	3	4	5	6	7	8	9	10	11	12	13	14	15
1	1	1	1	1	1	1	1	1	1	1	1	1	1	1	1
2	1	1	1	1	1	1	1	2	2	2	2	2	2	2	2
3	1	1	1	2	2	2	2	1	1	1	1	2	2	2	2
4	1	1	1	2	2	2	2	2	2	2	2	1	1	1	1
5	1	2	2	1	1	2	2	1	1	2	2	1	1	2	2
6	1	2	2	1	1	2	2	2	2	1	1	2	2	1	1
7	1	2	2	2	2	1	1	1	1	2	2	2	2	1	1
8	1	2	2	2	2	1	1	2	2	1	1	1	1	2	2
9	2	1	2	1	2	1	2	1	2	1	2	1	2	1	2
10	2	1	2	1	2	1	2	2	1	2	1	2	1	2	1
11	2	1	2	2	1	2	1	1	2	1	2	2	1	2	1
12	2	1	2	2	1	2	1	2	1	2	1	1	2	1	2
13	2	2	1	1	2	2	1	1	2	2	1	1	2	2	1
14	2	2	1	1	2	2	1	2	1	1	2	2	1	1	2
15	2	2	1	2	1	1	2	1	2	2	1	2	1	1	2
16	2	2	1	2	1	1	2	2	1	1	2	1	2	2	1

表 5.62　$L_{16}(4^1 \times 2^{12})$ 正交表

行号＼列号	1	2	3	4	5	6	7	8	9	10	11	12	13
1	1	1	1	1	1	1	1	1	1	1	1	1	1
2	1	1	1	1	1	2	2	2	2	2	2	2	2
3	1	2	2	2	2	1	1	1	1	2	2	2	2

续表

列号 行号	1	2	3	4	5	6	7	8	9	10	11	12	13
4	1	2	2	2	2	2	2	2	2	1	1	1	1
5	2	1	1	2	2	1	1	2	2	1	1	2	2
6	2	1	1	2	2	2	2	1	1	2	2	1	1
7	2	2	2	1	1	1	1	2	2	2	2	1	1
8	2	2	2	1	1	2	2	1	1	1	1	2	2
9	3	1	2	1	2	1	2	1	2	1	2	1	2
10	3	1	2	1	2	2	1	2	1	2	1	2	1
11	3	2	1	2	1	1	2	1	2	2	1	2	1
12	3	2	1	2	1	2	1	2	1	1	2	1	2
13	4	1	2	2	1	1	2	2	1	1	2	2	1
14	4	1	2	2	1	2	1	1	2	2	1	1	2
15	4	2	1	1	2	1	2	2	1	2	1	1	2
16	4	2	1	1	2	2	1	1	2	1	2	2	1

继续使用并列法：再将 $L_{16}(2^{15})$ 表中的第 4、8 列合并成 1 列，同时去掉第 4，8 列的交互作用列第 12 列，将其余各列顺序写成 3，4，…，11 列，就得到混合型正交表 $L_{16}(4^2\times2^9)$，它有 2 个 4 水平列，其余 9 个仍为 2 水平列，再合并第 5，10 列，去掉其交互作用列第 15 列，得到 $L_{16}(4^2\times2^6)$ 表。再合并第 7，9 列，去掉其交互作用列第 14 列，得到 $L_{16}(4^4\times2^3)$ 表。在 $L_{16}(4^5\times2^3)$ 表中对 3 个 2 水平列再用并列法就得出 $L_{16}(4^5)$ 表，这就都变成了 4 水平列，不再是混合型正交表了。

还可用并列法造出混合型正交表 $L_{16}(8\times2^8)$，具体做法如下：

①在 $L_{16}(2^{15})$ 表中，将第 1，2，4 列合并，这 3 列构成的有序数组为 (1，1，1)，(1，1，2)，(1，2，1)，(1，2，2)，(2，1，1)，(2，1，2)，(2，2，1)，(2，2，2)，将这 8 个数组依次换为 1，2，3，4，5，6，7，8，就得到一个 8 水平列，将其定为新表中的第 1 列。

②去掉 1，2，4 列的两两交互作用列，即第 3，5，6，7 列。

③将余下的 8 到 15 列，依次改为 2 到 9 列。

这就得出混合正交表 $L_{16}(8\times2^8)$，它共有 9 列，第 1 列为 8 水平列，其余 8 列仍为 2 水平列，见表 5.63。

表5.63　$L_{16}(8\times2^{8})$正交表

行号＼列号	1	2	3	4	5	6	7	8	9
1	1	1	1	1	1	1	1	1	1
2	1	2	2	2	2	2	2	2	2
3	2	1	1	1	1	2	2	2	2
4	2	2	2	2	2	1	1	1	1
5	3	1	1	2	2	1	1	2	2
6	3	2	2	1	1	2	2	1	1
7	4	1	1	2	2	2	2	1	1
8	4	2	2	1	1	1	1	2	2
9	5	1	2	1	2	1	2	1	2
10	5	2	1	2	1	2	1	2	1
11	6	1	2	1	2	2	1	2	1
12	6	2	1	2	1	1	2	1	2
13	7	1	2	2	1	1	2	2	1
14	7	2	1	1	2	2	1	1	2
15	8	1	2	2	1	2	1	1	2
16	8	2	1	1	2	1	2	2	1

用完全类似的方法，还可构造出混合型正交表$L_{32}(4^{5}\times2^{16})$；$L_{32}(4^{9}\times2^{4})$；$L_{32}(8\times4^{8})$；$L_{32}(8\times4^{6}\times2^{6})$；$L_{32}(16\times2^{16})$等。

【例5.16】　混合型正交表$L_{27}(9\times3^{9})$的构造法。

解：由$L_{27}(3^{13})$正交表的并列法构成，具体做法如下：

①首先列出$L_{27}(3^{13})$正交表，见表5.64。

②取出表中的第1,2列，这两列中的数对共9种：(1,1),(1,2),(1,3),(2,1),(2,2),(2,3),(3,1),(3,2),(3,3)，把这9种数对依次变成1,2,3,4,5,6,7,8,9。

③去掉第1,2列的交互作用列第3,4列。

④将其余的5到13列依次改为2到10列。

这样就得出混合型正交表$L_{27}(9\times3^{9})$，见表5.65。

表 5.64 $L_{27}(3^{13})$ 正交表

行号＼列号	1	2	3	4	5	6	7	8	9	10	11	12	13
1	1	1	1	1	1	1	1	1	1	1	1	1	1
2	1	1	1	1	2	2	2	2	2	2	2	2	2
3	1	1	1	1	3	3	3	3	3	3	3	3	3
4	1	2	2	2	1	1	1	2	2	2	3	3	3
5	1	2	2	2	2	2	2	3	3	3	1	1	1
6	1	2	2	2	3	3	3	1	1	1	2	2	2
7	1	3	3	3	1	1	1	3	3	3	2	2	2
8	1	3	3	3	2	2	2	1	1	1	3	3	3
9	1	3	3	3	3	3	3	2	2	2	1	1	1
10	2	1	2	3	1	2	3	1	2	3	1	2	3
11	2	1	2	3	2	3	1	2	3	1	2	3	1
12	2	1	2	3	3	1	2	3	1	2	3	1	2
13	2	2	3	1	1	2	3	2	3	1	3	1	2
14	2	2	3	1	2	3	1	3	1	2	1	2	3
15	2	2	3	1	3	1	2	1	2	3	2	3	1
16	2	3	1	2	1	2	3	3	1	2	2	3	1
17	2	3	1	2	2	3	1	1	2	3	3	1	2
18	2	3	1	2	3	1	2	2	3	1	1	2	3
19	3	1	3	2	1	3	2	1	3	2	1	3	2
20	3	1	3	2	2	1	3	2	1	3	2	1	3
21	3	1	3	2	3	2	1	3	2	1	3	2	1
22	3	2	1	3	1	3	2	2	1	3	3	2	1
23	3	2	1	3	2	1	3	3	2	2	2	3	2
24	3	2	1	3	3	2	1	1	3	2	2	1	3
25	3	3	2	1	1	3	2	3	2	1	2	1	3
26	3	3	2	1	2	1	3	1	3	2	3	2	1
27	3	3	2	1	3	2	1	2	1	3	1	3	2

表5.65　$L_{27}(9\times3^9)$ 正交表

行号＼列号	1	2	3	4	5	6	7	8	9	10
1	1	1	1	1	1	1	1	1	1	1
2	1	2	2	2	2	2	2	2	2	2
3	1	3	3	3	3	3	3	3	3	3
4	2	1	1	1	2	2	2	3	3	3
5	2	2	2	2	3	3	3	1	1	1
6	2	3	3	3	1	1	1	2	2	2
7	3	1	1	1	3	3	3	2	2	2
8	3	2	2	2	1	1	1	3	3	3
9	3	3	3	3	2	2	2	1	1	1
10	4	1	2	3	1	2	3	1	2	3
11	4	2	3	1	2	3	1	2	3	1
12	4	3	1	2	3	1	2	3	1	2
13	5	1	2	3	2	3	1	3	1	2
14	5	2	3	1	3	1	2	1	2	3
15	5	3	1	2	1	2	3	2	3	1
16	6	1	2	3	3	1	2	2	3	1
17	6	2	3	1	1	2	3	3	1	2
18	6	3	1	2	2	3	1	1	2	3
19	7	1	3	2	1	3	2	1	3	2
20	7	2	1	3	2	1	3	2	1	3
21	7	3	2	1	3	2	1	3	2	1
22	8	1	3	2	2	1	3	3	2	1
23	8	2	1	3	3	2	2	2	3	2
24	8	3	2	1	1	3	2	2	1	3
25	9	1	3	2	3	2	1	2	1	3
26	9	2	1	3	1	3	2	3	2	1
27	9	3	2	1	2	1	3	1	3	2

以上介绍的是一些简单的特殊方法，实际上正交表的构造理论是很复杂的，有很多问题至今尚未解决，这里不再赘述。

习题 5

5.1 何谓正交试验,正交表的特点是什么?

5.2 怎样对正交试验结果进行直观分析与方差分析?

5.3 因素混杂与因素复合区别何在?

5.4 正交试验如何处理误差问题?

5.5 扩大正交表适用范围都有哪些办法?

5.6 何谓因素的交互作用?在正交表中怎样安置交互作用项?

5.7 在设计废热锅炉时,影响锅炉传热量的结构尺寸为 $d,D,L/D$ (d 为烟管外径,D 为炉体内径,L 为每根管子长度。所有单位以 m 计)。当烟气进口温度(T)波动为(670 ± 30)℃,烟气流量(V)波动为(42 000 ± 2 000) × (1/21) × [1 + (T_1/273)] (m^3/h)之间时,试优选结构参数 $d,D,L/D$ 以保证出口烟气温度稳定在(360 ± 15)℃。

计算废热锅炉出口烟气温度(T_2)的公式为

$$T_2 = (T_1 - T_0)e^{-B} + T_0$$

其中

$$B = \frac{57.1(L/D)D_3\lambda_1}{V d^2 \rho_t c_{pm}}\left[1.53 \times 10^{-3}\frac{d_i\rho_t}{\mu_c}\frac{V}{D^2}\left(\frac{d}{d_i}\right)^2\right]^{0.8}\left[\frac{c_{pm}\mu_t}{\lambda_t}\right]^{9.4}$$

式中 T_0——饱和水温度,℃,一般可取 200 ~ 250 ℃;

ρ_t——烟气密度,kg/m^3;

μ_t——气体黏度,kg/s · m;

λ_t——气体导热系数($\lambda_t = 3.335 \times 10^{-5}$);

c_{pm}——气体比热。

[提示]:废热锅炉中 d 常取 0.025 ~ 0.032 m;D 常取 0.8 ~ 1.2 m;L/D 常取 4 ~ 6。解题时按正交表的尺寸组合,分别求其出口温度(T_2),当 T_2 满足(360 ± 15)℃时就是选优的依据。

5.8 用乙醇水溶液、分离某种废弃农作物中的木质素,考查了 3 个因素(溶剂浓度、温度和时间)对木质素得率的影响,因素水平见表 5.66。将因素 A, B, C 依次安排在正交表 $L_9(3^2)$ 的 1,2,3 列,不考虑因素间的交互作用。9 个试验结果 y(得率/%)依次为: 5.3, 5.0, 4.9, 5.4, 6.4, 3.7, 3.9, 3.3, 2.4。试用直观分析法确定因素主次和优方案,并画出趋势图。

表 5.66 习题 5.8 表

水平	(A)溶剂浓度/%	(B)反应温度/℃	(C)保温时间/h
1	60	140	3
2	80	160	2
3	100	180	1

5.9　为了提高陶粒混凝土的抗压强度,考察了A,B,C,D,E,F 6个因素,每个因素有6个水平,因素水平表见表5.67。

表5.67　因素水平表

水平	(A)水泥标号	(B)水泥用量/kg	(C)陶釉用量/kg	(D)含砂率/%	(E)养护方式	(F)搅拌时间/h
1	300	180	150	38	空气	1
2	400	190	180	40	水	1.5
3	500	200	200	42	蒸气	2

根据经验还要考查交互作用AXB,AXC,BXC。如果将A,B,C,D,E,F依次安排在正交表$L_{27}(3^{13})$的1,2,5,9,12,13列上,试验结果(抗压强度/$kg \cdot cm^{-2}$)依次为100,98,97,95,96,99,94,99,101,85,82,98,85,90,85,91,89,80,73,90,77,84,80,76,89,78,85,试用方差分析法($\alpha=0.05$)分析试验结果,确定更佳的组合。

5.10　采用直接还原法制备超细铜粉的研究中需要考查的影响因素有反应温度Cu^{2+}与氨水质量比和$CuSO_4$溶液浓度,并通过初步试验确定的因素水平见表5.68。

表5.68　因素水平表

水平	(A)反应温度/℃	(B)Cu^{2+}与氨水质量比	(C)$CuSO_4$溶液浓度/($g \cdot mL^{-1}$)
1	70	1:0.1	0.125
2	80	1:0.5	0.5
3	90	1:1.5	1.0

试验指标有两个:①转化率越高越好;②铜粉松密度越小越好。用正交表$L_9(3^4)$安排试验,将3个因素依次放在1,2,3列上。不考虑因素间的交互作用,9次试验结果依次如下:

转化率/%:40.25,40.46,61.79,60.15,73.97,91.31,73.52,87.19,97.26;

松密度/($g \cdot mL^{-1}$):2.008,0.693,1.769,1.269,1.613,2.775,1.542,1.115,1.824。

试用综合平衡法对结果进行分析,找出最好的试验方案。

5.11　通过正交试验对木樨草素的β-环糊精包合工艺进行优化,需要考查的因数及水平见表5.69。

表 5.69　因素水平表

水平	(A)原料配比	(B)包合温度/℃	包合时间/h
1	1:1	50	3
2	1.5:1	70	1
3	2:1	60	5

试验指标有两个:包合率和包含物收率，这两个指标都是越大越好。用正交表$L_9(3^4)$安排试验,将3个因素依次放在1,2,3列上,不考虑因素间的交互作用,9次试验结果依次如下:

包合率/%:

12.01,15.86,16.95,8.60,13.71,7.22,6.54,7.78,5.43;

包合物收率/%:

61.80,84.31,80.15,67.23,77.26,76.53,58.61,78.12,77.60。

这两个指标的重要性不相同，如果化成数量,包合率和包含物收敛重要性之比为3:2,试通过综合评分法确定有方案。

第6章 建立实验数学模型的方法

科学实验的根本任务之一就是将实验数据整理成反映某些变量间关系的数学模型。数学模型是指用数学式子（如函数、图形、代数方程、微分方程、积分方程、差分方程等）来描述（表述、模拟）所研究的客观对象或系统在某一方面存在的规律。从广义上讲，实验结果的表格、曲线及经验公式都可称为物理问题的数学模型。

实验数据的整理，一般可由误差分析、整理制表、曲线标绘和求取数学模型4个基本阶段所组成。由于实验曲线能直观地表达自变量与因变量之间的关系，所以图形在任何一篇科学和技术论文或报告中，都是必不可少的。用图形表示研究结果，可以加深对其原理和结论的了解，使人们获得难忘而深刻的印象。此外，正确而清晰的图示，能为求取数学模型提供形象而有效的依据。

本章介绍实验数据整理与建立实验数学模型的常用方法。

6.1 实验数据整理

实验的目的不仅是为了取得一系列的原始实验数据，而是通过这些数据得到各变量之间的定量关系，进一步分析实验现象，提出新的实验方案或得出规律，用于指导生产与设计。要得到各变量之间的关系，就有必要对实验数据进行整理，对实验中获得的一系列原始数据进行分析，计算整理成各变量之间的定量关系，并用最合适的方法表示出来。这是整个实验过程中一个非常重要的环节。处理实验数据的方法通常有3种：

①列表法：列表法是将实验数据按照自变量与因变量的关系以一定的顺序列在表格中，表示各变量之间的关系，反应变量之间的变化规律。这是数据处理的第一步，也是数据绘图或者整理成数学公式的基础。

②图示（解）法：图示（解）法是将实验数据的函数关系用图线的形式来表示，从而揭示自变量与因变量之间的关系。图示（解）法可以直观、清晰地显示出相应变量之间的变化规律，便于分析和比较数据的极值点、转折点、变化率以及其他特性，并能方便地标出变量的中间值，得到曲线相应的数学表达式，分析、比较和确定数学表达式的常数，用外推法求解一般测量方法难以测量的数据。对于比较精确的图形可以在不知道数学表达式的情况下进行微积分运算。因此，图示（解）法应用十分广泛。

③回归分析法:回归分析法是处理数据变量之间相互关系的一种数理统计方法。该法可以从大量散点数据中找到反映数据之间关系的统计规律,得到最大限度符合实验数据的拟合方程式,并判断拟合方程式的有效性,利于计算机计算。

本章主要介绍列表法和图示(解)法,下一章讨论回归分析法。

6.1.1 实验数据的列表整理

1)实验数据的初步整理

列表法可以简单明确地表示出物理量之间的对应关系,便于分析和发现资料的规律性,也有助于检查和发现实验中的问题。设计记录表格时要做到:

①表格设计要合理,以利于记录、检查、运算和分析。

②表格中涉及的各物理量,其符号、单位及量值的数量级均要表示清楚。并注意采用与测量仪表相一致的有效位数,在对较大或较小数量级的表达上,应尽量采用科学计数法,简单明了的数据表有利于阐明某些实验结果的规律。

实验数据表一般分为两大类:原始数据记录表和结果表示表。原始数据记录表是根据实验的具体内容而设计的,清楚地记录所有待测数据。表格的结构应在实验前完成。在设计实验数据记录表时,要注意以下几点:

①测定数据名称、因次(量纲)应在名称栏中标明,不能与数字附在一起,以免混淆。

②根据测量仪器的精度,取适当位数的有效数字。

③过大或过小的数据,应以 10^n 表示。

④表的标题应清楚醒目,能恰当说明问题。

在实验过程中,当完成一组实验数据的测试时,须及时将测量的相关数据记录在表格内,实验完成后将得到一份完整的原始数据记录表。

实验结束后,要对所记录的实验数据进行分析和计算处理。实验数据处理结果表用于记录进行运算处理的中间结果和最终结果,其可以避免在数据的计算处理过程中发生数据遗漏和混淆的现象。

以过滤器检测灰尘的实测数据的处理结果为例,见表 6.1,采用第 3 章误差分析中的相关理论以及实验数据特征参数计算公式进行分析。

【例 6.1】 整理某高效过滤器灰尘穿透个数的结果,其实测数据已列入表 6.1 中。

表 6.1 某高效过滤器灰尘穿透个数结果

序号	数据 /(个·L^{-1})	第一次整理		数据 /(个·L^{-1})	第二次整理	
		$\bar{x}-x_i$	$(\bar{x}-x_i)^2$		$\bar{x}-x_i$	$(\bar{x}-x_i)^2$
1	103	0	0	103	-3	9
2	98	5	25	98	2	4
3	99	4	16	99	1	1
4	100	3	9	100	0	0

续表

序号	数据 /(个·L^{-1})	第一次整理		数据 /(个·L^{-1})	第二次整理	
		$\bar{x}-x_i$	$(\bar{x}-x_i)^2$		$\bar{x}-x_i$	$(\bar{x}-x_i)^2$
5	98	5	25	98	2	4
6	136	−33	1 089	—	—	—
7	96	7	49	96	4	16
6	98	5	25	98	2	4
9	103	0	0	103	−3	9
10	101	2	4	101	−1	1
11	104	−1	1	104	−4	16
12	100	3	9	100	0	0
小计	1 236	0	1 256	1 100	0	64

解:①求算数平均值:

$$\bar{x}=\frac{1\ 236}{12}=10^3$$

②求各测定值的均方误差:

$$\sigma=\sqrt{\frac{1\ 256}{12-1}}=10.44$$

③确定其最大可能误差:这里为简化计算,提出以 $\pm3\sigma$ 为最大可能误差,也称 3σ 原则。假定为正态分布,则有:

$$P(|x-\bar{x}|>3\sigma)=1-0.997=0.003$$

这说明,一个误差出现在 $\pm3\sigma$ 之外的概率只有 0.3%。

为此,在本例中,个别数据的最大可能误差应为 $3\sigma=3\times10.44=31.32$。

将此结果与表 6.1 的 $\bar{x}-x_i$ 数据列对照检查,第 6 个测定值是不可靠的(因 33 > 31.32),其出现的原因是系统误差或过失误差的存在。舍掉此数据后再进行第二次整理:

$$\bar{x}=\frac{1\ 100}{11}=100$$

求均方误差:

$$\sigma=\sqrt{\frac{64}{11-1}}=2.53;3\sigma=3\times2.53=7.59$$

因为表 6.1 中 $(\bar{x}-x_i)$ 均小于 7.59,所以认为这些数据是可取的。

④求算术平均值的均方误差 σ_a:

$$\sigma_a=\frac{\sigma}{\sqrt{n}}=\frac{2.53}{\sqrt{12}}\approx0.72$$

故实验测试的算数平均值可写成:

$$\bar{x}=100\pm0.72\text{ 或 }\bar{x}=100(1\pm0.007\ 2)$$

2)实验数据的插值

列表整理实验结果是最简单的一种表达方法,表中所给出的数据,是实验得出的真实结果。表中数据表达的因果关系 $y=f(x)$ 是局部而间断的,它不能给出观测点以外的数据。在整理实验数据时,有时需要的数据并非正好为实验点,而是在两点之间或实验点之外。进一步整理实验结果时,需要利用表中数据,以“内插”法得到中间的未知数值;或“外推”法得到表中数据范围以外的数值。

已知函数 $y=f(x)$ 在 n 个点 x_i 的函数值 $f(x_i)$,记 $y_i=f(x_i)$, $i=0,1,\cdots,n$,若存在一函数 $P(x)$,满足下式:

$$P(x_i)=y_i \tag{6.1}$$

则 $P(x)$ 为 $f(x)$ 的插值函数,而 $f(x)$ 为被插值函数的插值原函数, $x_i,x_i,\cdots,x_n$ 为插值节点,式(6.1)为插值条件,如果对固定点 $\bar{x}$ 求 $f(\bar{x})$ 数值解,则称 $\bar{x}$ 为一个插值节点, $f(\bar{x})=P(\bar{x})$ 称为点 $\bar{x}$ 的插值,当 $\bar{x}\in[\min(x_0,x_1,\cdots,x_n),\max(x_0,x_1,\cdots,x_n)]$ 时,称为内插,否则称为外插式外推。

以插值法求取表中的中间数值时,可用线性插值法、图解法、拉格朗日插值公式、牛顿插值公式及样条函数插值法等获得。图解法是一种比较直观的方法,选取合适的坐标系,横坐标表示自变量 x,纵坐标表示因变量 $y(x)$,将实验测定值在坐标系上绘出 $y(x)\sim x$ 的曲线。通过曲线可查所需范围内任一点 x 的 $y(x)$ 的值。下面介绍线性插值、拉格朗日插值和牛顿插值这3种常用的插值公式。

(1)线性插值

线性插值又称为一次插值,是最简单的插值方法。

假设已知函数 $y=f(x)$ 在两个互异的点 x_i,x_{i+1} 的值分别为 $y_i=f(x_i)$ 和 $y_{i+1}=f(x_{i+1})$。通过 (x_i,y_i) 与 (x_{i+1},y_{i+1}) 的直线方程为:

$$y=y_i+\frac{y_{i+1}-y_i}{x_{i+1}-x_i}(x-x_i) \tag{6.2}$$

式(6.2)右边是 x 的一次多项式,记为 $P(x)$。利用一次式 $P(x)$ 近似计算函数 $f(x)$ 的值称作线性插值,即

$$f(x)=y_i+\frac{y_{i+1}-y_i}{x_{i+1}-x_i}(x-x_i)\quad(x_i<x<x_{i+1}) \tag{6.3}$$

式中, x_i,x_{i+1},y_i,y_{i+1} 均为已知,将待求点 x 的值代入上式,即可以计算 $f(x)$ 的近似值。

利用式(6.3)近似计算时,应已知函数 $y=f(x)$ 的 n 个节点值,即 $(x_i,y_i)(i=1,2,\cdots,n)$,并要先查出 x 在哪两个相邻点之间。上述处理实际上是将原来的曲线 $y=f(x)$ 变成了由 $n-1$ 条直线组成的折线,从而求其函数的 $f(x)$ 近似值。

线性插值仅仅利用了两个节点上的信息,精度不高,但因其计算简单,在整理实验数据时还是会经常用到。

【例6.2】 以不稳定传热为例。如已测得不同直径的圆柱中心冷却速度见表6.2,求直径为40 mm的圆柱中心冷却速度。

表 6.2　不同直径的圆柱中心冷却速度表

直径/mm	12.5	19	25	50	75	100
中心冷却速度/(℃·s^{-1})	350	105	55	19	10	5.3

解:本例中 $x_0=25, x_1=50, y_0=55, y_1=19$;求 $x=40$ 时 y 的值,即

$$y=55+\frac{19-55}{50-20}(40-25)=33.4(℃/s)$$

(2)拉格朗日插值

先讨论只有两个点的插值,设已知 $x_0, x_1, y_0=f(x_0)$ 和 $y_1=f(x_1)$,$L_1(x)$ 为不超过一次的多项式且满足 $L_1(x_0)=y_0, L_1(x_1)=y_1$,几何上,$L_1(x)$ 为过 (x_0, x_1) 的直线,则依据式(6.3)有:

$$L_1(x)=y_0+\frac{y_1-y_0}{x_1-x_0}(x-x_0) \tag{6.4}$$

为了推广到高阶问题,将式(6.4)变成对称式:

$$L_1(x)=l_0(x)y_0+l_1(x)y_1 \tag{6.5}$$

其中:$l_0(x)=\dfrac{x-x_1}{x_0-x_1}$, $l_1(x)=\dfrac{x-x_0}{x_1-x_0}$ 均为一次多项式,且满足:

$$l_0(x_0)=1,\text{且 } l_0(x_1)=0 \text{ 或 } l_1(x_0)=0,\text{且 } l_1(x_1)=1。$$

即 $l_i(x_i)(i=0,1)$ 在对应的插值点处的取值为 1,在其他点处取值为 0,不难想象,以对应点处的函数值为系数对它们作线性组合所得的函数,不仅是线性的,且必定满足插值条件。当节点增加到 $n+1$ 个时,可以先构造 n 次多项式 $l_i(x)(i=0,1,\cdots,n)$,满足:

$$l_i(x_j)=\begin{cases}1 & (i=j)\\ 0 & (i\neq j)\end{cases} \tag{6.6}$$

然后以对应点处的函数值为系数作线性组合,即得所要求的插值多项式。下面推导 $l_i(x)$ $(i=0,1,\cdots,n)$ 的表达式。

由式(6.6),多项式 $l_i(x)$ 有 n 个根 $x_j(j=0,1,\cdots,n,j\neq i)$,且 $l_i(x_i)=1$,故它必定是以下形式:

$$l_i(x)=\frac{(x-x_1)(x-x_2)\cdots(x-x_{i-1})(x-x_{i+1})\cdots(x-x_n)}{(x_i-x_1)(x_i-x_2)\cdots(x_i-x_{i-1})(x_i-x_{i+1})\cdots(x_i-x_n)}=\prod_{\substack{j=0\\ j\neq i}}^{n}\frac{x-x_j}{x_i-x_j}(i=0,1,\cdots,n) \tag{6.7}$$

这些函数称为拉格朗日插值基函数。利用它们立即得出插值问题的解:

$$P_n(x_k)=\sum_{i=0}^{n}l_i(x_k)y_i=\sum_{i=0}^{n}y_i\prod_{\substack{j=0\\ j\neq i}}^{n}\frac{x-x_j}{x_i-x_j} \tag{6.8}$$

事实上,因为每个拉格朗日插值基函数 $l_i(x)(i=0,1,\cdots,n)$ 都是 n 次多项式,故 $P_n(x)$ 是至多 n 次多项式。由式(6.1)又得:

$$P_n(x_k)=\sum_{i=0}^{n}l_i(x_k)y_i=y_k(i=0,1,\cdots,n) \tag{6.9}$$

即 $P_n(x)$ 满足插值条件。

式(6.8)称为 n 次拉格朗日插值多项式。为了以后便于区别,常用 $L_n(x)$ 代替,以突出表示

这是由拉格朗日插值所得到的插值多项式,即

$$L_n(x) = \sum_{i=0}^{n} l_i(x) y_i \tag{6.10}$$

由前面讨论的结果,$n+1$ 个节点的 n 次拉格朗日插值多项式存在唯一。

【例 6.3】 表 6.2 中的数据,用拉格朗日插值公式,求 $x=40$ 时 y 的值。

解:本例中已知:

$$x_0=19, x_1=25, x_2=50, x_3=75$$
$$y_0=105, y_1=55, y_2=19, y_3=10$$

则得:

$$y = 105 \times \left[\frac{(40-25)\times(40-50)\times(40-75)}{(19-25)\times(19-50)\times(19-75)}\right] + 55 \times \left[\frac{(40-19)\times(40-50)\times(40-75)}{(25-19)\times(25-50)\times(25-75)}\right] +$$
$$19 \times \left[\frac{(40-19)\times(40-25)\times(40-75)}{(50-19)\times(50-25)\times(50-75)}\right] + 10 \times \left[\frac{(40-19)\times(20-25)\times(40-50)}{(75-19)\times(75-25)\times(75-50)}\right]$$
$$=23.3(℃/s)$$

由拉格朗日插值公式对给定点(插值点)x 计算 $L_n(x)$ 的值作为 $f(x)$ 的近似值,一般来说总有误差,其误差可表示为:

$$R(x) = \frac{f^{(n)}(\xi)}{n!} \prod_{i=1}^{n} (x - x_i) \tag{6.11}$$

式中,ξ 是与 x 有关的点,包括在由点 $x_1, x_2, \cdots, x_n$ 和 x 所界定的范围内,即 $\min(x, x_1, \cdots, x_n) < \xi < \max(x, x_1, \cdots, x_n)$。

由于截断误差中含有因子 $\prod_{k=1}^{n}(x - x_k)$,如果插值点 x 偏离插值节点较远,插值效果可能不理想。由插值点所界定的范围 $[\min x_i, \max x_i]$ 被称为插值区间,若插值点 x 位于插值区间之内,这种插值过程称为内插,否则为外推。

在实际插值过程中,往往会碰到实验点数(n)较多的情况,若全部作为插值节点处理,不仅计算工作量大,而且舍入误差也大,同时多项式次数越高,则曲线的波动越厉害,反而会影响插值效果。通常总是在给出的 n 个点中选取与插值点 x 距离较近的几个点作为插值节点。对于给定的 n 个插值点 $x_1 < x_2 < \cdots < x_n$ 及其对应的函数值 $y_i(1,2,\cdots,n)$,从 n 个节点中选取最靠近插值点的 3 个相邻点 x',求取 $x=x'$ 处的函数值的拉格朗日三点插值公式如下:

$$P(x') = \sum_{k=i}^{i+2} \left(\prod_{\substack{j=i \\ j \neq k}}^{i+2} \frac{x' - x_i}{x_k - x_j} \right) y_k \tag{6.12}$$

其中

$$i = \begin{cases} 1, x' \leqslant x_2 \\ l-1, x_{l-1} < x' \leqslant x_1, x' - x_{l-2} > x_{l+1} - x' (l=2,\cdots,n) \\ l-2, x_{l-1} < x' \leqslant x_l, x' - x_{l-2} > x_{l+1} - x' (l=2,\cdots,n) \\ n-2, x' > x_{n-1} \end{cases}$$

如果只取两个相邻节点采用拉格朗日内插值,则结果与线性插值法相同。

可以用内插法实现数据表中数据的外推。

(3)牛顿插值

设函数$f(x)$为一系列互不相等的点,称$\dfrac{f(x_i)-f(x_j)}{x_i-x_j}(i\neq j)$为$f(x)$关于点$x_i,x_j$的一阶差商(也称均差),记为$f[x_i,x_j]$,即

$$f[x_i,x_j]=\frac{f(x_i)-f(x_j)}{x_i-x_j} \tag{6.13}$$

类似于高阶导数的定义,称一阶差商的差商$\dfrac{f[x_i,x_j]-f[x_j,x_k]}{x_i-x_k}$为$f(x)$关于点$x_i,x_j,x_k$的二阶差商,记为$f[x_i,x_j,x_k]$。一般地,称$\dfrac{f[x_0,x_1,\cdots,x_{k-1}]-f[x_1,x_2,\cdots,x_k]}{x_0-x_k}$为$f(x)$关于点$x_0$,$x_1,\cdots,x_k$的$k$阶差商,记为:

$$f[x_0,x_1,\cdots,x_k]=\frac{f[x_0,x_1,\cdots,x_{k-1}]-f[x_1,x_2,\cdots,x_k]}{x_0-x_k} \tag{6.14}$$

特别地,零阶差商记为:$f[x_i]=f(x_i)$

线性插值公式(6.3)可表示为

$$N_1(x)=f(x_0)+(x-x_0)f[x_0,x_1] \tag{6.15}$$

式(6.15)称为一次牛顿插值多项式。一般地,由各阶差商的定义,依次可得

$$f(x)=f(x_0)+(x-x_0)f[x,x_0]$$
$$f[x,x_0]=f[x_0,x_1]+(x-x_1)f[x,x_0,x_1]$$
$$f[x,x_0,x_1]=f[x_0,x_1,x_2]+(x-x_2)f[x,x_0,x_1,x_2]$$
$$\vdots$$
$$f[x,x_0,\cdots,x_{n-1}]=f[x_0,x_1,\cdots,x_n]+(x-x_n)f[x,x_0,\cdots,x_n]$$

将以上各式分别乘以$1,(x-x_0),(x-x_0)(x-x_1),\cdots,(x-x_0)(x-x_1)\cdots(x-x_{n-1})$,然后相加并消去两边相等的部分,即得

$$f(x)=f(x_0)+(x-x_0)f[x_0,x_1]+(x-x_0)(x-x_1)f[x_0,x_1,x_2]+\cdots+(x-x_0)(x-x_1)\cdots(x-x_{n-1})f[x_0,x_1,\cdots,x_n]+(x-x_0)(x-x_1)\cdots(x-x_n)f[x,x_0,x_1,\cdots x_n] \tag{6.16}$$

记为

$$N_n(x)=f(x_0)+(x-x_0)f[x_0,x_1]+(x-x_0)(x-x_1)f[x_0,x_1,x_2]+\cdots+(x-x_0)(x-x_1)\cdots(x-x_{n-1})f[x_0,x_1,\cdots,x_n] \tag{6.17}$$

$$R_n(x)=(x-x_0)(x-x_1)\cdots(x-x_n)f[x,x_0,x_1,\cdots,x_n]=\omega_{n+1}(x)f[x,x_0,x_1,\cdots,x_n] \tag{6.18}$$

则

$$f(x)=N_n(x)+R_n(x) \tag{6.19}$$

显然,$N_n(x)$是至多n次的多项式。而由:

$$R_n(x_i)=\omega_{n+1}(x_i)f[x_i,x_0,x_1,\cdots,x_n]=0(i=0,1,\cdots,n) \tag{6.20}$$

得$f(x_i)=N_n(x_i)(i=0,1,\cdots,n)$。这表明$N_n(x)$满足插值条件式(6.1),因而它是$f(x)$的$n$次插值多项式。这种形式的插值多项式称为牛顿插值多项式。

为了便于应用,通常采用差商表,见表6.3。

表6.3 四阶差商的计算表

x_i	$f(x_i)$	一阶差商	二阶差商	三阶差商	四阶差商
x_0	$f(x_0)$				
		$f[(x_0,x_1)]$			
x_1	$f(x_1)$		$f[(x_0,x_1,x_2)]$		
		$f[(x_1,x_2)]$		$f[(x_0,x_1,x_2,x_3)]$	
x_2	$f(x_2)$		$f[(x_1,x_2,x_3)]$		$f[(x_0,x_1,x_2,x_3,x_4)]$
		$f[(x_2,x_3)]$		$f[(x_1,x_2,x_3,x_4)]$	
x_3	$f(x_3)$		$f[(x_2,x_3,x_4)]$		
		$f[(x_3,x_4)]$			
x_4	$f(x_4)$				

【例6.4】 已知$f(x)$在5个点的函数值见表6.4,运用牛顿插值多项式求$f(0.596)$的近似值,并估计其误差。

表6.4 例题6.4数据

x_i	$f(x_i)$	一阶差商	二阶差商	三阶差商	四阶差商	五阶差商	$x-x_i$
0.40	0.410 75						0.196
0.55	0.578 15	1.116 0					0.046
0.65	0.696 75	1.186 0	0.280 0				−0.054
0.80	0.888 11	1.275 7	0.358 8	0.197 0			−0.204
0.90	1.026 52	1.384 1	0.433 6	0.213 7	0.034 4		−0.404
0.596	0.631 95					1.1	

解:

$N_4(x)=f(x_0)+(x-x_0)f[x_0,x_1]+(x-x_0)(x-x_1)f[x_0,x_1,x_2]+(x-x_0)(x-x_1)(x-x_2)f[x_0,x_1,x_2,x_3]+(x-x_0)(x-x_1)(x-x_2)(x-x_3)f[x_0,x_1,x_2,x_3,x_4]=0.410\,75+1.116\,0(x-0.4)+0.280\,00(x-0.4)(x-0.55)+0.197\,33(x-0.4)(x-0.55)(x-0.65)+0.0344(x-0.4)(x-0.55)(x-0.65)(x-0.80)=0.631\,9$

$$f(0.596)\cong N_4(0.596)=0.631\,95$$

$$|R_4(x)|=f[0.596,x_0,x_1,x_2,x_3,x_4](0.596-x_0)\cdots(0.596-x_4)\approx 0.332\,15\times10^{-4}<0.5\times10^{-4}$$

6.1.2 实验数据曲线的绘制

将实验数据进行初步整理,作出实验结果的汇总表。下一步的工作是按照表中的数据,绘出因变量与自变量的依从关系曲线图。

图示(解)法是表示实验中各变量之间关系最常用的方法,它是将实验中得到的离散的数据点标绘在适宜的坐标上,然后将数据点连成光滑的曲线或者直线。用图形来描绘实验数据,直观清晰,方便比较,容易看出数据中的极值点、周期性以及其他特性,准确的图形还可以在不知道数学表达式的情况下进行微积分运算,比提供一大堆枯燥的数据直观明了,这是图示(解)法的显著优点。

实验结果的曲线可分为两类:概率分布曲线(累积概率分布曲线);表达因变量与自变量依从关系的曲线。本小节介绍第二类曲线的绘制,关于概率分布曲线的绘制,读者可以参考数理统计相关书籍。

在实验中,经常遇到两个变量 x、y 的情况,将自变量 x 作为图形的横轴,将因变量 y 作为纵轴,得到所需要的图形。在绘制图形之前,应按照列表法的要求列出因变量 y 与自变量 x 相对于的 y_i 与 x_i 数据表格。

作图时值得注意的是:选择适合的坐标,使得图形直线化,以便求得经验方程式;坐标的分度要适当,能清楚表达变量间的函数关系。作曲线图时必须依据一定的法则,得到与实验点位置偏差最小而光滑的曲线图形。

制作一副完整的、正确的图线,其基本步骤包括:图纸的选择,坐标的分度和标记,标出每个实验点,作出一条与许多实验点基本符合的图线,以及注解和说明等。

作图法遵循如下的规则。

1)坐标系选取

作图必须用坐标纸。当决定了作图的参量以后,根据情况选择直角坐标纸(毫米方格纸)、极坐标纸或其他坐标纸。常用的坐标系有:笛卡尔坐标系(又称普通直角坐标系)、半对数坐标系和对数坐标系。应根据数据的特点来选择合适的坐标系。

直线是最容易绘制的图线,也便于使用,在已知函数关系的情况下,作两个变量之间的关系图线时,最好通过适当的变换将某种函数关系的曲线改为线性函数的直线。

例如:

①$y=ax+b$,y 与 x 为线性函数关系,所以选用直角坐标系就可以得直线。

②$y=a\dfrac{1}{x}+b$,若令 $u=\dfrac{1}{x}$,则得 $y=au+b$,y 与 u 为线性函数关系,以 y、u 作坐标时,在线性直角坐标纸上也是一条直线。

③$y=ax^b$,取对数,则 $\lg y=\lg a+b\lg x$,$\lg y$ 与 $\lg x$ 为线性函数关系,应选用对数坐标纸,不必对 x、y 作对数计算,就能得到一条直线。

④$y=ae^{bx}$,取自然对数,则 $\ln y=\ln a+bx$,$\ln y$ 与 x 为线性函数关系,应选用半对数坐标纸。

图纸大小的选择,原则上以不损失实验数据的有效位数为原则并能包括所有实验点作为选取图纸大小的最低限度,即图上的最小分格至少应与实验数据中最后一位准确数字相当。

2)坐标的分度及标记

正确绘制的图形,其坐标上必须标明标度尺用什么数值,一般应使用量的完整名称或标准的通用字母代表尺度所表示的量。除去用量的名称外,必须指明标度尺标所用的单位。

对于直角坐标系,要以自变量为横轴,以因变量为纵轴。用粗实线在坐标纸上描出坐标轴,标明其所代表的物理量(或符号)及单位,在轴上每隔一定间距标明该物理量的数值。

坐标纸的大小及坐标轴的比例,要根据测得值的有效数字和结果的需要来定。原则上讲,数据中的可靠数字在图中应为可靠的,而最后一位的估读数在图中亦是估计的,即不能因作图而引进额外的误差。

在坐标轴上每隔一定间距应均匀地标出分度值,标记所有有效数字位数应与原始数字的有效位数相同,单位应与坐标轴的单位一致。坐标分度的选择,应该使得每一个数据点在坐标系上的位置能方便地找到,以便在图上读出数据点的坐标值,标度尺分度之间的距离通常不得小于2 mm。

当x和y观测值的测量误差Δx和Δy为已知时,$(x+\Delta x,y+\Delta y)$两个坐标轴比例尺的选法,应使以$2\Delta x$和$2\Delta y$为边长的实验"点"的小矩形成正方形或近似正方形,并使得$2\Delta x=2\Delta y=2$ mm,求得坐标比例常数。

在通常情况下,确定坐标轴的分度时,既要保证不会因为比例常数过大而降低实验数据的准确度,又要避免因比例常数过小而造成图中数据点分布异常的假象。所以,建议选取坐标轴的比例常数$M=(1,2,5)\times 10^{\pm n}$($n$为整数),不使用3,6,7,8等比例常数,因为在数据绘图时比较麻烦,容易导致错误。另外,如果根据数据x和y的绝对误差Δx和Δy求出的坐标比例常数M不恰好等于M的推荐值,可选用稍小的推荐值,将图适当地画大一些,以保证数据的准确度不因作图而降低。

为了充分利用坐标纸并使图线布局合理,坐标分度不一定从零开始,可以用低于原始数据的某一整数作为坐标分度的起点,用高于测量所得最高值的某一整数作为终点,这样的图线就能充满所选用的整个图纸。

3)标实验点

要根据所测得的数据,用明确的符号准确地表明实验点,要做到不错不漏。常用的符号表示有"+""×""⊙""△"等符号标出。

若在同一图纸上画不同图线,标点应该用不同符号,以便区分。同时应在不同的曲线旁边上文字标注,以便识别。还可用不同颜色对不同的曲线加以区分。

4)连接实验图线

把实验点连接成图线,由于每个实验数据都有一定的误差,所以图线不一定要通过每个实验点。应该按照实验点的总趋势,把实验点连成光滑的曲线(仪表的校正曲线不在此列),使大多数的实验点落在图线上,其他的点在图线两侧均匀分布,这相当于在数据处理中取平均值。对于个别偏离图线很远的点,要重新审核,进行分析后决定是否应剔除。

5)注解和说明

作完图后,在图的明显位置上标明图名、作者和作图日期,有时还要附上简单的说明,如实验条件等,使读者能一目了然,最后要将图粘贴在实验报告上。

6.1.3　逐差法

逐差法又称逐差计算法，是对等间隔测量的数据进行逐项或隔项相减来获得实验结果的数据处理方法。计算简便，既可以验证函数的表达形式，又可以充分利用测量数据，及时发现错误，起到减小随机误差的作用。

当两个变量之间存在线性关系，且自变量为等差级数变化的情况下，常采用逐差法处理一元线性拟合问题。逐差法不像作图法拟合直线那样具有较大的随意性，且比最小二乘法计算简单而结果相近，在物理实验中是常用的数据处理方法。逐差法只适用于自变量 x 为等间隔变化而函数 y 为线性函数或多项式形式的函数。后者需用多次逐差，一般用来验证多项式形式的函数关系。

1）逐项逐差

逐项逐差可以验证线性函数。方法是：将对应于各个自变量 x_i 的函数值 y_i 逐项相减，如果相应的各函数值逐项相减一次都得一常量，即说明 y 是 x 的函数。对线性函数的验证如下所述。

当 $y=a+bx$ 时，测得 (x_i,y_i)，令 $x_i=x_0+i\Delta x$，有

$$y_i=a+b(x_0+i\Delta x)\qquad(i=1,2,\cdots,n)\tag{6.21}$$

对以上各方程逐差一次，得

$$y_i-y_{i-1}=b\Delta x\qquad(i=1,2,\cdots,n)\tag{6.22}$$

以上各式中的 Δx 是自变量每次的增量，但由于 x 是等间隔变化的，所以 $b\Delta x$ 为一恒量。因此，当各函数值的一次逐差结果都是恒量时，则函数是线性函数。

2）隔项逐差

隔项逐差一般用于等间隔线性变化的测量中。

根据误差处理，我们知道多次测量的算术平均值是测量的最佳值，为了减小随机误差，在实验过程中测量次数应尽量多。但在等间隔线性变化测量中，如果仍用一般的求平均值的方法，结果将发现只有第一次和最后一次测量值有用，其中间值全部抵消了，这样就无法反映出多次测量能减小随机误差的优点。为保持多次测量的优点，应采用隔项逐差的方法。该方法是：将测得的数据按次序等分为前后两组，将后一组的第一项与前一组的第一项相减，后一组的第二项与前一组的第二项相减，依次类推，再利用各项减项的差值求出被测量的算术平均值。

3）一次逐差和二次逐差

对多项式实施一次逐差处理，即逐差一次，称为一次逐差。在对多项式进行一次逐差之后，再接着进行第二次逐差处理，即逐差二次，二次逐差要在一次逐差的基础上进行。一次逐差用于线性函数的验证与求值，二次逐差用于二次多项式的验证与求值。现仅对二次逐差作一简单介绍。

当 $y=a+bx+cx^2$ 时，测得 (x_i,y_i)，则可以推到

$$\delta^2 y_i = \delta y_{i+1} - \delta y_i = 2c\,(\Delta x)^2 \qquad (i = 1, 2, \cdots, n) \tag{6.23}$$

其中 $\delta y_i = y_{i+1} - y_i$ 为一次逐差结果，Δx 为自变量每次变化值（为恒定值），故若发现二次逐差量为定值时，可说明 y 是 x 的二次多项式。

6.1.4　最小二乘法拟合实验数据

由于任何一组实验测试数据 $(x_i, y_i)(i = 1, 2, \cdots, n)$ 本身会受到各种因素的影响，如随机测试误差的影响而产生波动，即数据点都会发生“波动”，在绘制实验曲线时，如果按照点点通过将数据点连接成一曲线，这种看起来精确的方法不符合实际情况，因而是不可取的。

正确的方法是用一条光滑的曲线，以适当的方式来逼近这些数据，因为曲线并不通过每个数据点，可以弥补由于误差造成的数据点的波动。由一组实验数据拟合出一条最佳直线，常用的方法是最小二乘法。设物理量 y 和 x 之间的满足线性关系，则函数形式为

$$y = a_1 x + a_2 \tag{6.24}$$

最小二乘法就是要用实验数据来确定方程中的待定常数 a_1 和 a_2，即直线的斜率和截距。

讨论最简单的情况，即每个测量值都是等精度的，且假定 x 和 y 值中只有 y 有明显的测量随机误差。如果 x 和 y 均有误差，只要把误差相对较小的变量作为 x 即可。由实验测量得到一组数据为 $(x_i, y_i; i = 1, 2, \cdots, n)$，其中 $x = x_i$ 时对应的 $y = y_i$。由于测量总是有误差的，将这些误差归结为 y_i 的测量偏差，并记为 $\varepsilon_1, \varepsilon_2, \cdots, \varepsilon_n$，如图 6.1 所示。这样，将实验数据 (x_i, y_i) 代入方程 $y = a_1 x + a_2$ 后，得到

$$\left.\begin{aligned} y_1 - (a_1 x_1 + a_2) &= \varepsilon_1 \\ y_2 - (a_1 x_2 + a_2) &= \varepsilon_2 \\ &\vdots \\ y_n - (a_1 x_n + a_2) &= \varepsilon_n \end{aligned}\right\} \tag{6.25}$$

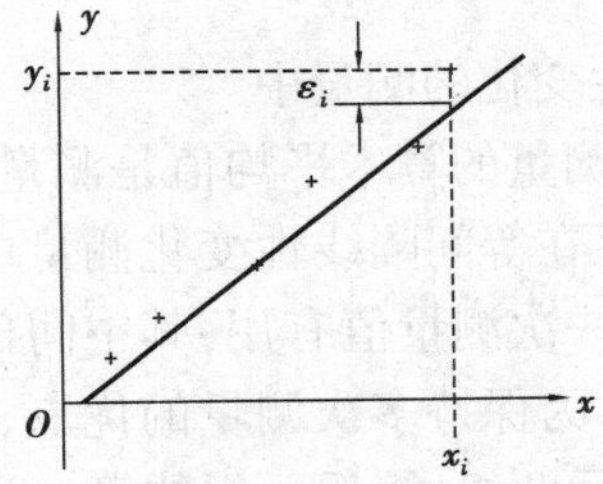

图 6.1　y_i 的测量偏差

用一系列的数据 $(x_i, y_i)(i = 1, 2, \cdots, n)$ 绘制曲线，用数据点的坐标值与曲线上对应点的坐标值之差 ε_i 作为评价这条曲线合理的标准。

式(6.25)则可以表示为：

$$\varepsilon_i = f(x_i) - y_i \tag{6.26}$$

式中　ε_i——残差；

$f(x_i)$——理论值；

y_i——相应的实测值。

通常用的评价方法,使残差平方和 $\sum_{i=1}^{n}\varepsilon_i^2$ 达到最小。这就是通常说的最小二乘法。

用最小二乘法绘制实验曲线,其实质就是要找一个经验方程来描述这些数据,并使每个点的 $f(x_i)$ 和 y_i 之差的平方和为最小。以最小二乘法拟合直线为例进行说明。

设有测得的数据点 $(x_i, y_i)(i = 1,2,\cdots,m)$,根据这些数据点的分布情况,预测到它们之间呈线性关系,并设该线性方程为一般形式 $y = a_1x + a_2$。于是,可按最小二乘法的原理建立下面的式子:

$$\sum_{i=1}^{m}\varepsilon_i^2 = \sum_{i=1}^{m}(a_1x_i + a_2 - y_i)^2 \tag{6.27}$$

其中 x_i, y_i 为测得的已知数据点的值,这个方程可以看成是关于 a_1 和 a_2 的函数,即有两个未知数 a_1 和 a_2。这两个未知数也就是我们预测的线性方程中的系数和常数项。于是,式(6.27)可改写成函数形式为:

$$f(a_1, a_2) = \sum_{i=1}^{m}(a_1x_i + a_2 - y_i)^2 \tag{6.28}$$

根据最小二乘法的要求,要使 $\sum_{i=1}^{m}\varepsilon_i^2$ 达到最小值。也就是说 a_1 和 a_2 为何值时,该函数 $f(a_1, a_2)$ 能取得极小值。显然,这是一个二元函数求极小值条件的问题,其条件为:

$$\frac{\partial f(a_1, a_2)}{\partial a_1} = 0 \qquad \frac{\partial^2 f(a_1, a_2)}{\partial a_1^2} > 0$$

$$\frac{\partial f(a_1, a_2)}{\partial a_2} = 0 \qquad \frac{\partial^2 f(a_1, a_2)}{\partial a_2^2} > 0$$

$$\left.\begin{aligned} 2\sum(a_1x_i + a_2 - y_i) &= 0 \\ 2\sum(a_1x_i + a_2 - y_i)x_i &= 0 \end{aligned}\right\} \tag{6.29}$$

即展开整理后的:

$$\begin{aligned} a_1\sum x_i + a_2 &= \sum y_i \\ a_1\sum x_i^2 + a_2\sum x_i &= \sum x_iy_i \end{aligned} \tag{6.30}$$

式(6.30)写成矩阵形式为:

$$\begin{bmatrix} \sum x_i & m \\ \sum x_i^2 & \sum x_i \end{bmatrix}\begin{bmatrix} a_1 \\ a_2 \end{bmatrix} = \begin{bmatrix} \sum y_i \\ \sum x_iy_i \end{bmatrix} \tag{6.31}$$

可以看出,现行方程组可以有唯一解。这样,求解该方程组可的未知系数 a_1 和 a_2 的值,从而使得线性函数表达式 $y = a_1x + a_2$ 唯一确定,并可根据该表达式绘出图形。

$$a_1 = \frac{\sum_{i=1}^{n}x_i\sum_{i=1}^{n}(x_iy_i) - \sum_{i=1}^{n}x_i^2\sum_{i=1}^{n}y_i}{\left(\sum_{i=1}^{n}x_i\right)^2 - n\sum_{i=1}^{n}x_i^2} \tag{6.32}$$

$$a_2 = \frac{\sum_{i=1}^{n} x_i \sum_{i=1}^{n} y_i - n \sum_{i=1}^{n} (x_i y_i)}{\left(\sum_{i=1}^{n} x_i\right)^2 - n \sum_{i=1}^{n} x_i^2} \tag{6.33}$$

令 $\bar{x} = \frac{1}{n}\sum_{i=1}^{n} x_i, \bar{y} = \frac{1}{n}\sum_{i=1}^{n} y_i, \bar{x}^2 = \left(\frac{1}{n}\sum_{i=1}^{n} x_i\right)^2, \overline{x^2} = \frac{1}{n}\sum_{i=1}^{n} x_i^2, \overline{xy} = \frac{1}{n}\sum_{i=1}^{n}(x_i y_i)$，

则：

$$a_1 = \bar{y} - a_2\bar{x} \tag{6.34}$$

$$a_2 = \frac{\bar{x}\cdot\bar{y} - \overline{xy}}{\bar{x}^2 - \overline{x^2}} \tag{6.35}$$

如果实验是在已知 y 和 x 满足线性关系下进行的，那么用上述最小二乘法线性拟合（又称一元线性回归）可解得斜率 a_1 和截距 a_2，从而得出回归方程 $y = a_1 x + a_2$。如果实验是要通过对 x、y 的测量来寻找经验公式，则还应判断由上述一元线性拟合所确定的线性回归方程是否恰当。这可用下列相关系数 r 来判别：

$$r = \frac{\overline{xy} - \bar{x}\cdot\bar{y}}{\sqrt{(\overline{x^2} - \bar{x}^2)(\overline{y^2} - \bar{y}^2)}} \tag{6.36}$$

其中 $\bar{y}^2 = \left(\frac{1}{n}\sum_{i=1}^{n} y_i\right)^2, \overline{y^2} = \frac{1}{n}\sum_{i=1}^{n} y_i^2$。

可以证明，$|r|$ 值总是在 0 和 1 之间。$|r|$ 值越接近 1，说明实验数据点密集地分布在所拟合的直线的近旁，用线性函数进行回归是合适的。$|r| = 1$ 表示变量 x、y 完全线性相关，拟合直线通过全部实验数据点。$|r|$ 值越小线性越差，一般 $|r| \geqslant 0.9$ 时可认为两个物理量之间存在较密切的线性关系，此时用最小二乘法直线拟合才有实际意义，如图 6.2 所示。

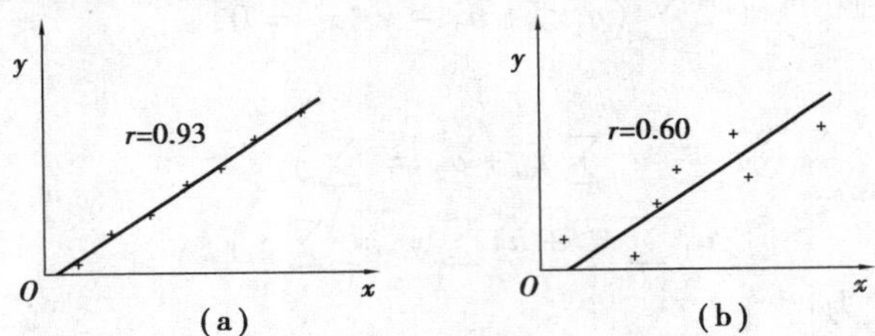

图 6.2　相关系数与线性关系

6.1.5　常用的数据图

实验的数据图形处理软件常用的有：Matlab、Excel、Origin 等。有关数据处理软件的详细介绍，读者可以参考相关书籍。根据图形形状可以分为线图、柱形图、环形图、散点图、曲面图等。下面简要介绍常用的数据图。

1）线图

线图（line graph/chart）一般可用来表示因变量随自变量的变化情况。线图具有动态性，可用于不同事物或现象的比较 。

线图可以分为单式线图和复式线图:单式线图表示某一种事物或现象的动态;而复式线图则是在同一图中可以表示两种或两种以上事物或现象(图6.3)。

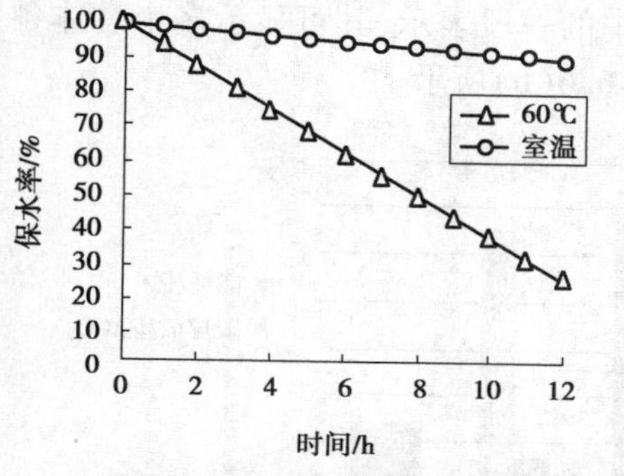

(a)高吸水性树脂保水率与时间和温度的关系

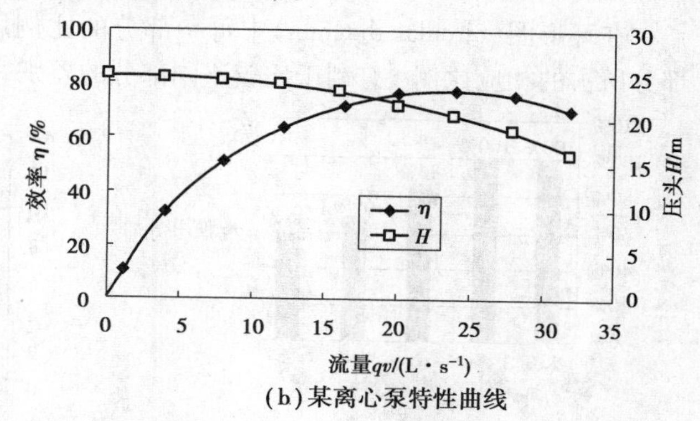

(b)某离心泵特性曲线

图6.3　线图

2)散点图

散点图(scatter diagram)表示两个变量间的相互关系。从散点图中我们可以看出变量关系的统计规律(图6.4)。

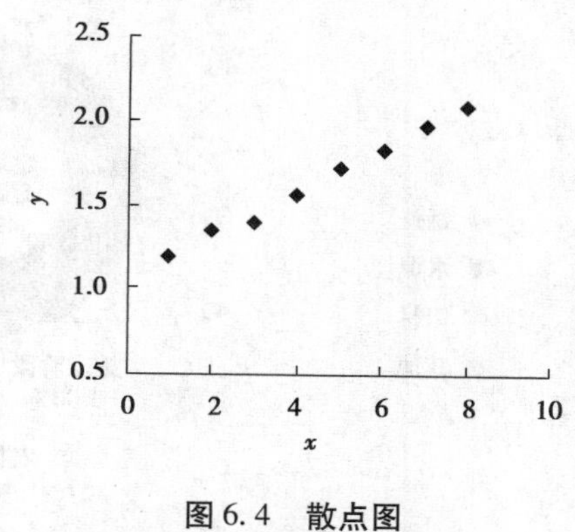

图6.4　散点图

3)柱形图

柱形图用等宽长条的长短或高低来表示数据的大小,以反映各数据点的差异两个坐标轴的性质不同。柱形图中有两条轴:数值轴(一般是纵轴)表示数量性因素或变量;分类轴(一般是横轴)表示的是属性因素或非数量性变量。

柱形图可分为单式和复式:单式只涉及一个事物或现象;复式涉及两个或两个以上的事物或现象(图6.5)。

4)圆形图和环形图

(1)圆形图

圆形图(circle chart)也称为饼图(pie graph)。它可以表示总体中各组成部分所占的比例。饼图的总面积看成100%,每3.6°圆心角所对应的面积为1%,以扇形面积的大小来分别表示各项的比例。饼图只适合于包含一个数据系列的情况,如图 6.6(a)所示。

(2)环形图

在环形图(circular diagram)中每一部分的比例用环中的一段表示,其可显示多个总体各部分所占的相应比例,有利于比较不同部分的差别,如图 6.6(b)所示。

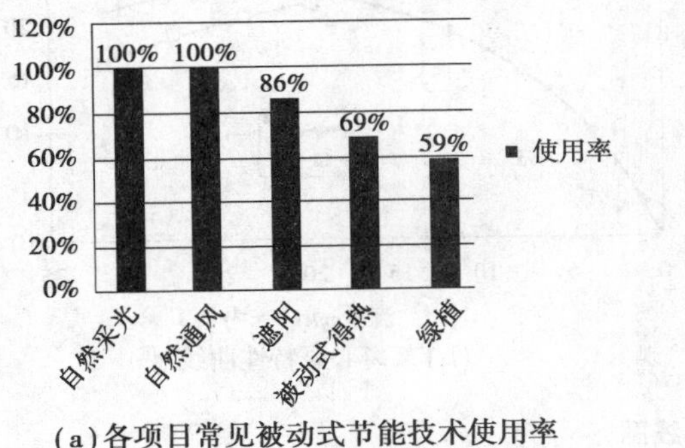

(a)各项目常见被动式节能技术使用率

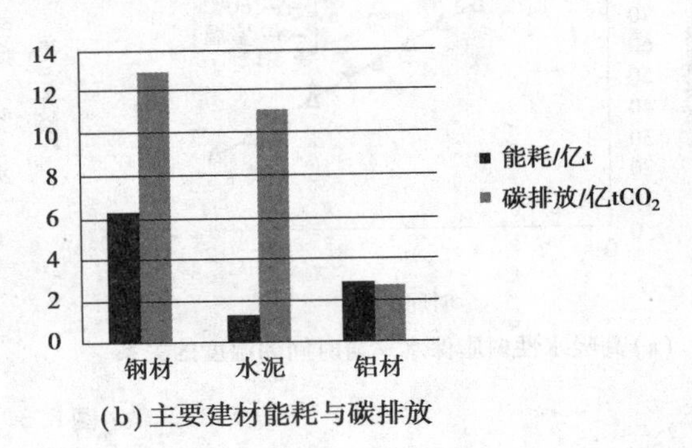

(b)主要建材能耗与碳排放

图 6.5 柱形图

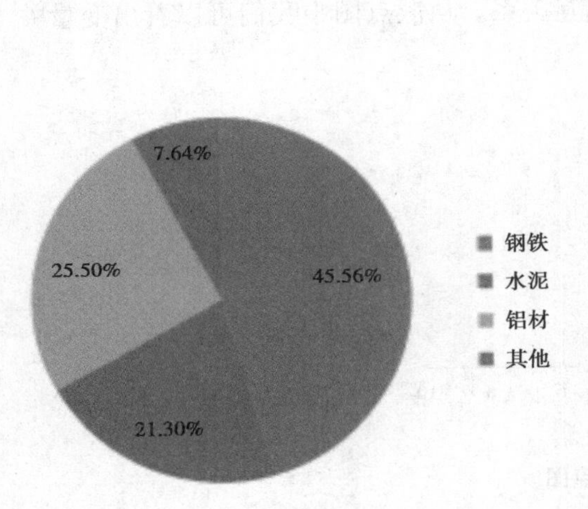

(a)主要建材能耗占比

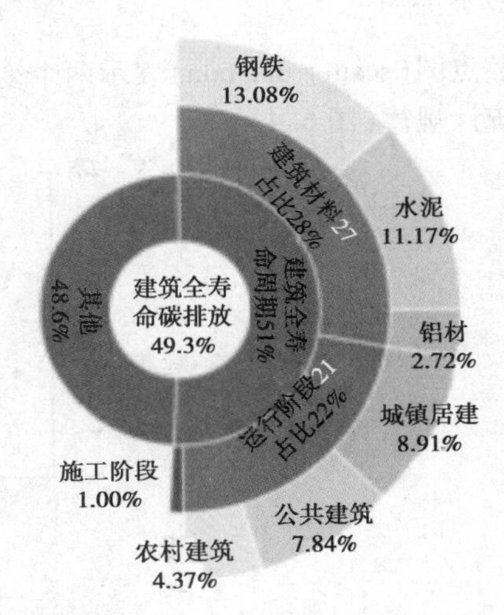

(b)全国建筑全寿命周期碳排放总量(亿tCO_2)

图 6.6 饼图和环形图

(3)三维表面图

三维表面图(3D surface graph)是三元函数 $Z=f(X,Y)$ 对应的曲面图,根据曲面图可以看出因变量 Z 值随自变量 X 和 Y 值的变化情况(图 6.7)。

(4)等高线图

等高线图(contour plot)是图上 Z 值相等的点连成的曲线在水平面上的投影(图 6.8)。

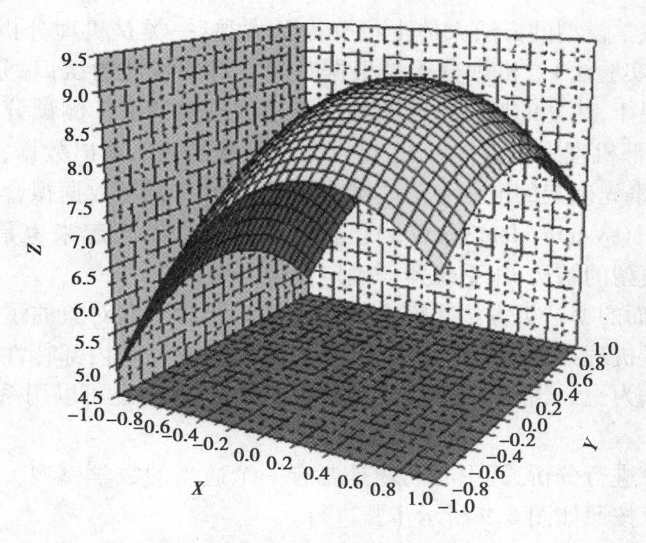

图6.7 三维表面图

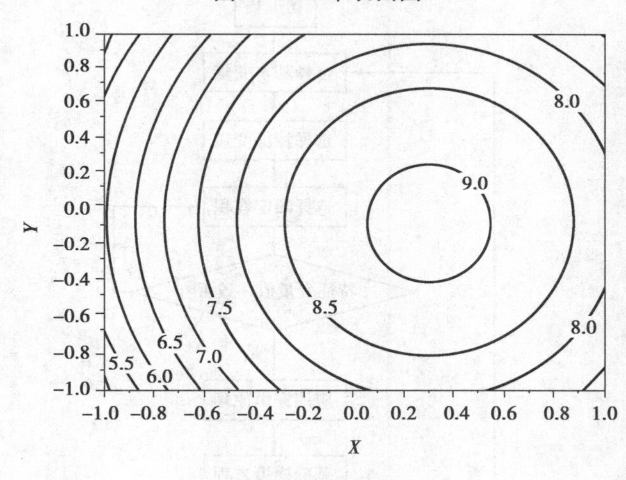

图6.8 三维等高线图

6.2 数学模型的建立

数学模型是运用数理逻辑方法和数学语言建构的科学或工程模型，是针对参照某种事物系统的特征或数量依存关系，采用数学语言，概括或近似地表述出的一种数学结构，这种数学结构是借助于数学符号刻画出来的某种系统的纯关系结构。从广义理解，数学模型包括数学中的各种概念，各种公式和各种理论。因为它们都是由现实世界的原型抽象出来的，从这个意义上讲，整个数学也可以说是一门关于数学模型的科学。从狭义理解，数学模型只指那些反映了特定问题或特定的具体事物系统的数学关系结构，这个意义上也可理解为联系一个系统中各变量间内的关系的数学表达。

一般说来建立数学模型的方法大体上可分为两大类:一类是机理分析方法(解析法),一类是测试分析方法(实验法)。机理分析是根据对现实对象特性的认识、分析其因果关系,找出反映内部机理的规律,建立的模型常有明确的物理或现实意义。测试分析将研究对象视为一个“黑箱”系统,内部机理无法直接寻求,可以测量系统的输入输出数据,并以此为基础运用统计分析方法,按照事先确定的准则在某一类模型中选出一个与数据拟合得最好的模型。这种方法称为系统辨识(system identification)。将这两种方法结合起来也是常用的建模方法。即用机理分析建立模型的结构,用系统辨识确定模型的参数。

可以看出,用上面的哪一类方法建模主要是根据人们对研究对象的了解程度和建模目的决定的。如果掌握了机理方面的一定知识,模型也要求具有反映内部特性的物理意义。那么应该以机理分析方法为主。当然,若需要模型参数的具体数值,还可以用系统辨识或其他统计方法得到。

对任一物理现象进行分析,其中心问题是要有一个适当的数学模型。基于机理分析建立数学模型的步骤可以按照如图 6.9 所示步骤进行。

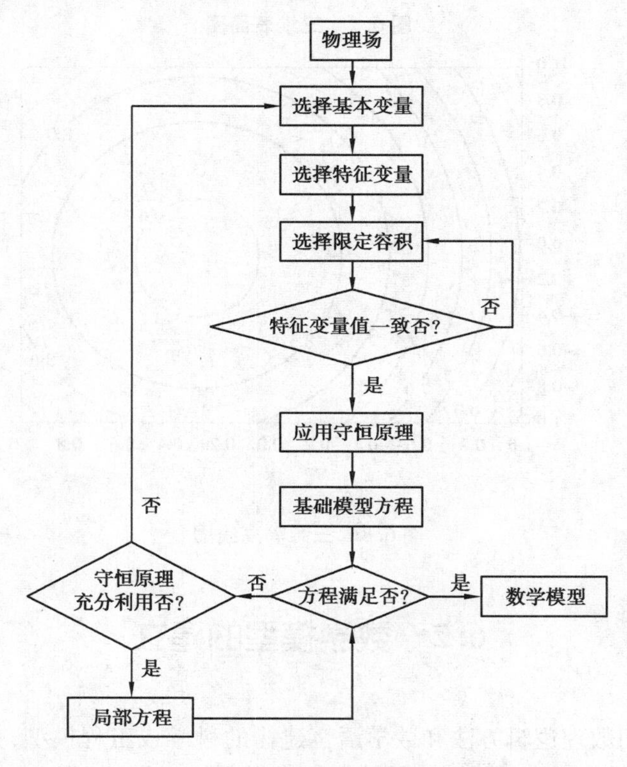

图 6.9 基于机理分析建立数学模型的步骤

(1)选择基本变量

基本变量是指一些量的组合,这些量的值在任何时间均包含所有的、对所讨论现象所必要的信息。一般来说,这些基本变量是质量、动量、能量和热量等。在理论上,所讨论的现象均遵守自然界的守恒规律,如质量守恒、能量守恒、动量守恒等。

在很多场合,上述基本变量无法直接测定,可选择一些特征变量来表达它们。

(2)选择特征变量

特征变量是可以直接测定的变量,如密度、温度、压力、湿度等。这些特征变量再经过正确的组合就可以确定基本变量。如质量、能量和动量可以用密度、温度、压力、速率等加以表征。基本变量需要一个以上的特征变量来表征,这些特征变量在任何时间、空间和任何点上的值就决定了系统的状态。

(3)局部方程和限定容积

除了守恒定律之外,还需要附加的补充关系式。必须选定限定容积即微元体,才能将变量作常量处理。对微元体才可以应用守恒原理推导变量间的关系。

(4)应用守恒原理建立方程

一般的工程问题,涉及4个独立的变量,即时间和三维空间坐标 x,y,z。可以根据质量、能量和动量守恒原理列出方程。

建筑环境专业接触最多的动量、热量和质量传递过程,目前多数问题尚不能用纯数学推导而得出理论公式,所以需要借助于理论推导及实验验证的方法,来解决实际问题。

科学实验的根本任务之一,就是将实验数据整理成反映某些变量间关系的数学模型。为此,由实验求取数学模型含有双重任务:一是确定函数形式;二是求公式系数。

6.3　因次分析

正如6.2节所述,建立数学模型的方法一般可以分为解析法和实验法。建立物理问题的微分方程,则可以利用计算机求其数值解。但若碰到的问题十分复杂,难以建立微分方程时,就需要借助实验研究。如对于建筑热过程中有些传热传质问题,做理论分析较为困难,需要在特定的范围内通过实验求取其近似模型,即经验公式。

因次分析又称量纲分析,是对过程有关物理量的因次(即量纲)进行分析,得到为数较少的无因次数(即无量纲参数)群间关系的方法,和相似论方法同为指导实验的工程研究方法,在工程学科的研究中有着广泛的应用。

因次分析是实验研究的理论基础。因次分析的唯一依据是方程的齐次性(即因次的一致性),它可以很方便地将未知函数关系转换为无因次的准数方程形式。这样就可以根据准数关系式去设计实验,通过实验确定式中常数。本节简要介绍因次分析方法。

1)因次的概念

研究任一物理现象,都不可避免地要研究这一物理现象变化着的各个物理量以及这些物理量之间的关系。

表征一物理量,除了要有量的数值外,还要有量的种类(或类别),如长度、时间、质量、力等。把表征物理量的种类称为“因次”,或称为“量纲”。

度量各物理量数值大小的标准,称为单位。单位是人为确定的,目前国际上大多数国家采用国际单位制。

2)物理量的因次分类

物理量可以分为两大类,一类是有因次的,如长度、时间、速度、加速度、质量、力等,这类物理量是以人为的单位来表示,其数值大小随着单位的更换而改变;另一类是无因次的,如坡度、雷诺数等,这些量是一个纯数或比值,其数值大小不受量度单位更换的影响。

物理量的因次也可以分为两大类:一类是基本因次,它们彼此相互独立,即它们中任何一个不能从其他基本因次推导出来。

力学上通常选择长度(以[L]表示)、时间(以[T]表示)和质量(以[M]表示)作为基本因次,显然它们是相互独立的。它们中的任一个都不能从另外两个推导出来(例如[L]不可能由[M]、[T]来组成)。

另一类因次称为导出因次,这类因次可以由基本因次推导出来。例如,速度因次[v]就可以由选定的基本因次推导出来,因为速度是表示单位时间内质点的位移,即 $v = ds/dt$,若选择[M、L、T]作为基本因次,则速度因次可表示为$[v] = [LT^{-1}]$;加速度的因次表示为$[a] = [LT^{-2}]$;力的因次为:$[F] = [MLT^{-2}]$。

可见某一物理量的因次总是可以由基本因次推导出来,而且是基本因次幂指数的乘积,即:

$$[y] = [M]^{\alpha}[L]^{\beta}[T]^{\gamma} \tag{6.37}$$

式(6.37)称为因次关系式。

3)因次的和谐性原理

凡是正确反映某一物理现象变化规律的完整物理方程,其各项因次都必须是一致的。利用方程因次和谐特征,可以探求物理方程的结构形式,检验复杂方程式的正确性,还可以用来导出模型实验中必须遵循的相似准则。

4)因次分析方法——π 定理

在因次和谐原理基础上,发展起来的因次分析法分为瑞利法和 π 定理。下面介绍 π 定理。

π 定理的基本内容是:若某一物理过程包含有 n 个物理量,存在函数关系:

$$f(x_1, x_2, \cdots, x_n) = 0 \tag{6.38}$$

其中有 m 个基本量(量纲独立,不能相互导出的物理量),则该物理过程可由$(n-m)$个无量纲项所表达的关系式来描述。即:

$$F(\pi_1, \pi_2, \cdots, \pi_{n-m}) = 0 \tag{6.39}$$

式中,$\pi_1, \pi_2, \cdots, \pi_{n-m}$为$(n-m)$个无量纲数,因为这些无量纲数是用 π 来表示的,所以称此定理为 π 定理。π 定理在 1915 年由美国物理学家白金汉提出,故又称为白金汉定理。此定理指出:对一特定的物理现象,由因次分析得到无因次数群的数目,必等于该现象所涉及的物理量数目与该学科领域中基本因次数之差。

π 定理的应用步骤如下:

①确定物理过程的有关物理量:

$$f(x_1, x_2, \cdots, x_n) = 0$$

②从 n 个物理量中选取 m 个基本量。对于不可压缩流体运动，一般取 $m=3$。设 x_1,x_2,x_3 为所选的基本量，由量纲公式可得：

$$[x_1]=L^{\alpha_1}T^{\beta_1}M^{\gamma_1}$$
$$[x_2]=L^{\alpha_2}T^{\beta_2}M^{\gamma_2}$$
$$[x_3]=L^{\alpha_3}T^{\beta_3}M^{\gamma_3}$$

满足 x_1,x_2,x_3 量纲独立的条件是量纲式中的指数行列式不等于零，即：

$$\begin{vmatrix}\alpha_1 & \beta_1 & \gamma_1\\ \alpha_2 & \beta_2 & \gamma_2\\ \alpha_3 & \beta_3 & \gamma_3\end{vmatrix}\neq 0$$

③基本量依次与其余物理量组成 $(n-m)$ 个无量纲 π 项。

$$\pi_1=x_1^{a_1}x_2^{b_1}x_3^{c_1}x_4$$
$$\pi_2=x_1^{a_2}x_2^{b_2}x_3^{c_2}x_5$$
$$\vdots$$
$$\pi_{n-3}=x_1^{a_{n-3}}x_2^{b_{n-3}}x_3^{c_{n-3}}x_n$$

④根据量纲和谐原理，确定各 π 项基本量的指数 a_i,b_i,c_i，求出 $\pi_1,\pi_2,\cdots,\pi_{n-3}$。

⑤整理方程式 $F(\pi_1,\pi_2,\cdots,\pi_{n-3})=0$。

【例6.5】　不可压缩黏性流体在水平圆管内流动，试用 π 定理导出其压强损失 Δp 的表达式。

解：①确定有关物理量。根据实验可知，压强损失 Δp 与管径 d，管长 l，管壁粗糙度 Δ，断面平均流速 v，流体的动力黏度 μ 和管内流体密度 ρ 有关，即：

$$f(\Delta p,d,l,\Delta,v,\mu,\rho)=0$$

②选取基本量。在有关物理量中选取 d,v,ρ 为基本量，它们的指数行列式：

$$\begin{vmatrix}1 & 0 & 0\\ 1 & -1 & 0\\ -3 & 0 & 1\end{vmatrix}\neq 0$$

符合基本量条件。

③组成 π 项，应有 $n-m=7-3=4$ 个 π 项。即

$$\pi_1=d^{a_1}v^{b_1}\rho^{c_1}l$$
$$\pi_2=d^{a_2}v^{b_2}\rho^{c_2}\mu$$
$$\pi_3=d^{a_3}v^{b_3}\rho^{c_3}\Delta$$
$$\pi_4=d^{a_4}v^{b_4}\rho^{c_4}\Delta p$$

④确定各 π 项基本量的指数，求 π_1,π_2,π_3,π_4。

$\pi_1:[\pi_1]=[d^{a_1}v^{b_1}\rho^{c_1}l]$

$$L^0T^0M^0=(L)^{a_1}(LT^{-1})^{b_1}(ML^{-3})^{c_1}L=L^{a_1+b_1-3c_1+1}T^{-b_1}M^{c_1}$$

$$L:a_1+b_1-3c_1+1=0$$
$$T:-b_1=0$$
$$M:c_1=0$$

得 $a_1=-1, b_1=0, c_1=0, \pi_1=\frac{1}{d}$

$$\pi_2:[\pi_2]=[d^{a_2}v^{b_2}\rho^{c_2}\mu]$$

$$L^0T^0M^0=(L)^{a_2}(LT^{-1})^{b_2}(ML^{-3})^{c_2}ML^{-1}T^{-1}=L^{a_2+b_2-3c_2-1}T^{-b_2-1}M^{c_2+1}$$

$$L:a_2+b_2-3c_2-1=0$$

$$T:-b_2-1=0$$

$$M:c_2+1=0$$

得 $a_2=-1, b_2=-1, c_2=-1, \pi_2=\frac{\mu}{\rho vd}=\frac{1}{Re}$

同理可得

$$\pi_3=\frac{\Delta}{d}, \pi_4=\frac{\Delta p}{\rho v^2}$$

⑤整理方程式:根据式(6.39)有:

$$F\left(\frac{1}{d},\frac{1}{Re},\frac{\Delta}{d},\frac{\Delta p}{\rho v^2}\right)=0$$

则

$$\frac{\Delta p}{\rho v^2}=f\left(\frac{1}{d},Re,\frac{\Delta}{d}\right)$$

或

$$h_f=\frac{\Delta p}{\rho g}=2f\left(\frac{1}{d},Re,\frac{\Delta}{d}\right)\frac{v^2}{2g}$$

实验证明,沿程水头损失 h_f 与管长 l 成正比,与管径 d 成反比,故:

$$h_f=\frac{\Delta p}{\rho g}=f_1\left(Re,\frac{\Delta}{d}\right)\frac{v^2}{2g}$$

令 $\lambda=f_1\left(Re,\frac{\Delta}{d}\right)$,则:

$$h_f=\frac{\Delta p}{\rho g}=\lambda\ \frac{1}{d}\ \frac{v^2}{2g}$$

上式即为有压管流压强损失的计算公式,又称达西公式。式中 λ 称为沿程阻力系数,与雷诺数 Re 和相对粗糙度 Δ/d 有关,可由实验确定。

5)因次分析方法的特点

因次分析方法有两个优点:

①变量数减少了,实验工作量可以减少。

②由于只需逐次改变无因次数的值,而不必逐个改变各物理量的值,实验工作可以大大简化。

例如,在上述关于流动阻力的研究中,改变雷诺数$\left(Re=\frac{\rho vd}{\mu}\right)$的值,原则上只需改变流速 v,即不需改变管径 d,也不需更换流体以改变流体性质 ρ 和 μ,所得实验结果可同样有效地用于其他管径和其他流体。

与相似论相比，因次分析方法不需要先列出描述过程的微分方程式，只需事先确定有关物理量。因此，因次分析方法的应用范围较相似论广。但是因次分析方法并不能指出哪些物理量是有关的和必要的，若过多地引入了一些关系不大的物理量，常常会增加分析上的复杂性；若遗漏了实际上有关的物理量（特别是当过程涉及无因次的物理量时），则可能导致严重的失误。

关于因次分析和相似理论，更深层次的内容，读者可以参考相似理论相关文献书籍。

6.4　寻求数学模型函数形式的方法

由实验数据建立数学模型，关键问题是如何确定变量间可能存在的函数形式，它是下一步利用数学手段、确定公式系数的准绳。确定数学模型函数形式一般有3种方法：

①由实验理论寻求数学模型的函数形式。

②利用专业经验确定数学模型的函数形式。

③将实验数据标绘成曲线，与各种曲线对照，确定函数形式。

6.4.1　由实验理论寻求数学模型的函数形式

在传热或通风模型的研究中，因次分析已成为热工实验设计和数据整理的重要手段。

准数间关系的实验，通常是这样设计的，据因次分析所得出的自变量准数和因变量准数，设法对诸自变准数改变其中之一，其余固定，如此轮流进行，以测定其与因变准数的依从关系，在整理实验数据和绘制实验曲线时，也应按准数进行，如：$Nu = f(Re, Pr) = a\ Re^b\ Pr^c$。准则数是指由几个物理量组成的无量纲的数，有一定的物理意义。

常用重要相似准数见表6.5。

表6.5　主要相似准数

公式	符号说明
雷诺准数 $Re = \frac{ul}{\nu}$	u——空气速度（m/s）；l——特性长度尺寸（m），如风管直径等；ν——气体黏度系数（m^2/s）
傅鲁德准数 $Fr = u^2/(gl)$	g——重力加速度（m^2/s）
阿基米德准数 $Ar = (gl\Delta t)/[u^2(273 + t_s)]$	Δt——研究对象与周围空气温度 t_s 的温差（℃）
葛拉晓夫准数 $Gr = (gl^3\beta\Delta t)/\nu^2$ 蒸发液体的葛拉晓夫准数 $Gr' = [gl^3(\rho_s - \rho_l)]/(\nu^2\rho_l)$	$\beta = t_m^{-1}$——空气体积膨胀系数，$℃^{-1}$；t_m——物体表面与气体进行热交换的平均温度，℃；Δt——物体表面与气体的温差，℃；ρ_s，ρ_l——分别为周围空气和液体表面上蒸汽的密度，kg/m^3

续表

公式	符号说明
普朗特准数 $Pr=\frac{v}{\alpha}=\frac{v\cdot c_p\rho}{\lambda}$ 扩散的普朗特准数 $Pr'=\frac{\lambda}{D}$	$\alpha=\lambda/c_p\rho$——导温系数，m^2/s；λ——干空气导热系数，W(m·℃)；c_p——气体的定压比热，kJ(kg·℃)；$D=D_0(T/273)^m\cdot 101.325/B$——分子扩散系数，$m^2/s$；$D_0$——在 $t=0$ ℃和大气压力 $B=101.325$ kPa 下的分析扩散系数；$T=t+273$；m——指数
努谢尔特准数 $Nu=\frac{\alpha l}{\lambda}=c\ (Gr\cdot Pr)^n$ 扩散的努谢尔特准数 $Nu'=\frac{\beta' l}{D}=c\ (Gr\cdot Pr')^n$	α——液体的放热系数，W(m^2·℃)；n——在对流情况下的幂指数；$\beta'=G/F(q_l-q_s)$——物质的蒸发速度，m/s；F——蒸发面积，m^2；G——蒸发量，g/s；q_l 和 q_s 分别在蒸发表面上蒸汽的浓度和周围空气中的蒸汽浓度，g/m^3；c——取决于实验条件和气体对流状态的系数
贝克列准数 $Pe=Pr\cdot Re=(ul)/\alpha$	

6.4.2 利用专业经验确定数学模型的函数形式

1）利用 n 次多项式拟合实验曲线

对供热专业常用 n 次多项式与实验数据相拟合，即：

$$\phi(x)=a_0+a_1x+a_2x^2+\cdots+a_nx^n \tag{6.40}$$

该式有时可出现特例，即：

$$Y-K=m\ (x-1)^n \tag{6.41}$$

随着 n 不同，此多项式可变成直线方程（$n=1$ 时），抛物线（n 是整数，且 $n>1$ 时）和双曲线（$n<0$ 时）。

比如工程热力学中，比热随热力学温度的变化。

2）指数函数

对研究化学反应速度或其他关系时，常用指数函数：

$$Y=ae^{bx}\text{或 }Y=ab^x \tag{6.42}$$

3）多元线性问题

对比较复杂的问题，又常碰到多元线性方程：

$$Y=a_0+b_1x_1+b_2x_2+b_3x_3+\cdots+b_nx_n \tag{6.43}$$

4）对数函数

将乘法运算转为加法运算，减低复杂程度。比如空气品质气味的浓度、声压。

例如,声压级计算公式:

$$L_p = 20\ \lg \frac{p}{p_0}$$

式中 L_p——声压级,dB;

p——声压,Pa;

p_0——基准声压,在空气中 $p_0 = 2 \times 10^{-5}$(Pa),即 20 μPa。

5)幂函数

传热准则数的关联,见表 6.5。

除以上的方法外,可将实验数据标绘成曲线,与具有各种公式的典型曲线相对照来确定函数形式。内容详见 6.5 小节。

6.5 建立 n 次多项式的数学模型

理论和经验证明,公式(6.40)的 n 次多项式,当其次数增加时,通常可以达到与实验数据(仅有一个自变量)任意接近的程度。所以,如果有 $n+1$ 对实验数(x_0, y_0),则总是可以把数模选成 n 次多项式的形式,解此 $n+1$ 个 $y_i = \varphi(x_i)$ 方程组,即可求出 $n+1$ 个未知的系数 a_0, $a_1, a_2, \cdots, a_n$ 的值。

6.5.1 n 次多项式的建立与差分检验法

差分检验法,不仅可以决定其多项式模型应取的项数,检验此模型是否合理,同时还可以顺便求出多项式的系数值。此外,对其他非多项式模型的检验也是一个有效的手段。

如果选取一系列成等差数列的自变 h 量的值,即:

$$(x_{i+1} - x_i) = h \tag{6.44}$$

式中 h——常数,称为级距或步长。

则:

$$x_i = x_0 + ih \tag{6.45}$$

再以 h 为级距列出 y_i 值来。算出:

一阶差分:

$$\Delta y_i = y_{i+1} - y_i \tag{6.46}$$

二阶差分:

$$\Delta^2 y_i = \Delta y_{i+1} - \Delta y_i \tag{6.47}$$

三阶差分:

$$\Delta^3 y_i = \Delta^2 y_{i+1} - \Delta^2 y_i \tag{6.48}$$

$$\vdots$$

然后作出差分表,见表 6.6。

当第 n 阶差分列内所有的数值相等或几乎相等时,差分的计算就可以停止。差分接近常

数则意味着用 n 次多项式来表示未知函数已足够准确。

表 6.6　n 次多项式差分表

x_i	y_i	Δy_i	$\Delta^2 y_i$	$\Delta^3 y_i \cdots$
x_0	y_0	Δy_0	$\Delta^2 y_0$	$\Delta^3 y_0 \cdots$
x_1	y_1	Δy_1	$\Delta^2 y_1$	$\Delta^3 y_1 \cdots$
x_2	y_2	Δy_2	$\Delta^2 y_2$	$\Delta^3 y_2 \cdots$
x_3	y_3	Δy_3	$\Delta^2 y_3$	⋮
x_4	y_4	Δy_4	⋮	
x_5	y_5	⋮		
⋮	⋮			

需要注意,使用差分时,数据应有严格的误差要求,因为如果其中某一个 y 值有误差,则将在差分中引起加倍的误差。由差分表可以看出,每一列的数值,当转入高一阶差分时,其误差将加倍,因此,函数值即使含有不大的误差,也会使高一阶差分很不准确,有时会导致产生错误的结果。对有效数字也要注意,欲使所求数学模型的系数保持 P 个有效数字时,如果在计算差分时消去了前面的 q 个数字的话,则进行计算的数字就必须含有 $p+q+1$ 个有效数字。

【例 6.6】　试求水的热容 c 与温度 T 之间的数学模型。实测数据见表 6.7。

解:一阶差分 Δc 与二阶差分 $\Delta^2 c$ 都已算出,这里二阶差分已接近常数,故 c 与 T 的关系可以用二次多项式予以表达,即 $c=a_0+a_1T+a_2T^2$。

表 6.7　例 6.6 实验数据与二阶差分表

T	c	$\Delta c \times 10^{-4}$	$\Delta^2 c \times 10^{-4}$
5	1.002 9	−16	3
10	1.001 3	−13	3
15	1.000 0	−15	3
20	0.999 9	−7	3
25	0.998 3	−4	3
30	0.997 9	−1	4
35	0.997 8	−3	3
40	0.998 1	6	3
45	0.998 7	9	
50	0.999 6		

此例说明,差分法可以决定 n 次多项式的方次数。

6.5.2 利用差分确定公式系数

由于多项式可以利用差分的形式来表示,则可利用差分计算求取多项式的常数。将拉格朗日插值多项式,改写成差分(差商)形式时,可得:

$$y = y_0 + \frac{\Delta y_0}{h}(x - x_0) + \frac{\Delta^2 y_0}{2h^2}(x - x_0)(x - x_1) + \cdots + \frac{\Delta^n y_0}{n!\,h^n}(x - x_0)(x - x_1)\cdots(x - x_{n-1}) \tag{6.49}$$

式(6.49)又称牛顿内插公式。显然,用公式可以很容易从差分计算,定出多项式系数值 $a_0, a_1, a_2, \cdots, a_n$。

对例6.6来说,其二阶差分已接近相等,因而,采用二项式的模型就可以确定其数学模型。即:

$$y = a_0 + a_1 x + a_2 x^2 \tag{6.50}$$

为求式(6.50)的系数 a_0, a_1, a_2,可取式(6.50)的前三项,即:

$$y_0 + \frac{\Delta y_0}{h}(x - x_0) + \frac{\Delta^2 y_0}{2h^2}(x - x_0)(x - x_1) \tag{6.51}$$

将式(6.51)展开并重新按升幂排列后,与式(6.50)比较 x 的同次幂系数,可得:

$$\begin{cases} a_0 = y_0 - \dfrac{\Delta y_0}{h}x_0 + \dfrac{\Delta^2 y_0}{2h^2}x_0 x_1 \\ a_1 = \dfrac{\Delta y_0}{h} - \dfrac{\Delta^2 y_0}{2h^2}x_0 - \dfrac{\Delta^2 y_0}{2h^2}x_1 \\ a_2 = \dfrac{\Delta^2 y_0}{2h^2} \end{cases} \tag{6.52}$$

将 $h, y_0, \Delta y_0, \Delta^2 y_0, x_0, x_1$ 值代入上式后,即可求得公式系数 a_0, a_1, a_2。

当三阶差分近似相等时,数模可以用三次多项式表达。即:

$$y = a_0 + a_1 x + a_2 x^2 + a_3 x^3 \tag{6.53}$$

而求数模公式系数,则需要牛顿内插公式取前4项,即:

$$\begin{aligned} y &= y_0 - \frac{\Delta y_0}{h}x_0 + \frac{\Delta y_0}{h}x + \frac{\Delta^2 y_0}{2h^2}(x^2 - x_0 x - x_1 x + x_0 x_1) + \\ &\frac{\Delta^3 y_0}{6h^3}(x^3 - x_0 x^2 - x_1 x^2 + x_0 x_1 x - x_2 x^2 + x_0 x_2 x + x_1 x_2 x - x_0 x_1 x_2) \end{aligned} \tag{6.54}$$

按升幂排列之后与式(6.53)比较 x 的同次幂系数,得:

$$\begin{cases} a_0 = y_0 - \dfrac{\Delta y_0}{h}x_0 + \dfrac{\Delta^2 y_0}{2!\,h^2}x_0 x_1 - \dfrac{\Delta^3 y_0}{3!\,h^3}x_0 x_1 x_2 \\ a_1 = \dfrac{\Delta y_0}{h} - \dfrac{\Delta^2 y_0}{2!\,h^2}(x_0 + x_1) + \dfrac{\Delta^3 y_0}{3!\,h^3}(x_0 x_1 + x_0 x_2 + x_1 x_2) \\ a_2 = \dfrac{\Delta^2 y_0}{2!\,h^2} - \dfrac{\Delta^3 y_0}{3!\,h^3}(x_0 + x_1 + x_2) \\ a_3 = \dfrac{\Delta^3 y_0}{3!\,h^3} \end{cases} \tag{6.55}$$

推广，n 次多项式模型的系数通式为：

$$a_0 = y_0 + \sum_{k=1}^{n} (-1)^k \frac{\Delta^k y_0}{k!h^k} \prod_{i=0}^{k-1} x_i \tag{6.56}$$

需要说明的是，这里采用牛顿插值公式，求 n 次多项式数模的系数，与后面将要介绍的回归分析或曲线拟合法是不同的。插值是通过实验点连接曲线，而回归和拟合是在实验点附近找出都较靠近的曲线。从这个意义上讲，插值公式所求出的结果要准确些，对实验误差也较敏感。

【例 6.7】 求例【6.6】二次多项式模型的系数。

解：$c = a_0 + a_1 T + a_2 T^2$

根据式(6.52)有：

$$\begin{cases} a_0 = y_0 - \dfrac{\Delta y_0}{h} x_0 + \dfrac{\Delta^2 y_0}{2h^2} x_0 x \\ a_1 = \dfrac{y_0}{h} - \dfrac{\Delta^2 y_0}{2h^2} x_0 - \dfrac{\Delta^2 y_0}{2h^2} x_1 \\ a_2 = \dfrac{\Delta^2 y_0}{2h^2} \end{cases}$$

求二次多项式用到：$a_0 \sim c_0 \Delta c_0\ \Delta^2 c_0\ h\ x_0 x_1$； $a_1 \sim \Delta c_0 h\ \Delta^2 c_0\ h\ x_0 x_1$；$a_2 \sim \Delta^2 c_0\ h$ ；相关计算结果见表 6.8。

表 6.8 例 6.7 二次多项式实验结果及分析

T	c	Δc	a_0	a_1	$c_{计算}$
5	1.002 9	−0.001 6	1.004 8	−0.000 414	1.002 9
10	1.001 3	−0.001 3	1.004 8	−0.000 416	1.001 3
15	1.000 0	−0.001 0	1.004 5	−0.000 419	1.000 0
20	0.999 9	−0.000 7	1.004 9	−0.000 421	0.999 0
25	0.998 3	−0.000 4	1.005 0	−0.000 424	0.998 3
30	0.997 9	−0.000 1	1.005 1	−0.000 426	0.997 9
35	0.997 8	0.000 30	1.004 5	−0.000 409	0.997 9
40	0.998 1	0.000 6	1.004 6	−0.000 411	0.998 1
45	0.998 7	0.000 9	1.004 7	−0.000 414	0.999 6
50	0.999 6				

取平均值：$a_0 = 1.004\ 8$；$a_1 = -4.27 \times 10^{-4}$

数学模型为：$c = 100\ 48 - 4.27 \times 10^{-4} T + 6.25 \times 10^{-6} T^2$

6.6　根据实验曲线选取数学模型

如上所述,由实验数据求数学模型的第一步是选择适当的模型形式。除了由因次分析法或其他方法理论上推导外,还可以根据前人积累的经验,有时也可决定整理实验数据应选用哪一类模型。当按理论推导和专业经验均无法确定函数形式时,只有将实验数据按照绘制曲线应遵循的原则画出曲线,然后把有关的各种典型曲线和其对应的方程式作为样板,将画出的实验曲线与样板曲线对照,选择确定属于哪种类型。

但是在实际比较时又会发现,由于曲线形状复杂,常常会觉得既像这种类型,又与哪种类型相似,因而难以判断。这时,可将候选曲线通过变量变换为直线,观察哪种曲线变直后最接近直线。最接近直线的那种曲线的数学表达式即为所应选择的数学模型形式。

6.6.1　数学模型选择的直线化法

所谓直线化,就是将所选出的函数 $y=f(x)$,设法通过变量代换将其转换成线性函数 $Y=A+BX$,就产生了代替原来变量 x 和 y 的新变量 X 和 Y。于是按变换过程所引入的数学关系,即可求新变换的函数关系 $X=\Phi(x,y)$ 和 $Y=\psi(x,y)$。

所选函数是否可行的检验方法是:将已实测的(x,y)值,代入变量转换公式求出成对新变量值(X,Y),然后绘在直角坐标(X,Y)上,如果这些坐标点接近一条直线,即表明所初选的模型公式 $y=f(x)$ 合适。

【例 6.8】　在研究某化学反应速度时,得到的数据见表 6.9,其中,第 1 列 t 为从实验开始算起的时间;第 2 列 y 为瞬间 t 时,在反应混合物中物质的量,试对此关系选择一个合适的数学模型。

解:首先将所得实验数据标绘在图 6.10 上。假定已知其反应是单分子反应,由实验曲线形状的启示,可初选 $y=ae^{bt}$。

表 6.9　例 6.8 直线化法数据处理表

t_i	y_i	$\lg y_i=Y$
3	57.6	1.760 4
6	41.9	1.622 2
9	31.0	1.491 4
12	22.7	1.356 0
15	16.6	1.220 1
18	12.2	1.086 4
21	8.9	0.949 4
24	6.5	0.812 9

现在来验证初选模型是否正确，为此，将公式两边取对数以使其直线化。即：

$$\lg y = \lg a + bt \lg e = \lg a + \frac{b}{2.302\ 6}t$$

则：

$$Y = \lg y$$

然后计算 $\lg y$ 的值并将它标绘在以 (t, Y) 为坐标轴的图 6.10 上。由于这些点都落在一条直线上，就证明了所初选的数学模型是合理的。

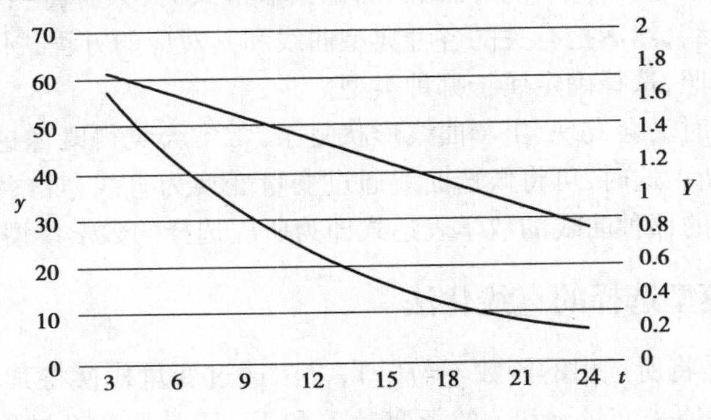

图 6.10 曲线直线化方法图

应当说明，并非所有函数形式均能设法转换为直线关系，为此，直线化检验法，通常对 6.6.2所介绍的含有两个系数的方程最适合。

6.6.2 适合于线性化的典型函数及图形

为便于将实验曲线与典型曲线相对照，从而初选数学模型，下面将介绍若干非线性方程及其典型图示和线性化形式。

(1)幂函数 $y = ax^b$

令 $X = \lg x$；$Y = \lg y$，则有直线化方案：

$$Y = \lg a + bX$$

图 6.11 所示为幂函数 $y = ax^b$ 的图形，以及当 b 改变时所得的各条曲线。

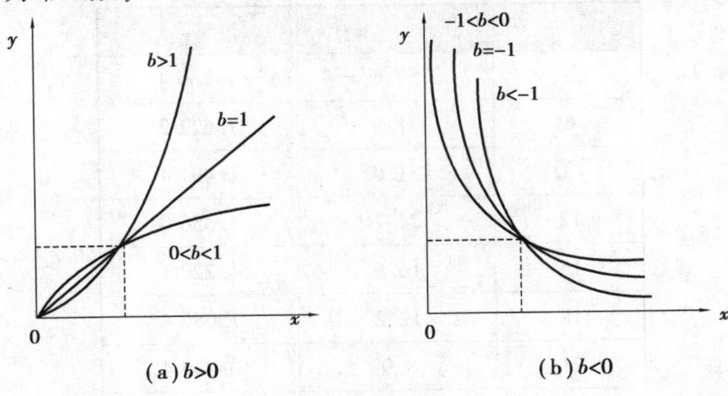

图 6.11 幂函数 $y = ax^b$ 的曲线

(2)指数函数 $y=ae^{bx}$

令 $X=x;Y=\ln y$,则有直线化方案:

$$Y=\ln a+bX$$

指数函数图形如图6.12所示。

(3)对数函数 $y=a+b\lg x$

令 $X=\lg x;Y=y$,则有直线化方程:

$$Y=a+bX$$

对数函数的图形如图6.13所示。

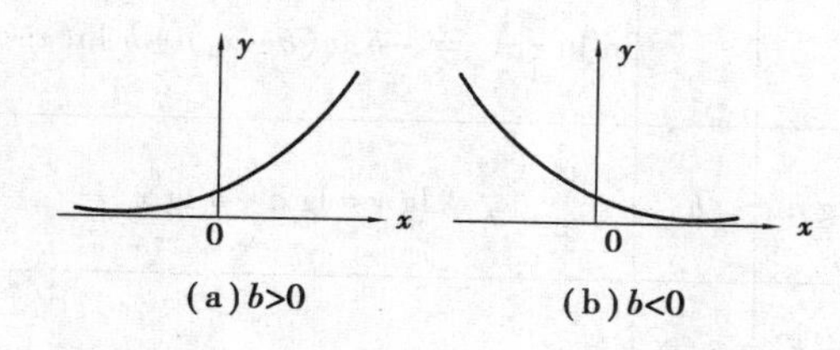

图6.12　指数函数 $y=ae^{bx}$ 的曲线

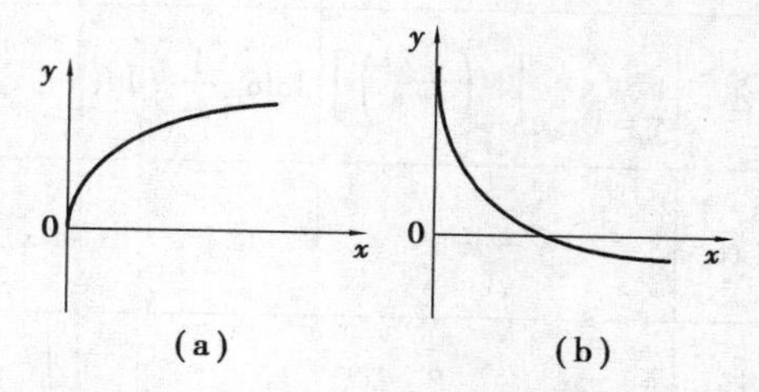

图6.13　对数函数 $y=a+b\lg x$ 的曲线

(4)双曲线函数 $y=\dfrac{x}{ax+b}$

令 $X=\dfrac{1}{x},Y=\dfrac{1}{y}$ 则有直线化方程:

$$Y=a+bX$$

双曲线函数的图形如图6.14所示。

(5)S形函数 $y=\dfrac{1}{a+be^{-x}}$

令 $X=e^{-x};Y=\dfrac{1}{y}$,则有直线化方程:

$$Y=a+bX$$

S形曲线如图6.15所示。

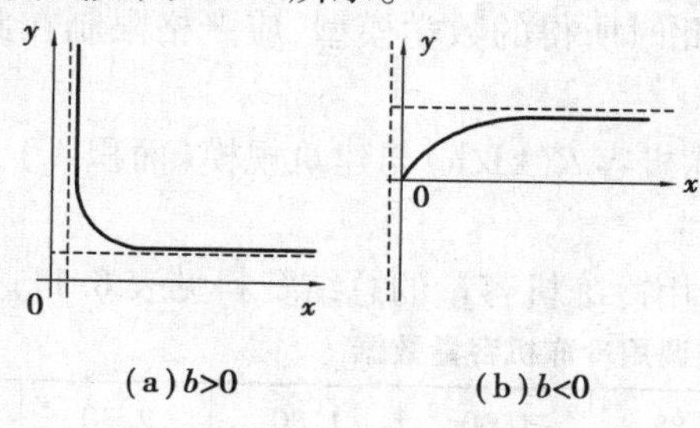

图6.14　双曲线 $y=\dfrac{x}{ax+b}$ 图形

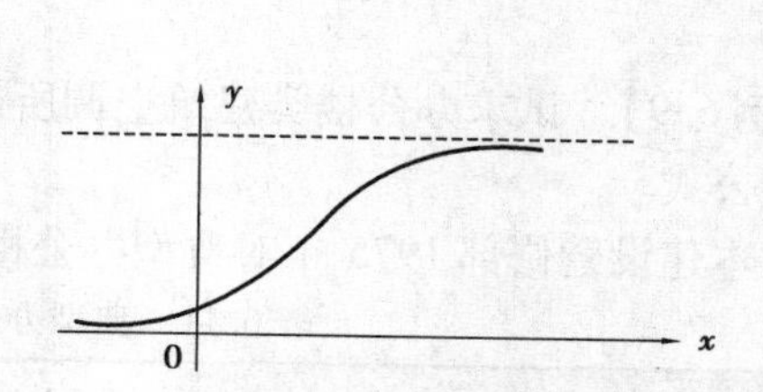

图6.15　S形曲线 $y=\dfrac{1}{a+be^{-x}}$

此外,尚有一些非线性方程进行线性化的典型实例,列入表6.10。

表 6.10 常用的非线性函数的线性化变换

函数类型	函数关系式	线性化变量 $Y=A+BX$				备注
		Y	X	A	B	
指数	$y=1-e^{-a_0x}$	$\ln\frac{1}{1-y}$	x		a_0	$\ln\frac{1}{1-y}=a_0x$
平方根	$y=a_0+a_1\sqrt{x}$	y	$\sqrt{x}$	a_0	a_1	
维布尔	$y=1-e^{\left[-\left(\frac{x-x_0}{\theta-x_0}\right)^b\right]}$	$\ln\ln\frac{1}{1-y}$	$\ln(x-x_0)$			$\ln\ln\frac{1}{1-y}=-b\ln(\theta-x_0)+b\ln(x-x_0)$
幂函数	$y=ax^b$	$\lg y$	$\lg x$	$\lg a$	b	$\lg y=\lg a+b\lg x$
双曲函数	$y=a+\frac{b}{x}$	y	$\frac{1}{x}$	a	b	
双曲函数	$\frac{1}{y}=a+\frac{b}{x}$	$\frac{1}{y}$	$\frac{1}{x}$	a	b	
指数函数	$y=e^{(a+bx)}$	$\ln y$	x	a	b	$\ln y=a+bx$
指数函数	$e^y=ae^{\frac{b}{x}}$	y	$\frac{1}{x}$	$\ln a$	b	$y=\ln a+\frac{b}{x}$
幂函数	$y=a+bx^n$	y	x^n	a	b	
S形曲线函数	$y=\frac{c}{a+be^{-x}}$	$\frac{1}{y}$	e^{-x}	$\frac{a}{c}$	$\frac{b}{c}$	$\frac{1}{y}=\frac{a}{c}+\frac{be^{-x}}{c}$

表中对于每一个函数，针对不同的系数值，给出了许多条曲线，初选数模时，实验曲线可能只与典型曲线的一部分（即在某区间内）相同。此时所得的数学模型，应严格限制在此范围内使用。

【例 6.9】 试求办公楼类建筑空调所需冷冻机容 R(kJ/h)与建筑规模（面积 A_t）大小的经验总结公式。

日本建设营修部 1975 年对典型办公楼空调用冷冻机容量的总结资料见表 6.11。

表 6.11 典型办公楼空调用冷冻机容量数据

建筑面积 $A_t(\times10^3\ m^2)$	0.73	0.88	1.00	1.80	2.30	2.50
冷机容量 $R(\times12\ 660\text{kJ}\cdot\text{h}^{-1})$	25	31	33	57	80	91

解：为求 $R=f(A_t)$ 的经验公式，应根据此总结资料，在直角坐标上绘制容量曲线，如图 6.16所示。

①对照典型曲线初选函数形式：

图 6. 16 的实际曲线与图 6. 11 的幂函数 $y=ax^b$ 当 $b>0$ 时的曲线非常相似。故初选函数形式：

$$R=aA_t^b$$

②进行线性化转换：

对上式两边取对数，得：

$$\lg R=\lg a+b\lg A_t$$

令：$Y=\lg R$，$X=\lg A_t$

则 $Y=\lg a+bX$

为了验证所选公式，将已知数据，在双对数坐标上绘制容量曲线，如图 6. 17 所示。此曲线呈一直线，说明初选函数符合实际情况。

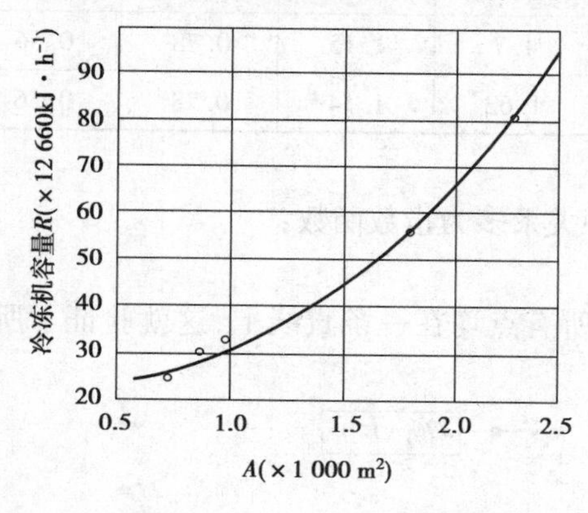

图 6. 16　例 6. 9 冷冻机容量曲线

图 6. 17　例 6. 9 线性化后的冷冻机容量曲线

③求公式系数 a 和 b：

在图 6. 17 中取直线上相距最远两点的数据：$A_{t1}=0.73$，$R_1=25$；$A_{t2}=2.50$，$R_z=91$，代入模型公式中。求得公式系数：

$$a=34.8;b=1.049$$

④办公室按其面积 $A_t(\times 10^3\ m^2)$ 估算冷冻机容量 $R(\times 12\ 660\ kJ/h)$ 的经验公式为：

$$R=34.8A_t^{1.049}$$

6.7　求数学模型公式系数的方法

6.6 小节介绍了选择数模的函数形式，本节讨论根据实测数据来确定公式系数。

6.7.1　用图解法求公式系数

当所研究的函数形式是线性时，可用下式表达

$$Y=A+BX \tag{6.57}$$

其中系数 A 为该直线与 Y 轴的截距；系数 B 为该直线的斜率。

系数 A 即可由直线与 Y 轴的交点的纵坐标定出（以 $X=0$，$Y=0$ 为坐标原点时）。

系数 B 可由直线与 OX 轴的正切($\tan \alpha$)来求得。用图解法很直观,实用上也能达到一定精度,但必须注意坐标纸的类型与标尺分度,否则易出错。也可选取直线上相互距离较远的两个点,即两对实测数据(X_1,Y_1)(X_2,Y_2)代入模型式(6.57)直接求解两方程。即

$$Y_1 = A + BX_1$$
$$Y_2 = A + BX_2$$

总之,使用图解法要注意坐标尺及原点。也可用解析几何中有关直线的公式进行计算。

【例6.10】 在水流量恒定下,冲洗锅炉水处理装置的滤料,得出洗涤水浓度 C 与时间 t 的关系,其实验数据列入表6.12,试求其数学模型。

表6.12 例6.10 图解法求取公式计算表

t/min	1	2	3	4	5	6	7	8
$C/(\mathrm{g \cdot L^{-1}})$	6.6	4.7	3.3	2.3	1.7	1.15	0.78	0.56
$C_{计算}$	6.61	4.65	3.27	2.30	1.62	1.14	0.78	0.56

解: 根据给排水专业经验,从过滤理论来看,此种关系多为指数函数:

$$C = C_0 e^{At}$$

将实验数据绘在半对数纸上如图6.18所示,其所有点均在一条直线上,这就验证了所选指数模型是正确的。

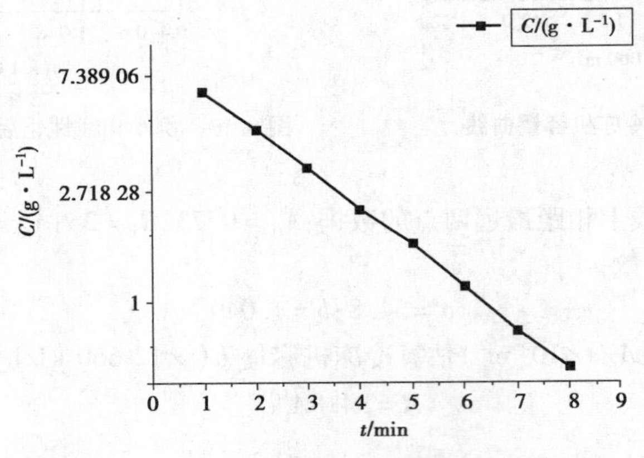

图6.18 洗涤水浓度与时间关系

下面求公式系数 C_0,用图解法将直线延长(相当于实验值外推)使之与 Y 轴 C 相交,由此交点即可得 C_0 = 9.4 g/L,它便是在洗涤滤渣开始时,洗涤水的浓度。

然后求系数 A,在表中选择两对相距"较远"的数据,如 $t_0 = 1, C_1 = 6.6, t_2 = 8, C_2 = 0.56$ 代入模型中求 A 值

$$A = 2.302\,6\,\frac{\lg C_2 - \lg C_1}{t_2 - t_1} = 2.302\,6\,\frac{-0.251\,9 - 0.819\,5}{8 - 1} = -0.352$$

所求数学模型为:

$$C = 9.4\,e^{-0.352t}$$

给定一系列 t 代入上式求得 C 的数模计算值,列于表6.12的最后一行,以便于比较。

6.7.2　用平均值法求数学模型的公式系数

由于已知两点就能确定一条直线,那么将任何两对数据代入拟求系数的直线方程,即可解出直线公式的系数,如果有 $2n$ 对实验数据,就能求出 n 组不同的公式系数,最后就只好取其平均结果了。

平均值法就是先将已知数据,分成两组,直接计算出平均系数的方法。

具体步骤是:利用直线化方法得出线性方程 $Y=A+BX$ 后,列出条件方程 $Y_i=A+BX_i$,每一对 (X_i,Y_i) 就有一个条件方程,故当实验数据为 n 对时,条件方程也共有 n 个,这等于说有近似直线 n 条,然后,将所有 n 个方程等分成两大组。当 n 为奇数时只能近似等分。再把每大组的条件方程相加,得出下列两个方程。

即:

$$\sum_{i=1}^{m} Y_1 = mA + B\sum_{i=1}^{m} X_i \tag{6.58}$$

$$\sum_{i=m+1}^{n} Y_i = (n-m)A + B\sum_{i=m+1}^{n} X_i \tag{6.59}$$

解这两个方程,即可求得"平均"意义下的系数 A 和 B 值。

需要说明,将 n 个条件方程分成两大组时,其分法各有不同,通常还是按实验数据的先后次序,从中间近似分段,然后去联立求解。这样分组往往可以得出满意的结果。

【例6.11】　试用平均值法求例6.8所检验过的数学模型中的系数。

解:根据表6.9,可知有8对 $(t_i,\lg y_i)$ 实测数据,将它们各取4对代入公式,各得4个条件方程,然后再将每组相加:

$$1.7604=\lg a+\frac{b}{2.3026}\cdot 3 \qquad 1.2201=\lg a+\frac{b}{2.3026}\cdot 15$$

$$1.6222=\lg a+\frac{b}{2.3026}\cdot 6 \qquad 1.0864=\lg a+\frac{b}{2.3026}\cdot 18$$

$$1.4914=\lg a+\frac{b}{2.3026}\cdot 9 \qquad 0.9494=\lg a+\frac{b}{2.3026}\cdot 21$$

$$+)\,1.3560=\lg a+\frac{b}{2.3026}\cdot 12 \qquad +)\,0.8129=\lg a+\frac{b}{2.3026}\cdot 24$$

$$6.2300=4\lg a+\frac{b}{2.3026}\cdot 30 \qquad 4.0688=4\lg a+\frac{b}{2.3026}\cdot 78$$

解得:

$$\lg a=1.8952$$

$$a=78.56$$

$$b=-0.1037$$

故所求的数学模型为:

$$y=78.56e^{-0.1037t}$$

为最后检查此数学模型,常将实测的自变量 t_i 逐个代入公式,计算出 y 值,再与实测值 y_i 相比较,本例中比较结果见表6.13。

表 6.13 平均值法求取数学模型的计算表

t_i	3	6	9	12	15	18	21	24
y_i	57.6	41.9	31.0	22.7	16.6	12.2	8.9	6.5
$y_{计算}$	57.57	42.19	30.92	22.66	16.6	12.17	8.92	6.53

由表 6.13 可知,结果令人满意。

6.7.3 用最小二乘法求数学模型的公式系数

最小二乘法就是对于所研究的规律 $y = f(x_i)$,可以找出一个 $\phi(x_i)$ 使 $\sum[f(x_i) - \phi(x_i)]^2$ 达到最小,来寻求数学模型系数,这样所得到的数模或曲线能更好地接近真实值。

最小二乘法用于求取各种多项式的系数是很常见的。详细分析见第 7 章 7.2 小节的内容。

对于求一元 m 次多项式的系数,即求:

$$y = a_0 + a_1 x + a_2 x^2 + \cdots + a_m x^m = \sum_{q=0}^{m} a_q x^q \tag{6.60}$$

式中,$a_0, a_1, a_2, \cdots, a_m$ 的值,可用下列正规方程求解:

$$\left.\begin{aligned} s_0 a_0 + s_1 a_1 + \cdots + s_m a_m &= V_0 \\ s_1 a_0 + s_2 a_1 + \cdots + s_{m+1} a_m &= V_1 \\ \vdots \quad \vdots \quad \vdots \quad \vdots \quad &\vdots \\ s_m a_m + s_{m-1} a_1 + \cdots + s_{2m} a_m &= V_m \end{aligned}\right\} \tag{6.61}$$

式中

$$s_p = \sum_{i=1}^{n} x_i^p (p = 0,1,2,\cdots,2m) \tag{6.62}$$

$$V_q = \sum_{i=1}^{n} y_i x_i^q (q = 0,1,2,\cdots,m) \tag{6.63}$$

其中 $i = 1,2,3,\cdots,n$ 对实测数据。

【例 6.12】 设溶剂中一个组分的组成 x 与溶解度 C 之间的关系已列在表 6.14 中,试求其数学模型。

表 6.14 组分与浓度的关系

X	C	ΔC	$\Delta^2 C$	$\Delta^3 C$	$C - a_0 - a_2 x^2 - a_3 x^3$	$C_{计算}$
0.1	0.212	251	58	14	0.199	0.211
0.2	0.463	309	72	19	0.400	0.463
0.3	0.722	381	91	19	0.604	0.771
0.4	1.153	472	110	18	0.805	1.152
0.5	1.625	532	128	21	1.006	1.625
0.6	2.207	710	149	14	1.207	2.207
0.7	2.917	859	163	18	1.408	2.918

续表

X	C	ΔC	$\Delta^2 C$	$\Delta^3 C$	$C-a_0-a_2x^2-a_3x^3$	$C_{计算}$
0.8	3.776	1 022	181		1.612	3.775
0.9	4.798	1 203			1.814	4.797
1.0	6.001				2.015	6.001

解:为初选函数形式,把实验结果绘成曲线,如图6.19所示。现在拟用多项式来表达。为求多项式的方次数,计算各阶差分ΔC、$\Delta^2 C$、$\Delta^3 C$等,差分以最后一位有效数字的数量作单位,由表6.14可见,$\Delta^3 C$已接近相等,因此,模型用三次多项式

$$C = a_0 + a_1 x + a_2 x^2 + a_3 x^3$$

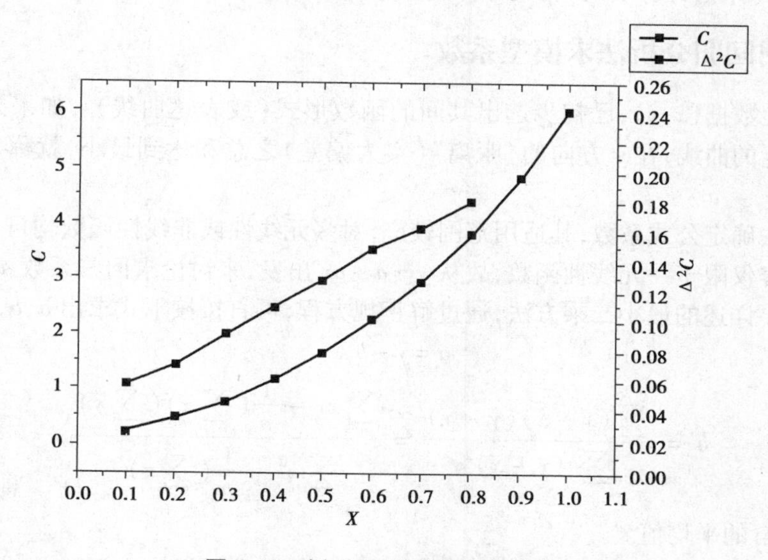

图6.19　例6.12组分与浓度的关系

下一步是用最小二乘法,求公式系数a_0, a_1, a_2, a_3。此时$m=3, n=10$,计算列入表6.15。

表6.15　最小二乘法计算列表

x^0	x	x^2	x^3	x^4	x^5	x^6	y	xy	x^2y	x^3y
1	0.1	0.01	0.001	0.000 1	0.000 01	0.000 001	0.212	0.021 2	0.002 12	0.000 212
1	0.2	0.04	0.008	0.001 6	0.000 32	0.000 064	0.463	0.092 6	0.018 52	0.003 704
1	0.3	0.09	0.027	0.008 1	0.002 43	0.000 729	0.722	0.216 6	0.064 98	0.019 494
1	0.4	0.16	0.064	0.025 6	0.010 24	0.004 096	1.153	0.461 2	0.184 48	0.073 792
1	0.5	0.25	0.125	0.062 5	0.031 25	0.015 625	1.625	0.812 5	0.406 25	0.203 125
1	0.6	0.36	0.216	0.129 6	0.077 70	0.046 656	2.207	1.324 2	0.794 52	0.476 712
1	0.7	0.49	0.343	0.240 1	0.168 07	0.117 649	2.917	2.041 9	1.429 33	1.000 531
1	0.8	0.64	0.512	0.409 6	0.327 68	0.262 144	3.776	3.020 8	2.416 64	1.933 312

续表

x^0	x	x^2	x^3	x^4	x^5	x^6	y	xy	x^2y	x^3y
1	0.9	0.81	0.729	0.656 1	0.590 49	0.531 441	4.798	4.318 2	3.886 38	3.497 742
1	1.0	1.00	1.000	1.000 0	1.000 00	1.000 000	6.001	6.001 0	6.001	6.001
10	5.5	3.85	3.025	2.533 3	2.208 25	1.978 405	23.874	18.310 2	15.204 22	13.209 624
s_0	s_1	s_2	s_3	s_4	s_5	s_6	V_0	V_1	V_2	V_3

写出正规方程组,再解方程组,即可确定其数学模型为

$$C = 0.0569 + 1.331x + 2.543x^2 + 2.047x^3$$

注意,最小二乘法计算费时,宜用计算机程序计算。

6.7.4 用回归分析法求模型系数

当根据实验数据(x,y),已初步选出其间的函数形式(或表达曲线),如果人们将各数据点距这条最可能的曲线,在y方向的"距离"(实为偏差)之总和达到最小,就称y在x下向这条曲线回归。

回归分析法确定公式系数,其适用范围较广,对多元线性或非线性函数均可使用。由于本章所讨论的内容仅限于一元线性函数,故从$y = a + bx$出发,来讨论求回归系数a,b的方法。

下一章将要详述的最小二乘方法,通过解正规方程,可直接按下式求出a,b,即:

$$a = \bar{y} - b\bar{x} \tag{6.64}$$

$$b = \frac{\sum(x-\bar{x})(y-\bar{y})}{\sum(x-\bar{x})^2} = \frac{\sum xy - \frac{1}{n}(\sum x)(\sum y)}{\sum x^2 - \frac{1}{n}(\sum x)^2} \tag{6.65}$$

式中,$\bar{x}$,$\bar{y}$为各自的平均值。

【例6.13】 试用回归分析法,确定某物质的溶解度与绝对温度之间关系,即模型

$$C = a_0 T^b$$

的系数a_0与b。实测的T,C值列于表6.16。

解:这里有

$$\lg C = \lg a_0 + b \lg T$$

或者写成

$$Y = a + bX$$

表6.16 例6.13 回归系数计算表

T	C	$X=\lg T$	X^2	$Y=\lg C$	Y^2	XY
273	23.5	2.436 2	5.935 1	1.371 1	1.879 9	3.340 3
283	26.2	2.451 8	6.011 3	1.418 3	2.011 5	3.477 4
290	30.3	2.466 9	6.085 6	1.481 4	2.194 5	3.654 5
313	37.1	2.495 5	6.227 5	1.569 4	2.463 0	3.916 4
333	46.6	2.522 4	6.362 5	1.670 2	2.789 5	4.212 9

续表

T	C	$X=\lg T$	X^2	$Y=\lg C$	Y^2	XY
353	57.4	2.547 8	6.491 3	1.758 9	3.093 7	4.481 3
$\sum$		14.920 6	37.113 3	9.269 3	14.432 1	23.082 8

注:$Y=\lg C$; $X=\lg T$

按一元线性回归分析计算计算如下:

$$\sum X = 14.920\,6;\ \sum Y = 9.269\,3;\ n = 6$$

$$\overline{X} = 2.486\,7;\ \overline{Y} = 1.544\,8$$

$$\sum X^2 = 37.113\,3;\ \frac{1}{n}\left(\sum X\right)^2 = 37.104$$

代入式(6.64)和式(6.65)求:

$$b=\frac{23.082\,8-\frac{1}{6}(14.920\,6)\times(9.269\,3)}{37.113\,3-37.104\,0}=3.473$$

$$a=\overline{Y}-b\,\overline{X}=1.544\,8-3.473\times 2.486\,7=-7.091\,5$$

因为

$$a=\lg a_0$$

所以

$$a_0=0.81\times 10^{-7}$$

故得其数学模型为:

$$C=0.81\times 10^{-7}T^{3.478}$$

本章重点讨论了实验数据的整理及一元线性或可化成线性关系的数学模型的求取方法。所介绍的求模型系数的方法有图解法、平均值法、最小二乘法和回归系数法。前两种方法宜在实验数据能很好地符合一条直线时使用,最小二乘法的偏差平方和最小,其或然误差就很小,但其计算较烦琐,宜用计算机程序或统计软件计算。

习题6

6.1　试简述数学模型的含义,并讨论其求取的步骤。

6.2　“最小二乘法”意义下的最佳函数与插值函数有何异同?

6.3　试根据表6.17所列总结数据,求取采暖锅炉容量$B(10^4\text{kJ/h})$与办公楼建筑面积$A_t(10^3\text{m}^2)$之间的经验总结公式。

表6.17　日本东京办公楼类夏筑采暖锅炉容量总结表

办公楼总面积$A_t/(10^3\text{m}^2)$	1.0	1.8	2.0	2.2	2.6	3.2	4.0	4.1
锅炉容量$B/(10^4\text{kJ}\cdot\text{h}^{-1})$	480	960	1 070	1 200	1 260	1 600	2 010	2 050

注:本表取自日本建设部营修部工程总结。东京采暖计算温度在0 ℃以上。

6.4　试用最小二乘法重新计算例 6.8 中 $C=aT^b$ 中系数 a 与 b 之值。

6.5　试按下列数据(表 6.18),选定一个表示催化剂活性与工作持续时间的数学模型。

表 6.18　催化剂活性与工作持续时间关系表

t/min	0	27	40	52	70	89	100
V/%	100.0	82.2	76.3	71.8	66.4	63.3	61.3

6.6　测得空气导热系数数据见表 6.19。

表 6.19　空气导热系数数据表

温度/℃	−50	−40	−30	−20	−10	0	10	20
导热系数×100/($W \cdot m^{-2} \cdot ℃^{-1}$)	2.035	2.117	2.198	2.279	2.360	2.442	2.512	2.593

试用图解法、插值法分别求出 −25 ℃和 15 ℃下的空气导热系数。

6.7　在某液相反应中,不同时间下测得某组分 A 的浓度见表 6.20,试确定其组分 A 的浓度 C_A(mol/L)与反应时间 t(min)的关系表达式。

表 6.20　某组分 A 的浓度与反应时间关系表

t/min	2	5	8	11	14	17	27	31	35
C_A/($mol \cdot L^{-1}$)	0.948	0.879	0.813	0.749	0.687	0.640	0.493	0.440	0.391

6.8　测得某化合物在水中的溶解度数据见表 6.21。

表 6.21　某化合物在水中的溶解度与反应时间关系表

T/℃	25	30	35	40	45	50	55	60
C/($g \cdot 100g^{-1}$水)	2.789 1	3.287 5	3.837 2	4.440 0	5.097 8	5.812 5	6.585 9	7.420 0

若用多项式拟合上述实验数据,多项式取几次即可?

6.9　已知实验数据见表 6.22,试求线性回归方程 $y=b_0+b_1x_1+b_2x_2$。

表 6.22　回归方程实验数据表

i	x_1	x_2	y
1	0	4	1
2	1	4	2
3	3	3	3
4	6	2	5
5	8	0	4

第7章 实验数据的回归与聚类分析

一切客观事物都有其内部的规律性,而且每一事物的运动都与周围其他事物发生相互的联系和影响。反映到数学上,就是变量和变量之间的相互关系。回归分析是利用大量的观测数据来确定变量间的相关关系的一种常用统计方法。对数据进行处理,寻求经验公式,制订规范,探索新配方与工艺、生产中的质量控制与预报,以及建立数学模型等方面,回归分析通常是一种行之有效的数学工具。

主成分分析是利用降维的思想,将多个变量转化为少数几个综合变量(即主成分),其中每个主成分都是原始变量的线性组合,各主成分之间互不相关,从而这些主成分能够反映始变量的绝大部分信息,且所含的信息互不重叠。

聚类分析又称为群分析,是根据“物以聚类”的道理,对样品或指标进行分类的一种多元统计分析方法。

7.1 回归分析概述

7.1.1 变量间的关系

科学实验都会遇到一些相互关联或相互制约的变量。这种量与量之间的关系,一般可分为两大类,即确定性关系和相关关系。

1)确定性关系

变量间的确定性关系即函数关系,是可以通过反复的精确试验,或用严格的数学推导得到。它的特点是变量之间存在着函数关系。在科学领域中这种关系是大量的,例如,热力学中的气体状态方程 $PV=RT$,流体力学中的纳维斯托克斯方程都属于这种确定性函数关系。

2)相关关系

实际问题中,许多变量之间虽然有非常密切的关系,但是要找出它们之间的确切关系是困难的,造成这种情况的原因极其复杂,影响因素很多,其中包括尚未发现的或者不能控制的影响因素,而且各变量的测量总是存在测量误差,这些因素就造成了变量之间关系的不确定性。

相关变量是在自然界中大量存在着的,变量间相互关联但不能用确切的函数表达的相关变量。它们之间不存在“一个取决于另一个”的确定关系。回归分析就是应用数学方法对这些数据去粗取精、去伪存真,从而得到反映事物内部规律性的方法。

相关分析就是用来确定变量之间关联程度的手段。在相关分析中,要求各变量应按它们出现时的情况测得,而不是把一个变量固定在预定的水平上。如分析误差时,两个变量都必须假定其为正态分布,即相关方法不能用来建立自变量固定时的函数关系,它只能给出变量之间密切相关的程度,而不暗示其因果关系。

回归分析和相关分析是分析现象间相互联系形态和密切程度的数学方法,是从分析科学实验中获得的大量数据入手,找出蕴藏在这些数据中并反映它们之间关系的内部规律——经验公式或近似函数,称为回归方程式。

相关分析是在回归的基础上,用一个指标,表明变量间相互依存关系的密切程度。这个表明密切程度的指标,称为相关指标。

值得注意的是,事物的发展是由“量变到质变”,变量间的函数关系,往往是通过研究其相关关系而揭示出来的。所以,相关分析与回归分析是两个不可分割的方法。由于回归和相关问题的计算程序是一样的,故本章将重点讨论回归分析。

7.1.2 回归分析所讨论的主要内容

概括起来,回归分析主要解决以下几个方面的问题:

①建立经验公式。通过观测数据,确定所研究的变量之间的某种相互关系,找出数学表达式,即经验公式或相关公式。

②根据一个或几个变量的值,预测或控制另一个变量的取值,并给出其精度。

③进行因素分析,找出主要影响因素、次要影响因素,以及这些因素之间的相关程度。

回归分析,目前在试验数据处理,寻找经验公式、因素分析等方面有着广泛的用途。在讨论回归分析时,通常假定因变量是服从正态分布。根据所研究因素(自变量)的多少,回归分析可分成:一元回归和多元回归两大类。而在每一类中,又以其自变量与因变量之间呈线性或非线性关系而分成:线性回归分析与非线性回归分析两种。

7.2 一元线性回归

一元线性回归分析是处理两个变量之间关系的最简单模型,一元线性回归是分析只有一个自变量(自变量 x 和因变量 y)线性相关关系的方法。所谓一元指只有一个自变量 x,而因变量 y,在某种程度上是随自变量 x 而变化的。在这里自变量 x 是可以控制的,即对 x 的每一控制值,y 值是随机的。如果这两个变量之间的关系是线性的,那么,研究这两个变量之间的关系问题,就称为一元线性回归分析。通过对一元线性回归模型的讨论,不仅可以掌握有关一元线性回归的知识,而且可以从中了解回归分析方法的基本思想、方法和应用。

一元线性回归方程,是根据测试所得的若干对数据 (x_i, y_i),$(i=1,2,\cdots,n)$ 所建立的。由于这些数据的坐标点具有接近直线的趋向,故其结构式为:

$$y_i = a + bx_i + \varepsilon_i \qquad (i=1,2,\cdots,n) \tag{7.1}$$

式中　a, b——待定系数也称回归系数；

ε_i——表示每次测试的误差。一般假定 ε_i 是一组相互独立且服从正态分布 $\varepsilon_i \sim N(0, \sigma^2)$ 的随机变量，式(7.1)为一元线性回归分析的数学模型。

当此数学模型用一个确定函数关系式近似表达时，便得到回归方程：

$$\hat{y} = a + bx \tag{7.2}$$

式中，$\hat{y}$ 称为变量 y 的理论估计值或回归值。

下面的问题是需要根据实测数据，确定回归系数 a, b。

设在给定的一系列 $x_i(i=1,2,\cdots,n)$ 水平下，实测得因变量 y_i。又可对每个 x_i 用式(7.2)计算出估计值 $\hat{y}_i$，则估计值(又称回归值)与实测值 y_i 之偏差为：

$$\varepsilon_i = y_i - \hat{y}_i = y_i - (a + bx_i) \tag{7.3}$$

或

$$\begin{cases} \varepsilon_1 = y_1 - \hat{y}_1 = y_1 - a - bx_1 \\ \varepsilon_2 = y_2 - \hat{y}_2 = y_2 - a - bx_2 \\ \quad\vdots \\ \varepsilon_n = y_n - \hat{y}_n = y_n - a - bx_n \end{cases}$$

这里，如果取所有"偏差"的总和 $\sum \varepsilon_i = \varepsilon_1 + \varepsilon_2 + \cdots + \varepsilon_n$ 来衡量全部观测值与回归值 $\hat{y}_i$ 之间偏差程度，显然是不科学的。因为，偏差 ε_i 有正有负，会出现正负相消，使其和为零。如取 ε_i 的绝对值之和，即 $|\varepsilon_1| + |\varepsilon_2| + \cdots + |\varepsilon_n|$ 来表达总偏差，在理论上讲是可以的，但又难以进行运算，所以，采用"偏差的平方和"，即 $Q = \varepsilon_1^2 + \varepsilon_2^2 + \cdots + \varepsilon_n^2 = \sum_{i=1}^{n}(y_i - a - bx_i)^2$ 作为衡量总偏差的依据。

7.2.1　根据最小二乘法的原理估计回归方程的系数

最小二乘法是为科学研究、工程测量需要而发展起来的一种古老方法，在误差估计、不确定度、系统辨识及预测、预报等数据处理诸多学科领域得到了广泛应用。

在科学研究中，为了揭示某些相关量之间的关系，找出其规律，往往需要做数据拟合，其常用方法一般有传统的插值法、最佳一致逼近多项式、最佳平方逼近、最小二乘拟合、三角函数逼近、帕德逼近等，以及现代的神经网络逼近、模糊逼近、支持向量机函数逼近、小波理论等。其中，最小二乘法是一种最基本、最重要的计算技巧与方法。"最小二乘法是一种数学优化技术，它通过最小化误差的平方和寻找数据的最佳函数匹配。"其基本思想就是让实测数据和估计数据之间的平方和最小。

假设实验得到了 n 对数据 $(x_i, y_i)(i=1,2,\cdots,n)$，并根据这些数据得到了回归方程 $\hat{y} = a + bx$，则对自变量 $x_1, x_2, \cdots, x_n$ 的一系列取值，根据回归方程可得到因变量的一系列计算值：

$$\begin{aligned} \hat{y}_1 &= a + bx_1 \\ \hat{y}_2 &= a + bx_2 \\ &\vdots \\ \hat{y}_n &= a + bx_n \end{aligned}$$

每一个实测值 $y_i(i=1,2,\cdots,n)$ 与它对应的一个计算值 $\hat{y}_i(i=1,2,\cdots,n)$ 之间都有偏差，

也可简称残差，即 $\varepsilon_i = y_i - (a + bx_i)$。

则所有测试数据的残差平方和 Q 为：

$$Q = \sum_{i=1}^{n} \varepsilon_i^2 = [y_i - (a + bx_i)]^2 \tag{7.4}$$

如果回归方程 $\hat{y} = a + bx$ 是合理的，即回归方程中的系数 a 和 b 是最佳值，则得到的残差平方和应达到最小值，这就是最小二乘法的原理。

所谓最小二乘法，是使含有随机误差的各实测值与回归值的偏差平方和 Q 达到最小，从而确定回归系数 a，b 的方法。

根据数学上求极限的原理，将式(7.4)分别对 a 和 b 求偏导数并令其等于零，得：

$$\begin{cases} \dfrac{\partial Q}{\partial a} = -2\sum_{i=1}^{n}(y_i - a - bx_i) = -2\left(\sum_{i=1}^{n} y_i - n \cdot a - b\sum_{i=1}^{n} x_i\right) = 0 \\ \dfrac{\partial Q}{\partial b} = -2\sum_{i=1}^{n}(y_i - a - bx_i) \cdot x_i = -2\left(\sum_{i=1}^{n} x_i y_i - a\sum_{i=1}^{n} x_i - b\sum_{i=1}^{n} x_i^2\right) = 0 \end{cases} \tag{7.5}$$

经整理：

$$\begin{cases} n \cdot a + b \cdot n\bar{x} = n\bar{y} \\ n \cdot a\bar{x} + b\sum_{i=1}^{n} x_i^2 = \sum_{i=1}^{n} x_i y_i \end{cases} \tag{7.6}$$

其中平均值：$\bar{x} = \dfrac{1}{n}\sum_{i=1}^{n} x_i$；$y = \dfrac{1}{n}\sum_{i=1}^{n} y_i$。方程(7.6)，通常称为“正规方程组”。解此方程求得参数 a、b。

为书写方便，将 $\sum_{i=1}^{n} x_i$ 写成 $\sum x$，将 $\sum_{i=1}^{n} y_i$ 写成 $\sum y$ 等，将 $\sum_{i=1}^{n} x_i y_i$ 写成 $\sum xy$，于是：

$$b = \frac{n\sum xy - n^2\overline{xy}}{n\sum x^2 - n^2\bar{x}^2} \tag{7.7}$$

$$a = \bar{y} - b\bar{x} \tag{7.8}$$

为便于计算再将式(7.7)的分子、分母同除以 n，经整理后，可得：

$$b = \frac{\sum(x - \bar{x})(y - \bar{y})}{\sum(x - \bar{x})^2} \tag{7.9}$$

再将求得的 a 值代入式(7.2)中，可得回归方程式的另一种表达式：

$$\hat{y} - \bar{y} = b(x - \bar{x}) \tag{7.10}$$

从式(7.10)可以看出，回归直线是通过平均点$(\bar{x}, \bar{y})$的，这对回归直线的作图很有帮助。

值得注意的是：除非有充分的理论根据，一般不要外推线性回归方程，应给出自变量的范围；用最小二乘法找出的近似函数 $\hat{y} = f(x)$，与第6章中的插值函数不同，它并不要求曲线 $\hat{y} = f(x)$ 恰好通过试验点(x_i, y_i)，而只需使求出的曲线能够反映数据的一般趋势。

7.2.2 求回归方程的列表算法

将求 b 的式(7.9)中，分子、分母等单项参数分别计算，并记为：

$$l_{xx} = \sum(x - \bar{x})^2 = \sum x^2 - \frac{1}{n}\left(\sum x\right)^2 \tag{7.11}$$

$$l_{yy} = \sum (y - \bar{y})^2 = \sum y^2 - \frac{1}{n}(\sum y)^2 \tag{7.12}$$

$$l_{xy} = \sum (x - \bar{x})(y - \bar{y}) = \sum xy - \frac{1}{n}(\sum x)(\sum y) \tag{7.13}$$

采用这些符号,回归系数的计算公式便十分简单,这时有:

$$b = \frac{l_{xy}}{l_{xx}} \tag{7.14}$$

现在用式(7.14)来分析一下 b 的符号,因为 l_{xx} 是所有观测值 x 与其平均值 $\bar{x}$ 的变差平方和。而全部观测值决不会完全相同,l_{xx} 必然大于零,故 b 的符号取决于 l_{xy} 的符号,当 $l_{xy} > 0$ 时,则 $b > 0$,即回归直线的斜率为正,y 随 x 的增加而增加。反之,其结果相反。

7.2.3　最小二乘法的应用条件

最小二乘法是用于寻找一个假定的隐函数,使其实验数据为最佳拟合的一种有效方法。它采用了各实测数据点(x_i,y_i)最可能的曲线,在 y 方向的偏差平方和为极小的原型。如图7.1所示将偏差的平方和在 y 轴极小化,就称为 y 在 x 上的回归。

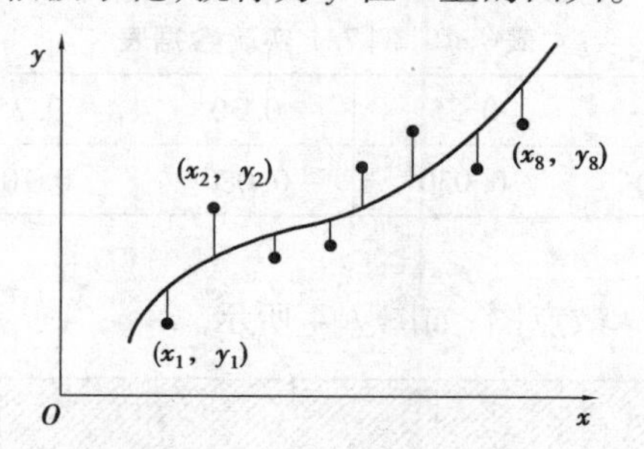

图7.1　y 向偏差平方和的最小二乘法

为此,它只适用于 y 值存在测量变差 Q_ε^2(测量引起的数据波动或随机误差),而 x 值则合理地保持不变的情况,如图7.2所示。此时的变差 Q_ε^2 并不是由变量间的函数关系所引起的,而是受随机因素的影响所补加于真实 y 值的。这些因素包括随机实验误差以及分析问题时被遗漏的因素对结果的影响等。

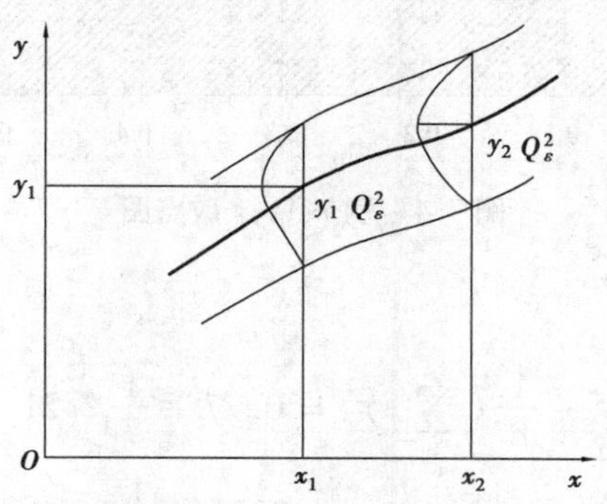

图7.2　在 y 上作正态分布的常值方差

在推导最小二乘法数学原理时(参见有关统计专著),人们曾做了如下假定:即在 y 方向测得的实验数据,其精确度相等且误差服从正态分布,也就是说,随机误差的均值为零,且方差 Q_ε^2 相等。

对于非等精确度的测定,即 Q_ε^2 将不是常数,它随 x 的增大而改变,如图 7.3 所示。按理应对其作适当变换,以保证误差与变量之间的函数关系无关。此外,当误差呈正态分布时,也会偏离了原假设条件,应予修正。

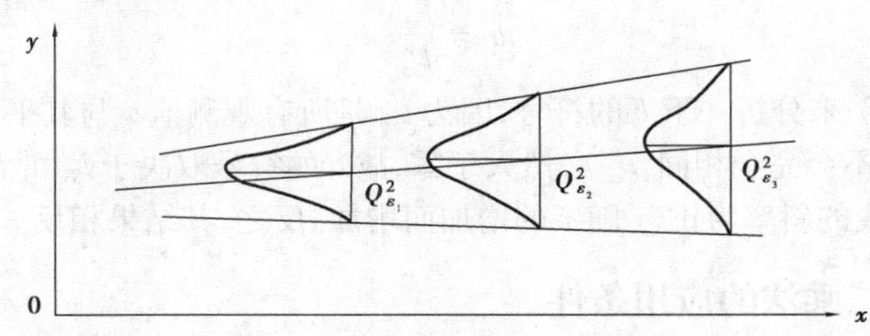

图 7.3 方差随 x 增加且在 y 上作正态分布

在实际中,不作变换和修正也是可以的。

【例 7.1】 根据表 7.1 中的数据,求回归方程。

表 7.1 例 7.1 实验数据表

x	0.20	0.21	0.25	0.30	0.35	0.40	0.50
y	0.015	0.020	0.050	0.080	0.105	0.130	0.200

解:①根据实验数据作 y-x 散点图,如图 7.4 所示。

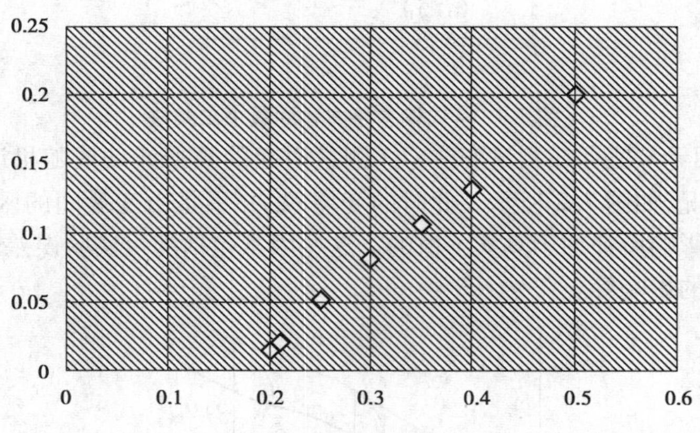

图 7.4 例 7.1x,y 散点图

②列表计算各值,见表 7.2。

③计算统计量:

$$l_{xx} = \sum x^2 - \frac{1}{n}\left(\sum x\right)^2 = 0.77 - \frac{1}{7}2.21^2 = 0.072$$

$$l_{xy} = \sum xy - \frac{1}{n}\left(\sum x\right)\left(\sum y\right) = 0.2325 - \frac{1}{7}2.21 \times 0.600 = 0.0431$$

④求回归系数:

$$b=\frac{l_{xy}}{l_{xx}}=\frac{0.0431}{0.072}=0.6$$

$$a=\overline{y}-b\,\overline{x}=0.086-0.6\times 0.316=-0.104$$

则回归方程：

$$\hat{y}=-0.104+0.6x$$

表7.2　例7.1一元线性回归计算

项目	x_i	y_i	x_i^2	y_i^2	x_iy_i
1	0.20	0.015	0.040	0.000 2	0.003 0
2	0.21	0.020	0.044	0.000 4	0.004 2
3	0.25	0.050	0.063	0.002 5	0.012 5
4	0.30	0.080	0.090	0.006 4	0.024 0
5	0.35	0.105	0.123	0.011 0	0.036 8
6	0.40	0.130	0.160	0.016 9	0.052 0
7	0.50	0.200	0.250	0.040 0	0.100 0
$\sum$	2.21	0.600	0.770	0.077 4	0.232 5
$\frac{\sum}{n}$	0.316	0.086	0.110	0.110	0.133 2

7.3　一元线性回归方程的显著性检验

当回归方程建立之后，人们往往希望知道这条曲线与实验数据拟合得怎么样？对于给定的自变量 x 值，根据此方程计算得到的 $\hat{y}$ 值与实测值 y 之间的偏差有多大？最小二乘法的原则是使回归直线与测量值的残差平方和最小，但不能肯定所得到的回归方程是否能够反映实际情况，是否具有实用价值。为了解决这些问题，则需要进行统计检验。

7.3.1　回归平方和的计算

由于 x 的取值不同，实验误差以及其他可能存在的不明因素的影响，各次实际测量结果 y_i $(i=1,2,\cdots,n)$ 与实际测量结果的总平均值有一定的偏差，这种偏差大多可以用总偏差平方和来表示，即：

$$Q_T=\sum(y_i-\overline{y})^2=\sum\varepsilon_i^2 \tag{7.15}$$

将 $\varepsilon_i=y_i-\overline{y}=y_i-\hat{y}_i+(\hat{y}_i-\overline{y})$ 带入式(7.15)可得：

$$Q_T=\sum(y_i-\overline{y})^2=\sum[(y_i-\hat{y}_i)+(\hat{y}_i-\overline{y})]^2 \tag{7.16}$$

将式(7.16)展开可得：

$$Q_T = \sum (y_i - \hat{y}_i)^2 + \sum (\hat{y}_i - \bar{y})^2 + 2\sum (y_i - \hat{y}_i)(\hat{y}_i - \bar{y}) \tag{7.17}$$

式(7.17)中交叉乘积：

$$\begin{aligned}\sum (y_i - \hat{y}_i)(\hat{y}_i - \bar{y}) &= \sum (y_i - \bar{y} + b\bar{x}_i - bx_i)(bx_i - b\bar{x}) \\ &= \sum [(y_i - \bar{y}) - b(x_i - \bar{x})][b(x_i - \bar{x})] \\ &= b[\sum (y_i - \bar{y})(x_i - \bar{x}) - b\sum (x_i - \bar{x})^2] \\ &= b\left(l_{xy} - \frac{l_{xy}}{l_{xx}}l_{xx}\right) = 0\end{aligned}$$

则,式(7.17)可写为：

$$Q_T = \sum (y_i - \hat{y}_i)^2 + \sum (\hat{y}_i - \bar{y})^2 \tag{7.18}$$

由于,$Q_e = \sum (y_i - \hat{y}_i)^2$,$Q_x = \sum (\hat{y}_i - \bar{y})^2$ 则：

$$Q_T = Q_e + Q_x \tag{7.19}$$

即总的偏差平方和 Q_T 可以分解为 Q_x 和 Q_e 两部分,Q_x 反映了因素 x 取值的不同引起的偏差平方和,通过 x 对 y 的线性影响反映出来,可称为回归平方和。Q_e 反映了除 x 对 y 的线性影响之外的其他一切因素和实验误差引起的偏差平方和,称为残差平方和。很明显,当全部实验点落在回归曲线之上时,$Q_e = 0$,$Q_T = Q_x$;如果 y 与 x 之间不存在线性关系,则 $Q_x = 0$,$Q_T = Q_e$。由此可见,Q_x 大小反映了自变量 x 与因变量 y 之间的相关程度。

7.3.2 方差检验法

(1)各偏差平方和的自由度

在回归显著性检验中,通常需要进行方差分析,因而涉及偏差平方和的分解及各个偏差平方和的自由度。

总偏差平方和 $Q_T = \sum (y_i - \bar{y})^2$ 的自由度 $f = n - 1$;

回归平方和 $Q_x = \sum (\hat{y}_i - \bar{y})^2$ 的自由度 $f_x = 1$;

残差平方和 $Q_e = \sum (y_i - \hat{y}_i)^2$ 的自由度 $f_e = n - 2$;

自由度的可加性可知 $f = f_x + f_e$。

(2)F 检验

回归方程的检验需要用 F 检验。

$$F = \frac{\dfrac{Q_x}{f_x}}{\dfrac{Q_e}{f_e}} \tag{7.20}$$

将 $f_e = n - 2$, $f_x = 1$ 代入式(7.20)可得：

$$F = \frac{\dfrac{Q_x}{f_x}}{\dfrac{Q_e}{f_e}} = \frac{\dfrac{Q_x}{1}}{\dfrac{Q_e}{n-2}} \tag{7.21}$$

根据 F 检验可知，当 $F \geqslant F_{\alpha}(1,n-2)$ 时，则在显著水平 α 下，建立的回归方程其变量 x 与 y 之间有显著的线性关系。具体的，当 $F \geqslant F_{0.01}(1,n-2)$ 时，建立的回归方程是特别显著的，当 $F_{0.1}(1,n-2) \leqslant F \leqslant F_{0.05}(1,n-2)$ 时，建立的回归方程在0.1水平下显著；当 $F < F_{0.1}(1,n-2)$ 时，建立的回归方程不显著，即 x 与 y 没有明显的线性关系。如果对建立的回归方程要求较高，可认为 $F < F_{0.05}(1,n-2)$，则称 x 与 y 没有明显的线性关系。

特别显著，又称为在0.01水平上显著；显著，又称为在0.05水平上显著。一般认为不显著时，y 对 x 的线性关系不密切，所建立的回归方程没有意义。

回归分析的方差表见表7.3。

表7.3　回归分析的方差分析表

方差来源	偏差平方和	自由度	方差	F 值	$F_{0.1}$	$F_{0.05}$	$F_{0.01}$	显著性
回归	Q_x	1	$\frac{Q_x}{1}$	$F=\frac{\frac{Q_x}{1}}{\frac{Q_e}{n-2}}$				
残差	Q_e	$n-2$	$\frac{Q_e}{n-2}$					
总计	$Q=Q_x+Q_e$	$n-1$						

由前面的介绍可知，表中各项偏差平方和可按如下公式计算。

$$Q_x = \sum(\hat{y}_i - \bar{y})^2 = b^2\sum(x_i - \bar{x})^2 = b^2 l_{xx} = b l_{xy} = \frac{l_{xy}^2}{l_{xx}} \tag{7.22}$$

$$Q_T = \sum(y_i - \bar{y})^2 = l_{yy} \tag{7.23}$$

$$Q_e = \sum(y_i - \hat{y}_i)^2 = Q_T - Q_x = l_{yy} - b^2 l_{xx} = l_{yy} - \frac{l_{xy}^2}{l_{xx}} \tag{7.24}$$

其中，l_{xx}，l_{yy} 和 l_{xy} 的计算参见式(7.11)—式(7.13)。

【例7.2】　对例7.1所求的回归方程进行显著性检验。

解：①计算统计量：

$$l_{xx} = \sum x^2 - \frac{1}{n}\left(\sum x\right)^2 = 0.77 - \frac{1}{7}(2.21)^2 = 0.072$$

$$l_{yy} = \sum y^2 - \frac{1}{n}\left(\sum y\right)^2 = 0.077\,4 - \frac{1}{7}(0.600)^2 = 0.026$$

$$l_{xy} = \sum xy - \frac{1}{n}\left(\sum x\right)\left(\sum y\right) = 0.232\,5 - \frac{1}{7} \times 2.21 \times 0.600 = 0.043\,1$$

$$l_{xy} = \sum(x - \bar{x})(y - \bar{y}) = \sum xy - \frac{1}{n}\left(\sum x\right)\left(\sum y\right)$$

$$Q_x = \frac{l_{xy}^2}{l_{xx}} = \frac{0.043\,1^2}{0.072} = 0.025\,8$$

$$Q = l_{yy} = 0.026$$

$$Q_e = Q_T - Q_x = 0.000\ 1$$

②列方差分析表见表 7.4。

表 7.4　例 7.2 的方差分析表

方差来源	偏差平方和	自由度	方差	F 值	$F_{0.01}(1,5)$	显著性
回归	0.025 8	1	0.025 8	645	16.26	特别显著
残差	0.000 2	5	0.000 04			
总计	0.026	6				

由于 F 值远大于 $F_{0.01}(1,5)$，故为特别显著。

7.3.3　相关系数检验

回归方程的相关系数检验，通常定义相关系数 γ，衡量两个变量（或多个变量）之间线性关联程度的一个指标。

如 x 和 y 是两个随机变量，相关系数为：

$$\gamma = \frac{\sum (x - \bar{x})(y - \bar{y})}{\sqrt{\sum (x - \bar{x})^2 (y - \bar{y})^2}} = \frac{l_{xy}}{\sqrt{l_{xx} l_{yy}}} \tag{7.25}$$

现将式(7.10)、式(7.14) 代入总偏差平方和 Q_T 的计算式(7.15)，则得：

$$Q_T = \sum (y_i - \bar{y})^2 = l_{yy}\left[1 - \frac{(l_{xy})^2}{l_{xx} l_{yy}}\right] \tag{7.26}$$

则式(7.21) 有：

$$Q_T = l_{yy}(1 - \gamma^2) \tag{7.27}$$

从上式可以看出：当 $\gamma = 0$ 时，Q_T 最大，x 和 y 线性无关；当 $|\gamma| = 1$，$Q_T = 0$，所有观测点都落在回归直线上，x 和 y 完全线性相关。

由于 Q_T 以及 l_{yy} 均大于零，故有：

$$1 - \gamma^2 \geqslant 0$$

或

$$0 \leqslant |\gamma| < 1$$

$|\gamma|$ 越大越靠近于1 时，则 Q_T 较小，表明 x 与 y 之间线性相关密切，那么 $|\gamma|$ 值多大，能表明变量间线性相关是密切的，且建立的回归方程有实际意义呢?这就要进行相关系数的显著性检验。下面介绍相关系数的显著性检验。

将式(7.25) 及 $Q_T = Q_x + Q_e$ 带入式(7.21) 整理可得：

$$F = \frac{Q_x}{\frac{Q_e}{2}} = \frac{Q_x(n-2)}{Q_e} = \frac{Q_x(n-2)}{Q_T - Q_x} = \frac{n-2}{\frac{Q_T}{Q_x} - 1} = \frac{n-2}{\frac{1}{\gamma^2} - 1} \tag{7.28}$$

则：

$$\gamma = \left(\frac{n-2}{F} + 1\right)^{-\frac{1}{2}} \tag{7.29}$$

因此，当 $F \geqslant F_\alpha(1, n-2)$ 时，有：

$$\gamma \geqslant \left(\frac{n-2}{F_{\alpha}(1,n-2)}+1\right)^{-\frac{1}{2}}$$

令$\gamma_{\alpha,n-2}=\left(\frac{n-2}{F_{\alpha}(1,n-2)}+1\right)^{-\frac{1}{2}}$,因此,当$\gamma \geqslant \gamma_{0.01,n-2}$时,建立的回归方程是特别显著的;当$\gamma_{0.05,n-2} \leqslant \gamma \leqslant \gamma_{0.01,n-2}$时,建立的回归方程是显著的;当$\gamma_{0.1,n-2} \leqslant \gamma \leqslant \gamma_{0.05,n-2}$时,建立的回归方程在0.1水平下显著;当$\gamma < \gamma_{0.1,n-2}$时,建立的回归方程不显著。

$\gamma_{\alpha,n-2}=\left(\frac{n-2}{F_{\alpha}(1,n-2)}+1\right)^{-\frac{1}{2}}$可以通过查的$F_{\alpha}(1,n-2)$的值计算得到,也可以直接查附录7得到,附录7列出了$\gamma_{\alpha,f}$与F值的关系。查表时根据n计算出$f=n-2$。

由式(7.27)可知,相关系数γ的绝对值不会大于1,最多等于1。当$\gamma=\pm 1$时,所有的测试数据落在回归直线上。从式(7.27)可以看出,相关系数γ的符号与回归系数b的符号是一致的,回归系数可正可负,所以相关系数可正可负。当相关系数$\gamma>0$,y与x正相关,y随着x的增大而增大(或减小而减小);当相关系数$\gamma<0$,y与x负相关,y随着x的增大而减小(或减小而增大)。

相关系数检验的步骤:

①根据实测数据求γ值。

②给定显著性水平(风险度α),在相关系数检验表(附录7)上,按自由度$n-2$查出相应的临界值$\gamma_{\alpha,n-2}$。这里n是对变量x和y成对观察次数,2是变量数目。

③将γ与γ_{α}进行比较。如$|\gamma|>\gamma_{\alpha}$则认为在$(1-\alpha)\%$置信度下,变量x与y之间线性相关显著,此时所建立的回归方程才有应用价值。反之,当$|\gamma|<\gamma_{\alpha}$时,为不显著。

【例7.3】　为试验某滑动轴承的磨损量与油温的关系,设计了一个实验:取10个轴承分别在不同的油温下,测定其磨损量。得到如下试验数据(表7.5),试求其回归方程。

表7.5　油温与轴承磨损量结果表

工作温度x /℃	200	250	300	400	450	500	550	600	650	700
磨损量y /[mg·(100 h)$^{-1}$]	3	4	5	5.5	6.0	7.5	8.8	10	11.2	12

解:为探寻温度与磨损量之间的规律,一般常将数据绘制在坐标上,得出散点图7.5,从图中可以发现,这些坐标点(x_i,y_i)大致都落在一条直线附近。至于这些试验点与该直线有不同程度的偏差,是完全正常的。它是随机因素对测试过程的影响结果。

这里,可采用一元线性回归公式。

$$\hat{y}=a+bx$$

为求回归系数a,b,可列表计算,见表7.6。

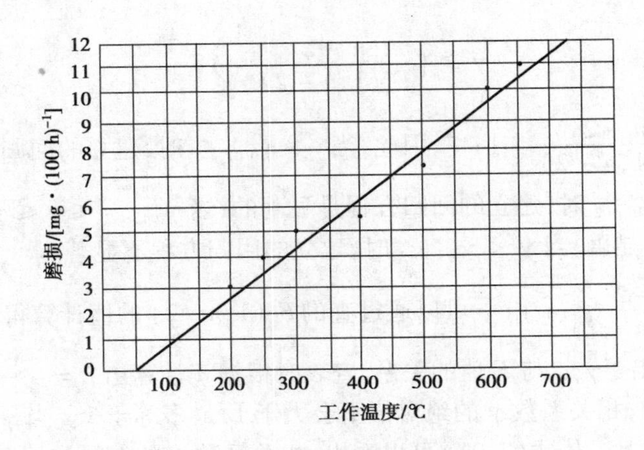

图 7.5　例 7.3 的散点图

表 7.6　一元线性回归计算表

试验号	x	y	$x^2(\times 10^4)$	y^2	$xy(\times 10^2)$
1	200	3	4	9	6
2	250	4	6.25	16	10
3	300	5	9	25	15
4	400	5.5	16	30.25	22
5	450	6.0	20.2	36.00	27
6	500	7.5	25	56.25	37.5
7	550	8.8	30.3	77.44	48.2
8	600	10.0	36.0	100.00	60
9	650	11.1	42.2	23.21	72.1
10	700	12.0	49.0	144.00	84.0
$\sum$	4 600	72.9	237.95	617.15	381.8

$$b=\frac{\sum xy-\frac{1}{n}\sum x\sum y}{\sum x^2-\frac{1}{n}\left(\sum x\right)^2}=\frac{381.8\times 10^2-\frac{1}{10}\times 4\ 600\times 72.9}{237.95\times 10^4-\frac{1}{10}(4\ 600)^2}=0.017\ 7$$

则 $a=\bar{y}-b\bar{x}=\frac{72.9}{10}-0.017\ 7\times\frac{4\ 600}{10}=-0.85$

最后，得回归方程：

$$\hat{y}=-0.85+0.017\ 7x$$

再进行相关系数的显著性检验。

为此，由式(7.25)求 γ 值。再引入式(7.11)—式(7.13)可得 γ：

$$\gamma_{xy}=\frac{l_{xy}}{\sqrt{l_{xx}l_{yy}}}=\frac{381.8\times10^{2}-\frac{1}{10}\times4\,600\times72.9}{\sqrt{\left[237.95\times10^{4}-\frac{1}{10}(4\,600)^{2}\right]\left[617.15-\frac{1}{10}\right]}}=0.98$$

给定显著性水平 $\alpha=0,01$，按自由度 $n-2=10-2=8$ 在相关系数检验表(附录7)上查得，临界相关系数 $\gamma_\alpha=0.764\,6$，由于：

$$\gamma=0.98>0.764\,6=\gamma_\alpha$$

说明所建立的回归方程，在99%的可信度下，特别显著。即变量间存在特别密切的线性相关，其回归方程有实际价值。

7.3.4　等级相关

自然界中有许多事件，本身没有量的含义。例如，乘车的舒适性，人的爱好兴趣等。为了用随机变量研究这些事件，就需要将它们进行数量化，即通过给“事件”评等级或排名次，然后，用等级相关来分析这些离散的数据，及确定变量等级之间的相关性。

离散变量的相关系数——等级相关系数，可用下式计算：

$$\rho=1-\frac{6\sum D^{2}}{n(n^{2}-1)}\tag{7.30}$$

式中　n——等级数据(x_i,y_i)的成对数目；

D——相应 x 和 y 的等级之差。

【例7.4】　某地，汽车厂想用车辆乘坐性能(舒适度)，来判断这两个试车场之间是否存在乘坐相关(即由甲场地测得的乘坐性能与将来B场地所得结果是否关联)。为此，拿11辆客车，每一辆都分别在两个试验场上进行主观乘坐估计试验，并对乘坐性能规定了从1~11的评定等级(表7.7)。

表7.7　车辆乘坐性能等级表

车辆编号		1	2	3	4	5	6	7	8	9	10	11
等级	甲试车场	7	2	9	3	11	5	4	1	8	6	10
	乙试车场	8	2	10	1	9	7	4	3	6	5	11
等级差 D		1	0	1	−2	−2	2	0	2	−2	−1	1
D^2		1	0	1	4	4	4	0	4	4	1	1

解：评定结果如下：这里 $\sum D^2=24,n=11$；由式(7.30)得：

$$\rho=1-\frac{6\sum D^{2}}{n(n^{2}-1)}=1-\frac{6\times24}{11\times(121-1)}=0.891$$

给定显著性水平 $\alpha=0.01$，自由度 $f=n-2=9$，查附录7临界相关系数 $\rho_\alpha=0.735$，因为

$$\rho=0.891>0.735=\rho_\alpha$$

说明在甲试车场上测得的乘坐性能与乙试车场上测得的乘坐性能相关，其置信度为99%。

7.3.5 重复实验的回归显著性检验

无重复实验时,用残差平方和来检验回归平方和,所作的“回归方程显著”的判断只是表明了相对于其他因素及试验误差而言,因素 x 对 y 的影响是显著的。但它并不能说明除因素 x 之外不存在其他不可忽略的因素对 y 的影响,以及 x 对 y 的非线性影响。换句话说,在以上意义上的回归方程显著,并不表明这个回归方程拟合得很好。这是因为在无重复实验时,残差平方和包含了两项:一项是实验误差,另外一项是除 x 之外的其他因素与 x 对 y 的非线性影响。

用线性关系拟合非线性关系称为失拟,检验是否存在失拟,需要采用重复实验。

假设有 n 对实验点,每对实验点重复进行 m 次实验,则可以将残差平方和 Q_e 分解为 Q_M 和 Q_E,即 $Q_e=Q_M+Q_E$。Q_M 反映了除 x 之外的其他因素与 x 对 y 的非线性影响,称之为失拟平方和。Q_E 反映了实验误差的影响,称之为误差效应平方和。因此,在有重复实验时,总偏差平方和 Q_T 可以分解为回归平方和 Q_x、失拟平方和 Q_M、误差效应平方和 Q_E。

$$Q_T = Q_x + Q_M + Q_E \tag{7.31}$$

$$Q_T = \sum_{i=1}^{n}\sum_{j=1}^{m}(y_{ij}-\bar{y})^2 \tag{7.32}$$

$$Q_x = m\sum_{i=1}^{n}(\hat{y}_i-\bar{y})^2 \tag{7.33}$$

$$Q_M = m\sum_{i=1}^{n}(\bar{y}_i-\hat{y}_i)^2 \tag{7.34}$$

$$Q_E = \sum_{i=1}^{n}\sum_{j=1}^{m}(y_{ij}-\bar{y}_i)^2 \tag{7.35}$$

式中,y_{ij} 为单次测定值的响应值,$\bar{y}$ 为全部 nm 次实验点测定值的平均值,$\bar{y}_i$ 为每一个实验点 m 次实验结果的平均值,$\hat{y}_i$ 为回归方程计算得到的响应值。

式(7.31)—式(7.35)表示的各偏差平方和自由度依次为:

$$f_T=f_x+f_M+f_E=nm-1$$

$$f_x=1$$

$$f_M=n-2$$

$$f_E=n(m-1)$$

如果拟合回归线与回归方程的线性关系好,不存在失拟情况,Q_e 基本上由 Q_E 组成。如果回归线与回归方程的线性关系不好,失拟情况严重,这时 Q_M 必然较大。根据 F 检验法,可以定义统计量:

$$F_1=\frac{\dfrac{Q_M}{f_M}}{\dfrac{Q_E}{f_E}} \tag{7.36}$$

根据 F 检验法可知,当 $F_1\geqslant F_\alpha(f_M,f_E)$ 时,$\dfrac{Q_M}{f_M}$ 与 $\dfrac{Q_E}{f_E}$ 为同一方差估计值的概率不大于 α。也就是在显著水平 α 下,回归线与回归方程失拟显著,确实存在 x 对 y 的非线性影响,或者存在除 x 之外的其他因素对 y 的影响。当 $F_1<F_\alpha(f_M,f_E)$ 时,在显著水平 α 下,回归线与回归方

程失拟不显著,回归线与回归方程线性关系良好。上述的检验方法即为有重复实验时的第一 F 检验。

有重复实验时,如果 F_1 检验结果不显著,尚需对所得到的回归方程进行第二 F 检验才能证明其是否有意义,定义:

$$\begin{cases} F_2 = \dfrac{\dfrac{Q_x}{f_x}}{\dfrac{Q_E}{f_E}} & (7.37) \\ F_2' = \dfrac{\dfrac{Q_x}{f_x}}{\dfrac{Q_M + Q_E}{f_M + f_E}} & (7.38) \end{cases}$$

如果 $F_2 \geqslant F_\alpha(f_x, f_E)$ 和 $F_2' \geqslant F_\alpha(f_x, f_M + f_E)$ 同时成立,说明第二 F 检验显著。如果 $F_2 \geqslant F_\alpha(f_x, f_E)$ 和 $F_2' \geqslant F_\alpha(f_x, f_M + f_E)$ 之中有一个不成立,说明第二 F 检验不显著。

对于给定的显著水平 α,当第一 F 检验不显著,第二 F 检验显著时,说明得到的回归方程拟合得很好。

对于给定的显著水平 α,当第一 F 检验不显著,第二 F 检验也不显著时,说明得到的回归方程没有意义。其可能的原因有:

①没有什么因素对 y 有系统影响。

②实验误差过大。

对于给定的显著水平 α,当第一 F 检验显著,第二 F 检验不显著时,得到的回归方程没有意义。

对于给定的显著水平 α,当第一 F 检验显著,第二 F 检验显著时,且所得到的回归方程的残余标准差 S(本章 7.4 小节讨论)在使用精度内,则得到的回归方程仍然可以使用。

7.4　回归方程的精度与系数的置信区间

由于其他因素和实验误差以及 x 对 y 的非线性影响,回归系数 b 与常数 a 的波动,各种实验点不一定都落在回归线上,围绕回归线有一定的离散,其离散的大小可用残差平方和与残余方差 S^2(或残余标准差 S)表示,即

$$S^2 = \frac{Q_e}{n-2} = \frac{Q_T - Q_x}{n-2} \; \frac{l_{yy} - b^2 l_{xx}}{n-2} = \frac{l_{yy} - b l_{xy}}{n-2} \tag{7.39}$$

$$S = \sqrt{\frac{Q_e}{n-2}} = \sqrt{\frac{l_{yy} - b l_{xy}}{n-2}} \tag{7.40}$$

由于 x 与 y 之间只有相关关系,故用样本值来估计总体回归方程中的系数 b 与常数 a 时,由不同的随机样本得到的 b 与 a 的估计值是不同的,有一定的波动范围,b 与 a 估计值的波动的大小可分别用它们的方差 S_b^2 与 S_a^2 来表示。

由 $b = \dfrac{\sum\limits_{i=1}^{n} x_i y_i - \dfrac{1}{n}(\sum\limits_{i=1}^{n} y_i)(\sum\limits_{i=1}^{n} x_i)}{\sum\limits_{i=1}^{n} x_i^2 - \dfrac{1}{n}(\sum\limits_{i=1}^{n} x_i)^2} = \dfrac{\sum\limits_{i=1}^{n}(x_i - \bar{x})(y_i - \bar{y})}{\sum\limits_{i=1}^{n}(x_i - \bar{x})^2}$

$$= \frac{\sum\limits_{i=1}^{n}(x_i - \bar{x})y_i - \sum\limits_{i=1}^{n}(x_i - \bar{x})\bar{y}}{l_{xx}} = \frac{\sum\limits_{i=1}^{n}(x_i - \bar{x})y_i}{l_{xx}}$$

则:

$$S_b^2 = \frac{1}{l_{xx}^2}[(x_1 - \bar{x})^2 S_1^2 + (x_2 - \bar{x})^2 S_2^2 + \cdots + (x_n - \bar{x})^2 S_n^2] \tag{7.41}$$

由于测定 y 的随机误差与测定 x 无关,即 $S_1^2 = S_2^2 = \cdots = S_n^2 = S^2$,则:

$$S_b^2 = \frac{1}{l_{xx}^2}[(x_1 - \bar{x})^2 + (x_2 - \bar{x})^2 + \cdots + (x_n - \bar{x})^2]S^2 = \frac{S^2\sum\limits_{i=1}^{n}(x_i - \bar{x})^2}{l_{xx}^2} = \frac{S^2}{l_{xx}} \tag{7.42}$$

取显著水平为 α,则回归系数 b 的 $100(1-\alpha)\%$ 置信区间为:

$$\left[b \pm t_{\frac{\alpha}{2}}(n-2)\frac{S}{\sqrt{l_{xx}}}\right] \tag{7.43}$$

由于 $a = \bar{y} - b\bar{x}$,则:

$$S_b^2 = S_{\bar{y}}^2 + \bar{x}^2 S_b^2 = \frac{S^2}{n} + \frac{\bar{x}^2 S^2}{l_{xx}} = \left(\frac{1}{n} + \frac{\bar{x}^2}{l_{xx}}\right)S^2 = \left(\frac{l_{xx} + n\bar{x}^2}{nl_{xx}}\right)S^2 = \left(\frac{\sum\limits_{i=1}^{n} x_i^2}{nl_{xx}}\right)S^2 \tag{7.44}$$

取显著水平为 α,则回归方程中常数 a 的 $100(1-\alpha)\%$ 置信区间为:

$$\left[a \pm t_{\frac{\alpha}{2}}(n-2)S\sqrt{\frac{\sum\limits_{i=1}^{n} x_i^2}{nl_{xx}}}\right] \tag{7.45}$$

由上述可知,回归直线 $\hat{y} = a + bx$ 中的回归系数 b 与常数 a 有一定的波动,因此,对于某一给定的 x 值,其回归值 $\hat{y}$ 也有一定的波动,回归值 $\hat{y}$ 的波动大小可用 $S_{\hat{y}}^2$ 表示。

因为 $\hat{y} = a + bx = \bar{y} + b(x - \bar{x})$,则:

$$S_{\hat{y}}^2 = S_{\bar{y}}^2 + (x - \bar{x})^2 S_b^2 = \frac{S^2}{n} + \frac{(x - \bar{x})^2 S^2}{l_{xx}} = S^2\left(\frac{1}{n} + \frac{(x - \bar{x})^2}{l_{xx}}\right) \tag{7.46}$$

则某一给定的 x 所对应回归值 $\hat{y}$ 的 $100(1-\alpha)\%$ 置信区间为:

$$\left[a + bx \pm t_{\frac{\alpha}{2}}(n-2)S\sqrt{\frac{1}{n} + \frac{(x - \bar{x})^2}{l_{xx}}}\right] \tag{7.47}$$

7.5 利用回归直线进行预报和控制

预报的问题通常可以表述为:在 x 取某一值时,预测变量 y 的测定值的取值范围。就是根据 $x = x_0$ 时回归值 $\hat{y}_0$,给出 $x = x_0$ 时变量 y 的测定值的预测区间。

假设 $x=x_0$，y 的测定值为 y_0，则测定值 y_0 与回归值 $\hat{y}_0$ 之间的关系为：

$$y_0=\hat{y}_0+\varepsilon_0=a+bx_0+\varepsilon_0 \quad \varepsilon_0\sim N(0,S^2) \tag{7.48}$$

则：

$$S_{y_0}^2=S_{\hat{y}_0}^2+S_{\varepsilon_0}^2 \tag{7.49}$$

由于 $S_{\hat{y}_0}^2=S^2\left(\frac{1}{n}+\frac{(x_0-\bar{x})^2}{l_{xx}}\right)$，$S_{\varepsilon_0}^2=S^2$

带入式(7.49)可得：

$$S_{y_0}^2=S^2+S^2\left(\frac{1}{n}+\frac{(x_0-\bar{x})^2}{l_{xx}}\right)=S^2\left(1+\frac{1}{n}+\frac{(x_0-\bar{x})^2}{l_{xx}}\right) \tag{7.50}$$

故测定值 y_0 的 $100(1-\alpha)\%$ 置信区间为：

$$\left[\hat{y}_0\pm t_{\frac{\alpha}{2}}(n-2)S\sqrt{1+\frac{1}{n}+\frac{(x_0-\bar{x})^2}{l_{xx}}}\right]$$

或

$$\left[a+bx_0\pm t_{\frac{\alpha}{2}}(n-2)S\sqrt{1+\frac{1}{n}+\frac{(x_0-\bar{x})^2}{l_{xx}}}\right] \tag{7.51}$$

由(7.51)可以看出，当自变量 x 的取值 x_0 越接近平均值 $\bar{x}$ 时，在一定显著水平下，预测值 y_0 的区间越窄，预测就越精密。当 x 的取值等于平均值时预测值的区间最窄。若记式(7.51)为 $[\hat{y}\pm\delta(x_0)]$，对于给定的样本观察值，作曲线 $y_1(x)=\hat{y}+\delta(x_0)$ 和 $y_2(x)=\hat{y}-\delta(x_0)$ 则这两条曲线形成一个含有回归直线 $\hat{y}=a+bx$ 在内的带域，且在 $x=\bar{x}$ 处最窄，该带域即为预测带(图7.6)。

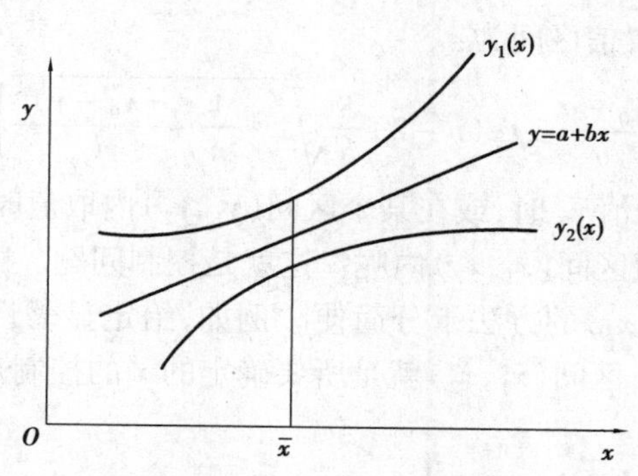

图7.6　预测带示意图

假设在 $x=x_0$ 时对 y 进行了 m 次测定，测定值为 $y_{01},y_{02},\cdots,y_{0m}$，测定值的算术平均值 $\bar{y}_0=\frac{1}{m}\sum_{i=1}^{m}y_{0i}$，由式(7.48)可知：

$$y_{i0}=\hat{y}_0+\varepsilon_{0i}=a+bx_0+\varepsilon_{0i} \quad (i=1,2,\cdots,m) \tag{7.52}$$

则：

$$\bar{y}_0=\frac{1}{m}\sum_{i=1}^{m}y_{0i}=\hat{y}_0+\frac{1}{m}\sum_{i=1}^{m}\varepsilon_{0i}=a+bx_0+\frac{1}{m}\sum_{i=1}^{m}\varepsilon_{0i} \tag{7.53}$$

因此：

$$S_{\bar{y}_0}^2=S_{\hat{y}_0}^2+\frac{1}{m^2}\sum_{i=1}^{m}S_{\varepsilon_{0i}}^2 \tag{7.54}$$

由于 $S_{\hat{y}_0}^2 = S^2\left(\frac{1}{n}+\frac{(x_0-\bar{x})^2}{l_{xx}}\right), S_{\varepsilon_{0i}}^2 = S^2 \quad (i=1,2,\cdots,m)$

带入式(7.54)可得:

$$S_{\bar{y}_0}^2 = \frac{1}{m}S^2 + S^2\left(\frac{1}{n}+\frac{(x_0-\bar{x})^2}{l_{xx}}\right) = S^2\left(\frac{1}{m}+\frac{1}{n}+\frac{(x_0-\bar{x})^2}{l_{xx}}\right) \tag{7.55}$$

则多次测定均值 $\bar{y}_0$ 的 $100(1-\alpha)\%$ 置信区间为:

$$\left[a+bx_0 \pm t_{\frac{\alpha}{2}}(n-2)S\sqrt{\frac{1}{m}+\frac{1}{n}+\frac{(x_0-\bar{x})^2}{l_{xx}}}\right]$$

或

$$\left[\hat{y}_0 \pm t_{\frac{\alpha}{2}}(n-2)S\sqrt{\frac{1}{m}+\frac{1}{n}+\frac{(x_0-\bar{x})^2}{l_{xx}}}\right] \tag{7.56}$$

在分析测试中,如果已知因变量 y 的 m 次测定平均值为 $\bar{y}_0$,同样可以根据回归方程得到自变量 x 的预测区间。

假设现已得到 y 的 m 次测定平均值为 $\bar{y}_0$,根据回归方程 $\hat{y}=a+bx$ 得到自变量的估计值为 $\hat{x}_0=\frac{\bar{y}_0-a}{b}$,则自变量 x 的取值为 x_0 的 $100(1-\alpha)\%$ 置信区间为(推导略):

$$\left[\frac{\bar{y}_0-a}{b} \pm t_{\frac{\alpha}{2}}(n-2)\frac{S}{b}\sqrt{\frac{1}{m}+\frac{1}{n}+\frac{(y_0-\bar{y})^2}{l_{xx}}}\right] \tag{7.57}$$

当只对因变量测定一次,可根据单次测定的 y_0,利用回归方程 $\hat{y}=a+bx$ 得到自变量,x 的取值为 x_0 的 $100(1-\alpha)\%$ 置信区间为:

$$\left[\frac{y_0-a}{b} \pm t_{\frac{\alpha}{2}}(n-2)\frac{S}{b}\sqrt{1+\frac{1}{n}+\frac{(y_0-\bar{y})^2}{l_{xx}}}\right] \tag{7.58}$$

当要求观测值 y 取某个值 y_0 时,或在某个区间 (y_1,y_2) 内取值时,试问,此时自变量 x 应控制在什么范围或在哪个取值区间 (x_1,x_2) 内呢?这就是控制问题。

确定 x 的控制范围 (x_1,x_2) 的方法十分简便。例如,给定显著性水平 $\alpha=0.05$ 时,就可利用(7.58)式可求出 x_1 和 x_2,区间 (x_1,x_2) 就是所要确定的 x 的控制范围。

7.6 二元线性回归方程的建立与检验

二元线性回归分析是对一个因变量与两个自变量之间,建立线性函数的一种方法。其原理与一元线性回归分析完全相同。如果能将各个自变量对因变量的影响拆开,并找出每个自变量对总影响的分量,则问题就易于解决了。

7.6.1 二元线性回归方程的建立

设因变量 y 与两个自变量 x_1 和 x_2 之间是线性关系。并记第 j 次观察值为 (x_{1j},x_{2j},y_j),$(j=1,2,3,\cdots,n)$。

这 n 组数据,在空间坐标上可表示为一个平面,它的结构式为:

$$y_j=\alpha+\beta x_{1j}+\gamma x_{2j}+\varepsilon_i(j=1,2,\cdots,n) \tag{7.59}$$

其中,ε_i 是第 j 次观测值的试验误差,一般假设 ε_i 是 n 组相互独立且都服从正态分布 $N(0,\sigma^2)$ 的随机变量。

未知系数 α,β,γ 仍用最小二乘法来确定,设 a,b_1,b_2,是它们对应的估计值,则得二元线性回归方程:

$$\hat{y}=a+b_1x_1+b_2x_2 \tag{7.60}$$

式中,$\hat{y}$ 为 y 的理论估计值或回归值,与一元线性回归类似,根据最小二乘法的原理,令残差平方和最小,可以求得回归系数 a,b_1,b_2。

二元线性回归方程的残差平方和可以表示为

$$Q=\sum_{j=1}^{n}\varepsilon_j^2=\sum_{j=1}^{n}(y_j-\hat{y}_j)^2=\sum_{j=1}^{n}[y_j-(a+b_1x_{1j}+b_2x_{2j})]^2 \tag{7.61}$$

将残差平方和分别对 a,b_1,b_2 求偏导可得:

$$\frac{\partial Q}{\partial a}=\sum_{j=1}^{n}-2[y_j-(a+b_1x_{1j}+b_2x_{2j})]=0 \tag{7.62}$$

$$\frac{\partial Q}{\partial b_1}=\sum_{j=1}^{n}-2x_{1j}[y_j-(a+b_1x_{1j}+b_2x_{2j})]=0 \tag{7.63}$$

$$\frac{\partial Q}{\partial b_2}=\sum_{j=1}^{n}-2x_{2j}[y_j-(a+b_1x_{1j}+b_2x_{2j})]=0 \tag{7.64}$$

整理上述式子可以得到:

$$\begin{cases}\sum_{j=1}^{n}(a+b_1x_{1j}+b_2x_{2j})=\sum_{j=1}^{n}y_j & (7.65)\\ a\sum_{j=1}^{n}x_{1j}+b_1\sum_{j=1}^{n}x_{1j}^2+b_2\sum_{j=1}^{n}x_{1j}\cdot x_{2j}=\sum_{j=1}^{n}x_{1j}y_j & (7.66)\\ a\sum_{j=1}^{n}x_{2j}+b_2\sum_{j=1}^{n}x_{2j}^2+b_1\sum_{t=1}^{n}x_{1j}\cdot x_{2j}=\sum_{j=1}^{n}x_{2j}y_j & (7.67)\end{cases}$$

整理式(7.65)可得常数 a 的计算公式为

$$a=\frac{1}{n}\sum_{j=1}^{n}y_j-\frac{b_1}{n}\sum_{j=1}^{n}x_{1j}-\frac{b_2}{n}\sum_{j=1}^{n}x_{2j}=\bar{y}-b_1\bar{x}_1-b_2\bar{x}_2 \tag{7.68}$$

将式(7.68)代入式(7.65)和式(7.66)可得:

$$b_1\sum_{j=1}^{n}(x_{1j}-\bar{x}_1)^2+b_2\sum_{j=1}^{n}(x_{1j}-\bar{x}_1)(x_{2j}-\bar{x}_2)=\sum_{j=1}^{n}(x_{1j}-\bar{x}_1)(y_j-\bar{y}) \tag{7.69}$$

$$b_2\sum_{j=1}^{n}(x_{2j}-\bar{x}_2)^2+b_1\sum_{j=1}^{n}(x_{1j}-\bar{x}_1)(x_{2j}-\bar{x}_2)=\sum_{j=1}^{n}(x_{2j}-\bar{x}_2)(y_j-\bar{y}) \tag{7.70}$$

为了简化计算,令:

$$l_{11}=\sum_{j=1}^{n}(x_{1j}-\bar{x}_1)^2=\sum_{j=1}^{n}x_{1j}^2-\frac{1}{n}\left(\sum_{j=1}^{n}x_{1j}\right)^2$$

$$l_{22}=\sum_{j=1}^{n}(x_{2j}-\bar{x}_2)^2=\sum_{j=1}^{n}x_{2j}^2-\frac{1}{n}\left(\sum_{j=1}^{n}x_{2j}\right)^2$$

$$l_{12} = l_{21} = \sum_{j=1}^{n}(x_{1j} - \bar{x}_1)(x_{2j} - \bar{x}_2) = \sum_{j=1}^{n} x_{1j}x_{2j} - \frac{1}{n}\sum_{j=1}^{n} x_{1j}\sum_{j=1}^{n} x_{2j}$$

$$l_{1y} = \sum_{j=1}^{n}(x_{1j} - \bar{x}_1)(y_j - \bar{y}) = \sum_{j=1}^{n} x_{1j}y_j - \frac{1}{n}\sum_{j=1}^{n} x_{1j}\sum_{j=1}^{n} y_j$$

$$l_{2y} = \sum_{j=1}^{n}(x_{2j} - \bar{x}_2)(y_j - \bar{y}) = \sum_{j=1}^{n} x_{2j}y_j - \frac{1}{n}\sum_{j=1}^{n} x_{2j}\sum_{j=1}^{n} y_j$$

$$l_{yy} = \sum_{j=1}^{n}(y_j - \bar{y})^2 = \sum_{j=1}^{n} y_j^2 - \frac{1}{n}\left(\sum_{j=1}^{n} y_j\right)^2$$

解式(7.69)与式(7.70)整理可得

$$b_1 = \frac{l_{1y}l_{22} - l_{2y}l_{12}}{l_{11}l_{22} - l_{12}l_{21}} \tag{7.71}$$

$$b_2 = \frac{l_{2y}l_{11} - l_{1y}l_{21}}{l_{11}l_{22} - l_{12}l_{21}} \tag{7.72}$$

在二元回归系数确定之后,能代表数据的方程(回归方程)即已建立。

下一步就是要判断这一平面方程究竟与数据拟合得怎样?

7.6.2 二元线性回归方程的方差检验

(1)偏差平方和的计算

同一元回归方程的方差分析相同,由式(7.15)和式(7.16)可得:总变差平方和为:

$$Q_T = \sum_{j=1}^{n}(y_j - \bar{y}_j)^2 = \sum_{j=1}^{n}(\hat{y}_j - \bar{y}_j)^2 + \sum_{j=1}^{n}(y_j - \hat{y}_j)^2 \tag{7.73}$$

即:

$$Q_T = Q_x + Q_e \tag{7.74}$$

式中 Q_x——回归平方和,它表示两个自变量 x_1, x_2 对变量 y 的变差影响——物理变差;

Q_e——剩余平方和,它表示除自变量外,由试验误差或其他随机因素对 y 的影响。

同理,当 Q_x 越大(Q_e 越小时),则表示 y 与 x_1, x_2 的线性关系越密切,回归方程效果越好。

(2)偏差平方和的自由度

总偏差平方和 $Q_T = \sum_{j=1}^{n}(y_j - \bar{y}_j)^2$ 的自由度 $f = n - 1$;

回归平方和 $Q_x = \sum_{j=1}^{n}(\hat{y}_j - \bar{y}_j)^2$ 的自由度 $f_x = 2$(有2个自变量);

残差平方和 $Q_e = \sum_{j=1}^{n}(y_j - \hat{y}_j)^2$ 的自由度 $f_e = n - 3$;

由自由度的可加性:$f = n - 1 = f_x + f_e$。

(3)F 检验

二元线性回归方程的方差检验原理与一元线性回归分析一样,即检验假设 $H_0: \beta = 0, \gamma = 0$。为此应先计算 F。

$$F = \frac{\frac{Q_x}{f_x}}{\frac{Q_e}{f_e}} = \frac{\frac{Q_x}{2}}{\frac{Q_e}{n-3}} \tag{7.75}$$

而 F 临界值按 $F_{\alpha(2,n-3)}$ 查表。具体检验方法同前。关于二元线性回归方程的剩余方差这里记：

$$S^2=\frac{Q_e}{f_e}=\frac{Q_e}{n-3} \tag{7.76}$$

剩余标准差为：

$$S=\sqrt{\frac{Q_e}{n-3}} \tag{7.77}$$

7.6.3　相关系数

现在，将各种相关系数加以归纳；当检验两个变量（一个因变量，一个自变量）之间线性密切的程度时，用到了单相关系数 γ 其定义式见式(7.25)。

当自变量在一个以上时就要用到下列各种相关系数。

1）单相关系数

检查两个自变量 x_1,x_2 之间的线性关联程度时，用下述表达式：

$$\gamma_{x_1x_2}=\frac{l_{x_1x_2}}{\sqrt{l_{x_1x_1}l_{x_2x_2}}} \tag{7.78}$$

当 $|\gamma_{x_1x_2}|$ 越大，说明两个自变量之间线性关系密切，这时建立的回归方程（平面）并不理想。当 $|\gamma_{x_1x_2}|=0$ 时，说明两个自变量相互独立，这时建立的平面回归方程比较好。

单独检查每一个自变量 x_1 或 x_2 与因变量 y 之间线性关联程度时，用：

$$\gamma_{x_1y}=\frac{l_{x_1y}}{\sqrt{l_{x_1x_1}\cdot l_{yy}}} \tag{7.79}$$

或

$$\gamma_{x_2y}=\frac{l_{x_2y}}{\sqrt{l_{x_2x_2}\cdot l_{yy}}} \tag{7.80}$$

式中 l_{xx} 与 l_{xy} 运算符号的表达式如下：

$$\begin{cases}
l_{x_1x_2}=\sum\limits_{j=1}^{n}(x_{1j}-\bar{x}_1)(x_{2j}-\bar{x}_2)=\sum x_1x_2-\frac{1}{n}(\sum x_1)(\sum x_2)\\
l_{x_2x_2}=\sum\limits_{j=1}^{n}(x_{2j}-\bar{x}_2)^2=\sum x_2^2-\frac{1}{n}(\sum x_2)^2\\
l_{x_1x_1}=\sum\limits_{j=1}^{n}(x_{1j}-\bar{x}_1)^2=\sum x_1^2-\frac{1}{n}(\sum x_1)^2\\
l_{x_1y}=\sum\limits_{j=1}^{n}(x_{1j}-\bar{x}_1)(y-\bar{y})=\sum x_1y-\frac{1}{n}(\sum x_1)(\sum y)\\
l_{x_2y}=\sum\limits_{j=1}^{n}(x_{2j}-\bar{x}_2)(y-\bar{y})=\sum x_2y-\frac{1}{n}(\sum x_2)(\sum y)
\end{cases} \tag{7.81}$$

2）偏相关系数

由于在多元情况下，变量均在不断地变化着，要想真正求出任意两个变量间的相关系数，则必须除去其他变量的影响，即将其他变量固定后，再求两者的相关系数，这就是偏相关系数。例如，将某一自变量 x_1 或 x_2 固定，分析另一自变量 x_1 或 x_2 和因变量 y 之间线性密切程度时，可从 x_1,y,x_2 的单相关系数按下式计算。

当 x_1 固定求 x_2 和 y 之间的偏相关系数，用：

$$\gamma_{yx_2 \cdot x_1} = \frac{\gamma_{yx_2} - \gamma_{yx_1} - \gamma_{x_2x_1}}{\sqrt{(1-\gamma_{yx_1}^2)(1-\gamma_{x_2x_1}^2)}} \tag{7.82}$$

当 x_2 固定求 x_1 和 y 之间的偏相关系数。用：

$$\gamma_{yx_1 \cdot x_2} = \frac{\gamma_{yx_1} - \gamma_{yx_2} - \gamma_{x_1x_2}}{\sqrt{(1-\gamma_{yx_2}^2)(1-\gamma_{x_1x_2}^2)}} \tag{7.83}$$

由于变量之间的关系错综复杂，在多元回归中，只有偏相关系数才能真正反映两个变量的本质联系，而单相关系数甚至会产生假象。

3）全（复）相关系数或称多元相关系数

复相关系数表示自变量 x_1,x_2 共同对因变量 y 的线性相关程度。按下式计算：

$$R_{y \cdot x_1x_2} = \sqrt{\frac{Q_x}{l_{yy}}} = \sqrt{\frac{b_1 l_{x_1y} + b_2 l_{x_2y}}{l_{yy}}} = \sqrt{1 - \frac{Q_e}{l_{yy}}} \tag{7.84}$$

请读者注意，同一元相关分析的情况一样，对任何回归问题，如果做了方差分析的 F 检验，就不必再做相关系数的检验了。

【例 7.5】 试设计一个实验，用以确定湿度和大气压力是否确实影响内燃机排气中所含一氧化氮（NO）的水平问题。如 NO 含量与二者有关，建立其间的关系。

在湿度和大气压力的各种值下，测定一典型发动机废气中 NO 之含量，其结果见表 7.8。

表 7.8 例 7.5NO 含量与湿度、大气压力关系表

NO 浓度 y/ppm	湿度 x/[g·(kg 干空气)$^{-1}$]	大气压力 z/kPa
1 500	20	101.08
1 420	30	101.77
1 430	40	101.43
1 270	50	101.25
1 200	60	102.46
1 100	70	102.12
1 120	80	101.94
1 015	90	102.81
1 040	100	102.74
990	110	101.94
$\bar{y}$ = 1 208.5	$\bar{x}$ = 65	$\bar{z}$ = 101.95

解:由式(7.60)初选函数形式:

$$\hat{y} = a + b_1 x_1 + b_2 x_2$$

这些方程中使用的各个量列入表 7.9 中。

其中:　$\bar{x}_1 = 65; \bar{y} = 1\ 208.5; \bar{x}_2 = 101.95; n = 10$

$$b_1 = \frac{(\sum yx_1)(\sum x_2x_2) - (\sum x_2x_2)(\sum y)}{\sum x_1x_1 \sum x_2x_2 - (\sum x_1x_1)^2} = -5.1$$

表 7.9　例 7.5 相关系数计算列表

$Y = y - \bar{y}$	$X_1 = x_1 - \bar{x}$	$X_2 = x_2 - \bar{x}_2$	YX_1	X_1X_2	YX_2	X^2	X_2^2
291.5	-45	-0.87	-13 117.5	39.15	-253.6	2 025	0.757
211.5	-35	-0.18	-7 402.5	6.3	-38.7	1 225	0.032
221.5	-25	-0.52	-5 537.5	13	-115.18	625	0.27
61.5	-15	-0.7	-922.5	10.5	-43.05	225	0.49
-8.9	-5	0.51	44.5	-2.55	-4.54	25	0.26
-108.5	5	0.17	-542.5	0.85	-18.44	25	0.03
-88.5	15	-0.01	-1 327.5	-0.15	0.88	225	0
-193.5	25	0.87	-4 837.5	2I.75	-167.91	625	0.75
-195.5	35	0.79	-6 842.5	27.65	-154.44	1 225	0.62
-218.5	45	-0.01	-9 832.5	-0.45	2.18	2 025	0
			$\sum YX$ = -5 031.8	$\sum XZ$ = 116.05	$\sum YZ$ = -773.73	$\sum X^2$ = 8 250	$\sum Z^2$ = 3.209

$$b_2 = \frac{(\sum x_1^2)(\sum yx_2) - (\sum yx_1)(\sum x_1x_2)}{\sum x_1^2 \sum x_2^2 - (\sum x_1x_2)^2} = -62.9$$

由式(7.68)求 a:

$$a = \bar{y} - b\bar{x} - c\,\bar{z} = 1\ 208.5 + 5.1 \times 65 + 62.9 \times 101.95 = 7\ 932$$

因此,湿度和大气压力对废气中氮氧化物 NO 的影响,有如下关系式:

$$\hat{y} = 7\ 932 - 5.1x - 62.9z$$

回归方程求出后,用全相关系数检验这一方程与数据的密切程度。

由式(7.84)$R_{y \cdot x_1x_2} = \sqrt{\dfrac{Q_x}{l_{yy}}} = \sqrt{\dfrac{b_1 l_{x_1y} + b_2 l_{x_2y}}{l_{yy}}} = \sqrt{1 - \dfrac{Q_e}{l_{yy}}}$

式中 $l_{yy}, l_{x_1y}, l_{x_2y}$(7.81)计算得

$$l_{x_1y} = \sum x_1 y - \frac{1}{n}\sum x_1 \sum y = 736\ 150 - 785\ 525 = -49\ 375$$

$$l_{x_2y} = \sum x_2 y - \frac{1}{n}\sum y \cdot \sum x_2 = 1\ 229\ 904 - 1\ 230\ 857 = -953$$

$$l_{yy} = \sum y^2 - \frac{1}{n}\left(\sum y\right)^2 = 14\ 920\ 525.5 - 14\ 604\ 722.5 = 315\ 803$$

所以

$$R_{y\cdot x_1x_2} = \sqrt{\frac{251\ 812.5 + 59\ 944}{315\ 803}} = 0.994$$

说明,此例中大气压力与湿度同内燃机排气中 NO 的浓度具有密切的线性关系。

现在来分析回归的剩余标准差,即 x_1 和 x_2 对 y 估计量的标准误差。根据式(7.76)有:

$$S^2_{y\cdot x_1x_2} = \frac{Q_e}{f_e} = \frac{Q_e}{n-3} = \sqrt{\frac{4\ 737}{7}} = 26.01$$

这里根据 $R_{y\cdot x_1x_2} = 0.994$ 反求出 $Q_e = 4\ 737$。

7.7 多元线性回归方程的建立与检验

7.6 节讨论二元线性回归分析问题,是为分析多元线性回归打基础。多元线性回归是二元线性回归的延伸,其原理是完全相同的。

7.7.1 多元线性回归方程的建立

1)正规方程组

设因变量为 y,自变量共有 m 个,分别记为 $x_1, x_2, \cdots, x_i, \cdots, x_m$,假设已通过试验测得 n 组数据为:$(x_{11}, x_{21}, \cdots, x_{i1}, \cdots, x_{m1}, y_1)$;$(x_{12}, x_{22}, \cdots, x_{i2}, \cdots, x_{m2}, y_2)$;$\cdots$;$(x_{1j}, x_{2j}, \cdots, x_{ij}, \cdots, x_{mj}, y_j)$;$\cdots$;$(x_{1n}, x_{2n}, \cdots, x_{in}, \cdots, x_{mn}, y_n)$,则多元线性回归方程可表示为:

$$\hat{y} = a + b_1x_1 + b_2x_2 + \cdots + b_mx_m \tag{7.85}$$

式中,a 为常数项,$b_i(i=1,2,\cdots,m)$ 称为 y 对 $x_i(i=1,2,\cdots,m)$ 偏回归系数,与一元线性回归相似,根据最小二乘法的原理,令多元线性回归方程的残差平方和最小,可得 a 和 $b_i(i=1,2,\cdots,m)$。

多元线性回归方程的残差平方和可以表示为:

$$Q = \sum_{j=1}^{n}\varepsilon_j^2 = \sum_{j=1}^{n}(y_j - \hat{y}_j)^2 = \sum_{j=1}^{n}[y_j - (a + b_1x_{1j} + b_2x_{2j} + \cdots + b_mx_{mj})]^2 \tag{7.86}$$

将残差平方和分别对 a 和 $b_i(i = 1,2,\cdots,m)$ 求偏导可得:

$$\frac{\partial Q}{\partial a} = -2\sum_{j=1}^{n}[y_j - (a + b_1x_{1j} + b_2x_{2j} + \cdots + b_mx_{mj})] = 0 \tag{7.87}$$

$$\frac{\partial Q}{\partial b_i} = -2\sum_{j=1}^{n}x_{ij}[y_j - (a + b_1x_{1j} + b_2x_{2j} + \cdots + b_mx_{mj})] = 0(i = 1,2,\cdots,m) \tag{7.88}$$

式(7.87)与式(7.88)组成了一个共有方程 $m+1$ 个的方程组,称为正规方程组。解此正规方程组,即可求得 a 和 $b_i(i = 1,2,\cdots,m)$。此正规方程组可化为线性方程组:

$$\begin{cases} na + \left(\sum_{j=1}^{n} x_{1j}\right) b_1 + \left(\sum_{j=1}^{n} x_{2j}\right) b_2 + \cdots + \left(\sum_{j=1}^{n} x_{mj}\right) b_m = \sum_{j=1}^{n} y_j \\ \left(\sum_{j=1}^{n} x_{1j}\right) a + \left(\sum_{j=1}^{n} x_{1j}^{2}\right) b_1 + \left(\sum_{j=1}^{n} x_{1j}x_{2j}\right) b_2 + \cdots + \left(\sum_{j=1}^{n} x_{1j}x_{mj}\right) b_m = \sum_{j=1}^{n} x_{1j}y_j \\ \left(\sum_{j=1}^{n} x_{2j}\right) a + \left(\sum_{j=1}^{n} x_{2j}x_{1j}\right) b_1 + \left(\sum_{j=1}^{n} x_{2j}^{2}\right) b_2 + \cdots + \left(\sum_{j=1}^{n} x_{2j}x_{mj}\right) b_m = \sum_{j=1}^{n} x_{2j}y_j \\ \left(\sum_{j=1}^{n} x_{mj}\right) a + \left(\sum_{j=1}^{n} x_{mj}x_{1j}\right) b_1 + \left(\sum_{j=1}^{n} x_{mj}x_{2j}\right) b_2 + \cdots + \left(\sum_{j=1}^{n} x^{2}_{mj}\right) b_m = \sum_{j=1}^{n} x_{mj}y_j \end{cases} \tag{7.89}$$

2）正规方程组的解法之一——克莱姆法则

解式(7.89)的第一个方程可得到 a 的计算公式为：

$$a = \frac{1}{n}\sum_{j=1}^{n} y_i - \frac{b_1}{n}\sum_{j=1}^{n} x_{1j} - \frac{b_2}{n}\sum_{j=1}^{n} x_{2j} - \cdots - \frac{b_m}{n}\sum_{j=1}^{n} x_{mj} = \bar{y} - b_1\bar{x}_1 - b_2\bar{x}_2 - \cdots - b_m\bar{x}_m \tag{7.90}$$

式中，$\bar{y} = \frac{1}{n}\sum_{j=1}^{n} y_i, \bar{x}_1 = \frac{1}{n}\sum_{j=1}^{n} x_{ij}, i = 1,2,\cdots,m$。

将式(7.90)代入式(7.88)可得到：

$$\begin{cases} l_{11}b_1 + l_{12}b_2 + \cdots + l_{1m}b_m = l_{1y} \\ l_{21}b_1 + l_{22}b_2 + \cdots + l_{2m}b_m = l_{2y} \\ \vdots \\ l_{m1}b_1 + l_{m2}b_2 + \cdots + l_{mm}b_m = l_{my} \end{cases} \tag{7.91}$$

式(7.91)为一个共有方程 m 个的方程组，式中的系数为：

$$l_{ik} = \sum_{j=1}^{n} (x_{ij} - \bar{x}_i)(x_{kj} - \bar{x}_k) = \sum_{j=1}^{n} x_{ij}x_{kj} - \frac{1}{n}\sum_{j=1}^{n} x_{ij}\sum_{j=1}^{n} x_{kj} \tag{7.92}$$

$$l_{iy} = \sum_{j=1}^{n} (x_{ij} - \bar{x}_i)(y_j - \bar{y}) = \sum_{j=1}^{n} x_{ij}y_j - \frac{1}{n}\sum_{j=1}^{n} x_{ij}\sum_{j=1}^{n} y_j \tag{7.93}$$

式中　$i,k=1,2,\cdots,m$；

$j=1,2,\cdots,n$；

x_{ij},x_{kj}——自变量，x_i,x_k 在第 j 次试验中的测量值；

y_i——因变量 y 在第 j 次试验中的测量结果。

由式(7.92)和式(7.93)可知 $l_{ik}=l_{ki}$，例如 $l_{23}=l_{32}$。

解式(7.93)可以得到偏回归系数 $b_i(i=1,2,\cdots,m)$ 的解，再将 $b_i(i=1,2,\cdots,m)$ 的值代入式(7.90)可以得到 a 值。

式(7.91)可以采用初等数学中的消元法求解，也可以采用克莱姆法，用克莱姆法求得的解为：

$$b_j = \frac{B_j}{B} \tag{7.94}$$

式中，$B_j(j=1,2,\cdots,m)$，B 均为行列式，其表达式分别为：

$$\begin{cases} B = \begin{vmatrix} l_{11} & l_{12} & \cdots & l_{1i} & \cdots & l_{1m} \\ l_{21} & l_{22} & \cdots & l_{2i} & \cdots & l_{2m} \\ \vdots & \vdots & \vdots & \vdots & \vdots & \vdots \\ l_{m1} & l_{m2} & \cdots & l_{mi} & \cdots & l_{mm} \end{vmatrix} \\ B_1 = \begin{vmatrix} l_{1y} & l_{12} & \cdots & l_{1i} & \cdots & l_{1m} \\ l_{2y} & l_{22} & \cdots & l_{2i} & \cdots & l_{2m} \\ \vdots & \vdots & \vdots & \vdots & \vdots & \vdots \\ l_{my} & l_{m2} & \cdots & l_{mi} & \cdots & l_{mm} \end{vmatrix} \\ B_2 = \begin{vmatrix} l_{11} & l_{1y} & \cdots & l_{1i} & \cdots & l_{1m} \\ l_{21} & l_{2y} & \cdots & l_{2i} & \cdots & l_{2m} \\ \vdots & \vdots & \vdots & \vdots & \vdots & \vdots \\ l_{m1} & l_{my} & \cdots & l_{mi} & \cdots & l_{mm} \end{vmatrix} \\ \qquad\vdots \\ B_m = \begin{vmatrix} l_{11} & l_{12} & \cdots & l_{1i} & \cdots & l_{1y} \\ l_{21} & l_{22} & \cdots & l_{2i} & \cdots & l_{2y} \\ \vdots & \vdots & \vdots & \vdots & \vdots & \vdots \\ l_{m1} & l_{m2} & \cdots & l_{mi} & \cdots & l_{my} \end{vmatrix} \end{cases} \tag{7.95}$$

事实上,行列式 $B_j(j=1,2,\cdots,m)$ 是将行列式 B 中的第 $j(j=1,2,\cdots,m)$ 列 $l_{1j},l_{2j},\cdots,l_{mj}$ 转换为 $l_{1y},l_{2y},\cdots,l_{my}$ 后得到的行列式,例如,当 m 为 2 时,即二元线性回归时:

$$B = \begin{vmatrix} l_{11} & l_{12} \\ l_{21} & l_{22} \end{vmatrix}$$

$$B_1 = \begin{vmatrix} l_{1y} & l_{12} \\ l_{2y} & l_{22} \end{vmatrix}$$

$$B_2 = \begin{vmatrix} l_{11} & l_{1y} \\ l_{21} & l_{2y} \end{vmatrix}$$

故二元线性回归的偏回归系数为:

$$b_1 = \frac{B_1}{B} = \frac{\begin{vmatrix} l_{1y} & l_{12} \\ l_{2y} & l_{22} \end{vmatrix}}{\begin{vmatrix} l_{11} & l_{12} \\ l_{21} & l_{22} \end{vmatrix}} = \frac{l_{1y}l_{22} - l_{2y}l_{12}}{l_{11}l_{22} - l_{21}l_{12}} = \frac{l_{1y}l_{22} - l_{2y}l_{12}}{l_{11}l_{22} - l_{21}^{2}} = \frac{l_{1y}l_{22} - l_{2y}l_{12}}{l_{11}l_{22} - l_{12}^{2}} \tag{7.96}$$

$$b_2 = \frac{B_2}{B} = \frac{\begin{vmatrix} l_{11} & l_{1y} \\ l_{21} & l_{2y} \end{vmatrix}}{\begin{vmatrix} l_{11} & l_{12} \\ l_{21} & l_{22} \end{vmatrix}} = \frac{l_{11}l_{2y} - l_{21}l_{1y}}{l_{11}l_{22} - l_{21}l_{12}} = \frac{l_{11}l_{2y} - l_{21}l_{1y}}{l_{11}l_{22} - l_{21}^{2}} = \frac{l_{11}l_{2y} - l_{21}l_{1y}}{l_{11}l_{22} - l_{12}^{2}} \tag{7.97}$$

3）正规方程组得解法之二——矩阵求逆法

式(7.89)所示的正规方程组得系数矩阵 A 为：

$$A=\begin{bmatrix} n & \sum_{j=1}^{n}x_{1j} & \sum_{j=1}^{n}x_{2j} & \cdots & \sum_{j=1}^{n}x_{mj} \\ \sum_{j=1}^{n}x_{1j} & \sum_{j=1}^{n}x_{1j}^{2} & \sum_{j=1}^{n}x_{1j}x_{2j} & \cdots & \sum_{j=1}^{n}x_{1j}x_{mj} \\ \sum_{j=1}^{n}x_{2j} & \sum_{j=1}^{n}x_{2j}x_{1j} & \sum_{j=1}^{n}x_{2j}^{2} & \cdots & \sum_{j=1}^{n}x_{2j}x_{mj} \\ \vdots & \vdots & \vdots & \vdots & \vdots \\ \sum_{j=1}^{n}x_{mj} & \sum_{j=1}^{n}x_{mj}x_{1j} & \sum_{j=1}^{n}x_{mj}x_{2j} & \cdots & \sum_{j=1}^{n}x_{mj}^{2} \end{bmatrix}$$

$$=\begin{bmatrix} 1 & 1 & 1 & \cdots & 1 \\ x_{11} & x_{21} & x_{31} & \cdots & x_{m1} \\ x_{12} & x_{22} & x_{32} & \cdots & x_{m2} \\ \vdots & \vdots & \vdots & \vdots & \vdots \\ x_{1m} & x_{2m} & x_{3m} & \cdots & x_{mm} \end{bmatrix}\begin{bmatrix} 1 & x_{11} & x_{12} & \cdots & x_{1m} \\ 1 & x_{21} & x_{22} & \cdots & x_{2m} \\ 1 & x_{31} & x_{32} & \cdots & x_{3m} \\ \vdots & \vdots & \vdots & \vdots & \vdots \\ 1 & x_{m1} & x_{m2} & \cdots & x_{mm} \end{bmatrix}=X'X \tag{7.98}$$

式(7.89) 所示的正规方程组右边的常数矩阵为：

$$D=\begin{bmatrix} \sum_{j=1}^{n}y_j \\ \sum_{j=1}^{n}x_{1j}y_j \\ \sum_{j=1}^{n}x_{2j}y_j \\ \vdots \\ \sum_{j=1}^{n}x_{mj}y_j \end{bmatrix}=\begin{bmatrix} 1 & 1 & 1 & \cdots & 1 \\ x_{11} & x_{21} & x_{31} & \cdots & x_{m1} \\ x_{12} & x_{22} & x_{32} & \cdots & x_{m2} \\ \vdots & \vdots & \vdots & \vdots & \vdots \\ x_{1m} & x_{2m} & x_{3m} & \cdots & x_{mm} \end{bmatrix}\begin{bmatrix} y_1 \\ y_2 \\ y_3 \\ \vdots \\ y_m \end{bmatrix}=X'Y \tag{7.99}$$

令矩阵 b 为：

$$b=\begin{bmatrix} a \\ b_1 \\ b_2 \\ \vdots \\ b_m \end{bmatrix} \tag{7.100}$$

则式(7.89)所示的正规方程组可以用矩阵表示为：

$$A\cdot b=D \tag{7.101}$$

则计算常数 a 和偏回归系数 $b_i(i=1,2,\cdots,m)$ 的矩阵表达式为：

$$b=A^{-1}D \tag{7.102}$$

7.7.2　多元线性回归的显著性检验

(1)偏差平方和的计算

假设根据 n 组实验数据：

$$(x_{11},x_{21},\cdots,x_{i1},\cdots,x_{m1},y_1)$$
$$(x_{12},x_{22},\cdots,x_{i2},\cdots,x_{m2},y_2)$$
$$\vdots$$
$$(x_{1j},x_{2j},\cdots,x_{ij},\cdots,x_{mj},y_j)$$
$$\vdots$$
$$(x_{1n},x_{2n},\cdots,x_{in},\cdots,x_{mn},y_n)$$

得到了自变量 $x_1,x_2,\cdots,x_i,\cdots,x_m$ 与因变量 y 之间的多元线性回归方程 $\hat{y}=a+b_1x_1+b_2x_2+\cdots+b_mx_m$，这个回归方程是否有意义，需通过方差检验。

多元线性回归方程的总偏差平方和为：

$$Q_T=l_{yy}=\sum_{j=1}^{n}(y_j-\overline{y})^2=\sum_{j=1}^{n}(y_j-\hat{y}_j)^2+\sum_{j=1}^{n}(\hat{y}_j-\overline{y})^2 \tag{7.103}$$

由于 $Q_x=\sum_{j=1}^{n}(y_j-\hat{y}_j)^2$，并令 $Q_E=\sum_{j=1}^{n}(\hat{y}_j-\overline{y})^2$，则式(7.104)变成：

$$Q_T=Q_x+Q_E \tag{7.104}$$

即总的偏差平方和 Q_T 可以分解成 Q_x 和 Q_E，Q_x 反映了 m 个因素 $x_1,x_2,\cdots,x_i,\cdots,x_m$ 取值的不同而引起的偏差平方和，通过 $x_1,x_2,\cdots,x_i,\cdots,x_m$ 等 m 个因素对 y 的线性影响反映出来，可称为回归平方和。Q_E 反映了除了 $x_1,x_2,\cdots,x_i,\cdots,x_m$ 等 m 个因素对 y 的线性影响之外的其他一切因素和实验误差引起的偏差平方和，称为残差平方和。很明显，当全部实验点落在回归方程之上时，$Q_T=0,Q_T=Q_E$；如果 y 与 $x_1,x_2,\cdots,x_i,\cdots,x_m$ 等因素之间不存在任何线性关系，则 $Q_E=0$，$Q_T=Q_x$，由此可见，Q_x 的大小反映了自变量 x 与因变量 y 之间的相关程度。Q_E 可按下式计算：

$$Q_E=\sum_{j=1}^{n}(\hat{y}_j-\overline{y})^2=\sum_{i=1}^{n}b_il_{iy} \tag{7.105}$$

Q_x 可按下式计算：

$$Q_x=\sum_{j=1}^{n}(y_j-\hat{y}_j)^2=l_{yy}-\sum_{i=1}^{n}b_il_{iy} \tag{7.106}$$

Q 可按下式计算：

$$Q_T=l_{yy}=\sum_{j=1}^{n}(y_j-\overline{y})^2=\sum_{j=1}^{n}y_j^2-\frac{1}{n}(\sum_{j=1}^{n}y_i)^2 \tag{7.107}$$

(2)总偏差平方和的自由度

总偏差平方和 $Q_T=\sum_{j=1}^{n}(y_j-\overline{y})^2$ 的自由度 $f=n-1$；

回归平方和 $Q_E=\sum_{j=1}^{n}(\hat{y}_j-\overline{y})^2$ 的自由度 $f_E=m$；

残差平方和 $Q_x = \sum_{j=1}^{n}(y_j - \hat{y}_j)^2$ 的自由度 $f_x = n - m - 1$；

由自由度的加和性可知 $f = f_E + f_r$。

(3)F 检验

与一元线性回归一样，多元线性回归方程的显著性检验同样可使用 F 检验法，定义：

$$F = \frac{\frac{Q_E}{f_E}}{\frac{Q_x}{f_x}} \tag{7.108}$$

将 $f_x = n - m - 1$，$f_E = m$ 代入式(7.108)可得：

$$F = \frac{\frac{Q_E}{f_E}}{\frac{Q_x}{f_x}} = \frac{\frac{Q_E}{m}}{\frac{Q_x}{n-m-1}} \tag{7.109}$$

根据 F 检验法可知，当计算的 F 值大于或等于 $F_\alpha(m,n-m-1)$ 时，则在显著水平 α 下，所建立的回归方程是显著的，具体如下：当 $F \geqslant F_{0.01}(m,n-m-1)$，所建立的回归方程是特别显著的；当 $F_{0.05}(m,n-m-1) \leqslant F \leqslant F_{0.01}(m,n-m-1)$ 时，所建立的回归方程是显著的；当 $F_{0.1}(m,n-m-1) \leqslant F \leqslant F_{0.05}(m,n-m-1)$ 时，所建立的回归方程在 0.1 水平下显著；当 $F \leqslant F_{0.1}(m,n-m-1)$ 时，所建立的回归方程不显著。

如果对所建立的回归方程要求较高，可认为当 $F \leqslant F_{0.05}(m,n-m-1)$ 时回归方程不显著。

方差分析表见表 7.10。

表 7.10　多元回归分析的方差分析表

方差来源	偏差平方和	自由度	方差	F 值	$F_{0.1}$	$F_{0.05}$	$F_{0.01}$	显著性
回归	$Q_E = \sum_{i=1}^{n} b_i l_{iy}$	m	$\frac{Q_E}{m}$	$\frac{\frac{Q_E}{m}}{\frac{Q_x}{n-m-1}}$				
残差	$Q_x = l_{yy} - \sum_{i=1}^{n} b_i l_{iy}$	$n-m-1$	$\frac{Q_x}{n-m-1}$					
总计	$Q_T = l_{yy}$	$n-1$						

(4)相关系数检验

多元线性回归与一元线性回归一样，也可使用相关系数来检验回归方程的显著性。定义：

$$R = \sqrt{\frac{Q_E}{Q_T}} = \sqrt{1 - \frac{Q_x}{Q_T}} = \sqrt{\frac{\sum_{i=1}^{n} b_i l_{iy}}{l_{yy}}} \tag{7.110}$$

在此，由于 R 可以反映 y 与 $x_1, x_2, \cdots, x_i, \cdots, x_m$ 等 m 个变量的线性关系密切程度，故称为复相关系数，如果：

$$R > \gamma_{\alpha,f}, f = n - m - 1$$

则在显著水平 α 下,回归方程显著。用复相关系数检验法与用方差检验法得到的结果是一致的。

7.7.3 回归方程的精度

回归方程的精度可用残余方差 S^2 或残余标准偏差 S 来表征;残余方差 S^2 为

$$S^2 = \frac{Q_x}{n-m-1} = \frac{l_{yy} - \sum_{i=1}^{n} b_i l_{iy}}{n-m-1} \tag{7.111}$$

残余标准偏差 S 为:

$$S = \sqrt{\frac{Q_x}{n-m-1}} = \sqrt{\frac{l_{yy} - \sum_{i=1}^{n} b_i l_{iy}}{n-m-1}} \tag{7.112}$$

假设变量 $x_1, x_2, \cdots, x_i, \cdots, x_m$ 的取值依次 $x_{10}, x_{20}, \cdots, x_{i0}, \cdots, x_{m0}$ 则其对应的测量值 y_0 的 $100(1-\alpha)\%$ 置信区间为:

$$\left[y_0 \pm t_{\frac{\alpha}{2}}(n-m-1)S\right] \tag{7.113}$$

即

$$\left[a + b_1 x_{10} + b_2 x_{20} + \cdots + b_m x_{m0} \pm t_{\frac{\alpha}{2}}(n-m-1)S\right] \tag{7.114}$$

7.7.4 因素对实验结果影响的判断

1)因素影响的主次顺序

多元线性回归方程中,$x_1, x_2, \cdots, x_i, \cdots, x_m$ 等 m 个因素对实验结果 y 都有影响,但在这 m 个因素中,哪个是主要因素,哪个是次要因素,可用标准回归系数比较法来判断。定义:

$$b_i' = b_i \sqrt{\frac{l_{iy}}{l_{yy}}} (i = 1, 2, \cdots, m) \tag{7.115}$$

式中 b_i'——y 对因素 x_i 的标准回归系数。该系数越大,所对应的因素 x_i 的影响就越大。

2)因素影响的显著性

设 Q_x 为 m 个变量所引起的回归平方和,Q_x' 为剔除变量 x_i 后,其余 $m-1$ 个变量所引起的回归平方和,于是回归平方和的减少量记为 p_i,则:

$$P_i = Q_x - Q_x' \tag{7.116}$$

P_i 称为变量 x_i 的偏回归平方和,P_i 可按下式计算:

$$P_i = \frac{b_i^2}{C_m} \tag{7.117}$$

式中 b_i——原回归方程中变量 x_i 的偏回归系数;

C_m——原来 m 元线性回归分析的正规方程组中,系数矩阵 A 的逆矩阵中 $C = A^{-1}$ 的对角线上的元素。

变量 x_i 所对应的偏回归平方和 P_i 的自由度为 1，因此，定义统计量：

$$F_i = \frac{P_i}{S^2} \tag{7.118}$$

式中　S^2——残余方差。

当某一变量 r 所对应的 $F_i \geqslant F_\alpha(1, n-m-1)$，则在显著性水平为 α 时，该变量 x_i 在回归方程中的作用显著，反之，不显著。

即使检验变量 x_i 在回归方程中的作用不显著，也不能轻易将该变量在回归方程中删除。删除的原则如下：

①如果只检验到一个偏回归平方和最小的变量的作用不显著，则将该变量从原回归平方和删除，然后，重新建立不包括此自变量在内的新的回归方程，新的回归系数仍用最小二乘法求得。由于各个变量之间的相关性，新方程中的各个变量所对应的偏回归系数与原方程中的不同。建立新方程后，再用 F 检验法进行检验。

②如果同时存在几个不显著的自变量，不能将它们同时从方程中除掉，而只能一个一个逐步剔除，即先剔除 F_i 最小的一个变量，然后建立新的回归方程，再次用 F 检验法检验后，剔除 F_i 最小的一个不显著的变量，直到余下的所有变量都显著为止，这样才能保证回归方程的精度。

7.8　非线性回归分析

7.8.1　一元非线性回归分析

在实际测量中，经常遇到因变量 y 与自变量 x 之间呈非线性关系的情况。因此，可将实验点的分布形式与常见的已知非线性函数图形进行比较，选择形状最合适的曲线来拟合这些实验点。例如，当因变量 y 随着自变量 x 渐增而越来越急剧增大时，变量间的曲线关系可近似用指数函数 $y = ax^b$ 来拟合，对一元非线性回归的最常见处理方法是将其化为一元线性回归。

例如，将指数函数 $y = ax^b$ 两边取对数，则有 $\lg y = \lg a + b \lg x$，令 $Y = \lg y, X = \lg x$，则有 $Y = \lg a + bX$，通过这一简单转换，可将指数函数的回归问题化为一元线性回归，表 7.11 列出了各种公式的图形及直线化的方法。

表 7.11　公式的图形及直线化方法表

典型曲线	公式	直线化方法	直线化后所得的线性方程	附注
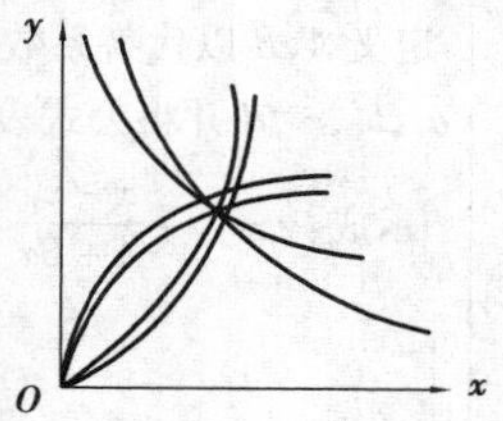	① $y = ax^b$	$Y = \lg y, X = \lg x$	$Y = \lg a + bX$	

续表

典型曲线	公式	直线化方法	直线化后所得的线性方程	附注
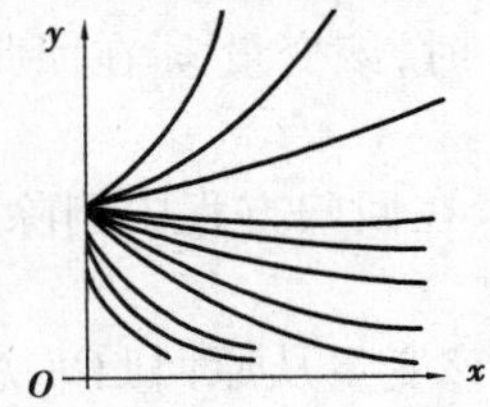	②$y = ae^{bx}$	$Y = \lg y$	$Y = \lg a + 0.424bX$	$0.424 = \lg e$
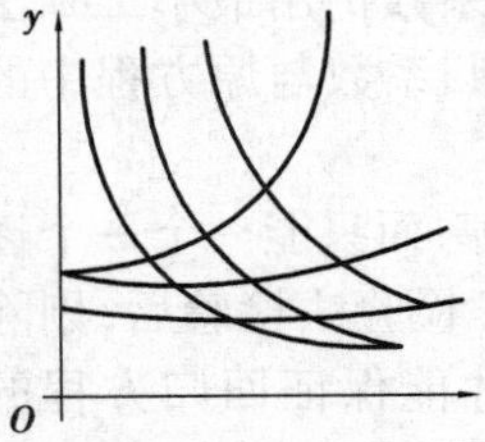	③$y = \dfrac{1}{a + bx}$	$Y = \dfrac{1}{y}$	$Y = a + bx$	
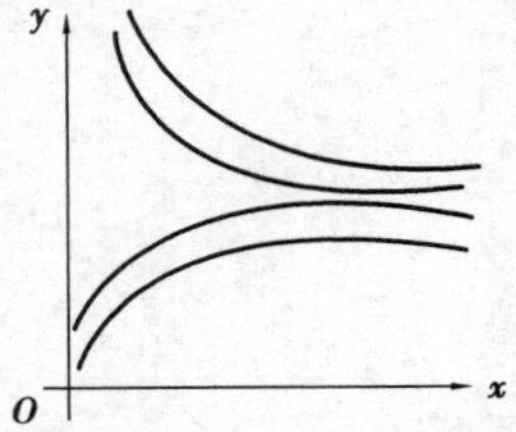	④$y = \dfrac{x}{a + bx}$	$Y = \dfrac{x}{y}$	$Y = a + bx$	
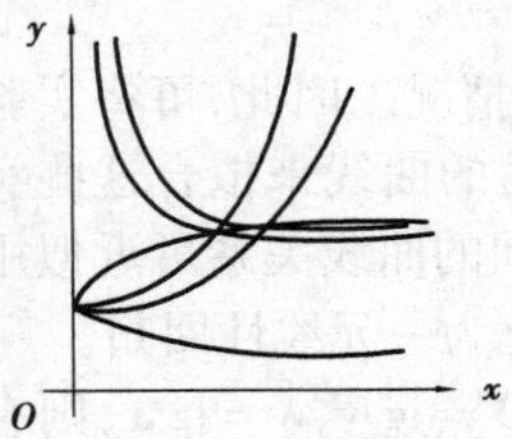	⑤$y = c + ax^{b}$	若 b 为已知，则取 $X = x^{b}$，若 c 为未知，则应求出 c 且取 $X = \lg x$，$Y = \lg(y - c)$	$y = c + ax$；$Y = \lg a + bX$	
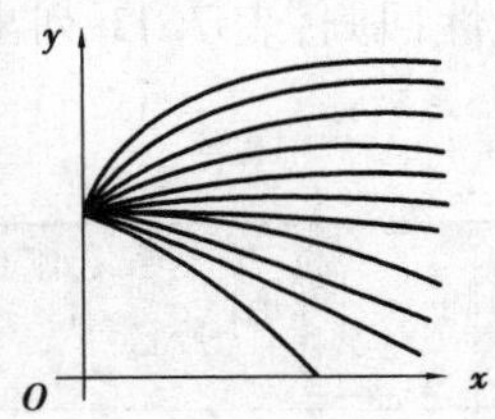	⑥$y = c + ae^{bx}$	求 c 且取 $Y = \lg(y - c)$	$Y = \lg a + 0.434bx$	
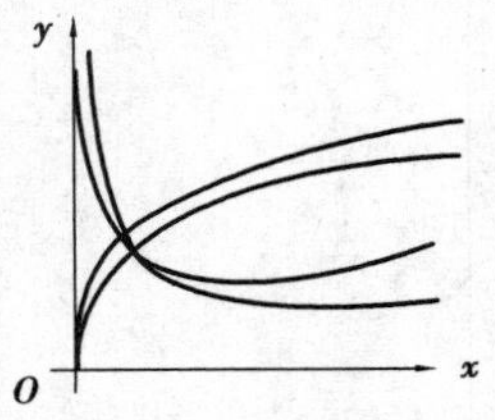	⑦$y = \dfrac{a + bx}{c + dx}$	$Y = \dfrac{x - x_1}{y - y_1}$	$Y = A + Bx$	定义 A,B 以代替系数 a ,b ,c ,d 并将公式表示成:$y = y_1 + \dfrac{x - x_1}{A + Bx}$

续表

典型曲线	公式	直线化方法	直线化后所得的线性方程	附注
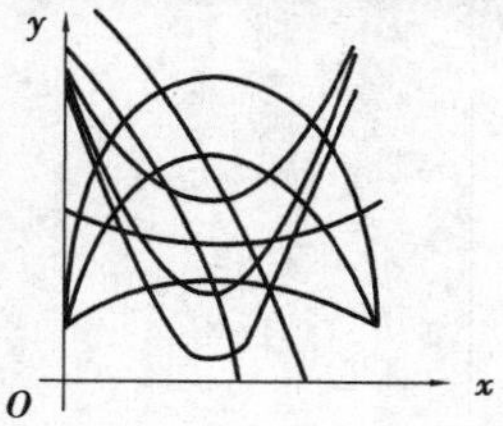	⑧$y^2=a+bx+cx^2$			引入新变量 $Z=y^2$ 后，可将其化为公式⑥
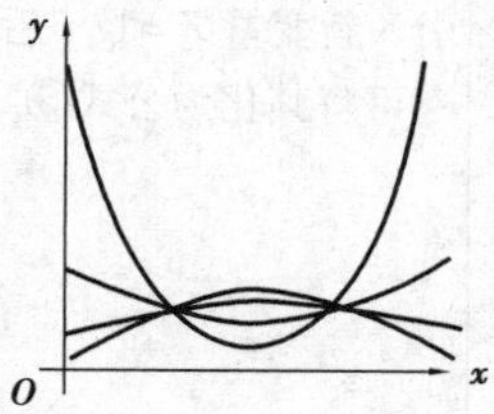	⑨$y=ae^{bx+cx^2}$ 或 $\lg y=\lg a+0.434bx+0.434cx^2$			引入新变量 $Z=\lg y$ 后，可将其化为公式⑥
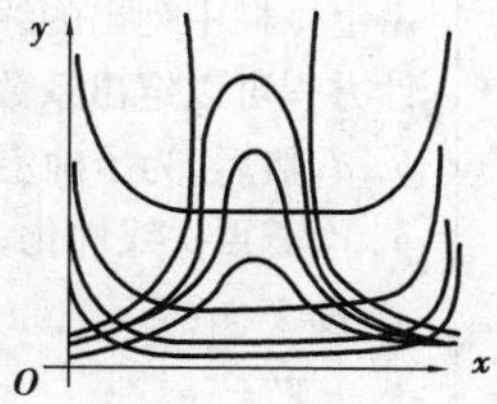	⑩$y=\frac{1}{a+bx+cx^2}$			引入新变量 $Z=\frac{1}{y}$后，可将其化为公式⑥
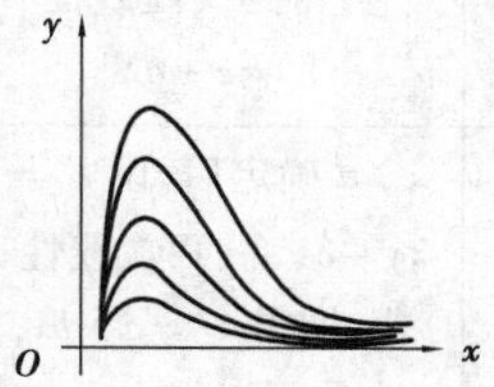	⑪$y=\frac{x}{a+bx+cx^2}$			引入新变量 $Z=\frac{x}{y}$后，可将其化为公式⑥
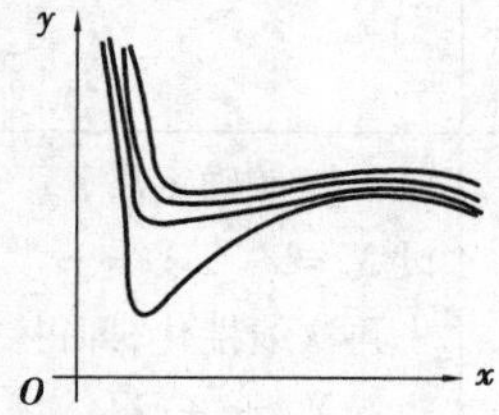	⑫$y=a+\frac{b}{x}+\frac{c}{x^2}$			引入新变量 $Z=\frac{1}{y}$后，可将其化为公式⑥
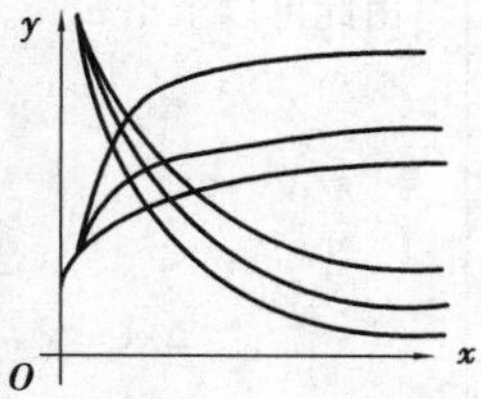	⑬$y=a+b\lg x+c(\lg x)^2$			引入新变量 $Z=\lg x$ 后，可将其化为公式⑥

续表

典型曲线	公式	直线化方法	直线化后所得的线性方程	附注
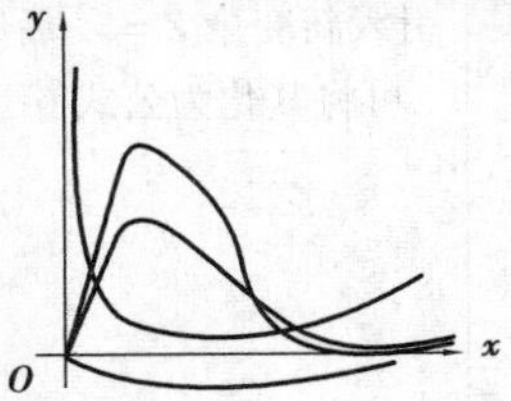	⑭$y=ax^b e^{cx}$	当所选 x 成公差为 h 的算术级数时 $X=\Delta \lg x$；$Y=\Delta \lg y$	$Y=0.434\ 3h+bX$	
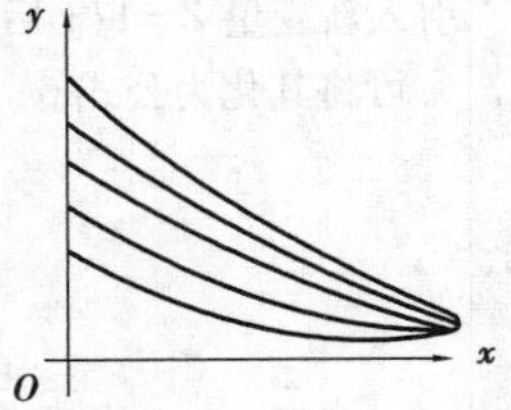	⑮$y=ae^{bx^2}(b<0)$			引入新变量 $Z=\lg y$ 后，可将其化为公式⑤
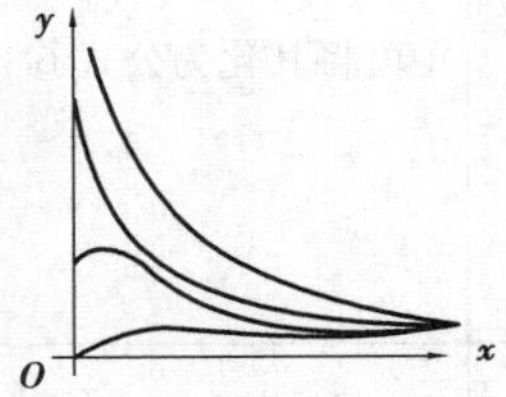	⑯$y=ae^{bx}+ce^{dx}$	当所选 x 成公差为 h 的算术级数时 $X=\frac{y_1}{y}$；$Y=\frac{y_2}{y}$	$Y=(e^{bx}+e^{dx})X-e^{bx}e^{dx}$	由上一栏中列出的线性方程可以定出系数 b，d，然后，为了确定 a，c，需再次线性化，设 $X'=e^{(b-d)x}$，$Y'=ye^{-bx}$，可得到线性方程 $Y'=c+aX'$
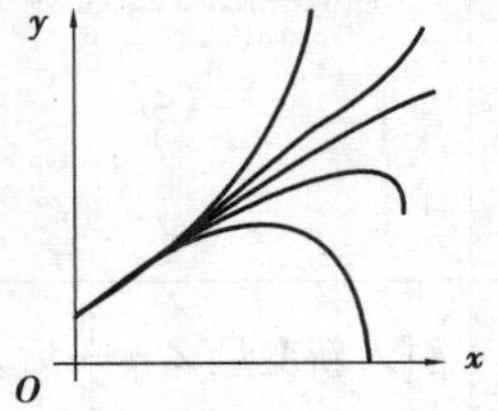	⑰$y=a+bx+ce^{dx}$	当所选 x 成为公差为 h 的算术级数时 $Y=\lg\Delta^2 y$	$Y=\lg c(e^{dx}-1)^2+0.434\ 3dx$	c，d 确定后，设 $Y'=y-ce^{-dx}$，再次线性化，即得 $Y'=a+bx$，由此可以得出 a，b
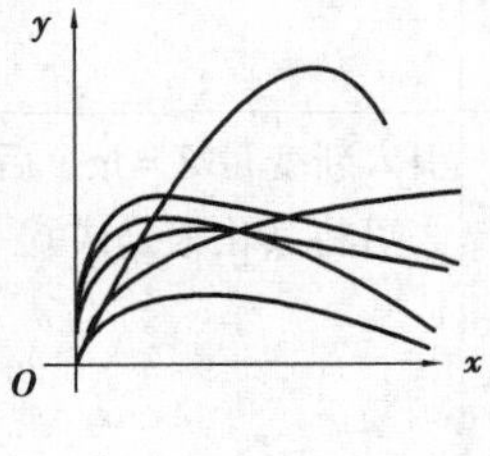	⑱$y=ax^b+cx^d$	$X=\frac{y_1}{y}$；$Y=\frac{y_2}{y}$；y,y_1,y_2 为与任意三个相邻横坐标 x,x_1,x_2 相对应的纵坐标值，而这些横坐标形成公比为 q 的几何级数	$Y=(q^b+q^d)X-q^{b+d}$	b，d 确定后，设 $X'=x^{d-b}$，$Y'=yx^{-b}$，再次线性化，即得 $Y'=a+cX'$，由此可以求出 a，c

一元非线性回归的计算步骤如下：

①根据得到的试验结果作散点图。

②根据散点图的形状选择一个或多个非线性函数。

③进行拟合得到相应的非线性函数。

④求所得到的非线性函数的相关系数 γ 与残余方差 S^2（或残余标准偏差 S）。

⑤判断所求的非线性回归方程的显著性。

如果 $\gamma \geqslant \gamma_{\alpha,n-1}$ 所得到的回归方程在显著性水平 α 下显著。

⑥如果建立了多个非线性回归方程，则选择残余方差 S^2 最小（或相关系数 γ 最大）的一个回归方程作为最终结果。

【例 7.6】　影响曝气设备在污水中的充氧修正系数 a 的主要因素为污水中的有机物含量（用参数 COD 表示）和曝气设备类型，现对某种穿孔管曝气设备，测得了城市污水在不同的 COD 含量（变量 x）时所对应的曝气设备充氧修正系数 a（变量 y）值，见表 7.12，试求出该曝气设备所对应的 $a=f(\text{COD})$。

表 7.12　穿孔管曝气设备、城市污水 $a\sim$COD 实验数据

COD /(mg·L⁻¹)	208.0	58.4	288.3	249.5	90.4	288.0	68.0	136.0	293.5	66.0	136.5
a	0.698	1.178	0.677	0.593	1.003	0.565	0.752	0.847	0.593	0.791	0.865

解：①以 COD 为横坐标，以 a 为纵坐标，将（COD，a）绘于坐标系中，得到 $a\sim$COD 分布的散点图，如图 7.7 所示。

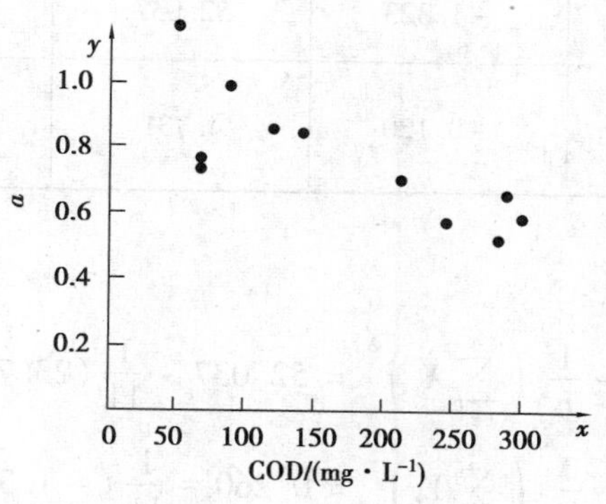

图 7.7　$a\sim$ COD 散点图

②根据所得到的散点图，选择合适的函数类型。从图 7.7 可以看出，a 与 COD 是一种非线性关系。由图 7.7 知，a 随着 COD 的增加，首先急剧减小，而后逐渐减小，曲线类型与双曲线、幂函数、指数函数类似。为了能得到较好的回归方程，可用这 3 种函数回归，比较它们的精度，最后确定回归方程。

③求回归方程及它们的相关系数，残余方差。

情况一：假定 $a\sim$ COD 的关系符合幂函数关系 $y=dx^b$，x 表示 COD，y 表示 a。

对幂函数关系 $y=dx^b$ 两边取对数后可得：

$$\lg y = \lg d + b \lg x$$

令 $X = \lg x, Y = \lg y, a = \lg d$,则得到:

$$Y = a + bX$$

● 列表计算见表 7.13。

表 7.13 幂函数计算表

项目 / 序号	$X_i = \lg x_i$	$Y_i = \lg y_i$	X_i^2	Y_i^2	X_iY_i
1	2.318	−0.156	5.373	0.024	−0.362
2	1.766	0.071	3.119	0.005	0.125
3	2.460	−0.176	0.052	0.031	−0.433
4	2.397	−0.227	5.746	0.052	−0.544
5	1.956	0.001	3.826	0.000	0.002
6	2.459	−0.248	6.047	0.062	−0.610
7	1.833	−0.124	3.360	0.015	−0.227
8	2.134	−0.072	4.554	0.005	−0.154
9	2.468	−0.227	6.091	0.052	−0.560
10	1.820	−0.102	3.312	0010	−0.186
11	2.135	−0.063	4.558	0.004	−0.135
$\sum$	23.746	−1.323	52.037	0.260	−3.084
$\frac{\sum}{n}$	2.519	−0.120	4.731	0.024	−0.280

● 计算统计量 l_{XX}, l_{YY}, l_{XY}:

$$l_{XX} = \sum_{i=1}^{n} X_i^2 - \frac{1}{n}\left(\sum_{i=1}^{n} X_i\right)^2 = 52.037 - \frac{1}{11}(23.746)^2 = 0.776$$

$$l_{YY} = \sum_{i=1}^{n} Y_i^2 - \frac{1}{n}\left(\sum_{i=1}^{n} Y_i\right)^2 = 0.260 - \frac{1}{11}(-1.323)^2 = 0.101$$

$$l_{XY} = \sum_{i=1}^{n} X_iY_i - \frac{1}{n}\left(\sum_{i=1}^{n} X_i\right)\left(\sum_{i=1}^{n} Y_i\right) = 3.084 - \frac{1}{11} \times 23.746 \times (-1.323) = -0.228$$

● 求回归系数:

$$b = \frac{l_{XY}}{l_{XX}} = \frac{-0.228}{0.776} = -0.294$$

$$a = \hat{Y} - b\hat{X} = -0.12 - (-0.294 \times 2.159) = 0.515$$

$$Y = 0.515 - 0.294X$$

直线回归的相关系数:

$$\gamma = \frac{l_{XY}}{\sqrt{l_{XX}l_{YY}}} = \frac{-0.228}{\sqrt{0.776 \times 0.101}} = 0.814$$

$$|\gamma| = 0.814 > \gamma_{0.01,5} = 0.735$$

故直线回归特别显著,由以上可得:

$$\hat{y} = 3.27x^{-0.294}$$

- 求回归方程 $\hat{y} = 3.27x^{-0.294}$ 的相关系数与残余方差,见表 7.14。

表 7.14　回归方程 $\hat{y} = 3.27x^{-0.294}$ 的相关系数与残余方差计算表

项目 序号	y_i	$\hat{y}_i$	$y_i - \hat{y}_i$	$(y_i - \hat{y}_i)^2$	$y_i - \bar{y}_i$	$(y_i - \bar{y}_i)^2$
1	0.698	0.681	0.017	0.000 289	-0.079	0.006 241
2	1.178	0.989	0.189	0.035 721	0.401	0.160 801
3	0.667	0.619	0.048	0.002 304	-0.11	0.012 1
4	0.593	0.645	-0.05 2	0.002 704	-0.184	0.033 856
5	1.003	0.870	0.133	0.017 689	0.226	0.051 076
6	0.565	0.619	-0.054	0.002 916	-0.212	0.044 944
7	0.752	0.946	-0.194	0.037 636	-0.025	0.000 625
8	0.847	0.771	0.076	0.005 776	0.07	0.004 9
9	0.593	0.615	-0.022	0.000 484	-0.184	0.033 856
10	0.791	0.954	-0.163	0.026 569	0.014	0.000 196
11	0.865	0.771	0.094	0.008 836	0.088	0.007 744
	$\bar{y} = \frac{1}{n}\sum_{i=1}^{11} y_i = 0.777$			$\sum_{i=1}^{11}(y_i - \hat{y}_i)^2 = 0.141$		$\sum_{i=1}^{11}(y_i - \bar{y}_i)^2 = 0.356$

相关系数为:

$$R = \sqrt{1 - \frac{\sum_{i=1}^{n}(y_i - \hat{y}_i)^2}{\sum_{i=1}^{n}(y_i - \bar{y}_i)^2}} = \sqrt{1 - \frac{0.141}{0.356}} = 0.777 > \gamma_{0.01,5} = 0.735$$

故回归方程 $\hat{y} = 3.27x^{-0.294}$ 在显著水平为 0.01 时显著,残余方差 S^2 和残余标准差 S 分别为:

$$S^2 = \frac{\sum_{i=1}^{n}(y_i - \hat{y}_i)^2}{n-2} = \frac{0.141}{9} = 0.0157$$

$$S = \sqrt{\frac{\sum_{i=1}^{n}(y_i - \hat{y}_i)^2}{n-2}} = \sqrt{\frac{0.141}{9}} = 0.125$$

情况二：假定 $a \sim$ COD 的关系符合幂函数关系 $y = de^{\frac{b}{x}}$，x 表示 COD，y 表示 a。

对幂函数关系 $y = de^{\frac{b}{x}}$ 两边取对数后可得：

$$\ln y = \ln d + b\frac{1}{x}$$

令 $X = \frac{1}{x}$，$Y = \ln y$，$a = \ln d$，则得到：

$$Y = a + bX$$

● 列表计算见表 7.15。

表 7.15　指数函数计算表

序号 \ 项目	$X_i = \frac{1}{x_i}$	$Y_i = \ln y_i$	X_i^2	Y_i^2	X_iY_i
1	0.004 8	−0.360	0.000 023	0.129 6	−0.001 73
2	0.017 1	0.164	0.000 292	0.026 9	0.002 80
3	0.003 5	−0.405	0.000 012	0.164 0	−0.001 42
4	0.004 0	−0.523	0.000 016	0.273 5	−0.002 09
5	0.011 1	0.003	0.000 123	0.000 0	0.000 03
6	0.003 5	−0.571	0.000 012	0.326 0	−0.001 99
7	0.014 7	−0.285	0.002 16	0.081 2	−0.004 19
8	0.007 4	−0.166	0.000 055	0.027 6	−0.001 23
9	0.003 4	−0.523	0.000 012	0.273 5	−0.001 89
10	0.015 2	−0.234	0.000 231	0.054 8	−0.003 56
11	0.073	−0.145	0.000 53	0.021 0	−0.001 06
$\sum$	0.092 0	−3.045	0.001 045	1.378 1	−0.016 23
$\frac{\sum}{n}$	0.008 4	−0.277	0.000 095	0.125 3	−0.001 48

● 计算统计量 l_{XX}，l_{YY}，l_{XY}：

$$l_{XX} = \sum_{i=1}^{n} X_i^2 - \frac{1}{n}\left(\sum_{i=1}^{n} X_i\right)^2 = 0.001\,045 - \frac{1}{11}(0.092)^2 = 0.000\,276$$

$$l_{YY} = \sum_{i=1}^{n} Y_i^2 - \frac{1}{n}\left(\sum_{i=1}^{n} Y_i\right)^2 = 1.378\,1 - \frac{1}{11}(-3.045)^2 = 0.535$$

$$l_{XY} = \sum_{i=1}^{n} X_iY_i - \frac{1}{n}\left(\sum_{i=1}^{n} X_i\right)\left(\sum_{i=1}^{n} Y_i\right) = -0.016\,23 - \frac{1}{11} \times 0.092 \times (-3.045) = 0.009\,2$$

● 求回归系数：

$$b=\frac{l_{XY}}{l_{XX}}=\frac{0.0092}{0.000276}=33.3$$

$$a=\hat{Y}-b\hat{X}=-0.227-33.3\times 0.0085=-0.557$$

$$Y=-0.557+33.3X$$

直线回归的相关系数：

$$\gamma=\frac{l_{XY}}{\sqrt{l_{XX}l_{YY}}}=\frac{0.0092}{\sqrt{0.0002776\times 0.535}}=0.757$$

$$|\gamma|=0.757>\gamma_{0.01,5}=0.735$$

故直线回归特别显著，由以上可得：

$$\hat{y}=0.557\mathrm{e}^{\frac{33.3}{x}}$$

- 求回归方程 $\hat{y}=0.557\mathrm{e}^{\frac{33.3}{x}}$ 的相关系数与残余方差，见表7.16。

表7.16　回归方程 $\hat{y}=0.557\mathrm{e}^{\frac{33.3}{x}}$ 的相关系数与残余方差计算表

项目 序号	y_i	$\hat{y}_i$	$y_i-\hat{y}_i$	$(y_i-\hat{y}_i)^2$	$y_i-\bar{y}_i$	$(y_i-\bar{y}_i)^2$
1	0.698	0.681	0.044	0.001 936	−0.079	0.006 241
2	1.178	0.989	0.193	0.037 249	0.401	0.160 801
3	0.667	0.619	0.042	0.001 764	−0.11	0.012 1
4	0.593	0.645	−0.044	0.001 936	−0.184	0.033 856
5	1.003	0.870	0.198	0.039 204	0.226	0.051 076
6	0.565	0.619	−0.06	0.003 6	−0.212	0.044 944
7	0.752	0.946	−0.157	0.024 649	−0.025	0.000 625
8	0.847	0.771	0.135	0.018 225	0.07	0.004 9
9	0.593	0.615	−0.031	0.000 961	−0.184	0.033 856
10	0.791	0.954	−0.132	0.017 424	0.014	0.000 196
11	0.865	0.771	0.154	0.023 716	0.088	0.007 744
	$\bar{y}=\frac{1}{n}\sum_{i=1}^{11}y_i$ $=0.777$			$\sum_{i=1}^{11}(y_i-\hat{y}_i)^2$ $=0.171$		$\sum_{i=1}^{11}(y_i-\bar{y}_i)^2$ $=0.356$

相关系数为：

$$l_{YY}=\sum_{i=1}^{n}Y_i^2-\frac{1}{n}\left(\sum_{i=1}^{n}Y_i\right)^2=20.93-\frac{1}{11}\times 14.851^2=0.8798$$

$$l_{XY}=\sum_{i=1}^{n}X_iY_i-\frac{1}{n}\left(\sum_{i=1}^{n}X_i\right)\left(\sum_{i=1}^{n}Y_i\right)=-0.1122-\frac{1}{11}\times 0.092\times 14.85=-0.012$$

$$\gamma_{0.05,9} = 0.602 < R = \sqrt{1 - \frac{\sum_{i=1}^{n}(y_i - \hat{y}_i)^2}{\sum_{i=1}^{n}(y_i - \bar{y})^2}} = \sqrt{1 - \frac{0.171}{0.356}} = 0.721 < \gamma_{0.01,9} = 0.375$$

故回归方程 $\hat{y} = 0.557e^{\frac{33.3}{x}}$ 在显著性水平为0.05时显著。残余方差 S^2 和残余标准差 S 分别为：

$$S^2 = \frac{\sum_{i=1}^{n}(y_i - \hat{y}_i)^2}{n-2} = \frac{0.171}{9} = 0.019$$

$$S = \sqrt{\frac{\sum_{i=1}^{n}(y_i - \hat{y}_i)^2}{n-2}} = \sqrt{\frac{0.171}{9}} = 0.138$$

情况三：假定 a ~ COD 的关系符合幂函数关系 $\frac{1}{y} = a + \frac{b}{x}$，$x$ 表示 COD，y 表示 a。令 $X = \frac{1}{x}$，$Y = \frac{1}{y}$，则得到：

$$Y = a + Bx$$

● 列表计算见表7.17。

表7.17　双曲线函数计算表

序号＼项目	$X_i = \frac{1}{x_i}$	$Y_i = \frac{1}{y_i}$	X_i^2	Y_i^2	X_iY_i
1	0.004 8	1.433	0.000 023	2.053	0.006 9
2	0.017 1	0.849	0.000 292	0.721	0.014 5
3	0.003 5	1.499	0.000 012	2.248	0.005 2
4	0.004 0	0.686	0.000 016	2.844	0.006 7
5	0.011 1	0.997	0.000 123	0.994	0.011 1
6	0.003 5	1.770	0.000 012	3.133	0.006 2
7	0.014 7	1.330	0.002 16	1.768	0.019 6
8	0.007 4	1.181	0.000 055	1.394	0.008 7
9	0.003 4	1.686	0.000 012	2.844	0.005 7
10	0.015 2	1.264	0.000 231	1.598	0.019 2
11	0.073	1.156	0.000 53	1.336	0.008 4
$\sum$	0.092 0	14.851	0.001 045	20.93	0.112 2
$\frac{\sum}{n}$	0.008 4	1.350	0.000 095	1.903	0.010 2

• 计算统计量 l_{XX}, l_{YY}, l_{XY}:

$$l_{XX} = \sum_{i=1}^{n} X_i^2 - \frac{1}{n}\left(\sum_{i=1}^{n} X_i\right)^2 = 0.001\ 045 - \frac{1}{11}(0.092)^2 = 0.000\ 276$$

$$l_{YY} = \sum_{i=1}^{n} Y_i^2 - \frac{1}{n}\left(\sum_{i=1}^{n} Y_i\right)^2 = 20.93 - \frac{1}{11}(14.851)^2 = 0.879\ 8$$

$$l_{XY} = \sum_{i=1}^{n} X_i Y_i - \frac{1}{n}\left(\sum_{i=1}^{n} X_i\right)\left(\sum_{i=1}^{n} Y_i\right) = -0.112\ 2 - \frac{1}{11} \times 0.092 \times 14.85 = -0.012$$

• 求回归系数:

$$b = \frac{l_{XY}}{l_{XX}} = \frac{-0.012}{0.000\ 28} = -42.86$$

$$a = \hat{Y} - b\hat{X} = 1.350 - (-42.86) \times 0.008\ 4 = 1.71$$

$$Y = 1.71 - 42.86X$$

直线回归的相关系数:

$$\gamma = \frac{l_{XY}}{\sqrt{l_{XX} l_{YY}}} = \frac{-0.012}{\sqrt{0.000\ 28 \times 0.879\ 8}} = -0.765$$

$$|\gamma| = 0.765 > \gamma_{0.01,5} = 0.735$$

故直线回归特别显著,由以上可得:

$$\hat{y} = \frac{1}{1.71 - 42.9\dfrac{1}{x}}$$

• 求回归方程 $\hat{y} = \dfrac{1}{1.71 - 42.9\dfrac{1}{x}}$ 的相关系数与残余方差,见表 7.18。

表 7.18　回归方程 $\hat{y} = \dfrac{1}{1.71 - 42.9\dfrac{1}{x}}$ 的相关系数与残余方差计算表

序号 \ 项目	y_i	$\hat{y}_i$	$y_i - \hat{y}_i$	$(y_i - \hat{y}_i)^2$	$y_i - \bar{y}_i$	$(y_i - \bar{y}_i)^2$
1	0.698	0.665	0.033	0.001 089	−0.079	0.006 241
2	1.178	1.025	0.153	0.023 409	0.401	0.160 801
3	0.667	0.641	0.026	0.000 676	−0.11	0.012 1
4	0.593	0.650	−0.057	0.003 249	−0.184	0.033 856
5	1.003	0.809	0.194	0.037 636	0.226	0.051 076
6	0.565	0.641	0.076	0.005 776	−0.212	0.044 944
7	0.752	0.927	−0.175	0.030 625	−0.025	0.000 625
8	0.847	0.717	0.130	0.016 900	0.07	0.004 9
9	0.593	0.639	−0.046	0.002 116	−0.184	0.033 856

续表

项目 序号	y_i	$\hat{y}_i$	$y_i-\hat{y}_i$	$(y_i-\hat{y}_i)^2$	$y_i-\bar{y}_i$	$(y_i-\bar{y}_i)^2$
10	0.791	0.943	-0.152	0.023 104	0.014	0.000 196
11	0.865	0.716	0.149	0.022 201	0.088	0.007 744
	$\bar{y}=\frac{1}{n}\sum_{i=1}^{11}y_i$ $=0.777$			$\sum_{i=1}^{11}(y_i-\hat{y}_i)^2$ $=0.167$		$\sum_{i=1}^{11}(y_i-\bar{y}_i)^2$ $=0.356$

$$\gamma_{0.05,5}=0.602<R=\sqrt{1-\frac{\sum_{i=1}^{n}(y_i-\hat{y}_i)^2}{\sum_{i=1}^{n}(y_i-\bar{y}_i)^2}}=\sqrt{1-\frac{0.167}{0.356}}=0.729<\gamma_{0.01,5}=0.735$$

故回归方程 $\hat{y}=\dfrac{1}{1.71-42.9\dfrac{1}{x}}$ 在显著水平为0.01时显著，残余方差 S^2 和残余标准差 S 分别为：

$$S^2=\frac{\sum_{i=1}^{n}(y_i-\hat{y}_i)^2}{n-2}=\frac{0.167}{9}=0.018\ 6$$

$$S=\sqrt{\frac{\sum_{i=1}^{n}(y_i-\hat{y}_i)^2}{n-2}}=\sqrt{\frac{0.167}{9}}=0.136$$

④3 个回归方程的比较：各个回归方程的相关系数与残余方差比较见表 7.19。

表 7.19　相关系数与残余方差比较

回归方程	$\hat{y}=3.27x^{-0.294}$	$\hat{y}=0.557e^{\frac{33.3}{x}}$	$\hat{y}=\dfrac{1}{1.71-42.9\dfrac{1}{x}}$
相关系数 R	0.777	0.721	0.729
残余标准偏差 S	0.125	0.138	0.136
残余方差 S^2	0.015 7	0.019	0.0186

由表 7.19 可知，回归方程 $\hat{y}=3.27x^{-0.294}$ 的相关系数 R 最大，残余方差 S^2 最小，该回归方程最合适。

7.8.2　化非线性回归为多元线性回归

由第 6 章可知，并非所有曲线均可化为直线来处理，例如抛物线模型：$y=a+bx+cx^2$；就不可能通过变换化为直线，但可将其化为包括两个自变量的线性方程。

如果令 $X_1 = x; X_2 = x^2$ 则可得：

$$y = a + bX_1 + cX_2 \tag{7.119}$$

推而广之，若回归方程是如下的非线性方程：

$$y = a + b_1 f_1(Z_1, Z_2, \cdots, Z_k) + b_2 f_2(Z_1, Z_2, \cdots, Z_k) + \cdots + b_m f_m(Z_1, Z_2, \cdots, Z_k)$$

其中所有的 $f_i(Z_1, Z_2, \cdots, Z_k)$ 均为自变量的已知函数，而不包括任何未知参数。若令：

$$\begin{cases} X_1 = f_1(Z_1, Z_2, \cdots, Z_k) \\ X_2 = f_2(Z_1, Z_2, \cdots, Z_k) \\ \qquad \vdots \\ X_m = f_m(Z_1, Z_2, \cdots, Z_k) \end{cases} \tag{7.120}$$

则上述方程即可转化成多元线性回归方程了。即：

$$y = a + b_1 X_1 + b_2 X_2 + \cdots + b_m X_m \tag{7.121}$$

任何连续函数都可用适当高阶的多项式任意逼近的结论，是在数学上是已经被证明了的。因此，对比较复杂的实际问题，就可以不论 y 与诸自变量（因素）的确切关系如何，都可直接用多项式回归来解决。

7.9 主成分分析

在实际问题中，人们经常会遇到研究多个变量的问题，而且在多数情况下，多个变量之间常常存在一定的相关性。由于变量个数较多、再加上变量之间的相关性，势必增加了分析问题的复杂性。如何把多个变量综合为少数几个代表性变量，既能够代表原始变量的绝大多数信息，又互不相关，并且在新的综合变量基础上，可以进一步地统计分析，这时就需要进行主成分分析。

主成分概念首先是由卡尔·皮尔逊（Karl Parson）在1901年引进，但当时只对非随机变量来讨论的。1933年哈罗德·霍特林（Harold Hotelling）将这个概念推广到随机变量。特别是近年来，随着计算机软件的应用，使得主成分分析的应用也越来越广泛。

7.9.1 概述

主成分分析是采取一种数学降维的方法，找出几个综合变量来代替原来众多的变量，使这些综合变量能尽可能地代表原来变量的信息量，而且彼此之间互不相关。这种把多个变量化为少数几个互相无关的综合变量的统计分析方法就称为主成分分析或主分量分析。

主成分分析是将原来具有一定相关性的变量（比如 p 个指标），重新组合为一组新的相互无关的综合变量（或指标）来代替原来变量（指标）。通常，数学上的处理方法就是将原来 p 个指标作线性组合，作为新的综合指标。最经典的做法是用 F_1（选取的第1个线性组合，即第1个综合指标）的方差来表达，即 $\mathrm{Var}(F_1)$ 越大，表示 F_1 包含的信息越多。因此在所有的线性组合中所选取的 F_1 应该是方差最大的，故称 F_1 为第一主成分。如果第一主成分不足以代表原来 p 个指标的信息，再考虑选取 F_2 即选第2个线性组合，为了有效地反映原来信息，F_1 已有的信息就不需要再出现在 F_2 中，用数学语言表达就是要求 $\mathrm{Cov}(F_1,F_2)=0$，称 F_2 为第二主成分，依此类推可以构造出第 3，4…，第 p 个主成分。

7.9.2 主成分的数学模型

假设讨论的问题有 n 个样本，每个样本观察 p 个变量（指标）$x_1,x_2,\cdots,x_p$，p 个指标看作随机变量，记为 $X=[x_1\quad x_2\quad\cdots\quad x_p]$。$n$ 个样本的数据表示为：

$$X=\begin{pmatrix} x_{11} & x_{12} & \cdots & x_{1p} \\ x_{21} & x_{22} & \cdots & x_{2p} \\ \vdots & \vdots & & \vdots \\ x_{n1} & x_{n2} & \cdots & x_{np} \end{pmatrix}=(x_1,x_2,\cdots,x_p) \tag{7.122}$$

其中：

$$x_j=\begin{pmatrix} x_{1j} \\ x_{2j} \\ \vdots \\ x_{nj} \end{pmatrix},j=1,2,\cdots,p$$

主成分分析就是将 p 个观测变量综合成为 p 个新的变量（综合变量），即：

$$\begin{cases} F_1=a_{11}x_1+a_{12}x_2+\cdots+a_{1p}x_p \\ F_2=a_{21}x_1+a_{22}x_2+\cdots+a_{2p}x_p \\ \qquad\vdots \\ F_p=a_{p1}x_1+a_{p2}x_2+\cdots+a_{pp}x_p \end{cases} \tag{7.123}$$

简写为：

$$F_j=\alpha_{j1}x_1+\alpha_{j2}x_2+\cdots+\alpha_{jp}x_p\ (j=1,2,\cdots,p) \tag{7.124}$$

要求模型满足以下条件：

①F_i，F_j互不相关（$i\neq j,i,j=1,2,\cdots,p$）。

②F_1 的方差大于 F_2 的方差大于 F_3 的方差，依次类推。

③$a_{k1}{}^2+a_{k2}{}^2+\cdots+a_{kp}{}^2=1\quad(k=1,2,\cdots,p)$。

于是，称 F_1 为第一主成分，F_2 为第二主成分，依此类推，有 p 个主成分。主成分又称为主分量。这里 a_{ij}称为主成分系数。

上述模型可用矩阵表示为：

$$F=AX \tag{7.125}$$

其中：

$$F=\begin{pmatrix} F_1 \\ F_2 \\ \vdots \\ F_p \end{pmatrix}\quad X=\begin{pmatrix} x_1 \\ x_2 \\ \vdots \\ x_p \end{pmatrix}\quad A=\begin{pmatrix} a_{11} & a_{12} & \cdots & a_{1p} \\ a_{21} & a_{22} & \cdots & a_{2p} \\ \vdots & \vdots & & \vdots \\ a_{p1} & a_{p2} & \cdots & a_{pp} \end{pmatrix}=\begin{pmatrix} a_1 \\ a_2 \\ \vdots \\ a_p \end{pmatrix}$$

其中，A 称为主成分系数矩阵。

7.9.3　主成分的分析计算

①对原始数据进行标准化处理。

$$x_{ij}^{*}=\frac{x_{ij}-\bar{x}_j}{\sqrt{\mathrm{Var}(x_j)}}\quad(i=1,2,\cdots,n;j=1,2,\cdots,p)\tag{7.126}$$

其中:

$$\bar{x}_j=\frac{1}{n}\sum_{i=1}^{n}x_{ij}\qquad \mathrm{Var}(x_j)=\frac{1}{n-1}\sum_{i=1}^{n}(x_{ij}-\bar{x}_j)^2\quad(j=1,2,\cdots,p)$$

②计算样本相关系数矩阵。

$$R=\begin{bmatrix} r_{11} & r_{12} & \cdots & r_{1p}\\ r_{21} & r_{22} & \cdots & r_{2p}\\ \vdots & \vdots & & \vdots\\ r_{p1} & r_{p2} & \cdots & r_{pp}\end{bmatrix}\tag{7.127}$$

为方便,假定原始数据标准化后仍用 X 表示,则经标准化处理后的数据的相关系数为:

$$\gamma_{ij}=\frac{1}{n-1}\sum_{t=1}^{n}x_{ti}x_{tj}\quad(i,j=1,2,\cdots,p)\tag{7.128}$$

③ 用雅克比方法求相关系数矩阵 R 的特征值($\lambda_1,\lambda_2,\cdots,\lambda_p$)和相应的特征向量 $a_i=(a_{i1},a_{i2},\cdots,a_{ip}),i=1,2,\cdots,p$。

④ 选择重要的主成分,并写出主成分表达式。主成分分析可以得到 p 个主成分,但是,由于各个主成分的方差是递减的,包含的信息量也是递减的,所以实际分析时,一般不是选取 p 个主成分,而是根据各个主成分累计贡献率的大小选取前 k 个主成分,这里贡献率就是指某个主成分的方差占全部方差的比重,实际也就是某个特征值占全部特征值合计的比重。即贡献率 $=\lambda_i/\left(\sum_{i=1}^{p}\lambda_i\right)$。

贡献率越大,说明该主成分所包含的原始变量的信息越强。主成分个数 k 的选取,主要根据主成分的累积贡献率来决定,即一般要求累计贡献率达到85%以上,这样才能保证综合变量能包括原始变量的绝大多数信息。

另外,在实际应用中,选择了重要的主成分后,还要注意主成分实际含义解释。主成分分析中一个很关键的问题是如何给主成分赋予新的意义,给出合理的解释。一般而言,这个解释是根据主成分表达式的系数结合定性分析来进行的。主成分是原来变量的线性组合,在这个线性组合中个变量的系数有大有小,有正有负,有的大小相当,因而不能简单地认为这个主成分是某个原变量的属性的作用,线性组合中各变量系数的绝对值大者表明该主成分主要综合了绝对值大的变量,有几个变量系数大小相当时,应认为这一主成分是这几个变量的总和。

⑤计算主成分得分。根据标准化的原始数据,按照各个样品,分别代入主成分表达式,就可以得到各主成分下的各个样品的新数据,即为主成分得分。具体形式可如下。

$$\begin{pmatrix} F_{11} & F_{12} & \cdots & F_{1k} \\ F_{21} & F_{22} & \cdots & F_{2k} \\ \vdots & \vdots & & \vdots \\ F_{n1} & F_{n2} & \cdots & F_{nk} \end{pmatrix}$$

依据主成分得分的数据,则可以进行进一步的统计分析。其中,常见的应用有主成分回归,变量子集合的选择,综合评价等。

7.9.4 主成分分析的应用

【例 7.7】 表 7.20 中的数据是某一地区在不同天数中午 12 点记录的空气污染变量的测量值。试进行主成分分析。

表 7.20 某一地区空气污染变量的测量值

Wind(x_1)	Solar radiation(x_2)	CO(x_3)	NO(x_4)	NO_2(x_5)	O_3(x_6)	HC(x_7)
8	98	7	2	12	8	2
7	107	4	3	9	5	3
7	103	4	3	5	6	3
10	88	5	2	8	15	4
6	91	4	2	8	10	3
8	90	5	2	12	12	4
9	84	7	4	12	15	5
5	72	6	4	21	14	4
7	82	5	1	11	11	3
8	64	5	2	13	9	4
6	71	5	4	10	3	3
6	91	4	2	12	7	3
7	72	7	4	18	10	3
10	70	4	2	11	7	3
10	72	4	1	8	10	3
9	77	4	1	9	10	3
8	76	4	1	7	7	3
8	71	5	3	16	4	4
9	67	4	2	13	2	3
9	69	3	3	9	5	3

①计算相关系数矩阵:

$$\gamma=\begin{bmatrix} r_{11} & r_{12} & \cdots & r_{17} \\ r_{21} & r_{22} & \cdots & r_{27} \\ \vdots & \vdots & & \vdots \\ r_{71} & r_{72} & \cdots & r_{77} \end{bmatrix}$$

其中:

$$r_{ij}=\frac{\sum_{k=1}^{20}(x_{ki}-\overline{x_i})(x_{kj}-\overline{x_j})}{\sqrt{\sum_{k=1}^{20}(x_{ki}-\overline{x_i})^2\sum_{k=1}^{20}(x_{ki}-\overline{x_j})^2}}$$

求得:

$$\gamma=\begin{bmatrix} 1 & -0.248 & -0.175 & -0.406 & -0.334 & 0.071 & 0.104 \\ -0.248 & 1 & 0.040 & -0.020 & -0.405 & 0.122 & -0.187 \\ -0.175 & 0.040 & 1 & 0.463 & 0.596 & 0.482 & 0.292 \\ -0.406 & -0.020 & 0.463 & 1 & 0.479 & -0.027 & 0.352 \\ -0.334 & -0.405 & 0.596 & 0.479 & 1 & 0.174 & 0.310 \\ 0.071 & 0.122 & 0.482 & -0.027 & 0.174 & 1 & 0.528 \\ 0.104 & -0.187 & 0.292 & 0.352 & 0.310 & 0.528 & 1 \end{bmatrix}$$

得到的相关系数表见表 7.21。

表 7.21　例 7.7 相关系数表

γ	x_1	x_2	x_3	x_4	x_5	x_6	x_7
x_1	1.000	-0.248	-0.175	-0.406	-0.334	0.071	0.104
x_2	-0.248	1.000	0.040	-0.020	-0.405	0.122	-0.187
x_3	-0.175	0.040	1.000	0.463	0.596	0.482	0.292
x_4	-0.406	-0.020	0.463	1.000	0.479	-0.027	0.352
x_5	-0.334	-0.405	0.596	0.479	1.000	0.174	0.310
x_6	0.071	0.122	0.482	-0.027	0.174	1.000	0.528
x_7	0.104	-0.187	0.292	0.352	0.310	0.528	1.000

②解特征方程 $|\lambda I-\gamma|=0$

$$\left|\begin{bmatrix}\lambda_1\\ \lambda_2\\ \lambda_3\\ \lambda_4\\ \lambda_5\\ \lambda_6\\ \lambda_7\end{bmatrix}\begin{bmatrix}1&0&0&0&0&0&0\\0&1&0&0&0&0&0\\0&0&1&0&0&0&0\\0&0&0&1&0&0&0\\0&0&0&0&1&0&0\\0&0&0&0&0&1&0\\0&0&0&0&0&0&1\end{bmatrix}-\gamma\right|=0$$

即

$$\begin{vmatrix} \lambda_1-1 & 0.248 & 0.175 & 0.406 & 0.334 & -0.071 & -0.104 \\ 0.248 & \lambda_2-1 & -0.040 & 0.020 & 0.405 & -0.122 & 0.187 \\ 0.175 & -0.040 & \lambda_3-1 & -0.463 & -0.596 & -0.482 & -0.292 \\ 0.406 & 0.020 & -0.463 & \lambda_4-1 & -0.479 & 0.027 & -0.352 \\ 0.334 & 0.405 & -0.596 & -0.479 & \lambda_5-1 & -0.174 & -0.310 \\ -0.071 & -0.122 & -0.482 & 0.027 & -0.174 & \lambda_6-1 & 0.528 \\ -0.104 & 0.187 & -0.292 & -0.352 & -0.310 & -0.528 & \lambda_7-1 \end{vmatrix}=0$$

利用雅可比法求解,并使得重新排列使得:$\lambda_1 \geqslant \lambda_2 \geqslant \cdots \geqslant \lambda_7 \geqslant 0$,得

$$\lambda^{\mathrm{T}}=(2.590, 1\ 494, 1.297, 0.715, 0.543, 0.216, 0.145)$$

特征向量

$$(e_1, e_2, e_3, e_4, e_5, e_6, e_7)$$

$$=\begin{bmatrix} -0.216 & 0.639 & 0.150 & -0.016 & 0.638 & 0.183 & -0.286 \\ -0.109 & -0.262 & -0.777 & -0.117 & 0.183 & 0.486 & -0.182 \\ 0.502 & 0.006 & -0.192 & 0.428 & 0.481 & -0.066 & 0.541 \\ 0.435 & -0.340 & 0.084 & -0.524 & 0.398 & -0.360 & -0.355 \\ 0.503 & -0.110 & 0.331 & 0.339 & -0.139 & 0.559 & -0.424 \\ 0.311 & 0.465 & -0.469 & 0.204 & -0.306 & -0.414 & -0.400 \\ 0.389 & 0.423 & -0.035 & -0.610 & -0.237 & 0.336 & 0.357 \end{bmatrix}$$

③根据贡献率 $=\dfrac{\lambda_i}{\sum_{k=1}^{p}\lambda_k}$ 以及累计贡献率 $=\dfrac{\sum_{k=1}^{i}\lambda_k}{\sum_{k=1}^{p}\lambda_k}$,求得各成分贡献率和累积贡献率,见表 7.22。

表 7.22　例 7.7 特征值及主成分贡献率

主成分	特征值 λ	贡献率/%	累计贡献率/%
z_1	2.590	37.000	37.00
z_2	1.494	21.347	58.347
z_3	1.297	18.533	76.880
z_4	0.715	10.211	87.091
z_5	0.543	7.760	94.851
z_6	0.216	3.085	97.936
z_7	0.145	2.064	100.000

由表 7.22 可知,第一,第二,第三主成分的累计贡献率已超过 75%,故只需要求出第一、第二、第三主成分 z_1, z_2, z_3 即可。

④计算主成分载荷：

由 $l_{ij}=p(z_i,x_j)=\sqrt{\lambda_i}e_{ij}(i,j=1,2,\cdots,7)$，可求得各变量 $x_1,x_2,\cdots,x_7$ 在主成分 z_1,z_2,z_3 上的载荷，结果见表7.23。

表7.23　各变量在主成分 z_1,z_2,z_3 上的载荷

载荷	x_1	x_2	x_3	x_4	x_5	x_6	x_7
z_1	-0.347	-0.176	0.808	0.7	0.809	0.501	0.626
z_2	0.781	-0.321	0.007	-0.415	-0.134	0.568	0.517
z_3	-0.169	0.885	0.219	-0.096	-0.377	0.534	0.04

7.10　聚类分析

聚类分析是根据预先建立的尺度，对未知的指标（变量）或样品相似程度进行定量分组的一种数字分类方法。它是一种将样品或变量按照它们在性质上的亲疏程度进行分类的多元统计分析方法。和多元统计分析的其他方法相比，聚类分析的方法是最粗糙的，理论上仍不完善，但能解决许多实际问题。

7.10.1　聚类分析的分类

聚类分析时，用来描述样品或变量的亲疏程度通常有两个途径，一是把每个样品或变量看成多维空间上的一个点，在多维坐标中，定义点与点、类和类之间的距离，用点与点间距离来描述样品或变量之间的亲疏程度；另一个是计算样品或变量的相似系数，用相似系数来描述样品或变量之间的亲疏程度。

①聚类分析按照分组理论依据的不同，可分为系统聚类法、动态聚类法、模糊聚类、图论聚类、聚类预报等多种聚类方法。本书介绍系统聚类分析法。

系统聚类分析法是在样品距离的基础上定义类与类的距离，首先将 n 个样品自成一类，然后每次将具有最小距离的两个类合并，合并后再重新计算类与类之间的距离，再并类，这个过程一直持续到所有的样品都归为一类为止。这种聚类方法称为系统聚类法。根据并类过程所做的样品并类过程图称为聚类谱系图。

②按照分析对象不同，可以分为Q型聚类分析和R型聚类分析。

Q型聚类分析法是对样品进行的分类处理，可以揭示样品之间的亲疏程度。R型聚类分析法是对变量进行的分类处理，可以了解变量之间，以及变量组合之间亲疏程度。

根据R型聚类的结果，可以选择最佳的变量组合进行回归分析或者Q型聚类分析。其中，选择最佳变量的一般方法是，在聚合的每类变量中，各选出一个具有代表性的变量作为典型变量，其中选择的依据是 $\bar{r}^2$。

$$\bar{r}^2=\frac{\sum_i r_i^{\,2}}{k-1} \tag{7.129}$$

式中，$\bar{r}^2$ 表示每个变量与其同类的其他变量的相关系数的平方的均值。k 为该类中变量的个数。应用中，挑选 $\bar{r}^2$ 值最大的变量 x_i 作为该类的典型变量。

7.10.2 聚类分析中样品或变量亲疏程度的测定

1)变量类型与数据变换

通常变量类型按照计量尺度的不同，分为定类尺度、定序尺度、定距尺度及定比尺度变量。其中，前两者一般又称为定性资料，后两者一般又称为定量资料。在进行聚类分析处理时，样品间的相似系数和距离有许多不同的定义，这些定义与变量的类型有着密切关系，不同类型的变量在定义距离或相似性测度时具有很大的差异。

此外，由于样本数据受量纲和数量级的影响，在聚类分析处理过程中，首先应对原始数据矩阵进行变换处理，以便使不同量纲、不同数量级的数据能放在一起比较。常用的数据变换方法有以下几种：

(1)中心化变换

中心化是一种标准化处理方法，它是先求出每个变量的样本均值，再从原始数据中减去该变量的均值，就得到中心化后的数据。

即对于一个样本数据，观测 p 个指标，n 个样品的数据资料阵为：

$$X=\begin{pmatrix} x_{11} & x_{12} & \cdots & x_{1p} \\ x_{21} & x_{22} & \cdots & x_{2p} \\ \vdots & \vdots & & \vdots \\ x_{n1} & x_{n2} & \cdots & x_{np} \end{pmatrix} \tag{7.130}$$

设中心化后的数据为 x'_{ij}，则有：

$$x'_{ij}=x_{ij}-\bar{x}_j \qquad (i=1,2,\cdots,n;\ j=1,2,\cdots,p) \tag{7.131}$$

其中

$$\bar{x}_j=\frac{1}{n}\sum_{i=1}^{n}x_{ij} \qquad (j=1,2,\cdots,p)$$

进行了中心化变换后的数据特点是：其每列数据之和均为0。

(2)规格化变换(极差规格变换)

规格化变换是从数据矩阵的每一个变量中找出其最大值和最小值，这两者之差称为极差，然后从每一个原始数据中减去该变量中的最小值，再除以极差就得到规格化数据。规格化后的数据为：

$$x'_{ij}=\frac{x_{ij}-\min\limits_{1\leqslant i\leqslant n}\{x_{ij}\}}{\max\limits_{1\leqslant i\leqslant n}\{x_{ij}\}-\min\limits_{1\leqslant i\leqslant n}\{x_{ij}\}} \qquad (i=1,2,\cdots,n;\ j=1,2,\cdots,p) \tag{7.132}$$

进行了规格化变换后的数据特点是：将每列的最大数据变为1，最小数据变为0，其余数据取值在0~1。

(3)标准化变换

标准化变换是对变量的属性进行变换处理,首先对数据进行中心化然后再除以标准差,即:

$$x'_{ij} = \frac{x_{ij} - \bar{x}_j}{S_j} \qquad (i = 1,2,\cdots,n; j = 1,2,\cdots,p) \tag{7.133}$$

其中　$\bar{x}_j = \frac{1}{n}\sum_{i=1}^{n} x_{ij}; S_j = \left[\frac{1}{n-1}\sum_{i=1}^{n}(x_{ij} - \bar{x}_j)^2\right]^{\frac{1}{2}} \qquad (j = 1,2,\cdots,p)$

进行了标准化变换后的数据特点是:每列数据的平均值为0,方差为1,同时消除了量纲的影响。使用标准差处理后,在抽样样本改变时,它仍保持相对稳定性。

(4)对数变换

对数变换主要是对原始数据取对数。即:

$$x'_{ij} = \log\{x_{ij}\} \quad x_{ij} > 0 \qquad (i = 1,2,\cdots,n; j = 1,2,\cdots,p) \tag{7.134}$$

对数变换后的数据特点是:可将具有指数特征的数据结构化为线性数据结构。

此外,还有平方根变换、立方根变换等。极差标准化变换和规格化变换类似。它是把每个变量的样本极差皆化为1,排除量纲的干扰。立方根变换和平方根变换的主要作用是把非线性数据结构变为线性数据结构,以适应某些统计方法的需要。

2)多维空间的距离

对于p个观测指标,n个样品的样本数据,每个样品有p个变量,故每个样品都可以看成是p维空间上的一个点,n个样品就是p维空间上的n个点。聚类分析中,对样品进行分类时,通常采用距离来表示样品之间的亲疏程度。因此需定义样品之间的距离,即第i个样品与第j个样品之间的距离,记为d_{ij},所定义的距离一般满足以下4个条件:

①$d_{ij} \geqslant 0$　对于一切i,j。

②$d_{ij} = 0$　当且仅当$i = j$时。

③$d_{ij} = d_{ji}$　对于一切i,j。

④$d_{ij} \leqslant d_{ik} + d_{kj}$　对于一切i,j,k。

对于定量数据资料常用的距离有以下几种:

(1)明氏距离

第i个样品与第j个样品之间的明氏距离定义式为

$$d_{ij}(q) = \left[\sum_{k=1}^{p} |x_{ik} - x_{jk}|^q\right]^{\frac{1}{q}} \tag{7.135}$$

其中,q为某一自然数,明氏距离是最常用、最直观的距离。

当$q = 1$时,$d_{ij}(1) = \sum_{i=1}^{p} |x_{ik} - x_{jk}|$,则称为绝对值距离。

当$q = 2$时,$d_{ij}(2) = \left[\sum_{k=1}^{p} (x_{ik} - x_{jk})^2\right]^{\frac{1}{2}}$,则称为欧氏距离。

欧氏距离是聚类分析中用得最广泛的距离,但该距离与变量的量纲有关,没有考虑指标间的相关性;也没有考虑各变量方差的不同。

当 $q=\infty$ 时，$d_{ij}(\infty)=\max\limits_{1\leqslant k\leqslant p}|x_{ik}-x_{jk}|(i,j=1,2,\cdots,n)$，则称为切比雪夫距离。

由明氏距离公式可知，当各变量的单位不同或虽单位相同但各变量的测量值相差很大时，不应该直接使用明氏距离，而应该先对各变量的数据进行准化处理，然后再用标准化后的数据计算距离。

(2)兰氏距离

兰氏距离是由 Lance 和 Williams 最早提出的，故称为兰氏距离。当全部数据大于零，即 $x_{ij}>0$时，可以定义第 i 个样品与第 j 个样品之间的兰氏距离为

$$d_{ij}=\sum_{i=1}^{p}\frac{|x_{ik}-x_{jk}|}{x_{ik}+x_{jk}}\quad(i,j=1,2,\cdots,n)\tag{7.136}$$

可见兰氏距离是一个无量纲的量，克服了明氏距离与各指标的量纲有关的缺点，其受奇异值的影响较小，使其适合应用于具有高度偏倚的数据。然而兰氏距离没有考虑变量间的相关性。

明氏距离和兰氏距离的共同的特点是，假定变量之间相互独立，即均没有考虑变量之间的相关性，都是在正交空间内讨论距离的，而实际情况并非如此。但在实际问题中，变量之间往往存在着一定的相关性，为克服变量之间的这种相关性影响，可以采用马氏距离。

(3)马氏距离

第 i 个样品与第 j 个样品之间的马氏距离记为：

$$d_{ij}^{2}=(X_i-X_j)'S^{-1}(X_i-X_j)\tag{7.137}$$

式中 X_i,X_j—— 分别为第 i 个和第 j 样品的 p 个指标所组成的向量；

S^{-1}—— 样本协方差的逆矩阵。

$$S=\frac{1}{n-1}\sum_{k=1}^{n}(x_{ki}-\bar{x}_i)(x_{kj}-\bar{x}_j)\quad(i,j=1,2,\cdots,p)\tag{7.138}$$

马氏距离的优点是考虑到个变量之间的相关性，并且与变量的单位无关。不足之处是在聚类分析过程中，如果用全部数据计算的均值和协方差阵来计算马氏距离，并且始终保持不变，则显得不妥；然而若要随聚类过程而不断改变，计算将会很困难。这样造成聚类效果不是很好的。比较合理的办法是用各个类的样品来计算各自的协方差矩阵，同一类样本的马氏距离应当用这一类的协方差矩阵来计算。

(4)斜交空间距离

由于多个变量之间存在着不同程度的相关关系。在这种情况下，用正交空间距离来计算样品间的距离，易产生变形，从而使聚类分析时的谱系结构发生改变。为此，计算斜交空间距离，第 i 个样品与第 j 个样品之间的斜交空间距离定义为：

$$d_{ij}=\left[\frac{1}{m^2}\sum_{k=1}^{p}\sum_{l=1}^{p}(x_{ik}-x_{jk})(x_{il}-x_{jl})r_{kl}\right]^{\frac{1}{2}}\tag{7.139}$$

式中，r_{kl}是变量 x_k 与变量 x_l 之间的相关系数。

以上几种距离的定义均要求变量间是间隔尺度的，如果使用的变量是定性材料，则应有一些其他定义距离的方法，在这里就不一一介绍。

3)相似系数

聚类分析方法不仅用来对样品进行分类，而且有时需要对变量进行分类，在对变量进行聚

类分析时,则通常采用相似系数来表示变量之间的亲疏程度。相似系数定义如下:

设 C_{ij} 表示变量 x_i 与变量 y_i 之间的相似系数,则 C_{ij} 应满足下列条件:

①$C_{ij} = \pm 1 \Leftrightarrow x_i = ax_j$,($a$ 为非零常数)。

②$|C_{ij}| \leqslant 1$,对一切 i,j 成立。

③$C_{ij} = C_{ji}$,对一切 i,j 成立。

$|C_{ij}|$ 越接近于1,则表示变量 x_i 与变量 y_i 之间关系越密切,$|C_{ij}|$ 越接近于0,则表示变量 x_i 与变量 y_i 之间关系越疏远。聚类时,关系密切的变量应归于一类,反之关系疏远的变量归于不同类。常用的相似系数有夹角余弦和相关系数等。

(1)夹角余弦

在 p 维空间中,向量 x_i 与 x_j 的夹角为 α_{ij},则夹角余弦为:

$$\cos \alpha_{ij} = \frac{\sum_{k=1}^{n} x_{ki} \cdot x_{kj}}{\left[\left(\sum_{k=1}^{n} x_{ki}^2 \right) \cdot \left(\sum_{k=1}^{n} x_{kj}^2 \right) \right]^{\frac{1}{2}}} \tag{7.140}$$

它是 i 和 j 两个指标向量在原点处的夹角 α_{ij} 的余弦,当 $i = j$ 时,夹角为0°,故夹角余弦为1,说明两个指标极相似,当 i 与 j 两个指标正交时,夹角为90°,故夹角余弦为0,说明两者不相关。

(2)相关系数

相关系数为数据作标准化处理后的夹角余弦,设 γ_{ij} 表示变量 x_i 与 x_j 之间的相关系数,则:

$$\gamma_{ij} = \frac{\sum_{k=1}^{n} (x_{ki} - \bar{x}_i)(x_{kj} - \bar{x}_j)}{\left\{ \left[\sum_{k=1}^{n} (x_{ki} - \bar{x}_i)^2 \right] \cdot \left[\sum_{k=1}^{n} (x_{kj} - \bar{x}_j)^2 \right] \right\}^{\frac{1}{2}}} \tag{7.141}$$

当 $i = j$ 时,表示指标的自相关系数,$\gamma_{ij} = 1$;当 $i \neq j$ 时,相关系数 γ_{ij} 的取值为 $-1 \sim 1$。相关系数的绝对值越接近1,表示两变量之间的相关程度越大。

(3)指数相似系数

设 $S_1, S_2, \cdots, S_p$ 表示变量 $x_1, x_2, \cdots, x_p$ 的样本标准差,则变量 x_i 与 x_j 之间的指数相似系数为:

$$C_{ij}(c) = \frac{1}{p} \sum_{k=1}^{p} e^{-\frac{3}{4} \frac{(x_{ik} - x_{jk})^2}{s_k^2}} \tag{7.142}$$

指数相似系数不受变量量纲的影响。

(4)相似系数的非参数方法

非参数方法主要应用于 $\{x_{ij}\}$ 大于零的情况,常用的相似系数有:

$$C_{ij}(g) = \frac{\sum_{k=1}^{p} \min(x_{ik}, x_{jk})}{\sum_{k=1}^{m} \max(x_{ik}, x_{jk})} \quad (i,j = 1,2,\cdots,n) \tag{7.143}$$

$$C_{ij}(c) = \frac{\sum_{k=1}^{p} \min(x_{ik}, x_{jk})}{\frac{1}{2}\sum_{k=1}^{m}(x_{ik} + x_{jk})} \quad (i,j = 1,2,\cdots,n) \tag{7.144}$$

$$C_{ij}(0) = \frac{\sum_{k=1}^{p} \min(x_{ik}, x_{jk})}{\sum_{k=1}^{p}\sqrt{x_{ik} \cdot x_{jk}}} \quad (i,j = 1,2,\cdots,n) \tag{7.145}$$

4)距离以及相似系数的选择原则

一般说来,同一批数据采用不同的相似性尺度,就会得到不同的分类结果。产生不同分类结果的原因,主要是不同指标代表了不同意义上的相似性。因此,在进行数值分类时,应注意相似性尺度的选择。选择的基本原则主要包括以下几点:

①所选择的相似性尺度在实际应用中应有明确的意义。

②根据原始数据的性质,选择适当的变换方法,再根据不同的变换方法选择不同的距离或相似系数。如标准化变换处理下,相关相似系数和夹角余弦一致;又如原始数据在进行聚类分析之前已经对变量的相关性作了处理,则通常可采用欧氏距离而不必选用斜交空间距离。再如选择距离时,还须和选用的聚类方法相一致,如聚类方法选用离差平方和法时,距离只能选用欧氏距离。

③适当地考虑计算量的大小,如对样品量较多的聚类问题,不适宜选择斜交空间距离,因采用该距离处理时,计算工作量太大。

一般情况下,相关系数比相似系数具有更强的不变性,但相关系数比相似系数有较弱的分辨力。使用距离与使用相似系数所得到的结果对比,相似系数的计算数值由大到小单调地减少,故聚类谱系图反映分群情况比较明显。而使用距离的数据呈现非单调性增加。聚类谱系图反映的分群情况不够明显。

距离的选择是一个比较复杂、带主观性的问题。应根据研究对象,具体分析,在多次进行聚类分析过程中,逐步总结经验以选择合适的距离。在初次进行聚类分析处理时,可多选择几个距离进行聚类,通过对比、分析以确定合适的距离系数。

7.10.3 系统聚类分析

1)系统聚类分析的基本思想和分析步骤

系统聚类分析是在样品距离的基础上,定义类与类之间的距离,首先将 n 个样品自成一类,然后每次将具有最小距离的两类合并,合并后重新计算类与类之间的距离,这个过程一直继续到所有样品归为一类为止,并把这个过程做成一个聚类谱系图,这种方法即为系统聚类分析。

系统聚类分析的基本思想是,把 n 个样品看成 m 维(m 个指标)空间的点,而把每个变量看成 m 维空间的坐标轴,根据空间上点与点的距离来进行分类。

系统聚类分析的具体方法是，将 n 个样品自成一类，先计算 $\frac{1}{2}n(n-1)$ 个相似性测度或距离，并且把具有最小测度的两个样品合并成两个元素的类，然后按照某种聚类方法计算这个类和其余 $n-2$ 个样品之间的距离，这样一直持续下去，并类过程中，每一步所做的并类(样品与样品，样品与类、类与类)都要使测度在系统中保持最小，每次减少一类，直到所有样品都归为一类为止。

2)系统聚类分析的一般步骤

①对数据进行变换处理。

②计算各样品之间的距离，并将距离最近的两个样品合并成一类。

③选择并计算类与类之间的距离，并将距离最近的两类合并，如果类的个数大于1，则继续并类，直至所有样品归为一类为止。

④最后绘制系统聚类谱系图，按不同的分类标准或不同的分类原则，得出不同的分类结果。

3)常用系统聚类分析方法

进行聚类分析时，由于对类与类之间的距离的定义和理解不同，并类的过程中又会产生不同的聚类方法。常用的系统聚类方法有8种，即最短距离法、最长距离法、中间距离法、重心法、类平均法、可变类平均法、可变法、离差平方和法。尽管系统聚类分析方法很多，但每种方法的归类步骤基本是一样的，所不同的主要是对类与类之间的距离的定义不同。

设 d_{ij} 表示样品 x_i 与 x_j 之间的距离，D_{ij} 表示类 G_i 与 G_j 之间的距离。

(1)最短距离法

最短距离法是把两个类之间的距离定义为一个类中的所有样品与另一个类中所有样品之间距离中最近者。即类 G_p 与 G_q 之间的距离 D_{pq} 定义为：

$$D_{pq} = \min_{x_i \in G_p, x_j \in G_q} d_{ij} \tag{7.146}$$

用最短距离法的聚类主要步骤如下：

①计算样品之间的距离，得到 n 个样品之间的距离矩阵为 $D_{(0)}$，这时每一个样品自成一类，有 $D_{pq}=d_{ij}$，显然该距离矩阵是一个对称矩阵。

②选择 $D_{(0)}$ 非主对角线上最小元素，设为 D_{pq}，则将对应的两个样品 G_p 与 G_q 合并为一个新类，记为类 G_r，即 $G_r=\{G_p,G_q\}$。

③计算新类 G_r 与其他类 $G_k(k\neq r)$ 之间的距离，并得到新的距离矩阵 $D_{(1)}$。其中新类 G_r 与其他类 $G_k(k\neq r)$ 之间的距离为：

$$D_{rk} = \min_{x_r \in G_r, x_j \in G_k} d_{rj} = \min\{\min_{x_i \in G_p, x_j \in G_k} d_{ij}, \min_{x_i \in G_q, x_j \in G_k} d_{ij}\} = \min\{D_{pk}, D_{qk}\}$$

④对 $D_{(1)}$ 重复进行上述步骤，得到新的距离矩阵 $D_{(2)}$，对 $D_{(2)}$ 重复进行上述步骤，得到新的距离矩阵 $D_{(3)}$……这样一直下去，直到所有的样品都归为一类为止。

【例 7.8】 设抽取 5 个样品,每个样品只测量一个指标 x_1,其数据见表 7.24。

表 7.24 5 省(市)城镇居民工薪收入

省(区、市)	收入 x_1(百元/人)
北京	187
上海	218
安徽	93
陕西	84
新疆	94

用最短距离法对 5 个样品进行聚类。

解:①计算 5 个样品两两之间的距离 d_{ij}(采用绝对值距离),记为距离矩阵 $D_{(0)}$,见表 7.25。

表 7.25 最短距离法 $D_{(0)}$ 距离矩阵表

d_{ij}	G_1	G_2	G_3	G_4	G_5
G_1	0				
G_2	31	0			
G_3	94	125	0		
G_4	103	134	9	0	
G_5	93	124	1^*	10	0

②$D_{(0)}$ 中非主对角线上最小元素为 $D_{35}=1$,于是将 G_3 与 G_5 合并成新的一类,记为 $G_6=\{G_3,G_5\}$。计算新类 G_6 与当前各类的距离:

$$D_{61}=\min\{d_{31},d_{51}\}=\min\{94,93\}=93$$

$$D_{62}=\min\{d_{32},d_{52}\}=124 \qquad D_{64}=\min\{d_{34},d_{54}\}=9$$

得新距离矩阵 $D_{(1)}$ 见表 7.26。

表 7.26 最短距离法 $D_{(1)}$ 距离矩阵表

d_{ij}	G_6	G_1	G_2	G_4
G_6	0			
G_1	93	0		
G_2	124	31	0	
G_4	9^*	103	134	0

③$D_{(1)}$ 中非主对角线上最小元素为 $D_{46}=9$,于是将 G_6 与 G_4 合并成新类,记为 $G_7=\{G_4,G_6\}$。

同样计算新类 G_7 与当前各类的距离：

$D_{71}=\min\{d_{41},d_{61}\}=93$　　　　$D_{72}=\min\{d_{42},d_{62}\}=124$

得新距离矩阵 $D_{(2)}$ 见表 7.27。

表 7.27　最短距离法 $D_{(2)}$ 距离矩阵表

d_{ij}	G_7	G_1	G_2
G_7	0		
G_1	93	0	
G_2	124	31*	0

④$D_{(2)}$ 中的最小元素为 $D_{21}=31$，将 G_2 与 G_1 合并成新类，记为 $G_8=\{G_2,G_1\}$。

得新距离矩阵 $D_{(3)}$ 见表 7.28。

表 7.28　最短距离法 $D_{(3)}$ 距离矩阵表

d_{ij}	G_7	G_8
G_7	0	
G_8	93*	0

⑤最后将 G_7 和 G_8 合并成新类，记为 $G_9=\{G_7,G_8\}$。

此时 5 个样品都已经聚为一类，整个聚类过程终止。

按照上述聚类过程画聚类谱系图，如图 7.8 所示。图 7.8 纵坐标表示的是距离，横坐标表示样品序号。根据聚类谱系图可看出最短距离法并类的距离是单调增加的。根据具体情况我们可以把 5 个样品分为 $\{G_1\}$、$\{G_3,G_4,G_5\}$ 和 $\{G_2\}$ 3 类；也可以把 5 个样品分为 $\{G_1,G_2\}$ 和 $\{G_3,G_4,G_5\}$ 两类。

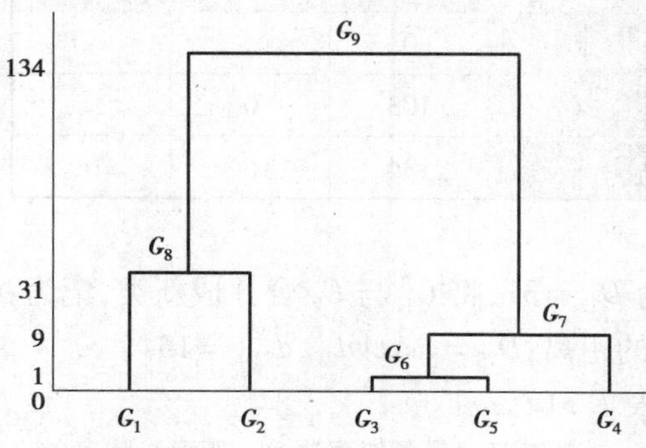

图 7.8　最短距离法聚类谱系图

(2)最长距离法

最长距离法与最短距离法在并类步骤上是完全一致的，而是在定义类与类之间的距离是相反的，类与类之间的距离定义为两类之间所有样品间距离最大者，即类 G_p 与 G_q 之间的距离为：

$$D_{pq}=\max_{x_i\in G_p,x_j\in G_q} d_{ij} \tag{7.147}$$

【例 7.9】 对例 7.8 样品采用最长距离法进行分类。

解:①计算距离矩阵 $D_{(0)}$,得到 $D_{(0)}$ 与最短距离法的一致。

②$D_{(0)}$ 非主对角线上最小元素为 $D_{35}=1$,于是我们将 G_3 与 G_5 合并成新的一类,记为 $G_6=\{G_3,G_5\}$。计算新类 G_6 与当前各类的距离:

$$D_{61}=\max\{d_{31},d_{51}\}=\max\{94,93\}=94$$

$$D_{62}=\max\{d_{32},d_{52}\}=125 \qquad D_{64}=\max\{d_{34},d_{54}\}=10$$

得新距离矩阵 $D_{(1)}$ 见表 7.29。

③$D_{(1)}$ 中非主对角线上最小元素为 $D_{64}=10$,于是我们将 G_6 与 G_4 合并成新类,记为 $G_7=\{G_6,G_4\}$。

计算新类 G_7 与当前各类的距离:

$$D_{71}=\max\{d_{61},d_{41}\}=103 \qquad D_{72}=\max\{d_{62},d_{42}\}=134$$

表 7.29 最长距离法 $D_{(1)}$ 距离矩阵表

d_{ij}	G_6	G_1	G_2	G_4
G_6	0			
G_1	94	0		
G_2	125	31	0	
G_4	10*	103	134	0

得新距离矩阵 $D_{(2)}$ 见表 7.30。

表 7.30 最长距离法 $D_{(2)}$ 距离矩阵表

d_{ij}	G_7	G_1	G_2
G_7	0		
G_1	103	0	
G_2	134	31*	0

④$D_{(2)}$ 中的最小元素为 $D_{12}=31$,将 G_1 与 G_2 合并成新类,记为:$G_8=\{G_1,G_2\}$。

计算类 G_8 与当前各类的距离:$D_{78}=\max\{d_{71},d_{72}\}=134$。

得新距离矩阵 $D_{(3)}$ 见表 7.31。

表 7.31 最长距离法 $D_{(3)}$ 距离矩阵表

d_{ij}	G_7	G_8
G_7	0	
G_8	134*	0

⑤最后将 G_7 和 G_8 合并成一类,记为 $G_9=\{G_7,G_8\}$。

此时5个样品都已经聚为一类,整个聚类过程终止。

⑥根据上述聚类过程得聚类谱系图如图7.9所示。

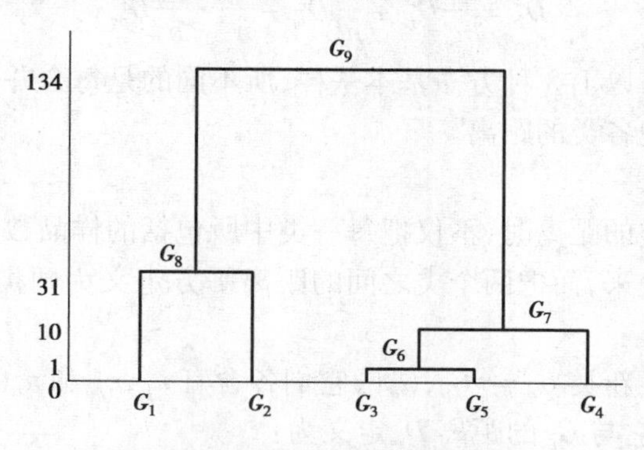

图7.9　最长距离法聚类谱系图

根据聚类谱系图,我们可以把5个样品分为$\{G_1\}$、$\{G_2\}$和$\{G_3,G_4,G_5\}$3类;也可以把5个样品分为$\{G_1,G_2\}$和$\{G_3,G_4,G_5\}$两类。

(3)中间距离法

中间距离法是在定义类与类之间的距离时,既不采用两类样品之间的最近距离,也不采用两类样品之间最远距离,而是采用介于两者之间的中间距离,即当类G_p与G_q合并为一新类$G_r=\{G_p,G_q\}$,任一类G_i与G_r的距离定义为中线距离D_{ir}:

$$D_{ir}=\sqrt{\frac{1}{2}D_{ip}^2+\frac{1}{2}D_{iq}^2-\frac{1}{4}D_{pq}^2} \tag{7.148}$$

用由D_{ip},D_{iq}和D_{pq}为边组成的三角形,取D_{pq}边的中线作为D_{ir},具体如图7.10所示。

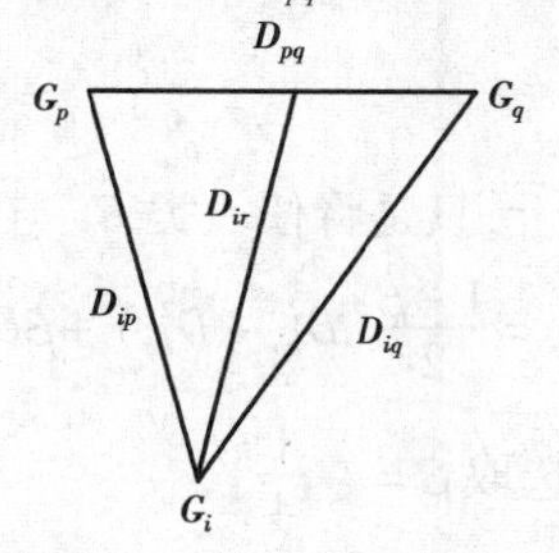

图7.10　中间距离图

具体分类过程与前面最短和最长距离分类方法步骤相同,只是在定义的距离为中间距离。

(4)重心法

以上3种方法在定义类与类之间距离时,没有考虑每一类所包含的样品数。因此,在定义类与类的距离时,把每一类中所包括的样品数目也考虑进去,把两个类重心之间的距离定义为类与类的距离,用这种距离分类的方法就称为重心法。

所谓每一类的重心就是该类样品的均值。其中单个样品的重心就是它本身,两个样品的类的重心就是两点连线的中点。

设G_p与G_q合并为一新类$G_r=\{G_p,G_q\}$,它们各含有n_p,n_q和$n_r(n_r=n_p+n_q)$个样品,它们的重心分别为$\bar{x}_p$,$\bar{x}_q$和$\bar{x}_r$,$\bar{x}_r=\frac{1}{n_r}(n_p\bar{x}_p+n_q\bar{x}_q)$。任一类$G_i$的重心为与$\bar{x}_i$,它与$G_r$的距离$D_{ir}$

定义为：

$$D_{ir}^2=\frac{n_p}{n_r}D_{ip}^2+\frac{n_q}{n_r}D_{iq}^2-\frac{n_p}{n_r}\cdot\frac{n_q}{n_r}D_{pq}^2 \tag{7.149}$$

重心法的归类步骤与以上 3 种方法基本一样，所不同的是每合并一次类，就要重新计算一次新类的重心以及与其他各类的距离。

(5)类平均法

类平均法定义类与类的距离时，不仅把每一类中所包括的样品数目考虑进来，而且把各样品的信息都充分地考虑进来，而把两个类之间的距离平方定义为两类元素两两之间距离平方的平均。

设 G_p 与 G_q 合并为一新类 $G_r=\{G_p,G_q\}$，它们各含有 n_p，n_q 和 $n_r(n_r=n_p+n_q)$ 个样品。任一类 G_k 含有 n_k 个样品，它与 G_r 的距离 D_{ir}定义为：

$$D_{kr}^2=\frac{1}{n_i\cdot n_r}\sum_{i\in G_k,j\in G_r}d_{ij}^2=\frac{1}{n_k\cdot n_r}\left(\sum_{i\in G_k,j\in G_p}d_{ij}^2+\sum_{i\in G_k,j\in G_q}d_{ij}^2\right)=\frac{n_p}{n_r}D_{kp}^2+\frac{n_q}{n_r}D_{kq}^2 \tag{7.150}$$

(6)可变类平均法

由于类平均法公式中没有反映 G_p 与 G_q 之间的距离 D_{pq}的影响，所以又给出可变类平均法。此法定义两类之间的距离同上，只是将任一类 G_k 与 G_r 的距离 D_{ir}定义改为：

$$D_{kr}^2=\frac{n_p}{n_r}(1-\beta)D_{kp}^2+\frac{n_q}{n_r}(1-\beta)D_{kq}^2+\beta D_{pq}^2 \tag{7.151}$$

其中 β 是可变的且 $\beta<1$，称为聚集强度系数，随着 β 的取值的不同，会有不同的聚类结果。一般情况下，β 均取负值，β 值的绝对值越大，其扩张性越强，空间扩张的性质使分辨能力提高，一般选取 $\beta=-\frac{1}{4}$。

(7)可变法

可变法定义两类之间的距离同上，只是将任一类 G_k 与 G_r 的距离 D_{ir}定义改为：

$$D_{kr}^2=\frac{1-\beta}{2}(D_{kp}^2+D_{kq}^2)+\beta D_{pq}^2 \tag{7.152}$$

其中 β 是可变的且 $\beta<1$，一般选取 $\beta=-\frac{1}{4}$。

(8)离差平方和法

离差平方和法又称 Ward 法，基本思想是，基于方差分析的思想，如果类分得合理，则同类样品之间离差平方和应当较小，类与类之间的离差平方和应当较大。

设将 n 个样品分成为 k 类，表示为 $G_1,G_2,\cdots,G_k$，x_{it}表示第 G_t 类中的第 i 个样品，n_t 表示类 G_t 中样品的个数，$\bar{x}_t$ 表示 G_t 的重心。

则 G_t 中样品的离差平方和为：

$$S_t=\sum_{i=1}^{n_t}(x_{it}-\bar{x}_t)(x_{it}-\bar{x}_t)' \tag{7.153}$$

k 个类的总的类内离差平方和为：

$$S=\sum_{t=1}^{k}S_i=\sum_{t=1}^{k}\sum_{i=1}^{n_t}(x_{it}-\bar{x}_t)(x_{it}-\bar{x}_t)' \tag{7.154}$$

离差平方和法的基本思想是将两类合并后所增加的离差平方和看成类之间的距离,先将n个样品各自成一类,然后每次缩小一类,每缩小一次离差平方和就会增加,选择使S增加最小的两类合并,直到所有的样品归为一类为止。

设D_{pq}^2表示类G_p与G_q之间的距离,则根据定义有:

$$D_{pq}^2 = S_t - S_P - S_q \tag{7.155}$$

任一类G_i与新类$G_r = \{G_p, G_q\}$的距离递推公式为:

$$D_{ir}^2 = \frac{n_i + n_p}{n_r + n_i} D_{ip}^2 + \frac{n_i + n_q}{n_r + n_i} D_{iq}^2 - \frac{n_i}{n_r + n_i} D_{pq}^2 \tag{7.156}$$

实际应用中,离差平方和法应用比较广泛,分类效果比较好。离差平方和法要求样品之间的距离必须是欧氏距离。

4)系统聚类分析方法的统一公式

由于上述聚类方法的合并类原则和步骤是完全一样的,所不同的是类与类之间的距离公式有不同的定义,所以可得到不同的递推公式。1969年维希特提出了统一的公式,这为编制统一的计算机程序提供了极大的方便性。具体公式为:

设G_p与G_q合并为一新类$G_r = \{G_p, G_q\}$,任一类G_i与新类$G_r = \{G_p, G_q\}$的距离为:

$$D_{ir}^2 = \alpha_p D_{ip}^2 + \alpha_q D_{iq}^2 + \beta D_{pq}^2 + \gamma \left| D_{ip}^2 - D_{iq}^2 \right| \tag{7.158}$$

其中系数$\alpha_p, \alpha_q, \beta, \gamma$对不同聚类方法有不同的取值见表7.32。

表7.32　系统聚类法参数表

方法	α_p	α_q	β	γ	空间性质	单调性	说明
最短距离法	$\frac{1}{2}$	$\frac{1}{2}$	0	$-\frac{1}{2}$	压缩	单调	$\alpha_p + \alpha_q + \beta \geqslant 1$
最长距离法	$\frac{1}{2}$	$\frac{1}{2}$	0	$\frac{1}{2}$	扩张	单调	$\alpha_p + \alpha_q + \beta \geqslant 1$
中间距离法	$\frac{1}{2}$	$\frac{1}{2}$	$-\frac{1}{4}$	0	守恒	非单调	$\alpha_p + \alpha_q + \beta < 1$
重心法	$\frac{n_p}{n_r}$	$\frac{n_q}{n_r}$	$-\frac{\alpha_p}{\alpha_q}$	0	守恒	非单调	$\alpha_p + \alpha_q + \beta < 1$
类平均法	$\frac{n_p}{n_r}$	$\frac{n_q}{n_r}$	0	0	守恒	单调	$\alpha_p + \alpha_q + \beta \geqslant 1$
可变法	$\frac{1-\beta}{2}$	$\frac{1-\beta}{2}$	β	0	$\beta<0$时扩张	单调	$\alpha_p + \alpha_q + \beta \geqslant 1$
可变类平均法	$\frac{(1-\beta)n_p}{n_r}$	$\frac{(1-\beta)n_q}{n_r}$	β	0	$\beta<0$时扩张	单调	$\alpha_p + \alpha_q + \beta \geqslant 1$
离差平方和法	$\frac{n_i + n_p}{n_i + n_r}$	$\frac{n_i + n_q}{n_i + n_r}$	$-\frac{n_i}{n_i + n_r}$	0	扩张	单调	$\alpha_p + \alpha_q + \beta \geqslant 1$

习题 7

7.1　试总结有哪几种相关系数，相关系数 ρ^2 有何物理意义？

7.2　为什么说用方差分析和用相关分析，来检验回归方程的显著性时，二者结论是一致的吗？

7.3　试绘制一个压差转换器的校准曲线，其在不同压差下，传感器的输出电压列于表 7.33。

试回答下列问题：

(1)确定最佳拟合校准曲线和相关系数；

(2)在 90%的置信度下，压差是 300 Pa 时，传感器的精度是多少？

表 7.33　压差转换器校准曲线

压差 x/Pa	10	50	100	150	200	250	300	400	500
输出电压 y/mV	1.6	7.8	16.2	23.8	32.0	41.0	48.5	59	79.0

7.4　某种水泥在凝固时放出的热量 y(W/kg)与水泥中下列 4 种化学成分有关。

x_1: $3CaO \cdot Al_2O_3\%$

x_2: $3CaO \cdot SiO_2\%$

x_3: $4CaO \cdot Al_2O_3 \cdot Fe_2O_3\%$

x_4: $2CaO \cdot SiO_2\%$

现给出 13 组实验数据见表 7.34。试求其数学模型。

表 7.34　水泥凝固时的放热实验数据

编号	Y	X_1	X_2	X_3	X_4
1	78.5	7	26	6	60
2	74.3	1	29	15	52
3	104.3	11	56	8	20
4	87.6	11	31	8	47
5	95.9	7	52	6	33
6	109.2	11	55	9	22
7	102.7	3	71	17	6
8	72.5	1	31	22	44
9	93.1	2	54	18	22
10	115.9	21	47	4	26
11	83.8	1	40	23	34
12	113.3	11	66	9	12
13	109.4	10	68	8	12

7.5 用某种菌生产酯类风味物质，为了寻找最优发酵工艺条件，重点考查了葡萄糖用量 x_1(50～150 g/L)和蛋白胨用量 x_2(2～10 g/L)的影响，实验指标为菌体生长量 y(g/L)，其他发酵条件不变。实验方案和结果见表7.35。

表7.35 习题7.5表

试验号	x_1	x_2	x_1x_2	y
1	1	1	1	9.61
2	1	−1	−1	9.13
3	−1	1	−1	9.37
4	−1	−1	1	8.57
5	1.078	0	0	9.34
6	−1.078	0	0	8.97
7	0	1.078	0	10.21
8	0	−1.078	0	9.48
9	0	0	0	10.24
10	0	0	0	20.33

(1)试用二次回归正交设计在试验范围内建立二次回归方程；

(2)对回归方程和回归系数进行显著性检验；

(3)试验范围内最优试验方案的确定。

7.6 根据表7.36的数据，计算得到回归方程，并用 F 检验法对该回归直线进行显著性检验。

表7.36 习题7.6表

x	0.20	0.21	0.25	0.30	0.35	0.40	0.50
y	0.015	0.020	0.050	0.080	0.105	0.130	0.200

7.7 某试验共进行了49次，考查3个自变量 x_1，x_2，x_3 对因变量 y 的影响，得到的结果见表7.37，根据相关的专业知识已知它们之间的关系用三元线性回归来进行处理，试求出回归方程，进行相关检验。

表7.37 习题7.7表

序号	y	x_1	x_2	x_3	序号	y	x_1	x_2	x_3
1	4.330 2	2	18	50	5	5.497 0	1	20	64
2	3.648 5	7	9	40	6	3.112 5	3	12	40
3	4.483 0	5	14	46	7	5.118 2	3	17	64
4	5.546 8	12	3	43	8	3.875 9	6	5	39

续表

序号	y	x_1	x_2	x_3	序号	y	x_1	x_2	x_3
9	4.670 0	7	8	37	30	4.458 3	0	24	61
10	4.953 6	0	23	55	31	4.656 9	5	12	37
11	5.006 0	3	16	60	32	4.865 0	4	15	49
12	5.270 1	0	18	49	33	5.356 6	0	20	45
13	5.377 2	8	4	50	34	4.609 8	6	16	42
14	5.484 9	6	14	51	35	2.381 5	4	17	48
15	4.596 0	0	21	51	36	3.874 6	10	4	48
16	5.664 5	3	14	51	37	4.591 9	4	14	36
17	6.079 5	7	12	56	38	5.158 8	5	13	36
18	3.219 4	16	0	48	39	5.432 7	9	8	51
19	5.807 5	6	16	45	40	3.996 0	6	13	54
20	4.730 6	0	15	52	41	4.397 0	5	8	100
21	4.680 5	9	0	40	42	3.996 0	5	11	44
22	3.127 2	4	6	32	43	4.397 0	8	6	63
23	2.610 4	0	17	47	44	4.062 2	2	13	55
24	3.717 4	9	0	44	45	2.290 5	7	8	50
25	3.894 6	2	16	39	46	4.711 5	4	10	45
26	2.706 6	9	6	39	47	4.531 0	10	5	40
27	5.631 4	12	5	51	48	5.363 7	3	17	64
28	5.815 2	6	13	41	49	6.077 1	4	15	72
29	5.130 2	12	7	47					

7.8 某农科所研究人员在探索小麦高产的经验中，总结出了依据小麦苗数推算成熟期有效穗数的方法。他们在5块田地上进行了对比试验，在同样的肥料和管理条件下，取得了表7.38的数据。试求出回归方程，进行相关检验。

表7.38 试验数据表

试验号	播种量/(kg·亩$^{-1}$)	苗数 x_i/(万株·亩$^{-1}$)	有效穗数 y_i/(万株·亩$^{-1}$)
1	12.5	15.0	39.4
2	15.0	25.8	42.9
3	17.5	30.0	41.0
4	20.0	36.6	43.1
5	22.5	44.4	49.2

7.9　对某建材产品进行10次测试,测试结果见表7.39。

表7.39　试验数据表

x	20	30	33	40	15	13	26	38	35	43
y	7	9	9	11	5	4	8	10	9.5	12

第三篇

数据处理统计软件及分析

第8章 统计软件 SPSS 简介及其案例分析

8.1 SPSS 概述

SPSS 软件原名为 Statistical Package for the Social Science，社会科学用统计软件包。2000 年 SPSS 公司将其英文全称改为“Statistical Product and Service Solutions”，意为“统计产品与服务解决方案”，是一个组合式软件包。它集数据整理、分析过程、结果输出等功能于一身，是世界著名的统计分析软件之一。

2009 年，IBM 收购了 SPSS，并将其命名为“IBM SPSS Statistics”。

本章内容基于 IBM SPSS Statistics 的第 26 版编写，如果使用的是 24 或 25 版本，可能有少部分内容不适用(低于 2%)，16 版本的准确率可能是 75%。详细的介绍请参考 SPSS 相关的书籍。

SPSS 对硬件和系统没什么特别的要求，SPSS Statistics 26.0 在 Microsoft Windows 7 以上的系统即可正常运行。如果你是苹果用户需要在 MAC OS 10.10(Yosemite)或更高的版本安装。

8.2 SPSS 界面及操作

8.2.1 SPSS 的界面

打开 SPSS 26.0，关闭主窗口后可以见到如图 8.1 所示的数据编辑窗口。

SPSS 的菜单栏共有 11 个选项：

①文件(F)：文件管理菜单，有关文件的调入、存储、显示和打印等。

②编辑(E)：编辑菜单，有关文本内容的选择、复制、剪贴、寻找和替换等。

③查看(V)：查看菜单，显示或隐藏状态行、工具栏、网络线、值标签和改变字体。

④数据(D)：数据管理菜单，有关数据变量定义、数据格式选定、观察对象的选择、排序、加权、数据文件的转换、连接、汇总等。

⑤转换(T)：数据转换处理菜单，有关数值的计算、重新赋值、缺失值替代等。

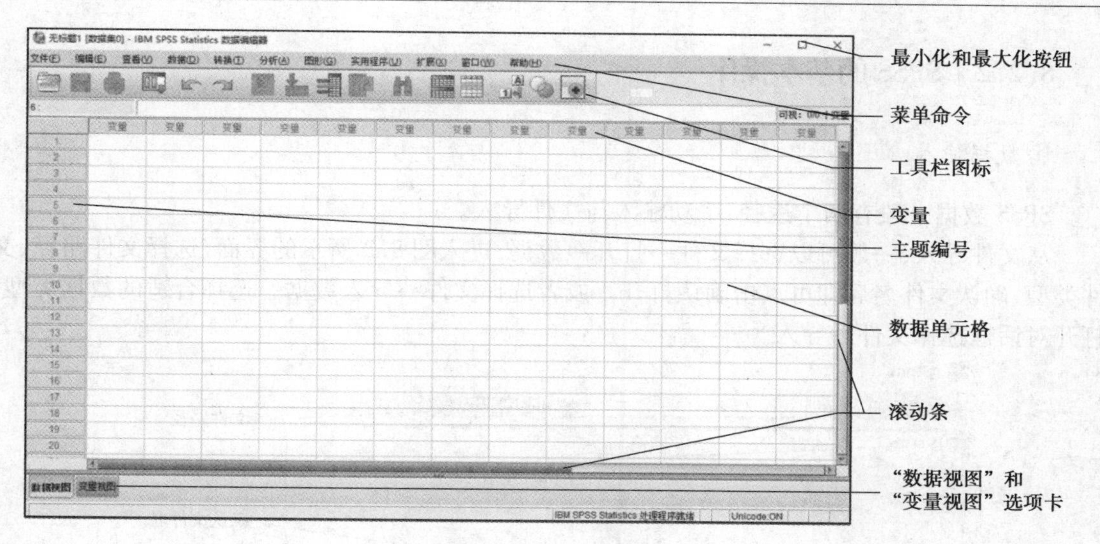

图8.1　SPSS初始界面

⑥分析(A):统计菜单,有关一系列统计方法的应用。

⑦图形(G):作图菜单,有关统计图的制作。

⑧实用程序(U):用户选项菜单,有关命令解释、字体选择、文件信息、定义输出标题、窗口设计等。

⑨扩展(X):可以在SPSS中使用一些外部的扩展插件,完成一些特定的扩展功能。

⑩窗口(W):窗口管理菜单,有关窗口的排列、选择、显示等。

⑪帮助(H):求助菜单,有关帮助文件的调用、查询、显示等。

点击菜单选项即可激活菜单,这时弹出下拉式子菜单,用户可根据自己的需求再点击子菜单的选项,完成特定的功能。

SPSS常见图标的功能见表8.1。

表8.1　SPSS常见图标的功能

图标	功能	图标	功能	图标	功能
	打开文档		查找		定制工具栏
	保存此文档		插入主题或个案		值标签
	打印		插入新变量		转到个案或者变量
	重新调用最近使用的对话框		拆分文件		使用变量集
	撤销用户操作		个案加权		变量
	重做用户操作		选择个案		拼写检查

8.2.2 SPSS的基本操作

1)数据输入

SPSS数据一般有两个途径:手动输入与文件导入。

从文件导入,一般可以选择文件→打开→数据,进入图8.2所示的界面,选择文件路径、文件类型、确认文件名后即可点击确认打开。或者选择文件→导入数据→选择合适的数据类型,打开对话框选择文件后导入。

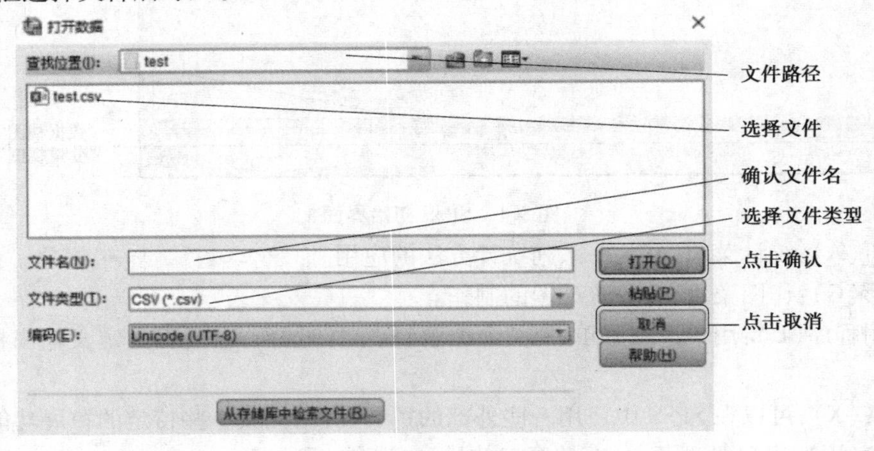

图8.2 打开文件的界面

另一种方式就是手动输入数据,一般步骤为:定义变量、变量的输入和编辑以及数据文件的保存。

定义变量即要定义变量名、变量类型、变量宽度(小数位数)、变量标签(或值标签)和变量的格式等。步骤为:单击数据编辑窗口中的[变量视图]标签或主菜单[视图(V)]中的[变量],显示变量定义视图,在出现的变量视图中定义变量。每一行存放一个变量的定义信息,包括[名称]、[类型]、[宽度]、[小数位数]、[标签]、[值]等,如图8.3所示。

	名称	类型	宽度	小数位数	标签	值	缺失	列	对齐	测量	角色
1	var1	数字	8	2		无	无	8	右	未知	输入
2	var2	数字	8	2		无	无	8	右	未知	输入
3	var3	数字	8	2		无	无	8	右	未知	输入
4											
5											
6											
7											
8											

图8.3 变量定义窗口

以下详细介绍变量的定义:

①[名称]定义变量名。变量名可以是任何字母、汉字、数字或—、@、#、$等符号,但不能含%、&、*等非法字符;变量名长度不能超过64个字符(32个汉字),且要以字母或汉字开头,不能以"。"或"_"结尾。若不定义变量名,软件会自动给出"VAR00001"等变量名。

②[类型]定义变量类型。SPSS的主要变量类型有:标准数值型、带逗点的数值型、逗点作

小数点的数值型、科学记数法、日期型、带美元符号的数值型、设定货币型和字符型。单击类型相应单元中的按钮，显示如图 8.4 所示的对话框，选择合适的变量类型并[确定]。

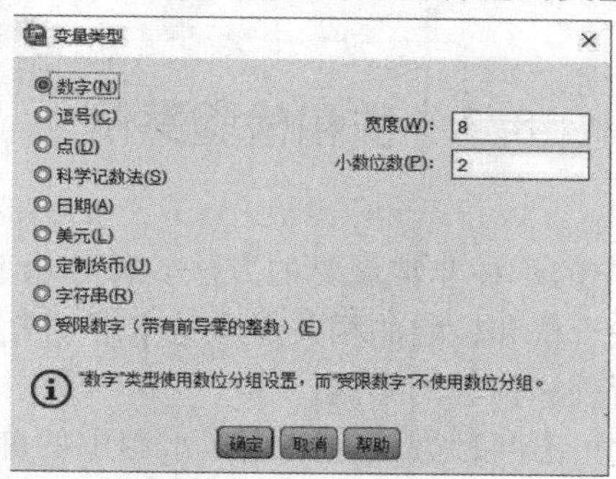

图 8.4　变量类型

③[宽度]变量长度。设置数值变量的长度，当变量为日期型时无效。

④[小数位数]变量小数点位数。设置数值变量的小数位数，当变量为日期型时无效。

⑤[标签]变量标签。变量标签是对变量名的进一步描述，变量只能由不超过 8 个字符组成，8 个字符经常不足以表示变量的含义。而变量标签可长达 120 个字符，变量标签对大小写敏感，显示时与输入值完全一样，需要时可用变量标签对变量名的含义加以解释。

⑥[值]变量值标签。值标签是对变量的每一个可能取值的进一步描述，当变量是定类或定序变量时，这是非常有用的。

定义了变量后，单击[数据视图]即可在数据视图中输入数据。数据视图即图 8.1 中 SPSS 的初始界面。数据输入完毕后，可以通过菜单栏下的数据进行增删、变化、合并、分割、排序、加权、行列互换、汇总等操作。

在数据文件中所做的任何变化都仅在这个 SPSS 过程期间保留，若要保存起来以备后用，可有以下办法：文件→保存（快捷键"Ctrl + S"），在出现的对话框中输入文件名即可。若要保存下数据文件的修改，也可按文件→保存。如果要把数据文件保存为一个新文件或将数据以不同格式保存，可选择文件→另存为。

2）统计分析

统计分析（statistical analysis）过程在主菜单分析中的下拉菜单中，包括了回归分析、防拆分析、因子分析、降维等功能，本章的案例分析基本是通过软件的统计分析过程来完成的，具体的操作详见后续案例介绍。

3）图形分析

统计图是用点的位置、线段的升降、直条的长短或面积的大小等方法来表达统计结果的一种形式，它可把资料所反映的变化趋势、数量、分布和相互关系等形象直观地表现出来，以便于读者的比较和分析。

SPSS 的图形分析功能很强，许多高精度的统计图形可从分析菜单的各种统计分析过程产生，也可以直接从图形菜单中所包含的各个选项完成。图形分析的一般过程为：建立或打开数据文件，若数据文件结构不符合分析需要，则必须转换数据文件结构；生成图形；修饰生成的图形,保存结果。

常用的统计图形有条形图、线图、面积图、圆饼图、散点图、直方图、箱线图等。

8.3 秩和检验案例

秩和检验是非参数统计中的一种非常重要的方法。秩和检验方法是由维尔克松提出,称为维尔克松两样本检验法,关于秩和检验的相关概念见本书2.7非参数假设检验。

下面说明利用SPSS进行秩和检验的案例。

【案例1】 研究人员用甲、乙两种方法对某地区水源中的砷含量(mg/L)进行测定,检测10处,测定值见表8.2。试用秩和检验判断两种方法的测定结果有无差别。

表8.2 甲、乙两种方法对测定某地区10处水源中砷含量的结果

单位:(mg/L)

测定点序号	方法甲	方法乙
1	0.01	0.015
2	0.06	0.07
3	0.32	0.3
4	0.15	0.17
5	0.005	0.005
6	0.7	0.6
7	0.011	0.01
8	0.24	0.255
9	1.01	1.245
10	0.33	0.305

第一步:打开SPSS软件,在SPSS的变量视图中定义变量(图8.5)。

	名称	类型	宽度	小数位数	标签	值	缺失	
1	测定方法	数字	8	0		{1, 甲}...	无	8
2	砷含量	数字	8	3		无	无	8
3								
4								
5								

图8.5 案例1定义变量

需要注意的是:将测定方法甲和方法乙分别对应方法1和2。

第二步:在SPSS的数据视图中通过手动输入数据,或者采用8.2.2中所述文件导入数据的方法。导入数据后的界面如图8.6所示。后续案例中定义变量和导入数据的步骤均可参照本例。

	测定方法	砷含量	变量	变量	变量
1	1	.010			
2	1	.060			
3	1	.320			
4	1	.150			
5	1	.005			
6	1	.700			
7	1	.011			
8	1	.240			
9	1	1.010			
10	1	.330			
11	2	.015			
12	2	.070			
13	2	.300			
14	2	.170			
15	2	.005			
16	2	.600			
17	2	.010			
18	2	.255			
19	2	1.245			
20	2	.305			
21					

图 8.6　案例 1 导入数据图

第三步:选择分析→非参数检验→旧对话框→2 个独立样本(图 8.7)。

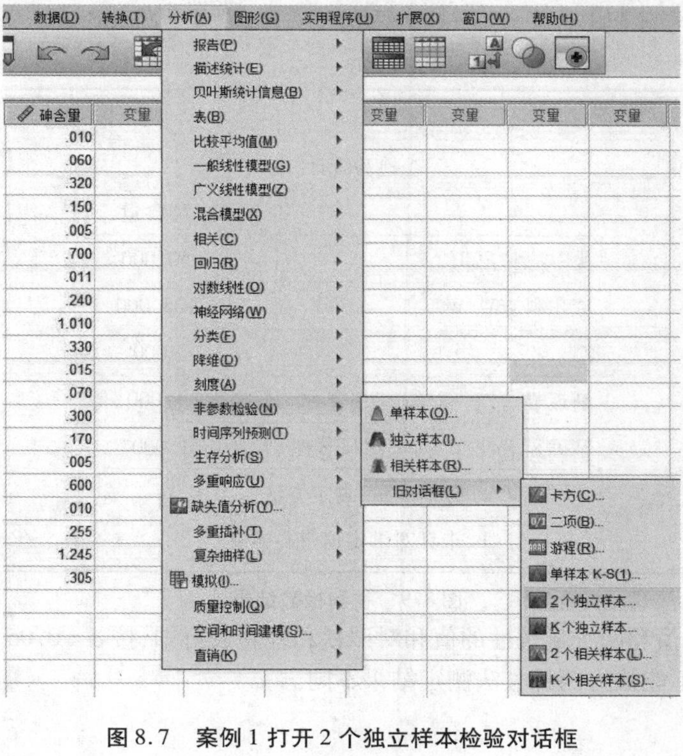

图 8.7　案例 1 打开 2 个独立样本检验对话框

第四步:将砷含量和测定方法分别移入检验变量列表和分组变量,点击定义组并勾选上曼-惠特尼检验类型,如图 8.8 所示。完成这些操作后单击确定生成秩和检验的结果。

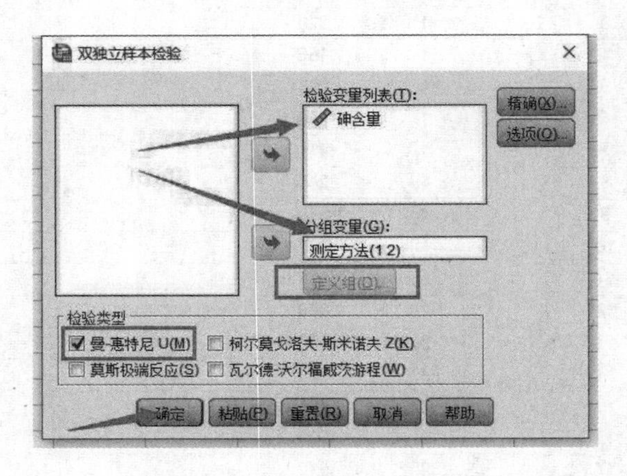

图 8.8 案例 1 生成秩和检验结果

第五步:查看结果,如图 8.9 所示。

秩

	测定方法	个案数	秩平均值	秩的总和
砷含量	甲	10	10.50	105.00
	乙	10	10.50	105.00
	总计	20		

检验统计[a]

	砷含量
曼－惠特尼 U	50.000
威尔科克森 W	105.000
Z	.000
渐近显著性(双尾)	1.000
精确显著性[2 *(单尾显著性)]	1.000[b]

a. 分组变量:测定方法

b. 未针对绑定值进行修正。

图 8.9 秩和检验结果

由图 8.9 的 Z 值和两个显著性的值和对照秩和检验表可知,按 $\alpha=0.05$ 的检验水准,差异无统计学意义,即不能认为两种方法测定结果不同。

8.4　方差分析案例

方差分析(ANOVA),又称"变异数分析"或"F 检验",是由罗纳德·费雪爵士发明的,用于两个及两个以上样本均数差别的显著性检验。

SPSS 提供的方差分析过程包括以下两种:

①单因素 ANOVA 过程。

②一般线性模型(General Linear Model,GLM)过程。

单因素 ANOVA 过程可以进行单因素的方差分析,在方差相等或不相等的情况下进行均值多重比较和详细的对比。

GLM 过程可以完成简单的多因素方差分析和协方差分析,不但可以分析各因素的主效应,还可以分析各因素间的交互效应。GLM 过程允许指定最高阶次的交互效应,建立包括所有效应的模型。GLM 过程既可以完成单因素方差分析也可以完成多因素方差分析。

8.4.1　单因素 ANOVA 过程

【案例 2】　以本书第 4 章例 4.1 为例。考查某种添加剂其浓度(ρ)对"水热管"传热系数(h_σ)的影响,在热管工作温度为 73 ℃,完液率为 18.9% 的稳定工况下,选定四种添加剂浓度,各进行四次测定,其经整理后的测定结果见第 4 章表 4.3。试对其进行单因素方差分析。

第一步:打开 SPSS 软件,将数据导入,如图 8.10 所示。

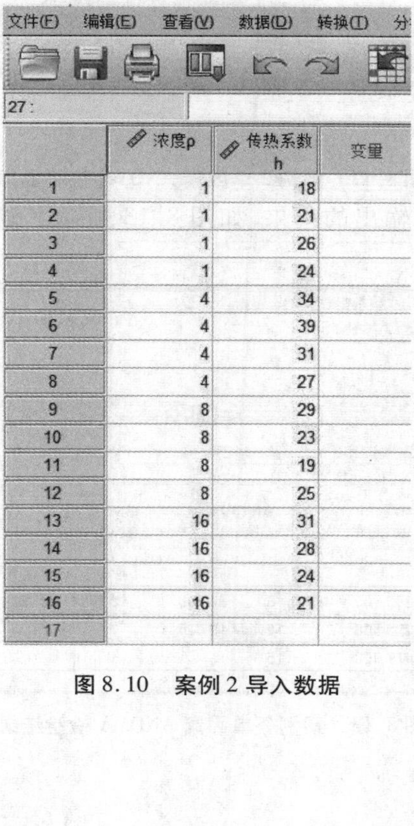

文件(F)　编辑(E)　查看(V)　数据(D)　转换(T)　分

27:

	浓度ρ	传热系数h	变量
1	1	18	
2	1	21	
3	1	26	
4	1	24	
5	4	34	
6	4	39	
7	4	31	
8	4	27	
9	8	29	
10	8	23	
11	8	19	
12	8	25	
13	16	31	
14	16	28	
15	16	24	
16	16	21	
17			

图 8.10　案例 2 导入数据

第二步:选择分析→比较平均值→单因素 ANOVA 检验,如图 8.11 所示。

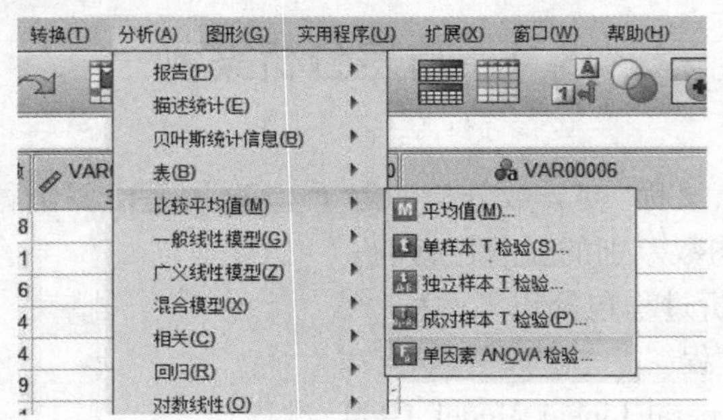

图 8.11　案例 2 打开单因素 ANOVA 检验窗口

第三步:将传热系数移入因变量列表,浓度移入因子列表,如图 8.12 所示,点击确定即可。

图 8.12　案例 2 单因素 ANOVA 检验窗口

第四步:查看输出窗口中输出的结果,如图 8.13 所示。显然,因素对传热系数的影响显著。

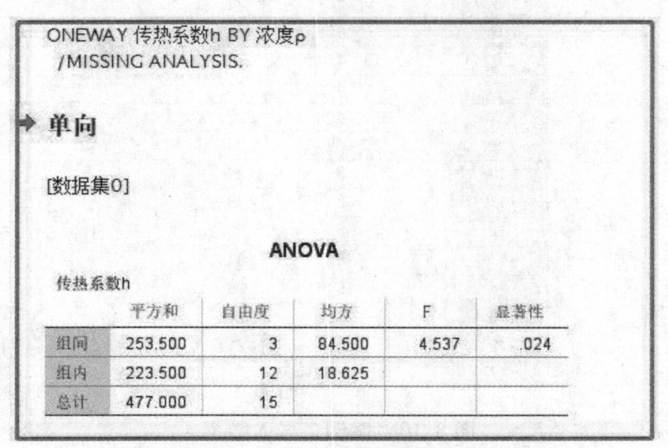
ONEWAY 传热系数h BY 浓度ρ
/MISSING ANALYSIS.

单向

[数据集0]

ANOVA

传热系数h

	平方和	自由度	均方	F	显著性
组间	253.500	3	84.500	4.537	.024
组内	223.500	12	18.625		
总计	477.000	15			

图 8.13　案例 2 单因素 ANOVA 检验结果

8.4.2　GLM 过程

GLM 过程可以完成实验设计的多自变量、多水平、多因变量、重复测量方差分析以及协方差分析等。

【案例 3】　第 4 章例 4.4 的数据进行多因素方差分析。

不同电极材料和不同环境温度下蓄电池输出电压的值见第 4 章表 4.19。

第一步:打开 SPSS 软件,将 9 种不同的工况的电压数据导入,如图 8.14 所示。

第二步:从菜单中选择:分析→一般线性模型→重复测量,如图 8.15 所示。

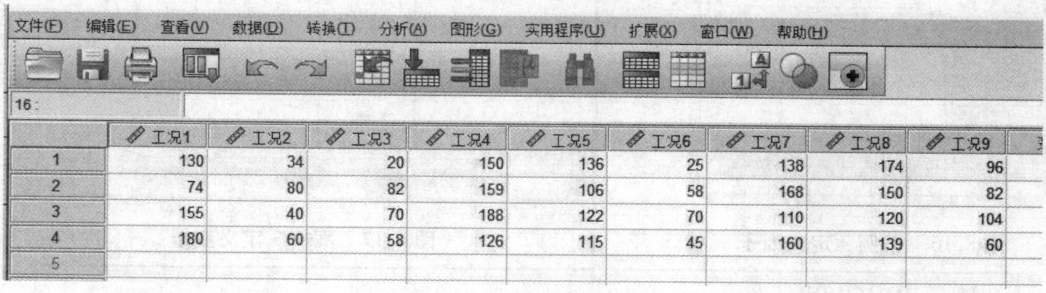

文件(F) 编辑(E) 查看(V) 数据(D) 转换(T) 分析(A) 图形(G) 实用程序(U) 扩展(X) 窗口(W) 帮助(H)
16:
工况1 工况2 工况3 工况4 工况5 工况6 工况7 工况8 工况9
1 130 34 20 150 136 25 138 174 96
2 74 80 82 159 106 58 168 150 82
3 155 40 70 188 122 70 110 120 104
4 180 60 58 126 115 45 160 139 60
5

图 8.14　案例 3 数据视图

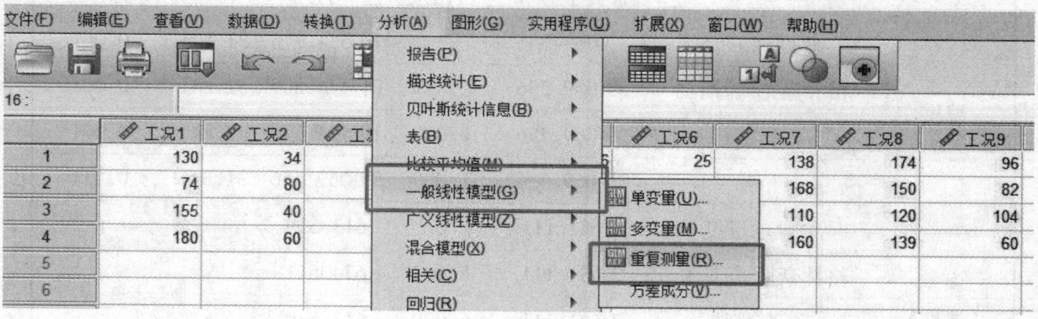

文件(F) 编辑(E) 查看(V) 数据(D) 转换(T) 分析(A) 图形(G) 实用程序(U) 扩展(X) 窗口(W) 帮助(H)
报告(P)
描述统计(E)
贝叶斯统计信息(B)
表(B)
比较平均值(M)
一般线性模型(G)
广义线性模型(Z)
混合模型(X)
相关(C)
回归(R)
单变量(U)...
多变量(M)...
重复测量(R)...
方差成分(V)...

图 8.15　案例 3 打开 GLM 中的重复测量

第三步:定义主体内因子名称及其级别数。分别添加温度和电极材料两个因素;两种因素均有着 3 个水平,级别数均为 3,如图 8.16 所示。添加完毕后点击定义。要更改主体内部因子,可在不关闭主对话框的情况下重新打开“重复测量定义因子”对话框。

第四步:在重复测量窗口,将对应工况的变量移入主体内变量,如图 8.17 所示。完成上述操作后点击“确定”,输出分析结果。

第五步:查看输出结果。

输出结果如图 8.18 所示。方差分析结果的 F 值和显著性表明:

①电极材料影响一般显著。

②环境温度影响特别显著。

③交互作用影响一般显著。

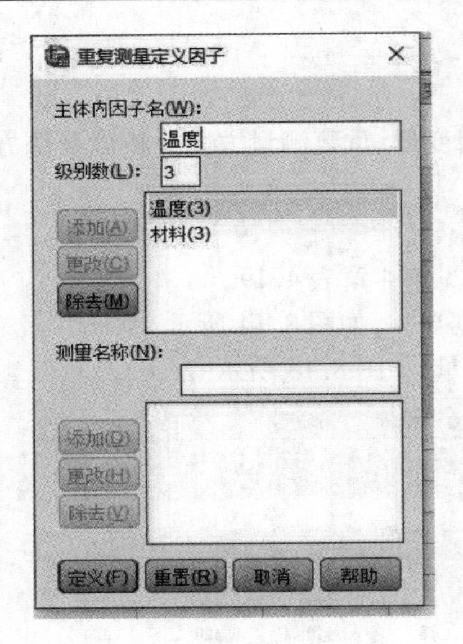

图 8.16　案例 3 定义因子

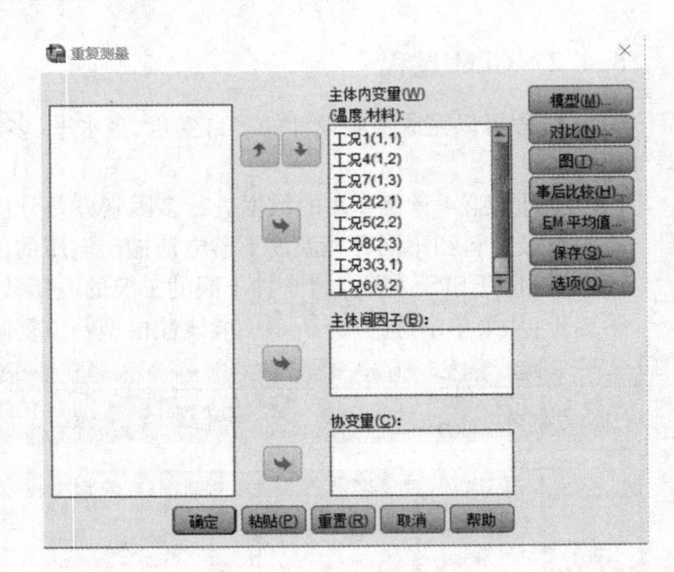

图 8.17　案例 3 定义变量

测量：　MEASURE_1

源		Ⅲ类平方和	自由度	均方	F	显著性
温度	假设球形度	39 069.556	2	19 534.778	31.841	0.001
	格林豪斯-盖斯勒	39 069.556	1.819	21 476.809	31.841	0.001
	辛-费德特	39 069.556	2.000	19 534.778	31.841	0.001
	下限	39 069.556	1.000	39 069.556	31.841	0.011
误差（温度）	假设球形度	3 681.111	6	613.519		
	格林豪斯-盖斯勒	3 681.111	5.457	674.511		
	辛-费德特	3 681.111	6.000	613.519		
	下限	3 681.111	3.000	1 227.037		
材料	假设球形度	11 367.056	2	5 683.528	7.121	0.026
	格林豪斯-盖斯勒	11 367.056	1.847	6 152.795	7.121	0.031
	辛-费德特	11 367.056	2.000	5 683.528	7.121	0.026
	下限	11 367.056	1.000	11 367.056	7.121	0.076
误差（材料）	假设球形度	4 788.944	6	798.157		
	格林豪斯-盖斯勒	4 788.944	5.542	864.058		
	辛-费德特	4 788.944	6.000	798.157		
	下限	4 788.944	3.000	1 596.315		

温度 * 材料	假设球形度	10 477.944	4	2 619.486	3.473	0.042
	格林豪斯-盖斯勒	10 477.944	1.659	6 316.387	3.473	0.116
	辛-费德特	10 477.944	3.456	3 031.556	3.473	0.053
	下限	10 477.944	1.000	10 477.944	3.473	0.159
误差（温度 * 材料）	假设球形度	9 050.722	12	754.227		
	格林豪斯-盖斯勒	9 050.722	4.977	1 818.673		
	辛-费德特	9 050.722	10.369	872.874		
	下限	9 050.722	3.000	3 016.907		

图 8.18　案例 3 主体内对比检验

8.5　正交试验设计案例

正交表是一种特制的表格，可查阅专用统计书籍来找到正交表格的排列方法。现在 SPSS 11.5 已经在“数据” 菜单中提供了“正交设计”模块，只需要按要求选好实验因素的个数和实验因素的水平数，系统会自动生成相应格式的数据文件。

【案例 4】　试确定门面积 F_1，开窗面积 F_2，上升气流高度H_2，发电机间长度 L，窗口阻力系数K_2，大门位置系数 α（当大门在安装间侧面时为 1，在端墙时取 2），使得热压通风系数 η 最大。每个因素取两个水平，见表 8.3，用 SPPS 进行正交实验设计。

表 8.3　正交实验因素水平表

因素 / 水平	L/m	F_2/m^2	α	F_1/m^2	H_2/m	K_2
列代号	A	B	C	D	E	F
1	4.69	0.6	1	0.454	0.545	6.55
2	2.49	0.2	2	0.179	0.57	2.68

第一步：运行 SPSS 软件，进入主界面。点击菜单栏中的数据，顺序单击数据→正交设计→生成，打开生成正交设计主对话框，如图 8.19 所示。

第二步：在正交设计主对话框中添加 6 个因子（可为每个因子加上标签）。在对话框“因子名称”框中输入 A，点击“添加”；输入 B，点击“添加”；同法输入 C、D、E、F，如图 8.20 所示。

第三步：点击定义值按钮，对每个因子各水平的值进行定义，如图 8.21 所示。

第四步：将所有的因子的值定义完毕后，选择创建数据文件点击 文件(E)... ，选择文件存储路径创建文件。

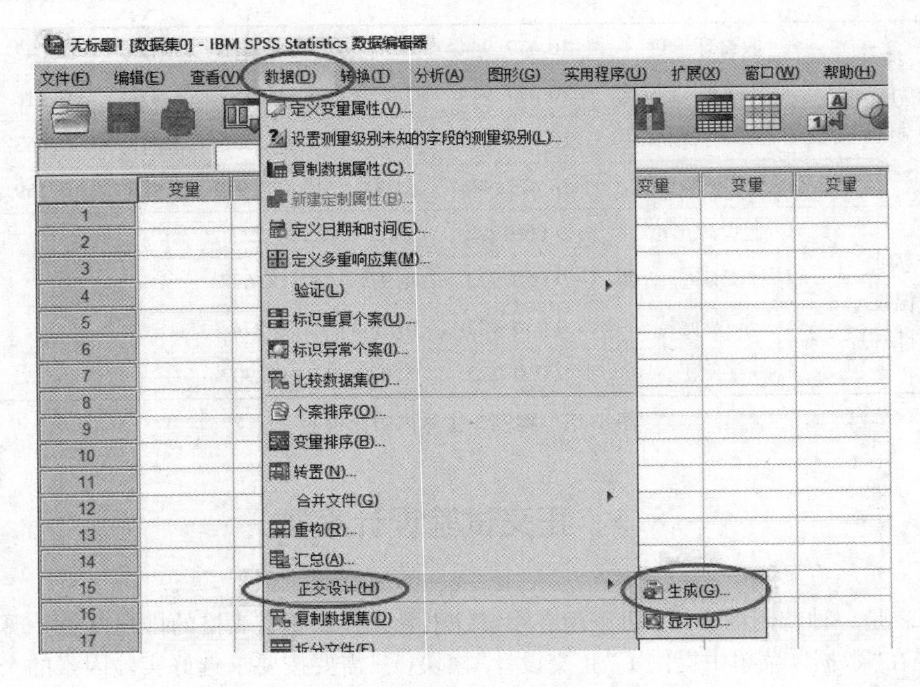

图 8.19　案例 4 打开正交设计主对话框

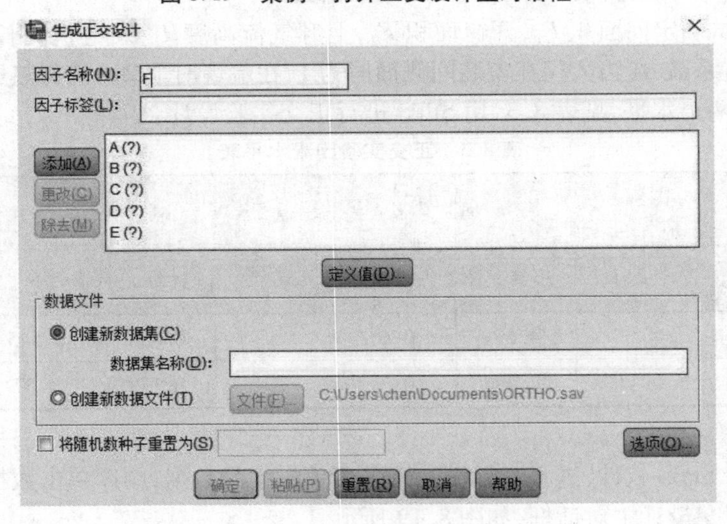

图 8.20　案例 4 添加因子

第五步:在选定的文件路径下,选择合适的文件类型(一般选择 sav 格式),并取一个文件名。完成上述步骤后点击保存。

第六步:查看设计好的正交实验表。依次选择文件→打开→数据,如图 8.22 所示。

第七步:从文件菜单依次选择打开→数据,在对话框中从保存的路径中找到第五步保存的"正交设计.sav"文件,如图 8.23 所示。选中并点击打开。

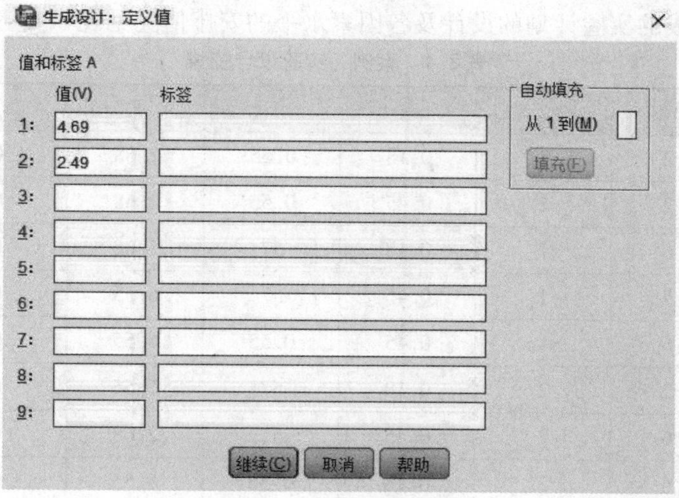

图 8.21　案例 4 定义因子各水平的值

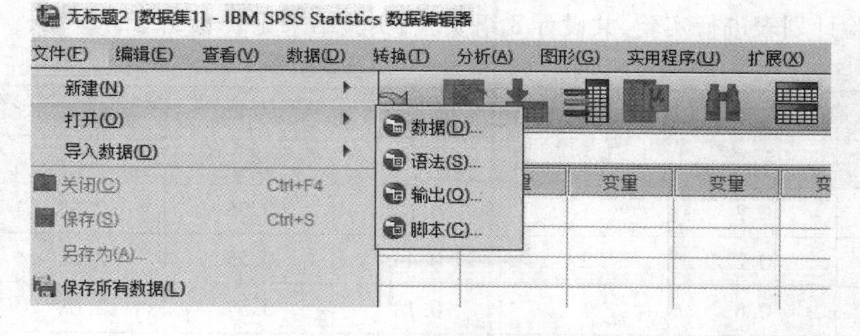

图 8.22　案例 3 查看设计的实验表

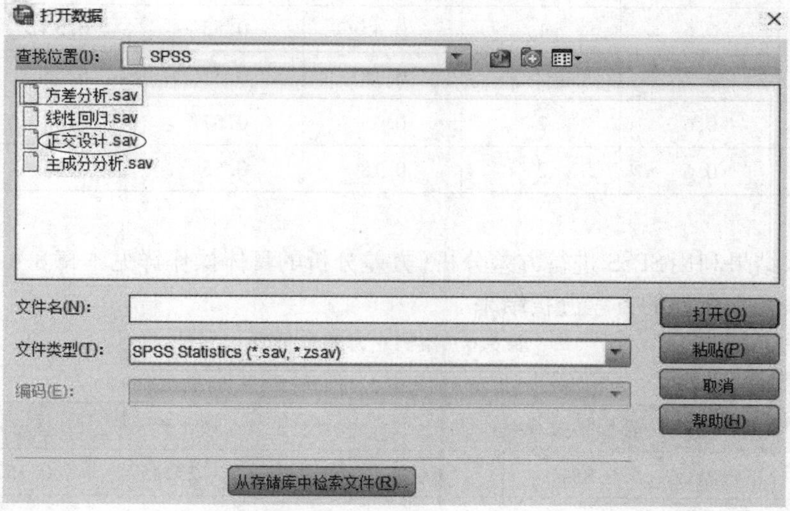

图 8.23　案例 4 打开正交设计. sav

SPSS 最终生成的实验计划的设计及各因素水平的安排情况见表 8.4。

表 8.4　案例 3 实验设计安排

A	B	C	D	E	F	STATUS_	CARD_
2.49	0.2	1	0.18	0.55	2.68	0	1
4.69	0.2	2	0.45	0.55	2.68	0	2
4.69	0.6	1	0.18	57	2.68	0	3
2.49	0.2	1	0.45	57	6.55	0	4
4.69	0.6	1	0.45	0.55	6.55	0	5
4.69	0.2	2	0.18	57	6.55	0	6
2.49	0.6	2	0.45	57	2.68	0	7
2.49	0.6	2	0.18	0.55	6.55	0	8

按照实验计划表进行实验，共设计 8 组实验，实验结果见表 8.5。

表 8.5　案例 4 正交实验结果

L/m	F_2/m^2	α	F_1/m^2	H_2/m	K_2	η
A	B	C	D	E	F	
2.49	0.2	1	0.18	0.55	2.68	1.37
4.69	0.2	2	0.45	0.55	2.68	0.92
4.69	0.6	1	0.18	0.57	2.68	1.94
2.49	0.2	1	0.45	0.57	6.55	1.33
4.69	0.6	1	0.45	0.55	6.55	1.57
4.69	0.2	2	0.18	0.57	6.55	1.54
2.49	0.6	2	0.45	0.57	2.68	0.86
2.49	0.6	2	0.18	0.55	6.55	1.33

现在对该结果利用 SPSS 进行方差分析（方差分析的具体操作详见本章 8.4 小节方差分析案例），得到表 8.6 所示的方差分析结果。

表 8.6　案例 4 方差分析表

因变量：η

源	Ⅲ型平方和	*df*	均方	*F*	Sig.
校正模型	0.851[a]	6	0.142	23.457	0.157
截距	14.851	1	14.851	2 454.752	0.013
A	0.135	1	0.135	22.347	0.133
B	0.042	1	0.042	6.950	0.231

续表

源	Ⅲ型平方和	*df*	均方	*F*	Sig.
C	0.289	1	0.289	47.736	0.092
D	0.296	1	0.296	49.000	0.090
E	0.024	1	0.024	4.000	0.295
F	0.065	1	0.065	10.711	0.189
误差	0.006	1	0.006		
总计	15.709	8			
校正的总计	0.858	7			

a. R 方 =0.993(调整 R 方 =0.951)

根据方差分析的结果,顺次排出各项因素对通风效率影响的顺序为:

$$D > C > A > F > B > E$$

8.6　线性回归案例

在 SPSS 分析菜单的回归子菜单中,对应的回归分析过程有以下几种:自动线性建模、线性回归、曲线估计、部分最小二乘回归(又称偏最小二乘回归)、二元 Logistic 回归(二分变量 Logistic 回归)、多项 Logistic 回归(多分变量 Logistic 回归)、有序回归(定序回归)、概率单位回归、非线性回归、权重估计(加权估计)、两阶最小二乘法、最优编码尺度回归。

【案例 5】　设计实验,用以确定湿度和大气压力是否影响内燃机排气中一氧化氮(NO)含量的水平。测试详细数据见第 7 章例 7-5 的表 7.8,试用 SPSS 进行多元线性回归分析。

第一步:打开 SPSS 软件,设置好变量名、变量类型和变量格式后,将 NO 含量与湿度、大气压力的数据录入 SPSS 软件,如图 8.24 所示。

	NO浓度	湿度	大气压力
1	1500	20	101.08
2	1420	30	101.77
3	1430	40	101.43
4	1270	50	101.25
5	1200	60	102.46
6	1100	70	102.12
7	1120	80	101.94
8	1015	90	102.81
9	1040	100	102.74
10	990	110	101.94

图 8.24　案例 5 导入数据

第二步:在菜单栏中,选择分析→回归→线性,打开线性回归的操作界面,如图 8.25 所示。

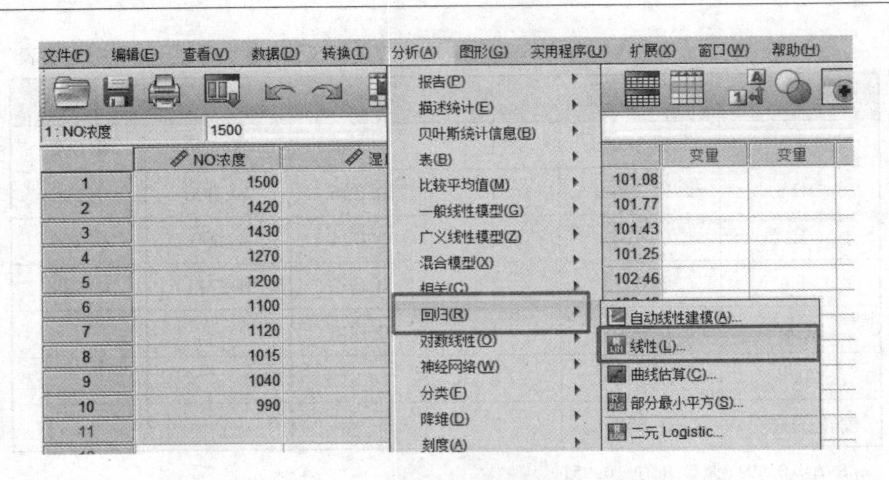

图 8.25　案例 5 打开线性回归对话框

第三步:在线性回归对话框中,将 NO 浓度拖动至因变量中,将变量湿度和大气压力移入自变量中,如图 8.26 所示,操作完成后点击确定输出线性回归分析结果。

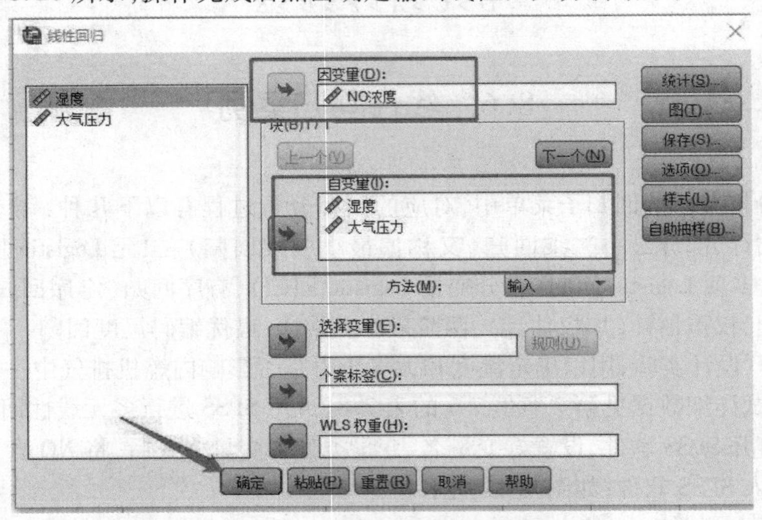

图 8.26　案例 5 输出线性回归分析结果

第四步:在输出窗口中,查看多元线性回归的结果,如图 8.27 所示。

由 SPSS 多元线性回归分析的结果,可以得到湿度和大气压力对废气中氮氧化物 NO 的影响,有如下关系式:

$$\hat{y} = 6\,472.959 - 5.308x - 48.252z$$

SPSS 在计算出线性回归的结果时,同时也对结果进行了检验。从模型摘要的 R 检验和 ANOVA 的方差检验结果均能看出大气压力与湿度与内燃机排气中 NO 的浓度具有密切的线性关系。

输入/除去的变量[a]

模型	输入的变量	除去的变量	方法
1	大气压力，湿度[b]	.	输入

a. 因变量：NO 浓度
b. 已输入所请求的所有变量。

模型摘要

模型	R	R 方	调整后 R 方	标准估算的错误
1	.973[a]	.947	.932	48.740

a. 预测变量：(常量)，大气压力，湿度

ANOVA[a]

模型		平方和	自由度	均方	F	显著性
1	回归	299 173.595	2	149 586.798	62.969	.000[b]
	残差	16 628.905	7	2 375.558		
	总计	315 802.500	9			

a. 因变量：NO 浓度
b. 预测变量：(常量)，大气压力，湿度

系数[a]

模型		未标准化系数		标准化系数	t	显著性
		B	标准错误	Beta		
1	(常量)	6 472.959	3 921.786		1.651	.143
	湿度	-5.308	.765	-.858	-6.941	.000
	大气压力	-48.252	38.812	-.154	-1.243	.254

a. 因变量：NO 浓度

图 8.27　案例 5 多元线性回归结果

8.7　主成分分析案例

SPSS 使用因子分析过程进行因子分析。主成分分析是作为因子分析的一种方法出现的。可以通过对话框指定因子提取的方法，以及控制因子提取进程的参数；可以指定旋转方法；可以对参与因子分析的变量给出描述统计量，指定输出负荷矩阵的格式：还可以产生新变量，其值是因子得分，并将其保存在数据文件中。使用过程的命令语句和一系列子命令还允许：

①一个命令完成多种方法的分析，对一种因子提取结果进行多种旋转。

②指定在提取因子与旋转时进行法代的收敛判据，控制因子提取及旋转的进程。

③指定产生单个的旋转因子散点图。

④具体指定保存多少个因子。

⑤把相关矩阵或因子负荷矩阵写到磁盘上,以便进一步分析。

⑥指定主轴因子法的对角线上的值。

⑦从存储设备读取相关矩阵或因子负荷矩阵,并进一步分析。

因子分析有很多的功能,本书中主要介绍其最常用的功能主成分分析,其余的功能可以见相关的书籍。

【案例6】 以本书第7章例7.7为例。对表7.20数据,试着利用SPSS对其进行主成分分析。

第一步:打开SPSS软件,将数据导入,如图8.28所示。

	Wind	Solar	CO	NO	NO2	O3	HC	变
1	8.00	98.00	7.00	2.00	12.00	8.00	2.00	
2	7.00	107.00	4.00	3.00	9.00	5.00	3.00	
3	7.00	103.00	4.00	3.00	5.00	6.00	3.00	
4	10.00	88.00	5.00	2.00	8.00	15.00	4.00	
5	6.00	91.00	4.00	2.00	8.00	10.00	3.00	
6	8.00	90.00	5.00	2.00	12.00	12.00	4.00	
7	9.00	84.00	7.00	4.00	12.00	15.00	5.00	
8	5.00	72.00	6.00	4.00	21.00	14.00	4.00	
9	7.00	82.00	5.00	1.00	11.00	11.00	3.00	
10	8.00	64.00	5.00	2.00	13.00	9.00	4.00	
11	6.00	71.00	5.00	4.00	10.00	3.00	3.00	
12	6.00	91.00	4.00	2.00	12.00	7.00	3.00	
13	7.00	72.00	7.00	4.00	18.00	10.00	3.00	
14	10.00	70.00	4.00	2.00	11.00	7.00	3.00	
15	10.00	72.00	4.00	1.00	8.00	10.00	3.00	
16	9.00	77.00	4.00	1.00	9.00	10.00	3.00	
17	8.00	76.00	4.00	1.00	7.00	7.00	3.00	
18	8.00	71.00	5.00	3.00	16.00	4.00	4.00	
19	9.00	67.00	4.00	2.00	13.00	2.00	3.00	
20	9.00	69.00	3.00	3.00	9.00	5.00	3.00	
21								

图8.28 案例6导入数据

第二步:在主菜单中依次选择分析→降维→因子,打开因子分析对话框,打开因子分析界面之后,把需要进行分析的变量全部选进变量对话框,然后点击右上角的描述,如图8.29所示。

第三步:在描述对话框中选择初始解和系数;在提取对话框中勾选未旋转因子解和碎石图;在得分对话框中选择保存为变量以获取主成分得分表;其余选项均保持默认,如图8.30所示。

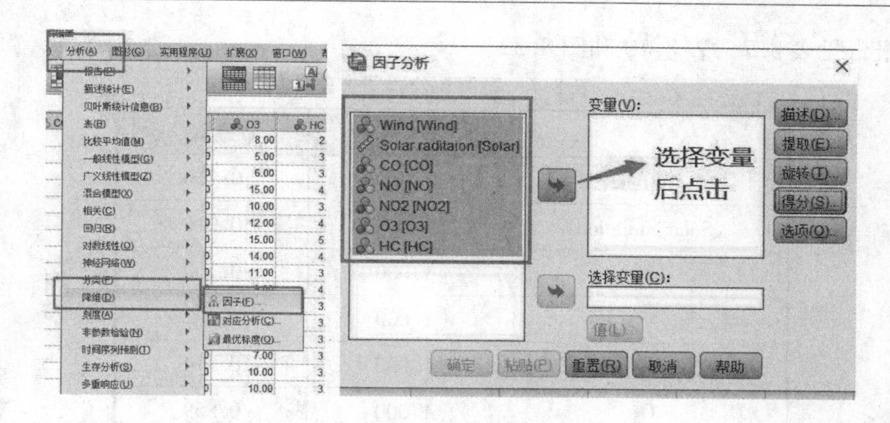

图 8.29　案例 6 打开因子分析窗口

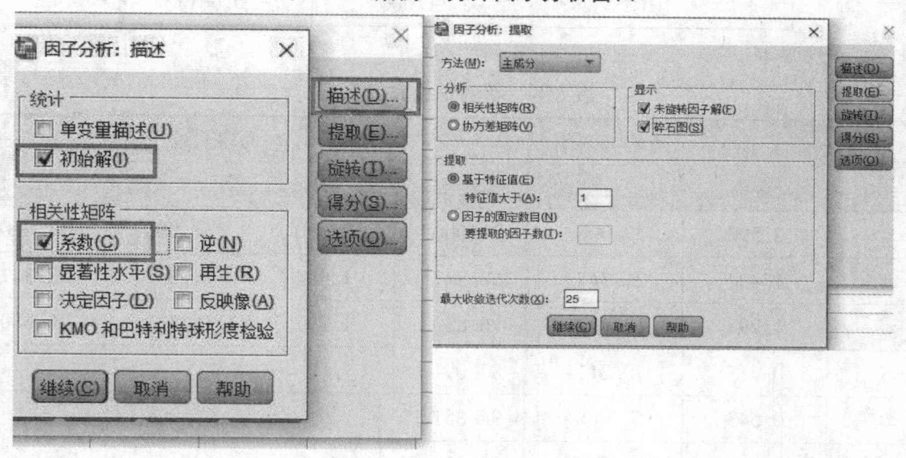

图 8.30　案例 6 因子分析中相关设置

第四步:完成后确认,生成分析报告,如图 8.31 所示。

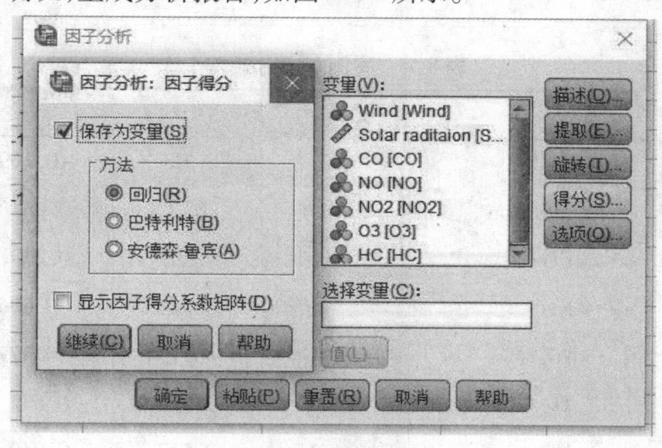

图 8.31　案例 6 完成后生成报告

分析报告见表8.7—表8.10和图8.32。

表8.7　案例6公因子方差

	初始	提取
Wind	1.000	0.760
Solar radiation	1.000	0.916
CO	1.000	0.700
NO	1.000	0.672
NO_2	1.000	0.814
O_3	1.000	0.859
HC	1.000	0.661

表8.8　案例6总方差解释

成分	初始特征值			提取载荷平方和		
	总计	方差百分比	累积/%	总计	方差百分比	累积/%
z_1	2.590	37.000	37.000	2.590	37.000	37.000
z_2	1.494	21.347	58.347	1.494	21.347	58.347
z_3	1.297	18.533	76.880	1.297	18.533	76.880
z_4	0.715	10.211	87.091			
z_5	0.543	7.760	94.851			
z_6	0.216	3.085	97.936			
z_7	0.145	2.064	100.000			

表8.9　案例6成分矩阵

	z_1	z_2	z_3
Wind	-0.347	0.781	-0.169
Solar radiation	-0.176	-0.321	0.885
CO	0.808	0.007	0.219
NO	0.700	-0.415	-0.096
NO_2	0.809	-0.134	-0.377
O_3	0.501	0.568	0.534
HC	0.626	0.517	0.040

表 8.10　案例 6 主成分载荷矩阵

	z_1	z_2	z_3	备注
1	-0.052 71	-0.879 39	1.093 39	
2	-0.593 97	-1.370 92	1.108 72	
3	-0.848 32	-1.108 52	1.305 58	样本 3 代表的区域 Solar radiation 污染严重
4	0.042 31	1.849 15	1.240 02	样本 4 代表的区域 Wind、O_3 污染较严重
5	-0.501	-0.665 97	1.023 04	
6	0.388 68	0.704 31	0.896 39	
7	1.908 45	1.468 7	1.006 74	样本 7 和 8 代表的区域与 CO、NO、NO_2、HC 污染有明显的关系
8	2.385 71	-0.601 46	-0.271 71	
9	-0.235 48	0.144 35	0.544 55	
10	0.457 48	0.822 55	-0.911 29	
11	0.200 49	-1.601 88	-0.966 01	样本 11 代表的区域 Wind、O_3 污染非常低
12	-0.327 15	-1.060 85	0.392 66	
13	1.656 04	-0.739 36	-0.556 99	
14	-0.662 26	0.751 98	-1.023 79	
15	-1.023 49	1.354 88	-0.290 67	
16	-0.877 06	0.888 3	-0.007 16	
17	-1.096 58	0.293 52	-0.145 59	
18	0.668 14	-0.134 14	-1.375 11	
19	-0.646 11	-0.103 36	-1.792 09	样本 19 代表的区域 Solar radiation 污染水平低
20	-0.843 17	-0.011 9	-1.270 68	

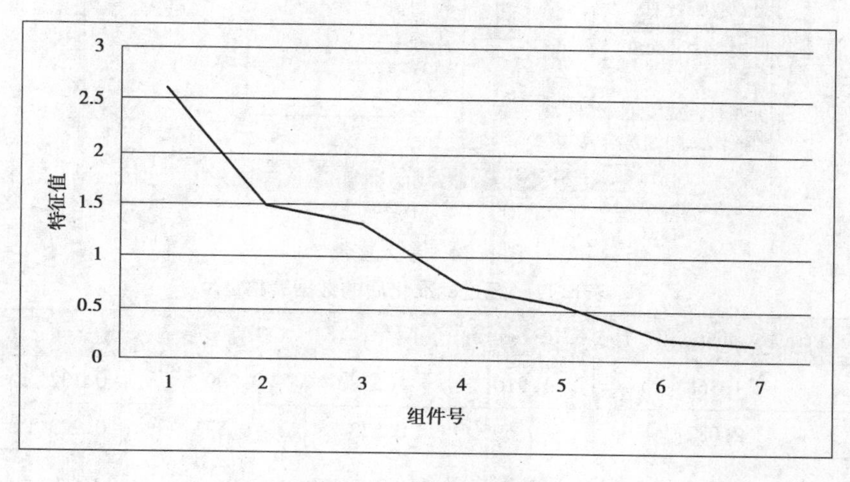

图 8.32　案例 6 碎石图

由成分矩阵可知：

第一主成分的主要相关变量：CO、NO、NO_2、HC。

第二主成分的主要相关变量：Wind、O_3。

第三主成分的主要相关变量：Solar radiation。

以上的主成分分析建立在未将数据标准化前提下，这样处理会有一个缺陷：当分析的数据中有一部分数值与其他量相差较大时（如本例中的 Solar radiation），就会对整体的结果造成较大影响。为了避免这一问题的产生，人们在进行主成分分析之前可以先将数据给标准化。下面介绍利用 SPSS 将数据标准化的具体步骤：

第一步：将数据导入 SPSS 后，依次选择菜单栏中的分析→描述统计→描述，单击描述按钮，如图 8.33 所示。

图 8.33　打开描述面板

第二步：类似于主成分分析的操作，将需要标准化的变量移入处理框，并勾选将标准化值另存为变量，如图 8.34 所示。点击确定完成操作。SPSS 便能自动生成经过标准化处理之后的数据表格，见表 8.11。

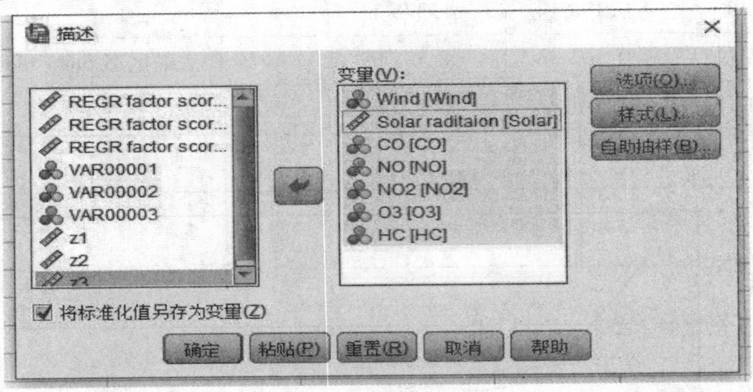

图 8.34　移入变量

表 8.11　经过标准化后的数据表格

Wind(x_1)	Solar radiation(x_2)	CO(x_3)	NO(x_4)	NO_2(x_5)	O_3(x_6)	HC(x_7)
0.103	1.368	1.910	-0.382	0.209	-0.132	-1.979
-0.582	2.082	-0.695	0.573	-0.576	-0.923	-0.457

续表

Wind(x_1)	Solar radiation(x_2)	CO(x_3)	NO(x_4)	NO_2(x_5)	O_3(x_6)	HC(x_7)
-0.582	1.764	-0.695	0.573	-1.623	-0.660	-0.457
1.472	0.575	0.174	-0.382	-0.838	1.715	1.066
-1.266	0.813	-0.695	-0.382	-0.838	0.396	-0.457
0.103	0.733	0.174	-0.382	0.209	0.923	1.066
0.787	0.258	1.910	1.529	0.209	1.715	2.588
-1.951	-0.694	1.042	1.529	2.566	1.451	1.066
-0.582	0.099	0.174	-1.338	-0.052	0.660	-0.457
0.103	-1.328	0.174	-0.382	0.471	0.132	1.066
-1.266	-0.773	0.174	1.529	-0.314	-1.451	-0.457
-1.266	0.813	-0.695	-0.382	0.209	-0.396	-0.457
-0.582	-0.694	1.910	1.529	1.780	0.396	-0.457
1.472	-0.852	-0.695	-0.382	-0.052	-0.396	-0.457
1.472	-0.694	-0.695	-1.338	-0.838	0.396	-0.457
0.787	-0.297	-0.695	-1.338	-0.576	0.396	-0.457
0.103	-0.377	-0.695	-1.338	-1.100	-0.396	-0.457
0.103	-0.773	0.174	0.573	1.257	-1.187	1.066
0.787	-1.090	-0.695	-0.382	0.471	-1.715	-0.457
0.787	-0.932	-1.563	0.573	-0.576	-0.923	-0.457

可对这些数据按照上述主成分分析的步骤进行分析，读者可自行尝试，比较标准化后与原始数据主成分分析的差异。

8.8　聚类分析案例

SPSS在分析→分类中提供了多种不同的聚类方式，表8.12是不同聚类方式的特点，可以根据实际的需要选择合适的聚类方法。

表8.12　聚类分析的分类

划分标准	名称	概述	优缺点
分类的对象	Q型聚类	对样本进行分类	
	R型聚类	对变量进行分类	

续表

划分标准	名称	概述	优缺点
分类的原理	系统聚类	将一定数量的样本或指标看成一类,根据亲疏程度,将亲疏程度最高的合并,然后考虑合并后的类与其他类的亲疏程度,再合并,不断重复这个过程,直到将所有样本合成一类	优点:限制少,不需要预先给出聚类数目;可以发现层次关系
			缺点:复杂度高,异常值也会产生影响
	快速聚类	要求给出需要聚成多少类,再让样本凝聚,形成初始分类,然后再按照最近距离原则修改不合理的分类,直到合理为止	优点:快速高效;复杂度低
			缺点:需要积累一定的实践经验(给出聚类的数目);较大的异常值会产生很大影响(对异常值敏感)

【案例 7】 以案例 6 的数据为例,详细地介绍利用 SPSS 进行聚类分析的步骤。

第一步:打开 SPSS 软件,将数据导入。

第二步:点击菜单栏“分析”,依次选择分析→分类→系统聚类(当聚类的数目能够确定时也可选择 k-均值聚类),如图 8.35 所示。

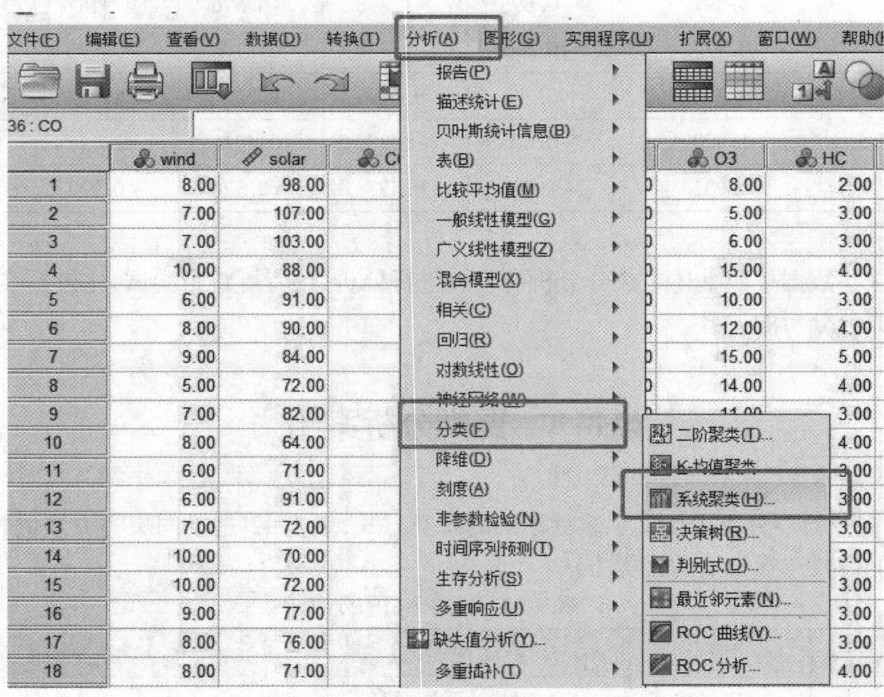

图 8.35 案例 7 系统聚类窗口

第三步:本案例尝试对变量进行聚类,于是在系统聚类分析对话框聚类中选择变量,并勾选统计和图,如图 8.36 所示。

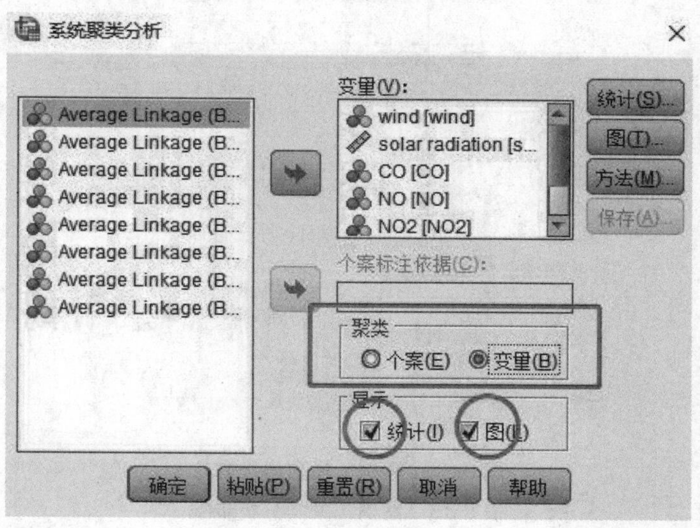

图 8.36　案例 7 添加变量

第四步:在图对话框中勾选上谱系图,在冰柱图中选择全部聚类,方向可由具体情况选择垂直或者水平,如图 8.37 所示。设置完成后点击继续。

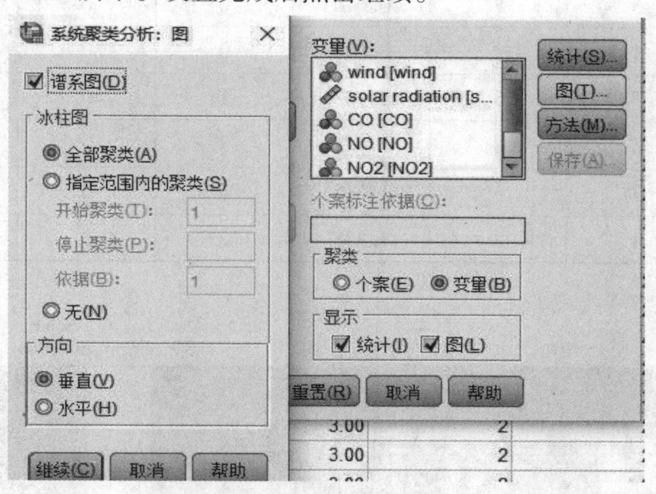

图 8.37　案例 7 选择输出图形式

第五步:聚类方法选择组间连接,区间一般选择平方欧式距离。在系统聚类时为了避免异常值的影响,往往要将数据标准化,这里选择“范围 -1 到 1”,如图 8.38 所示。

第六步:设置完毕点击确定输出聚类分析结果。

SPSS 聚类分析结果见表 8.13 以及图 8.39、图 8.40。

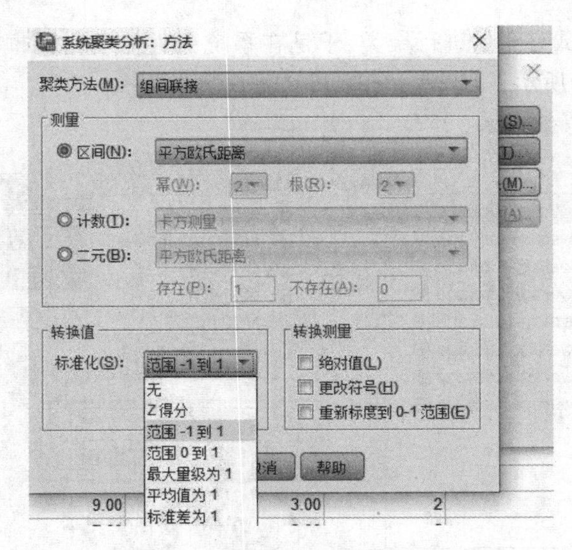

图 8.38　案例 7 设置聚类方法

表 8.13　案例 7 聚类分析步骤

阶段	组合聚类		系数	首次出现聚类的阶段		下一个阶段
	聚类 1	聚类 2		聚类 1	聚类 2	
1	3	7	0.616	0	0	3
2	1	2	0.850	0	0	6
3	3	5	0.963	1	0	4
4	3	4	1.198	3	0	5
5	3	6	1.615	4	0	6
6	1	3	1.838	2	5	0

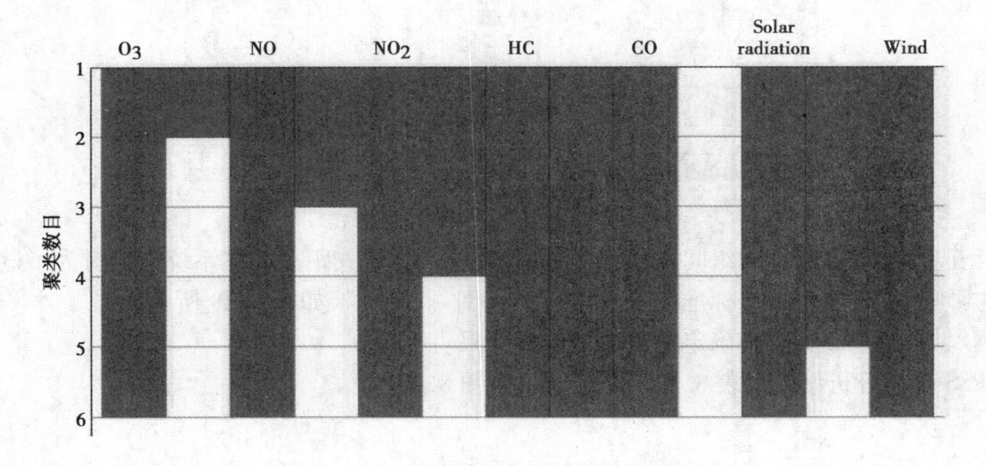

图 8.39　案例 7 冰柱图

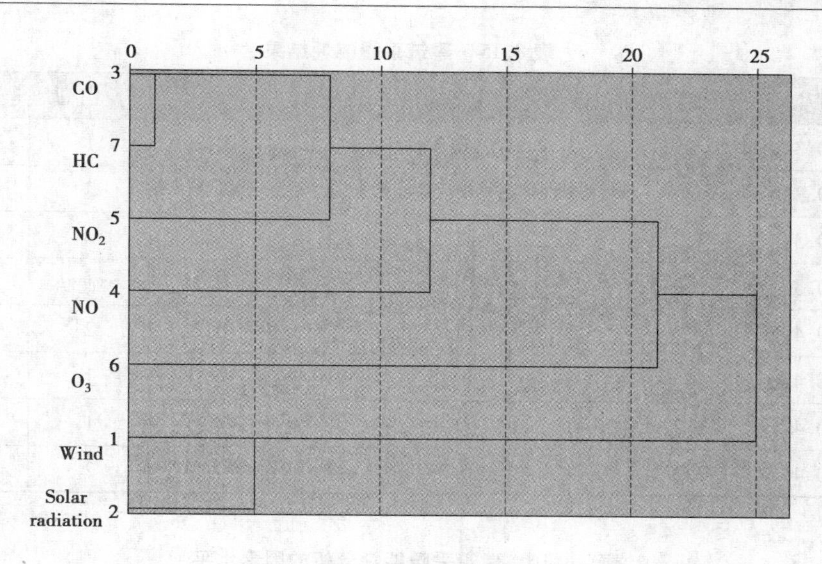

图 8.40　案例 7 谱系图

观察冰柱图和谱系图可以看出，如果将这 7 个变量聚合成 3 类，则第一类：O_3；第二类：NO、NO_2、HC、CO；第三类：Solar radiation、Wind。

类似的可以对个案进行聚类，具体操作在第三步聚类选择个案，后面的操作类似，读者可自行尝试。

习题 8

8.1　两实验室用同种方法分析一种新型保温材料的导热系数（$W/m^2 \cdot K$），所得结果为：
A：0.091 08，0.089 36，0.089 60，0.089 91，0.090 79，0.090 80，0.089 03；
B：0.091 95，0.091 42，0.090 20，0.090 46，0.090 73，0.092 31，0.090 94。
试用 SPSS 分析 A、B 两实验室的分析结果有无显著差异？（$P=95\%$）

8.2　试验 6 种不同空调热舒适满意程度数据见表 8.14。试分析 6 种空调在热舒适满意程度方面有无显著不同。

表 8.14　不同空调形式下的热舒适满意程度

空调	A_1	A_2	A_3	A_4	A_5	A_6
热舒适满意度%	87.4	90.5	56.2	55.0	92.0	75.2
	85.0	88.5	62.4	48.2	99.2	72.8
	80.2	97.3			95.3	81.3
	94.7			91.5		

8.3　表 8.15 给出了某建筑在不同的 A（窗墙比）、B（外窗传热系数）、C（外墙传热系数）、D（屋顶传热系数）下的采暖能耗。试分析各个因素对建筑采暖能耗有无显著影响。

表 8.15　建筑采暖能耗结果

	因素 A	因素 B	$A\times B$	因素 C	$A\times C$	因素 D	空白列	采暖能耗/GJ
1	0.3	2	1	0.3	1	0.2	1	338.850
2	0.3	2	1	0.35	2	0.25	2	380.580
3	0.3	2.2	2	0.3	1	0.25	2	378.440
4	0.3	2.2	2	0.35	2	0.2	1	381.760
5	0.4	2	2	0.3	2	0.2	2	349.700
6	0.4	2	2	0.35	1	0.25	1	385.980
7	0.4	2.2	1	0.3	2	0.25	1	393.830
8	0.4	2.2	1	0.35	1	0.2	2	394.160

表　8.16　建筑采暖能耗分析的因素水平

因素	名称	单位	水平 1	水平 2
A	窗墙比	无量纲	0.3	0.4
B	外窗传热系数	$W/(m^2 \cdot K)$	2.0	2.2
C	外墙传热系数	$W/(m^2 \cdot K)$	0.3	0.35
D	屋顶传热系数	$W/(m^2 \cdot K)$	0.2	0.25

8.4　设有 4 个因数 A、B、C、D，均为二水平，需考查交互作用 $A\times B$ 和 $C\times D$。请利用 SPSS 正交实验设计功能设计实验方案。

8.5　水在不同温度 t 时的热容 C 的数据见表 8.17。

表 8.17　不同水温的热容 C 数据

t	5	10	15	20	25	30	35	40	45	50
C	1.002 9	1.001 3	1.000 0	0.999 0	0.998 3	0.997 9	0.997 8	0.998 1	0.998 7	0.999 6

试利用 SPSS 进行二阶多项式回归。

8.6　有一双因素全面试验数据见表 8.18。试根据表中数据求二元线性回归方程，并对回归方程进行显著性检验。

8.7　实验选择目前纺织材料领域涌现出的新型针织内衣面料，包括珍珠纤维、大豆纤维、竹纤维、聚乳酸纤维等 8 种新型材料与棉织物共 9 种面料一起进行热湿舒适性能测试，见表 8.19。试利用 SPSS 软件对其热湿舒适性的可能影响因素进行主成分析。

表 8.18　双因素全面试验数据表

z_i ＼ x_i ／ y_i	2.05	3.95	6.05	8.10
42.10	1.05	23.90	29.70	35.90
34.65	2.95	16.40	22.15	28.30
25.90	5.10	7.70	13.50	19.75
18.50	6.95	0.35	6.05	12.35

表 8.19　织物基本性能参数实验数据

织物	组织	回潮率/%	克重/(g·m^{-2})	厚度/mm	线圈长度/mm	当量透湿量/(g·mm^{-1})	保暖率/%	传热系数 W/(m^2·K^{-1})	克罗值 clo	透气量(L·m^{-2}·s^{-1})
珍珠+天丝+莫代尔(30/40/30)	纬平针	7.17	201.7	0.65	2.50	1.728 1	22.4	29.44	0.217	768.4
珍珠+天丝+莫代尔(30/45/25)	纬平针	7.88	160.7	0.71	2.20	1.810 6	26.6	24.99	0.257	2 342.8
珍珠+天丝+莫代尔(33.2/33.2/28.6)	纬平针	7.35	168.3	0.61	2.36	1.644 4	14.0	43.93	0.147	1 398.2
莫代尔+棉+氨纶(33/60/7)	纬平针	7.78	191.0	0.70	3.10	1.975 1	32.1	18.78	0.347	897.0
大豆+氨纶(95/s)	纬平针	3.65	170.7	0.56	2.20	1.621 8	26.3	25.22	0.253	1 206.4
竹纤维+氨纶(95/s)	纬平针	7.98	205.0	0.67	3.00	1.745 3	32.2	18.85	0.343	912.4
棉(100)	1+1 罗纹	4.19	148.3	0.78	2.50	2.066 2	33.5	16.90	0.380	1 261.8
聚乳酸(100)	1+1 罗纹	0.26	161.3	1.30	2.90	3.571 9	36.1	13.87	0.470	1 792.8
聚乳酸+棉(50/50)	1+1 罗纹	2.22	171.3	1.31	2.86	3.701 9	34.7	14.73	0.440	1 398.0

8.8 表8.20为我国温带季风气候一些典型城市某年的相对湿度数据,试使用SPSS对这些城市进行聚类分析并绘制谱系聚类图。

表8.20 温带季风气候典型城市各月相对湿度数据(%)

城市	1月	2月	3月	4月	5月	6月	7月	8月	9月	10月	11月	12月
北京	26	51	25	36	37	52	67	72	60	62	56	47
天津	34	59	31	42	42	54	67	72	63	61	62	55
哈尔滨	76	71	62	50	65	66	80	78	62	66	65	64
长春	71	65	54	43	54	63	73	73	58	59	60	57
沈阳	70	67	47	52	53	75	82	85	70	76	72	64
石家庄	29	50	27	38	48	52	64	77	72	68	72	61
郑州	32	52	37	43	49	48	59	75	78	65	72	61
济南	33	46	31	39	49	48	59	75	78	57	67	58
太原	38	49	29	32	40	51	65	69	73	63	69	61

附录

附录1　标准正态分布表

x	0	1	2	3	4	5	6	7	8	9
-3.0	0.001 3	0.001 0	0.000 7	0.000 5	0.000 3	0.000 2	0.000 2	0.000 1	0.000 1	0.000 0
-2.9	0.001 9	0.001 8	0.001 7	0.001 7	0.001 6	0.001 6	0.001 5	0.001 5	0.001 4	0.001 4
-2.8	0.002 6	0.002 5	0.002 4	0.002 3	0.002 2	0.002 1	0.002 0	0.001 9	0.001 8	0.001 7
-2.7	0.003 5	0.003 4	0.003 3	0.003 2	0.003 1	0.003 0	0.002 9	0.002 8	0.002 7	0.002 6
-2.6	0.004 7	0.004 5	0.004 4	0.004 3	0.004 1	0.004 0	0.003 9	0.003 8	0.003 7	0.003 6
-2.5	0.006 2	0.006 0	0.005 9	0.005 7	0.005 5	0.005 4	0.005 2	0.005 1	0.004 9	0.004 8
-2.4	0.008 2	0.008 0	0.007 8	0.007 5	0.007 3	0.007 1	0.006 9	0.006 8	0.006 6	0.006 4
-2.3	0.010 7	0.010 4	0.010 2	0.009 9	0.009 6	0.009 4	0.009 1	0.008 9	0.008 7	0.008 4
-2.2	0.013 9	0.013 6	0.013 2	0.012 9	0.012 6	0.012 2	0.011 9	0.011 6	0.011 3	0.011 0
-2.1	0.017 9	0.017 4	0.017 0	0.016 6	0.016 2	0.015 8	0.015 4	0.015 0	0.014 6	0.014 3
-2.0	0.022 8	0.022 2	0.021 7	0.021 2	0.020 7	0.020 2	0.019 7	0.019 2	0.018 8	0.018 3
-1.9	0.028 7	0.028 1	0.027 4	0.026 8	0.026 2	0.025 6	0.025 0	0.024 4	0.023 8	0.023 3
-1.8	0.035 9	0.035 2	0.034 4	0.033 6	0.032 9	0.032 2	0.031 4	0.030 7	0.030 0	0.029 4
-1.7	0.044 6	0.043 6	0.042 7	0.041 8	0.040 9	0.040 1	0.039 2	0.038 4	0.037 5	0.036 7
-1.6	0.054 8	0.053 7	0.052 6	0.051 6	0.050 5	0.049 5	0.048 5	0.047 5	0.046 5	0.045 5
-1.5	0.066 8	0.065 5	0.064 3	0.063 0	0.061 8	0.060 6	0.059 4	0.058 2	0.057 0	0.055 9
-1.4	0.080 8	0.079 3	0.077 8	0.076 4	0.074 9	0.073 5	0.072 2	0.070 8	0.069 4	0.068 1
-1.3	0.096 8	0.095 1	0.093 4	0.091 8	0.090 1	0.088 5	0.086 9	0.085 3	0.083 8	0.082 3
-1.2	0.115 1	0.113 1	0.111 2	0.109 3	0.107 5	0.105 6	0.103 8	0.102 0	0.100 3	0.098 5
-1.1	0.135 7	0.133 5	0.131 4	0.129 2	0.127 1	0.125 1	0.123 0	0.121 0	0.119 0	0.117 0

续表

x	0	1	2	3	4	5	6	7	8	9
-1.0	0.158 7	0.156 2	0.153 9	0.151 5	0.149 2	0.146 9	0.144 6	0.142 3	0.140 1	0.137 9
-0.9	0.184 1	0.181 4	0.178 8	0.176 2	0.173 6	0.171 1	0.168 5	0.166 0	0.163 5	0.161 1
-0.8	0.211 9	0.209 0	0.206 1	0.203 3	0.200 5	0.197 7	0.194 9	0.192 2	0.189 4	0.186 7
-0.7	0.242 0	0.238 9	0.235 8	0.232 7	0.229 7	0.226 6	0.223 6	0.220 6	0.217 7	0.214 8
-0.6	0.274 3	0.270 9	0.267 6	0.264 3	0.261 1	0.257 8	0.254 6	0.251 4	0.248 3	0.245 1
-0.5	0.308 5	0.305 0	0.301 5	0.298 1	0.294 6	0.291 2	0.287 7	0.284 3	0.281 0	0.277 6
-0.4	0.344 6	0.340 9	0.337 2	0.333 6	0.330 0	0.326 4	0.322 8	0.319 2	0.315 6	0.312 1
-0.3	0.382 1	0.378 3	0.374 5	0.370 7	0.366 9	0.363 2	0.359 4	0.355 7	0.352 6	0.348 3
-0.2	0.420 7	0.416 8	0.412 9	0.409 0	0.405 2	0.401 3	0.397 4	0.393 6	0.389 7	0.385 9
-0.1	0.460 2	0.456 2	0.452 2	0.448 3	0.444 3	0.440 4	0.436 4	0.432 5	0.428 6	0.424 7
0.0	0.500 0	0.496 0	0.492 0	0.488 0	0.484 0	0.480 1	0.476 1	0.472 1	0.468 1	0.464 1

附录2　t 分布的双侧分位数(t_α)表

$n-1$ \ α	0.9	0.8	0.7	0.6	0.5	0.4	0.3	0.2	0.1	0.05	0.02	0.01	0.001
1	0.158	0.235	0.510	0.727	1.000	1.376	1.963	3.078	6.314	12.706	31.821	63.657	636.619
2	0.142	0.289	0.445	0.617	0.816	1.061	1.386	1.886	2.920	4.303	6.965	9.925	31.598
3	0.137	0.277	0.424	0.584	0.765	0.978	1.25	1.638	2.353	3.182	4.541	5.841	12.924
4	0.134	0.271	0.414	0.569	0.741	0.941	1.190	1.533	2.132	2.776	3.747	4.604	8.610
5	0.132	0.267	0.408	0.559	0.727	0.920	1.156	1.476	2.015	2.571	3.365	4.032	6.859
6	0.131	0.265	0.404	0.553	0.718	0.906	1.134	1.440	1.943	2.447	3.143	3.707	5.959
7	0.130	0.263	0.402	0.549	0.711	0.896	1.119	1.415	1.895	2.365	2.998	3.449	5.405
8	0.130	0.262	0.399	0.546	0.706	0.889	1.108	1.397	1.860	2.306	2.896	3.335	5.041
9	0.129	0.261	0.398	0.543	0.703	0.883	1.100	1.383	1.833	2.262	2.821	3.250	4.781
10	0.129	0.260	0.387	0.542	0.700	0.879	1.093	1.372	1.812	2.228	2.764	3.169	4.587
11	0.129	0.260	0.386	0.540	0.697	0.876	1.088	1.363	1.796	2.201	2.718	3.106	4.437
12	0.128	0.259	0.395	0.539	0.695	0.873	1.083	1.356	1.782	2.179	2.681	3.055	4.318
13	0.128	0.259	0.394	0.538	0.694	0.870	1.079	1.350	1.777	2.160	2.650	3.012	4.221

续表

$n-1$ \ α	0.9	0.8	0.7	0.6	0.5	0.4	0.3	0.2	0.1	0.05	0.02	0.01	0.001
14	0.128	0.258	0.393	0.537	0.692	0.868	1.076	1.345	1.761	2.145	2.624	2.977	4.140
15	0.128	0.258	0.393	0.536	0.691	0.866	1.074	1.341	1.753	2.131	2.602	2.947	4.073
16	0.128	0.258	0.392	0.535	0.690	0.865	1.071	1.337	1.746	2.120	2.583	2.921	4.015
17	0.128	0.257	0.392	0.534	0.689	0.863	1.069	1.333	1.740	2.110	2.567	2.898	3.965
18	0.127	0.257	0.392	0.534	0.688	0.862	1.067	1.330	1.734	2.101	2.552	2.878	3.922
19	0.127	0.257	0.391	0.533	0.688	0.861	1.066	1.328	1.729	2.093	2.539	2.861	3.883
20	0.127	0.257	0.391	0.533	0.687	0.860	1.064	1.335	1.725	2.086	2.523	2.845	3.850
21	0.127	0.257	0.391	0.532	0.686	0.859	1.063	1.323	1.721	2.080	2.518	2.831	3.819
22	0.127	0.256	0.390	0.532	0.686	0.858	1.061	1.321	1.717	2.074	2.508	2.819	3.792
23	0.127	0.256	0.390	0.532	0.685	0.858	1.060	1.319	1.714	2.069	2.500	2.897	3.767
24	0.127	0.256	0.390	0.531	0.685	0.857	1.059	1.318	1.711	2.064	2.492	2.797	3.745
25	0.127	0.256	0.390	0.531	0.684	0.856	1.058	1.316	1.708	2.060	2.485	2.787	3.725
26	0.127	0.256	0.390	0.531	0.684	0.856	1.058	1.315	1.706	2.056	2.479	2.779	3.707
27	0.127	0.256	0.389	0.531	0.684	0.855	1.057	1.314	1.703	2.052	2.473	2.771	3.690
28	0.127	0.256	0.389	0.530	0.683	0.855	1.056	1.313	1.701	2.048	2.467	2.763	3.674
29	0.127	0.256	0.389	0.530	0.683	0.854	1.055	1.311	1.699	2.045	2.462	2.756	3.659
30	0.127	0.256	0.389	0.530	0.683	0.854	1.055	1.310	1.697	2.042	2.457	2.750	3.646
40	0.126	0.255	0.388	0.529	0.681	0.851	1.050	1.303	1.684	2.021	2.423	2.704	3.551
60	0.126	0.254	0.387	0.527	0.679	0.848	1.046	1.296	1.671	2.000	2.390	2.660	3.460
120	0.126	0.254	0.386	0.526	0.677	0.845	1.041	1.289	1.658	1.980	2.358	2.617	3.373
∞	0.126	0.253	0.385	0.524	0.674	0.842	1.036	1.282	1.645	1.960	2.326	2.576	2.291

附录3　χ^2 分布临界值

$$P[\chi^2(n) > \chi^2_\alpha(n)] = \alpha$$

$\chi^2_\alpha(n)$ ＼ α n	0.975	0.05	0.025	0.01
1	0.000 98	3.84	5.02	6.63
2	0.050 6	5.99	7.38	9.21
3	0.216	7.81	9.35	11.3
4	0.484	9.49	11.1	13.3
5	0.831	11.07	12.8	15.1
6	1.24	12.6	14.4	16.8
7	1.69	14.1	16.0	18.5
8	2.18	15.5	17.5	20.1
9	2.70	16.9	19.0	21.7
10	3.25	18.3	20.5	23.2
11	3.82	19.7	21.9	24.7
12	4.40	21.0	23.3	26.2
13	5.01	22.4	24.7	27.7
14	5.63	23.7	26.1	29.1
15	6.26	25.0	27.5	30.6
16	6.91	26.3	28.8	32.0
17	7.56	27.6	30.2	33.4
18	8.23	28.9	31.5	34.8
19	8.91	30.1	32.9	36.2
20	9.59	31.4	34.2	37.6
21	10.3	32.7	35.5	38.9
22	11.0	33.9	36.8	40.3
23	11.7	35.2	38.1	41.6
24	12.4	36.4	39.4	43.0
25	13.1	37.7	40.6	44.3
26	13.8	38.9	41.9	45.6
27	14.6	40.1	43.2	47.0
28	15.3	41.3	44.5	48.3
29	16.0	42.6	45.7	49.6
30	16.8	43.8	47.0	50.9

附录4　F分布表

$\alpha=0.10$

n_2 \ n_1	1	2	3	4	5	6	7	8	9	10	12	15	20	24	30	40	60	120	∞
1	39.86	49.50	53.59	55.83	57.24	58.20	58.91	59.44	59.86	60.19	60.71	61.22	61.74	62.00	62.26	62.53	62.79	63.06	63.88
2	8.53	9.00	9.16	9.24	9.29	9.33	9.35	9.37	9.38	9.39	9.41	9.42	9.44	9.45	9.46	9.47	9.47	9.48	9.49
3	5.54	5.46	5.39	5.34	5.31	5.28	5.27	5.25	5.24	5.23	5.22	5.20	5.18	5.18	5.17	5.16	5.15	5.14	5.13
4	4.54	4.32	4.19	4.11	4.05	4.01	3.98	3.95	3.94	3.92	3.90	3.87	3.84	3.83	3.82	3.80	3.79	3.78	3.76
5	4.06	3.78	3.62	3.52	3.45	3.40	3.37	3.34	3.32	3.30	3.27	3.24	3.21	3.19	3.17	3.16	3.14	3.12	3.10
6	3.78	3.46	3.29	3.18	3.11	3.05	3.01	2.98	2.96	2.94	2.90	2.87	2.84	2.82	2.80	2.78	2.76	2.74	2.72
7	3.59	3.26	3.07	2.96	2.88	2.83	2.78	2.75	2.72	2.70	2.67	2.63	2.59	2.58	2.56	2.54	2.51	2.49	2.47
8	3.46	3.11	2.92	2.81	2.73	2.67	2.62	2.59	2.56	2.54	2.50	2.46	2.42	2.40	2.38	2.36	2.34	2.32	2.29
9	3.36	3.01	2.81	2.69	2.61	2.55	2.51	2.47	2.44	2.42	2.38	2.34	2.30	2.28	2.25	2.23	2.21	2.16	2.16
10	3.29	2.92	2.73	2.61	2.52	2.46	2.41	2.38	2.35	2.32	2.28	2.24	2.20	2.18	2.16	2.13	2.11	2.08	2.06
11	3.23	2.86	2.66	2.54	2.45	2.39	2.34	2.30	2.27	2.25	2.21	2.17	2.12	2.10	2.08	2.05	2.03	2.00	1.97
12	3.18	2.81	2.61	2.48	2.39	2.33	2.28	2.24	2.21	2.19	2.15	2.10	2.06	2.04	2.01	1.99	1.96	1.93	1.90
13	3.14	2.76	2.56	2.43	2.35	2.28	2.23	2.20	2.16	2.14	2.10	2.05	2.01	1.98	1.98	1.93	1.90	1.88	1.85
14	3.10	2.73	2.52	2.39	2.31	2.24	2.19	2.15	2.12	2.10	2.05	2.01	1.96	1.94	1.91	1.89	1.86	1.83	1.80
15	3.07	2.70	2.49	2.36	2.27	2.21	2.16	2.12	2.09	2.06	2.02	1.97	1.92	1.90	1.87	1.85	1.82	1.79	1.76
16	3.05	2.67	2.46	2.33	2.24	2.18	2.13	2.09	2.06	2.03	1.99	1.94	1.89	1.87	1.84	1.81	1.78	1.75	1.72

续表

n_2 \ n_1	1	2	3	4	5	6	7	8	9	10	12	15	20	24	30	40	60	120	∞
17	3.03	2.64	2.44	2.31	2.22	2.15	2.10	2.06	2.03	2.00	1.96	1.91	1.86	1.84	1.81	1.78	1.75	1.72	1.69
18	3.01	2.62	2.42	2.29	2.20	2.13	2.08	2.04	2.00	1.98	1.93	1.89	1.84	1.81	1.78	1.75	1.72	1.69	1.66
19	2.99	2.61	2.40	2.27	2.18	2.11	2.06	2.02	1.98	1.96	1.91	1.86	1.81	1.79	1.76	1.73	1.70	1.67	1.63
20	2.97	2.59	2.38	2.25	2.16	2.09	2.04	2.00	1.96	1.94	1.89	1.84	1.79	1.77	1.74	1.71	1.68	1.64	1.61
21	2.96	2.57	2.36	2.23	2.14	2.08	2.02	1.98	1.95	1.92	1.87	1.83	1.78	1.75	1.72	1.69	1.66	1.62	1.59
22	2.95	2.50	2.35	2.22	2.13	2.06	2.01	1.97	1.93	1.90	1.86	1.81	1.76	1.73	1.70	1.67	1.64	1.60	1.57
23	2.94	2.55	2.30	2.21	2.11	2.05	1.99	1.95	1.92	1.89	1.84	1.80	1.74	1.72	1.69	1.66	1.62	1.59	1.55
24	2.93	2.54	2.33	2.19	2.10	2.04	1.98	1.94	1.91	1.88	1.83	1.78	1.73	1.70	1.67	1.64	1.61	1.57	1.53
25	2.92	2.53	2.32	2.18	2.09	2.02	1.97	1.93	1.86	1.87	1.82	1.77	1.72	1.69	1.66	1.63	1.59	1.56	1.52
26	2.91	2.52	2.31	2.17	2.08	2.01	1.96	1.92	1.88	1.86	1.81	1.76	1.71	1.68	1.65	1.61	1.58	1.54	1.50
27	2.90	2.51	2.30	2.17	2.07	2.00	1.50	1.91	1.87	1.85	1.80	1.75	1.70	1.67	1.64	1.60	1.57	1.53	1.49
28	2.89	2.50	2.29	2.16	2.06	2.00	1.94	1.90	1.87	1.84	1.79	1.74	1.69	1.66	1.63	1.59	1.56	1.52	1.48
29	2.89	2.50	2.28	2.15	2.06	1.99	1.93	1.86	1.86	1.83	1.78	1.73	1.68	1.65	1.62	1.58	1.55	1.51	1.47
30	2.88	2.49	2.28	2.14	2.05	1.98	1.93	1.88	1.85	1.82	1.77	1.72	1.67	1.64	1.61	1.57	1.54	1.50	1.46
40	2.84	2.44	2.23	2.09	2.00	1.93	1.87	1.83	1.79	1.76	1.71	1.66	1.61	1.57	1.54	1.51	1.47	1.42	1.38
60	2.79	2.39	2.18	2.04	1.95	1.87	1.82	1.77	1.74	1.71	1.66	1.60	1.54	1.51	1.48	1.44	1.40	1.35	1.29
120	2.75	2.35	2.13	1.99	1.90	1.82	1.77	1.72	1.68	1.65	1.60	1.55	1.48	1.45	1.41	1.37	1.32	1.26	1.19
∞	2.71	2.30	2.08	1.94	1.85	1.77	1.72	1.67	1.63	1.60	1.55	1.49	1.42	1.38	1.34	1.30	1.24	1.17	1.00

$\alpha=0.05$

n_2 \ n_1	1	2	3	4	5	6	7	8	9	10	12	15	20	24	30	40	60	120	∞
1	161.4	199.5	215.7	224.6	230.2	234.0	236.8	238.9	240.5	241.9	243.9	245.9	248.0	249.1	250.1	251.1	252.2	253.3	254.3
2	18.51	19.00	19.16	19.25	19.30	19.33	19.35	19.37	19.38	19.40	19.41	19.43	19.45	19.45	19.46	19.47	19.48	19.49	19.50
3	10.13	9.55	9.28	9.12	9.01	8.94	8.89	8.85	8.81	8.79	8.74	8.70	8.66	8.64	8.62	8.59	8.57	8.55	8.53
4	7.71	6.94	6.59	6.39	6.26	6.16	6.09	6.00	6.00	5.96	5.91	5.86	5.80	5.77	5.75	5.72	5.69	5.66	5.63
5	6.61	5.79	5.41	5.19	5.05	4.95	4.88	4.82	4.77	4.74	4.68	4.62	4.56	4.53	4.50	4.46	4.43	4.40	4.36
6	5.99	5.14	4.76	4.53	4.39	4.28	4.21	4.15	4.10	1.06	1.00	3.94	3.87	3.84	3.81	3.77	3.74	3.70	3.67
7	5.59	4.74	4.35	4.12	3.97	3.84	3.79	3.73	3.68	3.64	3.57	3.51	3.44	3.41	3.38	3.34	3.30	3.27	3.23
8	5.32	4.46	4.07	3.84	3.69	3.58	3.50	3.44	3.39	3.35	3.28	3.22	3.15	3.12	3.08	3.04	3.01	2.97	2.93
9	5.12	4.20	3.80	3.63	3.48	3.37	3.29	3.23	3.18	3.14	3.07	3.01	2.94	2.90	2.86	2.83	2.79	2.75	2.71
10	4.96	4.10	3.71	3.48	3.33	3.22	3.14	3.07	3.02	2.98	2.91	2.85	2.77	2.74	2.70	2.66	2.62	2.58	2.54
11	4.48	3.98	3.59	3.36	3.20	3.09	3.01	2.95	2.90	2.85	2.79	2.72	2.65	2.61	2.57	2.53	2.49	2.45	2.40
12	4.75	3.89	3.49	3.26	3.11	3.00	2.91	2.85	2.80	2.75	2.69	2.62	2.54	2.51	2.47	2.43	2.38	2.34	2.30
13	4.67	3.81	3.41	3.18	3.03	2.92	2.83	2.77	2.71	2.67	2.60	2.53	2.46	2.42	2.38	2.34	2.30	2.25	2.21
14	4.60	3.74	3.84	3.11	2.96	2.85	2.76	2.70	2.64	2.60	2.53	2.46	2.39	2.35	2.31	2.27	2.22	2.18	2.13
15	4.54	3.68	2.29	3.06	2.90	2.76	2.71	2.64	2.59	2.54	2.48	2.40	2.33	2.29	2.25	2.20	2.16	2.11	2.07
16	4.49	3.63	3.24	3.01	2.85	2.74	2.66	2.59	2.54	2.49	2.42	2.35	2.28	2.24	2.19	2.15	2.11	2.06	2.01
17	4.45	3.59	3.20	2.96	2.81	2.70	2.61	2.55	2.49	2.45	2.38	2.31	2.23	2.19	2.15	2.10	2.06	2.01	1.96
18	4.41	3.55	3.16	2.93	2.77	2.66	2.58	2.51	2.46	2.41	2.34	2.27	2.19	2.15	2.11	2.06	2.02	1.97	1.92
19	4.38	3.52	3.13	2.90	2.74	2.63	2.54	2.48	2.42	2.38	2.31	2.23	2.16	2.11	2.07	2.03	1.98	1.93	1.88
20	4.35	3.49	3.10	2.87	2.71	2.60	2.51	2.45	2.39	2.35	2.28	2.20	2.12	2.08	2.04	1.99	1.95	1.90	1.84

续表

n_2 \ n_1	1	2	3	4	5	6	7	8	9	10	12	15	20	24	30	40	60	120	∞
21	4.82	3.47	3.07	2.84	2.68	2.57	2.49	2.42	2.37	2.32	2.25	2.18	2.10	2.05	2.01	1.96	1.92	1.87	1.81
22	4.30	3.44	3.05	2.82	2.66	2.56	2.46	2.40	2.34	2.30	2.23	2.15	2.07	2.03	1.98	1.94	1.89	1.84	1.78
23	4.28	3.42	3.28	2.80	2.64	2.53	2.44	2.37	2.32	2.27	2.20	2.13	2.05	2.01	1.96	1.91	1.86	1.81	1.76
24	4.26	3.40	3.01	2.78	2.62	2.51	2.42	2.36	2.30	2.25	2.18	2.11	2.03	1.98	1.94	1.89	1.84	1.79	1.73
25	4.24	3.39	2.99	2.76	2.60	2.49	2.40	2.34	2.28	2.24	2.16	2.09	2.01	1.96	1.92	1.87	1.82	1.77	1.71
26	4.23	3.38	2.98	2.74	2.59	2.47	2.39	2.32	2.27	2.22	2.15	2.07	1.99	1.95	1.90	1.85	1.80	1.75	1.69
27	4.21	3.35	2.96	2.73	2.57	2.46	2.37	2.31	2.25	2.20	2.13	2.06	1.97	1.93	1.88	1.84	1.79	1.73	1.67
28	4.20	3.34	2.95	2.71	2.56	2.45	2.36	2.29	2.24	2.19	2.12	2.04	1.96	1.91	1.87	1.82	1.77	1.71	1.65
29	4.18	3.33	2.93	2.70	2.55	2.43	2.35	2.28	2.22	2.18	2.10	2.03	1.94	1.90	1.85	1.81	1.75	1.70	1.64
30	4.17	3.32	2.92	2.69	2.53	2.42	2.33	2.27	2.21	2.16	2.09	2.01	1.93	1.89	1.84	1.79	1.74	1.66	1.62
40	4.08	3.23	2.84	2.61	2.45	2.35	2.25	2.18	2.12	2.08	2.00	1.92	2.84	1.79	1.74	1.69	1.64	1.58	1.51
60	4.00	3.15	2.76	2.53	2.37	2.25	2.17	2.10	2.04	1.99	1.92	1.84	1.75	1.70	1.65	1.59	1.53	1.47	1.39
120	3.92	3.07	2.68	2.45	2.29	2.17	2.09	2.02	1.96	1.91	1.83	1.75	1.66	1.61	1.55	1.50	1.43	1.35	1.25
∞	3.84	3.00	2.60	2.37	2.21	2.10	2.01	1.94	1.88	1.83	1.75	1.67	1.57	1.52	1.46	1.39	1.32	1.22	1.00

$\alpha = 0.025$

n_2 \ n_1	1	2	3	4	5	6	7	8	9	10	12	15	20	24	30	40	60	120	∞
1	647.8	799.5	864.2	899.6	921.8	937.1	948.2	956.7	963.3	968.6	976.7	984.9	993.1	997.2	1 001	1 006	1 010	1 014	1 018
2	38.51	39.00	39.17	39.25	39.30	39.33	39.36	39.37	39.39	39.40	39.41	39.43	39.45	39.46	39.46	39.47	39.48	39.49	39.50
3	17.44	16.04	15.44	15.10	14.88	14.73	14.62	14.54	14.47	14.42	14.34	14.25	14.17	14.12	14.08	14.04	13.99	13.95	13.90
4	12.22	10.65	9.96	9.60	9.36	9.20	9.07	8.98	8.90	8.84	8.75	8.66	8.56	8.51	8.46	8.41	8.36	8.31	8.26
5	10.01	8.43	7.76	7.39	7.15	6.98	6.85	6.76	6.68	6.62	6.52	6.43	6.33	6.28	6.23	6.18	6.12	6.07	6.02
6	8.81	7.26	6.60	6.23	5.99	5.82	5.70	5.60	5.52	5.46	5.37	5.27	5.17	5.12	5.07	5.01	4.96	4.90	4.85
7	8.07	6.54	5.89	5.52	5.29	5.12	4.99	4.90	4.82	4.76	4.67	4.57	4.47	4.42	4.36	4.31	4.25	4.20	4.14
8	7.57	6.60	5.42	5.05	4.82	4.65	4.53	4.43	4.36	4.30	4.20	4.10	4.00	3.95	3.89	3.84	3.78	3.73	3.67
9	7.21	5.71	5.08	4.72	4.48	4.32	4.20	4.10	4.03	3.96	3.87	3.77	3.67	3.61	3.56	3.51	3.45	3.39	3.33
10	6.94	5.46	4.83	4.47	4.24	4.07	3.95	3.85	3.78	3.72	3.62	3.52	3.42	3.37	3.31	3.26	3.20	3.14	3.08
11	6.72	5.26	4.63	4.26	4.04	3.88	3.76	3.66	3.59	3.53	3.43	3.33	3.23	3.17	3.12	3.06	3.00	2.94	2.88
12	6.55	5.10	4.47	4.12	3.89	3.73	3.61	3.51	3.44	3.37	3.26	3.18	3.07	3.02	2.96	2.91	2.85	2.79	2.72
13	6.41	4.97	4.35	4.00	3.77	3.60	3.48	3.39	3.31	3.25	3.15	3.05	2.95	2.89	2.84	2.78	2.72	2.66	2.60
14	6.30	4.86	4.24	3.89	3.66	3.50	3.38	3.29	3.21	3.15	3.05	2.95	2.84	2.79	2.73	2.67	2.61	2.55	2.49
15	6.20	4.77	4.15	3.80	3.58	3.41	3.29	3.20	3.12	3.06	2.96	2.86	2.76	2.70	2.64	2.59	2.52	2.46	2.40
16	6.12	4.69	4.08	3.73	3.50	3.34	3.22	3.12	3.05	2.99	2.89	2.79	2.68	2.63	2.57	2.51	2.45	2.38	2.32
17	6.04	4.62	4.01	3.66	3.44	3.28	3.16	3.06	2.98	2.92	2.82	2.72	2.62	2.56	2.50	2.44	2.38	2.32	2.25
18	5.98	4.56	3.95	3.61	3.38	3.22	3.10	3.01	2.93	2.87	2.77	2.67	2.56	2.50	2.44	2.38	2.32	2.26	2.19
19	5.92	4.51	3.90	3.56	3.33	3.17	3.05	2.96	2.88	2.82	2.72	2.62	2.51	2.45	2.39	2.33	2.27	2.20	2.13
20	5.87	4.46	3.86	3.51	3.29	3.13	3.01	2.91	2.84	2.77	2.68	2.57	2.46	2.41	2.35	2.29	2.22	2.16	2.09

续表

n_2 \ n_1	1	2	3	4	5	6	7	8	9	10	12	15	20	24	30	40	60	120	∞
21	5.83	4.42	3.82	3.48	3.25	3.09	2.97	2.87	2.80	2.73	2.64	2.53	2.42	2.37	2.31	2.25	2.18	2.11	2.04
22	5.79	4.38	3.78	3.44	3.22	3.05	1.93	2.84	2.76	2.70	2.60	2.50	2.39	2.33	2.27	2.21	2.14	2.08	2.00
23	5.75	4.35	3.75	3.41	3.18	3.02	2.90	2.81	2.73	2.67	2.57	2.47	2.36	2.30	2.24	2.18	2.11	2.04	1.97
24	5.72	4.32	3.72	3.38	3.15	2.99	2.87	2.78	2.70	2.64	2.54	2.44	2.33	2.27	2.21	2.15	2.08	2.01	1.94
25	5.69	4.29	3.69	3.35	3.13	2.97	2.85	2.75	2.68	2.61	2.51	2.41	2.30	2.24	2.18	2.12	2.05	1.98	1.91
26	5.66	4.27	3.67	3.33	3.10	2.94	2.82	2.62	2.65	2.59	2.49	2.39	2.28	2.22	2.16	2.09	2.03	1.95	1.88
27	5.63	4.24	3.65	3.31	3.08	2.92	2.80	2.51	2.63	2.57	2.47	2.36	2.25	2.19	2.13	2.07	2.00	1.93	1.85
28	5.61	4.22	3.63	3.29	3.06	2.90	2.78	2.39	2.61	2.55	2.45	2.34	2.23	2.17	2.11	2.05	1.98	1.91	1.83
29	5.59	4.20	3.61	3.27	3.04	2.88	2.76	2.29	2.59	2.53	2.43	2.32	2.21	2.15	2.09	2.03	1.96	1.89	1.81
30	5.57	4.18	3.59	3.25	3.03	2.87	2.75	2.65	2.57	2.51	2.41	2.31	2.20	2.14	2.07	2.01	1.94	1.87	1.79
40	5.42	4.02	3.46	3.13	2.90	2.74	2.62	2.53	2.45	2.39	2.29	2.18	2.07	2.01	1.94	1.88	1.80	1.72	1.64
60	5.29	3.93	3.34	3.01	2.79	2.63	2.51	2.41	2.33	2.27	2.17	2.06	1.94	1.88	1.82	1.74	1.67	1.58	1.48
120	5.15	3.80	3.23	2.89	2.67	2.52	2.39	2.30	2.22	2.16	2.05	1.94	1.82	1.76	1.69	1.61	1.53	1.43	1.31
∞	5.02	3.69	3.12	2.79	2.57	2.41	2.29	2.19	2.11	2.05	1.94	1.83	1.71	1.64	1.57	1.48	1.39	1.27	1.00

$\alpha = 0.01$

n_2 \ n_1	1	2	3	4	5	6	7	8	9	10	12	15	20	24	30	40	60	120	∞
1	4 052	4 999.5	5 403	5 625	5 764	5 859	5 928	5 982	6 022	6 056	6 106	6 157	6 209	6 235	6 261	6 287	6 313	6 339	6 366
2	98.50	99.00	99.17	99.25	99.30	99.33	99.36	99.37	99.39	99.40	99.42	99.43	99.45	99.46	99.47	99.47	99.48	99.49	99.50
3	34.12	30.82	29.46	28.71	28.24	27.91	27.67	27.49	27.35	27.23	27.05	26.67	26.69	26.60	26.50	26.41	26.32	26.22	26.13
4	21.20	18.00	16.69	15.98	15.52	15.21	14.98	14.80	14.66	14.55	14.37	14.20	14.02	13.93	13.84	13.75	13.65	13.56	13.46
5	16.26	13.27	12.06	11.39	10.97	10.67	10.46	10.29	10.16	10.05	9.89	9.72	9.55	9.47	9.38	9.29	9.20	9.11	9.02
6	13.75	10.92	9.78	9.15	8.75	8.47	8.26	8.10	7.98	7.87	7.72	7.56	7.40	7.31	7.23	7.14	7.06	6.97	6.88
7	12.25	9.55	8.45	7.85	7.46	7.19	6.99	6.84	6.72	6.62	6.47	6.31	6.16	6.07	5.99	5.91	5.82	5.74	5.65
8	11.26	8.56	7.59	7.01	6.63	6.37	6.18	6.03	5.91	5.81	5.67	5.52	5.36	5.28	5.20	5.12	5.03	4.92	4.86
9	10.56	8.02	6.99	6.42	6.06	5.80	5.61	5.47	5.35	5.26	5.11	4.96	4.81	4.73	4.50	4.57	4.48	4.40	4.31
10	10.04	7.56	6.55	5.99	5.64	5.39	5.20	5.06	4.90	4.85	4.71	4.56	4.41	4.33	4.25	4.17	4.08	4.00	3.91
11	9.65	7.21	6.22	5.67	5.32	5.07	4.89	4.47	4.63	4.54	4.40	4.25	4.10	4.02	3.94	3.86	4.78	3.69	3.60
12	9.33	6.93	5.95	5.41	5.06	4.82	4.64	4.50	4.39	4.30	4.16	4.01	3.86	3.78	3.70	3.62	6.54	3.45	3.36
13	9.07	6.70	5.74	5.21	4.86	4.62	4.44	4.30	4.19	4.10	3.96	3.82	3.66	3.59	3.51	3.43	3.31	3.25	3.17
14	8.86	6.51	5.56	5.04	4.69	4.46	4.28	4.14	4.03	3.94	3.80	3.66	3.51	3.43	3.35	3.27	3.18	3.09	3.00
15	8.68	6.36	5.42	4.89	4.56	4.32	4.14	4.00	3.89	3.80	3.67	3.52	3.37	3.29	3.21	3.12	3.05	2.96	2.87
16	8.53	6.23	5.29	4.77	4.44	4.20	4.03	3.89	3.78	3.69	3.55	3.41	3.26	3.18	3.10	3.02	2.93	2.84	2.75
17	8.40	6.11	5.18	4.67	4.34	4.10	3.93	3.79	3.68	3.59	3.46	3.31	3.16	3.08	3.00	2.92	2.83	2.75	2.65
18	8.29	6.01	5.09	4.58	4.25	4.01	3.84	3.71	3.60	3.51	3.37	3.23	3.08	3.00	2.92	2.84	2.27	2.66	2.57
19	8.18	5.93	5.01	4.50	4.17	3.94	3.77	3.63	3.52	3.43	3.30	3.15	3.00	2.92	2.84	2.76	2.67	2.58	2.49
20	8.10	5.85	4.94	4.43	4.10	3.87	3.70	3.56	3.46	3.37	3.23	3.09	2.94	2.86	2.78	2.69	2.61	2.52	2.42

续表

n_2 \ n_1	1	2	3	4	5	6	7	8	9	10	12	15	20	24	30	40	60	120	∞
21	8.02	5.78	4.87	4.37	4.04	3.81	3.64	3.51	3.40	3.31	3.17	3.03	2.88	2.80	2.72	2.64	2.55	2.46	2.36
22	7.95	5.72	4.82	4.31	3.99	3.76	3.59	3.45	3.35	3.26	3.12	2.98	2.83	2.75	2.67	2.58	2.50	2.40	2.31
23	7.88	5.66	4.76	4.26	3.94	3.71	3.54	3.41	3.30	3.21	3.07	2.93	2.78	2.70	2.62	2.54	2.45	2.35	2.26
24	7.82	5.61	4.72	4.22	3.90	3.67	3.50	3.36	3.26	3.17	3.03	2.89	2.74	2.66	2.58	2.49	2.40	2.31	2.21
25	7.77	5.57	4.68	4.18	3.85	3.63	3.46	3.32	3.22	3.13	2.99	2.85	2.70	2.62	2.54	2.45	2.36	2.27	2.17
26	7.72	5.53	4.64	4.14	3.82	3.59	3.42	3.29	3.18	3.09	2.96	2.81	2.66	2.58	2.50	2.42	2.33	2.23	2.13
27	7.68	5.49	4.60	4.11	3.78	3.56	3.39	3.26	3.15	3.06	2.93	2.78	2.63	2.55	2.47	2.38	2.29	2.20	2.10
28	7.64	5.45	4.57	4.07	3.75	3.53	3.36	3.23	3.12	3.03	2.90	2.75	2.60	2.52	2.44	2.35	2.26	2.17	2.06
29	7.60	5.42	4.54	4.04	3.73	3.50	3.33	3.20	3.09	3.00	2.87	2.73	2.57	2.49	2.41	2.33	2.23	2.14	2.03
30	7.56	5.39	4.51	4.02	3.70	3.47	3.30	3.17	3.07	2.98	2.84	2.70	2.55	2.47	2.39	2.30	2.21	2.11	2.01
40	7.31	5.18	4.31	3.83	3.51	3.29	3.12	2.99	2.89	2.80	2.66	2.52	2.37	2.29	2.20	2.11	2.02	1.92	1.80
60	7.08	4.98	4.13	3.65	3.34	3.12	2.95	2.82	2.72	2.63	2.50	2.35	2.20	2.12	2.03	1.94	1.84	1.73	1.60
120	6.85	4.79	3.95	3.48	3.17	2.96	2.79	2.66	2.56	2.47	2.34	2.19	2.03	1.95	1.86	1.76	1.66	1.53	1.38
∞	663.00	4.61	3.78	3.32	3.02	2.80	2.64	2.51	2.41	2.32	2.18	2.04	1.88	1.79	1.70	1.59	1.47	1.32	1.00

$\alpha=0.005$

n_2 \ n_1	1	2	3	4	5	6	7	8	9	10	12	15	20	24	30	40	60	120	∞
1	16 211	20 000	21 615	22 500	23 056	23 437	23 715	23 925	24 091	24 224	24 426	24 630	24 836	24 940	25 044	25 148	25 253	25 359	25 465
2	198.5	199	199.2	199.2	199.3	199.3	199.4	199.4	199.4	199.4	199.4	199.4	199.4	199.5	199.5	199.5	199.5	199.5	199.5
3	55.55	49.60	47.47	46.19	45.39	44.84	44.43	44.13	43.88	43.69	43.39	43.08	42.78	42.62	42.47	42.31	42.15	41.99	41.83
4	31.33	26.28	24.26	23.15	22.46	21.97	21.62	21.35	21.14	20.97	20.70	20.44	20.17	20.03	19.89	19.75	19.61	19.47	19.32
5	22.78	18.31	16.53	15.56	14.94	14.51	14.20	13.96	13.77	13.62	13.38	13.15	12.90	12.78	12.66	12.53	12.40	12.27	12.24
6	18.63	14.54	12.92	12.03	11.46	11.07	10.79	10.57	10.39	10.25	10.03	9.81	9.59	9.47	9.36	9.24	9.12	9.00	8.88
7	16.24	12.40	10.88	10.05	9.52	9.16	8.89	8.68	8.51	8.38	8.18	7.97	7.75	7.65	7.53	7.42	7.31	7.19	7.08
8	14.69	11.04	9.60	8.81	8.30	7.95	7.69	7.50	7.34	7.21	7.01	6.81	6.61	6.50	6.40	6.29	6.16	6.06	5.95
9	13.61	10.11	8.72	7.96	7.47	7.13	6.88	6.69	6.54	6.42	6.23	6.03	5.83	8.73	5.62	5.52	5.41	5.30	5.19
10	12.83	9.43	8.08	0.34	6.87	6.54	6.30	6.12	5.97	5.85	5.66	5.47	5.27	5.17	5.07	4.97	4.86	4.75	4.64
11	12.23	8.91	7.60	6.88	6.42	6.10	5.86	5.68	5.54	5.42	5.22	5.05	4.86	4.76	4.65	4.55	4.44	4.34	4.23
12	11.75	8.51	7.23	6.52	6.07	5.76	5.52	5.35	5.20	5.09	4.91	4.72	4.53	4.30	4.33	4.23	4.12	4.01	3.90
13	11.37	8.19	6.93	6.23	5.79	5.48	5.25	5.08	4.94	4.82	4.64	4.46	4.27	4.17	4.07	3.97	3.87	3.76	3.64
14	11.06	7.92	6.68	6.00	5.56	5.26	5.03	4.86	4.72	4.60	4.43	4.25	4.06	3.93	3.86	3.76	3.66	3.55	3.44
15	10.80	7.70	6.48	5.80	5.37	5.07	4.85	4.67	4.54	4.42	4.25	4.07	3.88	3.79	3.69	3.58	3.48	3.37	3.26
16	10.58	7.51	6.30	5.64	5.21	4.91	4.69	4.52	4.38	4.27	4.10	3.92	3.73	3.64	3.54	3.44	3.33	3.22	3.11
17	10.38	7.35	6.16	5.50	5.07	4.78	4.56	4.39	4.25	4.14	3.97	3.79	3.61	3.51	3.41	3.31	3.21	3.10	2.98
18	10.22	7.21	6.03	5.37	4.96	4.66	4.44	4.28	4.14	4.03	3.86	3.68	3.50	3.40	3.30	3.20	3.10	2.99	2.87
19	10.07	7.09	5.92	5.27	4.85	4.56	4.34	4.18	4.04	3.93	3.76	3.59	3.40	3.31	3.21	3.11	3.00	2.89	2.76
20	9.94	6.99	5.82	5.17	4.76	4.47	4.26	4.09	3.96	3.85	3.68	3.50	3.32	3.22	3.12	3.02	2.92	2.81	2.69

续表

n_2 \ n_1	1	2	3	4	5	6	7	8	9	10	12	15	20	24	30	40	60	120	∞
21	9.83	6.86	5.73	5.09	4.68	4.39	4.18	4.01	3.88	3.77	3.60	3.43	3.24	3.15	3.05	2.95	2.84	2.73	2.61
22	9.73	6.81	5.56	5.02	4.61	4.32	4.11	3.94	3.81	3.70	3.54	3.36	3.16	3.08	2.98	2.88	2.77	2.66	2.55
23	9.63	6.73	5.58	4.95	4.54	4.26	4.05	3.88	3.75	3.64	3.47	3.30	3.12	3.02	2.92	2.82	2.71	2.60	2.48
24	9.55	6.66	5.52	4.89	4.49	4.20	3.99	3.83	3.69	3.59	3.42	3.25	3.06	2.97	2.87	2.77	2.66	2.55	2.43
25	9.48	6.60	5.46	4.84	4.43	4.15	3.94	3.78	3.64	2.54	2.37	3.20	3.01	2.92	2.82	2.72	2.61	2.50	2.38
26	9.41	6.54	5.41	4.79	4.38	4.10	3.89	3.37	3.60	3.49	3.33	3.15	2.97	2.87	2.77	2.67	2.56	2.45	2.33
27	9.34	6.49	5.36	4.74	4.34	4.06	2.85	3.69	3.56	3.45	3.28	3.11	2.93	2.83	2.73	2.63	2.52	2.41	2.29
28	9.28	6.44	5.32	4.70	4.30	4.02	3.81	3.65	6.52	6.41	6.25	3.07	2.89	2.78	2.69	2.59	2.48	2.37	2.25
29	9.23	6.40	5.28	4.66	4.26	3.98	3.77	3.61	3.48	3.38	3.21	3.04	2.86	2.76	2.66	2.56	2.45	2.33	2.21
30	9.18	6.35	5.24	4.62	4.23	3.95	9.74	3.58	3.45	3.34	3.18	3.01	2.82	2.73	2.63	2.52	2.42	2.30	2.18
40	8.83	6.07	4.98	4.37	3.99	3.71	3.51	3.35	3.22	3.12	2.95	2.78	2.60	2.50	2.40	2.30	2.18	2.06	1.93
60	8.49	5.79	4.73	4.14	3.76	3.49	3.29	3.13	3.01	2.90	2.74	2.57	2.39	2.29	2.19	2.08	1.96	1.83	1.69
120	8.17	5.54	4.50	3.92	3.55	3.28	3.09	2.93	2.81	2.71	2.54	2.37	2.19	2.09	1.98	1.87	1.75	1.61	1.43
∞	7.88	5.30	4.28	3.72	3.35	3.09	2.90	2.74	2.62	2.53	2.36	2.19	2.00	1.90	1.79	2.67	1.53	2.36	1.00

$\alpha = 0.001$

n_2 \ n_1	1	2	3	4	5	6	7	8	9	10	12	15	20	24	30	40	60	120	∞
1	4 053 +	5 000 +	5 404 +	5 625 +	5 764 +	5 859 +	5 959 +	5 981 +	6 023 +	6 056 +	6 107 +	6 158 +	6 209 +	6 235 +	6 261 +	6 287 +	6 313 +	6 340 +	6 366 +
2	998.5	999	999.2	999.2	999.3	999.3	999.4	999.4	999.4	999.4	999.4	999.4	999.4	999.5	999.5	999.5	999.5	999.5	999.5
3	167.0	148.5	141.1	137.1	134.6	132.8	131.6	130.6	129.9	129.2	128.3	127.4	126.4	125.9	125.4	125.0	124.5	124.0	123.5
4	74.14	61.25	56.18	53.44	51.71	50.53	49.66	49.00	48.47	48.05	47.41	46.76	46.10	45.77	45.43	45.09	44.75	44.40	44.05
5	47.18	37.12	33.20	31.09	29.75	28.84	28.16	27.64	27.24	26.92	26.42	25.91	25.39	25.14	24.87	24.60	24.33	24.06	23.79
6	35.51	27.00	23.70	21.92	20.81	20.03	19.46	19.03	18.69	18.41	17.99	17.56	17.12	16.89	16.67	16.44	16.21	15.99	15.75
7	29.25	21.69	18.77	17.19	16.21	15.52	15.02	14.63	14.33	14.08	13.71	13.32	12.93	12.73	12.53	12.33	12.12	11.91	11.7
8	25.42	18.49	15.83	14.39	13.49	12.86	12.40	12.04	11.77	11.54	11.19	10.84	10.84	10.30	10.11	9.92	9.73	9.53	9.33
9	22.86	16.39	13.90	12.56	11.71	11.13	10.70	10.37	10.11	9.89	9.57	9.24	8.90	8.72	8.55	8.37	8.19	8.00	7.81
10	21.04	14.91	12.55	11.28	10.48	9.92	9.52	9.20	8.96	8.75	8.45	8.13	7.80	7.64	7.47	7.30	7.12	6.94	6.76
11	19.69	13.81	11.56	10.35	9.58	9.05	8.66	8.35	8.12	7.92	7.63	7.32	7.01	6.85	6.68	6.52	6.35	6.17	6
12	18.64	12.97	10.80	9.63	8.89	8.38	8.00	7.71	7.48	7.29	7.00	6.71	6.40	6.25	6.09	5.93	5.76	5.59	5.42
13	17.81	12.31	10.21	9.07	8.35	7.86	7.49	7.21	6.98	6.80	6.52	6.23	5.93	5.78	5.63	5.47	5.30	5.14	4.97
14	17.14	11.78	9.73	8.62	7.92	7.43	7.08	6.80	6.58	6.40	6.13	5.85	5.56	5.41	5.25	5.10	4.94	4.77	4.6
15	16.59	11.34	9.34	8.25	7.57	7.09	6.74	6.47	6.26	6.08	5.81	5.54	5.25	5.10	4.95	4.80	4.64	4.47	4.31
16	16.12	10.97	9.00	7.94	7.27	6.81	6.46	6.19	5.98	5.81	5.55	5.27	4.99	4.85	4.70	4.54	4.39	4.23	4.06
17	15.72	10.66	8.73	7.68	7.02	6.56	6.22	5.96	8.75	5.58	5.32	5.05	4.78	4.63	4.48	4.33	4.18	4.02	3.85
18	15.38	10.39	8.49	7.46	6.81	6.35	6.02	5.76	5.56	5.39	5.13	4.87	4.59	4.45	4.30	4.15	4.00	3.84	3.67
19	15.08	10.16	8.28	7.26	6.62	6.16	5.85	5.59	5.39	5.22	4.97	4.70	4.43	4.29	4.14	3.99	3.84	3.68	3.51
20	14.82	9.95	8.10	77.10	6.46	6.02	5.69	5.44	5.24	5.08	4.82	4.56	4.29	4.15	4.00	3.86	3.70	3.54	3.38

续表

n_2 \ n_1	1	2	3	4	5	6	7	8	9	10	12	15	20	24	30	40	60	120	∞
21	14.59	9.77	7.94	6.95	6.32	5.88	5.56	5.31	5.11	4.95	4.70	4.44	4.17	4.03	3.88	3.74	3.58	3.42	3.26
22	14.38	9.61	7.80	6.81	6.19	5.76	5.44	5.19	4.99	4.83	4.58	4.33	4.06	3.92	3.75	3.63	3.48	3.32	3.15
23	14.19	9.47	7.67	6.69	6.08	5.65	5.33	5.09	4.89	4.73	4.48	4.23	3.96	3.82	3.68	3.53	3.38	3.22	3.05
24	14.03	9.34	7.55	6.59	5.98	5.55	5.23	4.99	4.80	4.64	4.39	4.14	3.87	3.74	3.59	3.45	3.29	3.14	2.97
25	13.88	9.22	7.45	6.49	5.88	5.46	5.15	4.91	4.71	4.56	4.31	4.06	3.79	3.66	6.52	6.37	3.22	3.06	2.89
26	13.74	9.12	7.36	6.41	5.80	5.38	5.07	4.83	4.64	4.48	4.24	3.99	3.72	3.59	3.44	3.30	3.15	2.99	2.82
27	13.61	9.02	7.27	6.33	5.73	5.31	5.00	4.76	4.57	4.41	4.17	3.92	3.66	3.52	3.38	3.23	3.08	2.92	2.75
28	13.50	8.93	7.19	6.25	5.66	5.24	4.39	4.59	4.50	4.35	4.11	3.86	3.60	3.43	3.32	3.18	3.02	2.86	2.69
29	13.39	8.85	7.12	6.19	5.59	5.18	4.87	4.46	4.45	4.29	4.05	3.80	3.54	3.41	3.27	3.12	2.97	2.81	2.64
30	13.29	8.77	7.05	6.12	5.53	5.12	4.82	4.58	4.39	4.24	4.00	3.75	3.49	3.36	3.22	3.07	2.92	2.76	2.59
40	12.31	8.25	6.60	5.70	5.13	4.73	4.09	3.87	2.69	3.54	3.31	3.08	2.83	2.69	2.55	2.41	2.25	2.08	1.89
60	11.97	7.76	6.17	5.31	4.76	4.37	4.09	3.87	3.69	3.54	3.31	3.08	2.83	2.69	2.55	2.41	2.25	2.08	1.89
120	11.38	7.32	5.79	4.95	4.42	4.04	3.77	3.55	3.38	2.24	3.02	2.78	2.53	2.40	2.26	2.11	1.95	1.76	1.54
∞	10.83	6.91	5.42	4.62	4.10	3.74	3.47	3.27	2.10	2.96	2.74	2.51	2.27	2.13	1.99	1.84	1.66	1.45	1.00

+ 表示要将所列数乘以100。

附录5　秩和检验表

$P(T_1 < T_2) = 1 - \alpha$

n_1	n_2	$\alpha=0.025$ T_1	$\alpha=0.025$ T_2	$\alpha=0.05$ T_1	$\alpha=0.05$ T_2
2	4			8	11
	5			3	13
	6	3	15	4	14
	7	3	17	4	16
	8	3	19	4	18
	9	3	21	4	20
	10	4	22	5	21
3	3			6	15
	4	6	18	7	17
	5	6	21	7	20
	6	7	23	8	22
	7	8	25	9	24
	8	8	28	9	27
	9	9	30	10	29
	10	9	33	11	31
4	4	11	25	12	24
	5	12	26	13	27
	6	12	32	14	30
	7	13	35	15	33
	8	14	38	16	36
	9	15	41	17	39
	10	16	44	18	42

n_1	n_2	$\alpha=0.025$ T_1	$\alpha=0.025$ T_2	$\alpha=0.05$ T_1	$\alpha=0.05$ T_2
5	5	18	37	19	30
	6	19	41	20	40
	7	20	45	22	43
	8	21	49	23	47
	9	22	53	25	50
	10	24	56	26	54
6	6	26	52	28	50
	7	28	56	30	54
	8	20	61	32	58
	9	31	65	33	63
	10	33	69	35	67
7	7	37	68	39	66
	8	39	73	41	71
	9	41	78	43	76
	10	43	83	46	80
8	8	49	87	52	84
	9	51	98	54	90
	10	54	98	57	95
9	9	63	106	66	105
	10	66	114	69	111
10	10	79	131	83	127

附录6 q 分布表

$\alpha=0.05$

m / f	2	3	4	5	6	7	8	9	10	11	12	13	14	15	16	17	18	19	20
1	17.67	26.98	32.82	37.08	40.41	43.11	45.40	47.36	49.07	50.59	51.96	53.20	54.33	55.36	56.32	57.22	58.04	58.83	59.56
2	6.08	8.33	9.80	10.88	11.74	12.44	13.03	13.54	13.99	14.39	14.75	15.08	15.38	15.65	15.91	16.14	16.37	16.57	16.77
3	4:50	5.91	6.82	7.50	8.04	7.48	8.85	9.18	6.46	7.72	9.65	10.15	10.35	10.52	10.69	10.84	10.68	11.11	11.24
4	3.93	5.04	5.76	6.29	6.71	7.05	7.35	7.60	7.83	8.03	8.21	8.37	8.52	8.66	8.79	8.61	9.03	9.13	9.23
5	3.64	4.90	5.22	5.67	6.03	6.33	6.58	6.80	6.99	7.17	7.32	7.47	7.60	7.72	7.83	7.93	8.03	8.12	8.21
6	3.46	3.34	4.90	5.30	5.63	5.90	6.12	6.32	6.46	6.65	6.79	6.92	7.02	7.14	7.24	7.34	7.43	7.51	7.59
7	3.34	0.16	4.68	5.06	5.36	5.61	5.82	6.00	6.16	6.30	6.43	6.55	6.66	6.76	6.85	6.94	7.02	7.10	7.17
8	3.26	4.04	4.53	4.89	5.17	5.40	5.60	5.77	5.92	6.05	6.18	6.29	6.39	6.48	6.57	6.65	6.73	6.80	6.87
9	3.20	3.95	4.41	4.76	5.02	5.24	5.43	5.59	5.74	5.87	5.98	6.09	6.19	6.28	6.36	6.44	6.51	6.58	6.64
10	3.15	3.88	4.33	4.65	4.91	5.12	5.30	5.46	5.60	5.72	5.83	5.93	6.03	6.11	6.19	6.27	6.34	6.40	6.47
11	3.11	3.82	4.26	4.57	4.82	5.03	5.20	5.35	5.46	5.61	5.71	5.81	5.90	5.98	6.06	6.13	6.20	6.27	6.33
12	3.08	3.77	4.20	4.51	4.75	4.95	5.12	5.27	5.39	5.51	5.61	5.71	5.80	5.88	5.95	6.02	6.09	6.15	6.21
13	3.06	3.73	4.15	4.45	4.69	4.88	5.05	5.19	5.32	5.43	5.53	5.63	5.71	5.79	5.86	5.93	5.99	6.05	6.11
14	3.03	3.70	4.11	4.41	4.64	4.83	4.99	5.13	5.25	5.36	5.46	5.55	6.64	5.71	5.79	5.85	5.91	5.97	6.08
15	3.01	3.67	4.03	4.37	4.59	4.78	4.94	5.08	5.20	5.31	5.40	5.49	5.57	5.65	5.72	5.78	5.85	5.90	5.96
16	3.00	3.65	4.05	4.33	4.56	4.74	4.90	5.03	5.15	5.26	5.35	5.44	5.52	5.59	5.66	5.73	5.79	5.84	5.90

17	2.98	3.63	4.02	4.30	4.50	4.70	4.86	4.69	5.11	5.21	5.31	5.39	5.47	5.54	5.61	5.67	5.73	5.79	5.84
18	2.97	3.61	4.00	4.28	4.49	4.67	4.82	4.66	5.07	5.17	5.27	5.35	5.43	5.50	5.57	5.63	5.69	5.74	5.79
19	2.96	3.59	3.98	4.25	4.47	4.65	4.79	4.62	5.04	5.14	5.23	5.31	5.39	5.46	5.53	5.59	5.65	5.70	5.75
20	2.95	3.58	3.96	4.23	4.45	4.62	4.77	4.60	5.01	5.11	5.20	5.28	5.36	5.43	5.49	5.55	5.61	5.66	5.71
24	2.92	3.53	3.90	4.17	4.37	4.54	4.68	4.81	4.62	5.01	5.10	5.18	5.25	5.32	5.38	5.44	5.49	5.55	5.59
30	2.89	3.49	3.85	4.10	4.30	4.46	4.60	4.72	4.82	4.92	5.00	5.08	5.15	5.21	5.27	5.33	5.38	5.43	5.47
40	2.86	3.44	3.79	4.04	4.23	4.39	4.52	4.93	4.73	4.82	4.90	4.98	5.04	5.11	5.16	5.22	5.27	5.31	5.36
60	2.83	3.40	3.74	3.98	4.16	4.31	4.44	4.55	4.65	4.73	4.81	4.88	4.94	5.00	5.06	5.11	5.15	5.20	5.24
120	2.80	2.36	3.68	3.62	4.10	4.24	4.36	4.47	4.56	4.64	4.71	4.78	4.84	4.90	4.95	5.00	5.04	5.09	5.13
∞	2.77	3.31	3.63	3.86	4.03	4.17	4.29	4.39	4.47	4.55	4.62	4.68	4.74	4.80	4.85	4.89	4.93	4.97	5.01

附录 7　相关系数检验表

n \ α	0.10	0.05	0.02	0.01	0.001
1	0.987 69	0.996 92	0.999 507	0.999 337	0.999 998 8
2	0.900 00	0.350 00	0.980 00	0.990 00	0.999 00
3	0.805 4	0.878 3	0.934 33	0.958 73	0.991 16
4	0.729 3	0.811 4	0.882 2	0.917 20	0.974 06
5	0.669 4	0.754 5	0.832 9	0.874 5	0.950 74
6	0.621 5	0.706 7	0.788 7	0.834 3	0.924 93
7	0.582 2	0.666 4	0.749 8	0.797 7	0.898 2
8	0.549 4	0.631 9	0.715 5	0.764 6	0.872 1
9	0.521 4	0.602 1	0.685 1	0.734 8	0.847 1
10	0.497 3	0.576 0	0.658 1	0.707 9	0.823 5
11	0.476 2	0.552 9	0.633 9	0.683 5	0.801 0
12	0.457 5	0.532 4	0.612 0	0.661 4	0.780 0
13	0.440 9	0.513 9	0.592 3	0.641 1	0.760 3
14	0.425 9	0.493 7	0.574 2	0.622 6	0.742 0
15	0.412 4	0.482 1	0.557 7	0.605 5	0.724 6
16	0.400 0	0.468 3	0.542 5	0.589 7	0.708 4
17	0.388 7	0.455 5	0.528 5	0.575 1	0.693 2
18	0.378 3	0.443 8	0.515 5	0.561 4	0.678 7
19	0.368 7	0.432 9	0.503 4	0.548 7	0.665 2
20	0.359 8	0.422 7	0.491	0.536 8	0.652 4
25	0.323 3	0.380 9	0.445 1	0.486 9	0.597 4
30	0.296 0	0.349 4	0.409 3	0.448 7	0.554 1
35	0.274 6	0.324 6	0.381 0	0.418 2	0.518 9
40	0.257 3	0.304 4	0.357 8	0.393 2	0.489 6
45	0.242 8	0.287 5	0.338 4	0.372 1	0.464 8
50	0.230 6	0.273 2	0.321 8	0.354 1	0.443 3
60	0.210 8	0.250 0	0.294 8	0.324 8	0.407 8
70	0.195 4	0.231 9	0.273 7	0.301 7	0.379 9
80	0.182 9	0.217 2	0.256 5	0.283 0	0.356 8
90	0.172 6	0.205 0	0.242 2	0.267 3	0.337 5
100	0.163 8	0.194 6	0.230 1	0.254 0	0.321 1

附录8 正交表

$L_4(2^3)$

试验号＼列号	1	2	3
1	1	1	1
2	1	2	2
3	2	1	2
4	2	2	1

$L_8(2^7)$

试验号＼列号	1	2	3	4	5	6	7
1	1	1	1	1	1	1	1
2	1	1	1	2	2	2	2
3	1	2	2	1	1	2	2
4	1	2	2	2	2	1	1
5	2	1	2	1	2	1	2
6	2	1	2	2	1	2	1
7	2	2	1	1	2	2	1
8	2	2	1	2	1	1	2

$L_{12}(2^{11})$

试验号＼列号	1	2	3	4	5	6	7	8	9	10	11
1	1	1	1	1	1	1	1	1	1	1	1
2	1	1	1	1	1	2	2	2	2	2	2
3	1	1	2	2	2	1	1	1	2	2	2
4	1	2	1	2	2	1	2	2	1	1	2
5	1	2	2	1	2	2	1	2	1	2	1
6	1	2	2	2	1	2	2	1	2	1	1
7	2	1	2	2	1	1	2	2	1	2	1
8	2	1	2	1	2	2	2	1	1	1	2
9	2	1	1	2	2	2	1	2	2	1	1
10	2	2	2	1	1	1	1	2	2	1	2
11	2	2	1	2	1	2	1	1	1	2	2
12	2	2	1	1	2	1	2	1	2	2	1

$L_{16}(2^{15})$

试验号 \ 列号	1	2	3	4	5	6	7	8	9	10	11	12	13	14	15
1	1	1	1	1	1	1	1	1	1	1	1	1	1	1	1
2	1	1	1	1	1	1	1	2	2	2	2	2	2	2	2
3	1	1	1	2	2	2	2	1	1	1	1	2	2	2	2
4	1	1	1	2	2	2	2	2	2	2	2	1	1	1	1
5	1	2	2	1	1	2	2	1	1	2	2	1	1	2	2
6	1	2	2	1	1	2	2	2	2	1	1	2	2	1	1
7	1	2	2	2	2	1	1	1	1	2	2	2	2	1	1
8	1	2	2	2	2	1	1	2	2	1	1	1	1	2	2
9	2	1	2	1	2	1	2	1	2	1	2	1	2	1	2
10	2	1	2	1	2	1	2	2	1	2	1	2	1	2	1
11	2	1	2	2	1	2	1	1	2	1	2	2	1	2	1
12	2	1	2	2	1	2	1	2	1	2	1	1	2	1	2
13	2	2	1	1	2	2	1	1	2	2	1	1	2	2	1
14	2	2	1	1	2	2	1	2	1	1	2	2	1	1	2
15	2	2	1	2	1	1	2	1	2	2	1	2	1	1	2
16	2	2	1	2	1	1	2	2	1	1	2	1	2	2	1

$L_{20}(2^{19})$

试验号 \ 列号	1	2	3	4	5	6	7	8	9	10	11	12	13	14	15	16	17	18	19
1	1	1	1	1	1	1	1	1	1	1	1	1	1	1	1	1	1	1	1
2	2	2	1	1	2	2	2	2	1	2	1	2	1	1	1	1	2	2	1
3	2	1	1	2	2	2	2	1	2	1	2	1	1	1	1	2	2	1	2
4	1	1	2	2	2	2	1	2	1	2	1	1	1	1	2	2	1	2	2
5	1	2	2	2	2	1	2	1	2	1	1	1	1	2	2	1	2	2	1
6	2	2	2	2	1	2	1	2	1	1	1	1	2	2	1	2	2	1	1
7	2	2	2	1	2	1	2	1	1	1	1	2	2	1	2	2	1	1	2
8	2	2	1	2	1	2	1	1	1	1	2	2	1	2	2	1	1	2	2
9	2	1	2	1	2	1	1	1	1	2	2	1	2	2	1	1	2	2	2
10	1	2	1	2	1	1	1	1	2	2	1	2	2	1	1	2	2	2	2
11	2	1	2	1	1	1	1	2	2	1	2	2	1	1	2	2	2	2	1

续表

列号 试验号	1	2	3	4	5	6	7	8	9	10	11	12	13	14	15	16	17	18	19
12	1	2	1	1	1	1	2	2	1	2	2	1	1	2	2	2	2	1	2
13	2	1	1	1	1	2	2	1	2	2	1	1	2	2	2	2	1	2	1
14	1	1	1	1	2	2	1	2	2	1	1	2	2	2	2	1	2	1	2
15	1	1	1	2	2	1	2	2	1	1	2	2	2	2	1	2	1	2	1
16	1	1	2	2	1	2	2	1	1	2	2	2	2	1	2	1	2	1	1
17	1	2	2	1	2	2	1	1	2	2	2	2	1	2	1	2	1	1	1
18	2	2	1	2	2	1	1	2	2	2	2	1	2	1	2	1	1	1	1
19	2	1	2	2	1	1	2	2	2	2	1	2	1	2	1	1	1	1	2
20	1	2	2	1	1	2	2	2	2	1	2	1	2	1	1	1	1	2	2

$L_9(3^4)$

列号 试验号	1	2	3	4
1	1	1	1	1
2	1	2	2	2
3	1	3	3	3
4	2	1	2	3
5	2	2	3	1
6	2	3	1	2
7	3	1	3	2
8	3	2	1	3
9	3	3	2	1

$L_{27}(3^{13})$

试验号 \ 列号	1	2	3	4	5	6	7	8	9	10	11	12	13
1	1	1	1	1	1	1	1	1	1	1	1	1	1
2	1	1	1	1	2	2	2	2	2	2	2	2	2
3	1	1	1	1	3	3	3	3	3	3	3	3	3
4	1	2	2	2	1	1	1	2	2	2	3	3	3
5	1	2	2	2	2	2	2	3	3	3	1	1	1
6	1	2	2	2	3	3	3	1	1	1	2	2	2
7	1	3	3	3	1	1	1	3	3	3	2	2	2
8	1	3	3	3	2	2	2	1	1	1	3	3	3
9	1	3	3	3	3	3	3	2	2	2	1	1	1
10	2	1	2	3	1	2	3	1	2	3	1	2	3
11	2	1	2	3	2	3	1	2	3	1	2	3	1
12	2	1	2	3	3	1	2	3	1	2	3	1	2
13	2	2	3	1	1	2	3	2	3	1	3	1	2
14	2	2	3	1	2	3	1	3	1	2	1	2	3
15	2	2	3	1	3	1	2	1	2	3	2	3	1
16	2	3	1	2	1	2	3	3	1	2	2	3	1
17	2	3	1	2	2	3	1	1	2	3	3	1	2
18	2	3	1	2	3	1	2	2	3	1	1	2	3
19	3	1	3	2	1	3	2	1	3	2	1	3	2
20	3	1	3	2	2	1	3	2	1	3	2	1	3
21	3	1	3	2	3	2	1	3	2	1	3	2	1
22	3	2	1	3	1	3	2	2	1	3	3	2	1
23	3	2	1	3	2	1	3	3	2	1	1	3	2
24	3	2	1	3	3	2	1	1	3	2	2	1	3
25	3	3	2	1	1	3	2	3	2	1	2	1	3
26	3	3	2	1	2	1	3	1	3	2	3	2	1
27	3	3	2	1	3	2	1	2	1	3	1	3	2

$L_8(4^1 \times 2^4)$

试验号 \ 列号	1	2	3	4	5
1	1	1	1	1	1
2	1	2	2	2	2
3	2	1	1	2	2
4	2	2	2	1	1
5	3	1	2	1	2
6	3	2	1	2	1
7	4	1	2	2	1
8	4	2	1	1	2

$L_{16}(4^1 \times 2^{12})$

试验号 \ 列号	1	2	3	4	5	6	7	8	9	10	11	12	13
1	1	1	1	1	1	1	1	1	1	1	1	1	1
2	1	1	1	1	1	2	2	2	2	2	2	2	2
3	1	2	2	2	2	1	1	1	1	2	2	2	2
4	1	2	2	2	2	2	2	2	2	1	1	1	1
5	2	1	1	2	2	1	1	2	2	1	1	2	2
6	2	1	1	2	2	2	2	1	1	2	2	1	1
7	2	2	2	1	1	1	1	2	2	2	2	1	1
8	2	2	2	1	1	2	2	1	1	1	1	2	2
9	3	1	2	1	2	1	2	1	2	1	2	1	2
10	3	1	2	1	2	2	1	2	1	2	1	2	1
11	3	2	1	2	1	1	2	1	2	2	1	2	1
12	3	2	1	2	1	2	1	2	1	1	2	1	2
13	4	1	2	2	1	1	2	2	1	1	2	2	1
14	4	1	2	2	1	2	1	1	2	2	1	1	2
15	4	2	1	1	2	1	2	2	1	2	1	1	2
16	4	2	1	1	2	2	1	1	2	1	2	2	1

$L_{16}(4^2\times2^9)$

试验号＼列号	1	2	3	4	5	6	7	8	9	10	11
1	1	1	1	1	1	1	1	1	1	1	1
2	1	2	1	1	1	2	2	2	2	2	2
3	1	3	2	2	2	1	1	1	2	2	2
4	1	4	2	2	2	2	2	2	1	1	1
5	2	1	1	2	2	1	2	2	1	2	2
6	2	2	1	2	2	2	1	1	2	1	1
7	2	3	2	1	1	1	2	2	2	1	1
8	2	4	2	1	1	2	1	1	1	2	2
9	3	1	2	1	2	2	1	2	2	1	2
10	3	2	2	1	2	1	2	1	1	2	1
11	3	3	1	2	1	2	1	2	1	2	1
12	3	4	1	2	1	1	2	1	2	1	2
13	4	1	2	2	1	2	2	1	2	2	1
14	4	2	2	2	1	1	1	2	1	1	2
15	4	3	1	1	2	2	2	1	1	1	2
16	4	4	1	1	2	1	1	2	2	2	1

$L_{16}(4^5)$

试验号＼列号	1	2	3	4	5
1	1	1	1	1	1
2	1	2	2	2	2
3	1	3	3	3	3
4	1	4	4	4	4
5	2	1	2	3	4
6	2	2	1	4	3
7	2	3	4	1	2
8	2	4	3	2	1
9	3	1	3	4	2
10	3	2	4	3	1

续表

试验号＼列号	1	2	3	4	5
11	3	3	1	2	4
12	3	4	2	1	3
13	4	1	4	2	3
14	4	2	3	1	4
15	4	3	2	4	1
16	4	4	1	3	2

$L_{18}(2^1\times3^7)$

试验号＼列号	1	2	3	4	5	6	7	8
1	1	1	1	1	1	1	1	1
2	1	1	2	2	2	2	2	2
3	1	1	3	3	3	3	3	3
4	1	2	1	1	2	2	3	3
5	1	2	2	2	3	3	1	1
6	1	2	3	3	1	1	2	2
7	1	3	1	2	1	3	2	3
8	1	3	2	3	2	1	3	1
9	1	3	3	1	3	2	1	2
10	2	1	1	3	3	2	2	1
11	2	1	2	1	1	3	3	2
12	2	1	3	2	2	1	1	3
13	2	2	1	2	3	1	3	2
14	2	2	2	3	1	2	1	3
15	2	2	3	1	2	3	2	1
16	2	3	1	3	2	3	1	2
17	2	3	2	1	3	1	2	3
18	2	3	3	2	1	2	3	1

$L_{16}(4^4 \times 2^3)$

试验号 \ 列号	1	2	3	4	5	6	7
1	1	1	1	1	1	1	1
2	1	2	2	2	1	2	2
3	1	3	3	3	2	1	2
4	1	4	4	4	2	2	1
5	2	1	2	3	2	2	1
6	2	2	1	4	2	1	2
7	2	3	4	1	1	2	2
8	2	4	3	2	1	1	1
9	3	1	3	4	1	2	2
10	3	2	4	3	1	1	1
11	3	3	1	2	2	2	1
12	3	4	2	1	2	1	2
13	4	1	4	2	2	1	2
14	4	2	3	1	2	2	1
15	4	3	2	4	1	1	1
16	4	4	1	3	1	2	2

$L_{16}(4^3 \times 2^6)$

试验号 \ 列号	1	2	3	4	5	6	7	8	9
1	1	1	1	1	1	1	1	1	1
2	1	2	2	1	1	2	2	2	2
3	1	3	3	2	2	1	1	2	2
4	1	4	4	2	2	2	2	1	1
5	2	1	2	2	2	1	2	1	2
6	2	2	1	2	2	2	1	2	1
7	2	3	4	1	1	1	2	2	1
8	2	4	3	1	1	2	1	1	2
9	3	1	3	1	2	1	2	2	1
10	3	2	4	1	2	2	1	1	2

续表

试验号＼列号	1	2	3	4	5	6	7	8	9
11	3	3	1	2	1	1	2	1	2
12	3	4	2	2	1	2	1	2	1
13	4	1	4	2	1	1	1	2	2
14	4	2	3	2	1	2	2	1	1
15	4	3	2	1	2	1	1	1	1
16	4	4	1	1	2	2	2	2	2

$L_{25}(5^6)$

试验号＼列号	1	2	3	4	5	6
1	1	1	1	1	1	1
2	1	2	2	2	2	2
3	1	3	3	3	3	3
4	1	4	4	4	4	4
5	1	5	5	5	5	5
6	2	1	2	3	4	5
7	2	2	3	4	5	1
8	2	3	4	5	1	2
9	2	4	5	1	2	3
10	2	5	1	2	3	4
11	3	1	3	5	2	4
12	3	2	4	1	3	5
13	3	3	5	2	4	1
14	3	4	1	3	5	2
15	3	5	2	4	1	3
16	4	1	4	2	5	3
17	4	2	5	3	1	4
18	4	3	1	4	2	5
19	4	4	3	5	3	1
20	4	5	2	1	4	2

续表

试验号 \ 列号	1	2	3	4	5	6
21	5	1	5	4	3	2
22	5	2	1	5	4	3
23	5	3	2	1	5	4
24	5	4	4	2	1	5
25	5	5	3	3	2	1

$L_8(2^7)$的交互作用表

试验号 \ 列号	1	2	3	4	5	6	7
		3	2	5	4	7	6
			1	6	7	4	5
				7	6	5	4
					1	2	3
						3	2
							1

$L_{16}(2^{15})$二列间交互作用列表

试验号 \ 列号	1	2	3	4	5	6	7	8	9	10	11	12	13	14	15
		3	2	5	4	7	6	9	8	11	10	13	12	15	14
			1	6	7	4	5	10	11	8	9	14	15	12	13
				7	6	5	4	11	10	9	8	15	14	13	12
					1	2	3	12	13	14	15	8	9	10	11
						3	2	13	12	15	14	9	8	11	10
							1	14	15	13	12	11	10	8	9
								15	14	13	12	11	10	9	8
									1	2	3	4	5	6	7
										3	2	5	4	7	6
											1	6	7	4	5
												7	6	5	4
													1	2	3
														3	2
															1

$L_{27}(3^{13})$二列间交互作用列表

列号 试验号	1	2	3	4	5	6	7	8	9	10	11	12	13
		3	2	2	6	5	5	9	8	8	12	11	11
		4	4	3	7	7	6	10	10	9	13	13	12
			1	1	8	9	10	5	6	7	5	6	7
			4	3	11	12	13	11	12	13	8	9	10
				1	9	10	8	7	5	6	6	7	5
				2	13	11	12	12	13	11	10	8	9
					10	8	9	6	7	5	7	5	6
					12	13	11	13	11	12	9	10	8
						1	1	2	3	4	2	4	3
						7	6	11	13	12	8	10	9
							1	4	2	3	3	2	4
							5	13	12	11	10	9	8
								3	4	2	4	3	2
								12	11	13	9	8	10
									1	1	2	3	4
									10	9	5	7	6
										1	4	2	3
										8	7	6	5
											3	4	2
											6	5	7
												1	1
												13	12

参考文献

[1] 田胜元,萧曰嵘.实验设计与数据处理[M].北京:中国建筑工业出版社,2000.
[2] 何少华,文竹青,娄滔.试验设计与数据处理[M].北京:国防科技大学出版社,2002.
[3] 沙定国,误差分析与测量不确定度评定[M].北京:中国计量出版社, 2006.
[4] 刘振学,王力. 试验设计与数据处理[M].北京:化学工业出版社,2015.
[5] 郑少华,姜奉华.试验设计与数据处理 [M].北京:中国建材工业出版社,2004.
[6] 曹贵平,朱中南,戴迎春.化工实验设计与数据处理[M].上海:华东理工大学出版社,2009.
[7] 汪冬华,马艳梅.多元统计分析与 SPSS 应用[M].2 版.上海:华东理工大学出版社,2018.
[8] 钱政,王中宇,刘桂礼.测试误差分析与数据处理[M].北京:北京航空航天大学出版社, 2008.
[9] 李云雁,胡传荣.试验设计与数据处理[M].2 版.北京:化学工业出版社,2015.
[10] 王颉.试验设计与 SPSS 应用[M].北京:化学工业出版社,2007.
[11] 陈超,邹滢.SPSS15.0 常用功能与应用实例精讲[M].北京:电子工业出版社,2009.
[12] 余建英,何旭宏.数据统计分析与 SPSS 应用[M].北京:人民邮电出版社,2003.